国家级实验教学示范中心联席会计算机学科规划教材
教育部高等学校计算机类专业教学指导委员会推荐教材
面向“工程教育认证”计算机系列课程规划教材

CPU设计实践教程
——从数字电路到计算机组成

◎ 杨全胜 钱瑛 任国林 王晓蔚 吴强 编著

清華大学出版社
北京

内容简介

本书以设计能运行31条MIPS指令的单周期和多周期Minisys-1 CPU为目标，力求做到课程实践的贯通性，将与CPU设计相关的"数字逻辑电路实验"、"计算机组成原理实验"和"计算机组成课程设计"三门实践课的内容连通，做到自底向上，层层递进，逐步完善。读者通过本书的学习，不仅能够设计计算机系统的基本器件，如寄存器、移位器、计数器等，也能设计计算机硬件的基本部件，如运算器、存储器、控制器等，并进一步通过多个关联的实验，最终设计出单周期和多周期的Minisys-1 CPU。通过本书，读者还可以学会硬件描述语言Verilog HDL，以及31条指令的Minisys-1汇编语言程序设计。

本书可作为高等院校计算机专业"数字逻辑电路实验"、"计算机组成原理实验"和"计算机组成课程设计"三门实践类课程的教材，对从事相关工作的工程技术人员也具有较高的参考价值。

图书在版编目(CIP)数据

CPU设计实践教程：从数字电路到计算机组成/杨全胜等编著. —北京：清华大学出版社，2020.9(2024.6重印)
面向"工程教育认证"计算机系列课程规划教材
ISBN 978-7-302-54819-5

Ⅰ. ①C… Ⅱ. ①杨… Ⅲ. ①微处理器－系统设计－高等学校－教材 Ⅳ. ①TP332
中国版本图书馆CIP数据核字(2020)第005521号

责任编辑：付弘宇
封面设计：刘 键
责任校对：梁 毅
责任印制：沈 露

出版发行：清华大学出版社
网　　址：https://www.tup.com.cn, https://www.wqxuetang.com
地　　址：北京清华大学学研大厦A座　　**邮　　编**：100084
社 总 机：010-83470000　　**邮　　购**：010-62786544
投稿与读者服务：010-62776969，c-service@tup.tsinghua.edu.cn
质量反馈：010-62772015，zhiliang@tup.tsinghua.edu.cn
课件下载：https://www.tup.com.cn，010-83470236
印 装 者：三河市龙大印装有限公司
经　　销：全国新华书店
开　　本：185mm×260mm　　**印　　张**：21.25　　**字　　数**：513千字
版　　次：2020年10月第1版　　**印　　次**：2024年6月第2次印刷
印　　数：1501～1600
定　　价：59.00元

产品编号：081668-01

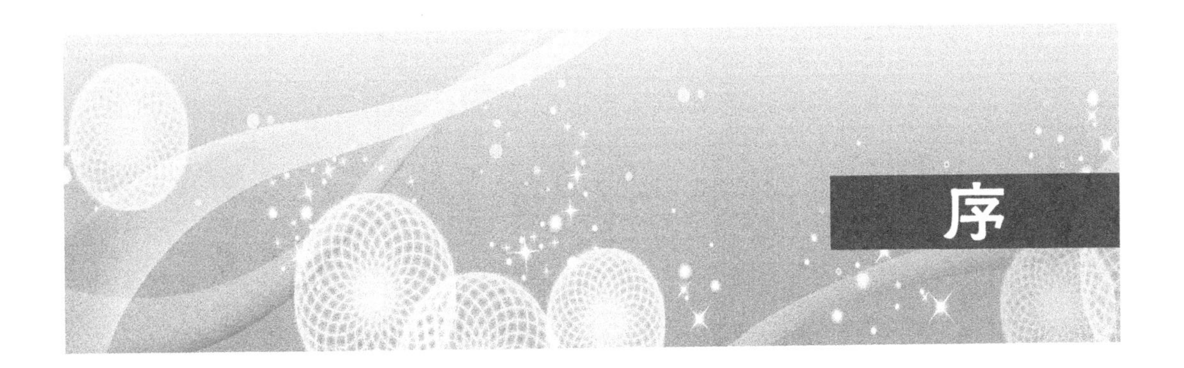

序

为了加强计算机专业本科生系统能力、创新能力和实践能力的培养，教育部计算机教学指导委员会、国家级实验教学示范中心联席会计算机学科组在全国各高校大力提倡开展计算机专业本科生系统能力的培养工作。尤其是在实践教学环节应大力开展实践教学改革，将系统能力培养落到实处。为此，国家级实验教学示范中心联席会计算机学科组在全国范围内征集符合系统能力培养的新型实践课程教材。

国家级计算机实验教学示范中心(东南大学)与东南大学计算机科学与工程学院是国内最早一批开展"本科生计算机系统能力培养"实践课程体系建设的单位，他们从2003年开始，历经15年的时间，整合硬件系列和系统软件课程实验，开设主干课的课程设计，建立起一套纵横贯通的基于系统能力培养的实践课程体系。这个体系中开设的实验课程，在全国"计算机实验教学示范中心优秀实验教学案例评选"中共获得优秀案例一等奖1个、二等奖3个。

本书正是他们15年实践教学成果的很好总结。本书作者都是实验教学一线的教师，具有丰富的教学经验，整本书从数电实验到计算机组成原理课程设计一气呵成，很好地体现了层层递进、环环相扣、自底向上的贯通思想。

我与本书的主要作者，东南大学计算机科学与工程学院的杨全胜老师相识多年，他是一位非常务实的老师。据我所知，他也是一位教学经验丰富、深受学生欢迎、具有教学激情的老师。多年来，杨老师带领他的团队一直致力于计算机实验课程改革和贯通式实践课程体系的建设。同时，杨老师也是国家级实验教学示范中心联席会计算机学科组的骨干，参与了学科组的大量工作。所以，当他邀请我为这本书写序言的时候，我欣然答应了。我相信，教学一线教师编写的实践教程，对开展计算机系统能力培养，建立新的实践课程体系一定会有所帮助。

杨士强
清华大学计算机科学与技术系教授
深圳市鹏城实验室党委书记
前国家级实验教学示范中心联席会计算机学科组组长
2019年3月

前言

计算机系统能力培养是一项综合性、理论性和实践性都很强的教改活动。在教育部高等学校计算机类专业教学指导委员会、国家级实验教学示范中心联席会计算机学科组、计算机学会体系结构专委会、美国 Xilinx 公司等机构、组织和企业的大力推动下,高校计算机专业计算机系统能力培养工作得到长足进展,全国众多高校都积极加入到这一工作中。

东南大学计算机科学与工程学院与国家级计算机实验教学示范中心(东南大学)是最早参与该项活动的单位。早在 2003 年就整合了硬件主要课程和系统软件编译原理的相关内容,开设了"计算机系统综合课程设计",2011 年又在教育部高等学校计算机类专业教学指导委员会主持下参与了计算机系统能力培养的实践教学研究活动。多年来,在教育部计算机教指委、国家级实验教学示范中心联席会计算机学科组和东南大学计算机学院领导的关心下,东南大学计算机学院摸索出了一套完整的基于计算机系统能力培养的贯通式实践课程体系。

本书涵盖了这套课程体系中有关 CPU 设计相关课程的实验方案,其中包括"数字逻辑电路实验"、"计算机组成原理实验"和"计算机组成课程设计"3 门实践课的内容。本书力求做到课程实践的贯通性,以设计能运行 31 条 MIPS 指令的单周期和多周期 Minisys-1 CPU 为最终目标,将 3 门实践课的内容连通,做到自底向上、层层递进、逐步完善。

在具体的实践内容安排上,既保证了全书内容的完整性,又可以作为 3 门独立的实践课。在实验的形式上,兼顾原理图设计与硬件描述语言 Verilog HDL 设计,既强调结构描述和数据流描述,也兼顾行为描述方式。

为了顺应当前 EDA 技术的发展,本书注重 IP 核的设计与应用。本书放弃了传统数字电路与计算机组成原理实验中用 74 系列芯片搭建的实验方式,注重让学生学会自行设计具有一定逻辑功能的应用电路和根据逻辑需要简化电路的方法。同时,本书还特别强调学生要学会利用 EDA 工具,通过仿真时序来检查电路的正确性。

本书主要章节安排和实践教学建议如下。

第 1 章　概述。简单介绍了计算机系统和 EDA 工具及其应用。本章内容适合在计算机组成原理实验之前讲解,其中 EDA 工具适合在数字逻辑电路实验前讲解。

第 2 章　Minisys 实验板介绍。介绍本书所使用的实验平台。尽管本书中大多数实验在原理上与平台无关,但具体到实现,则与平台有很大关系。书中所有实验的最终下板实现都是在 Minisys 实验板上完成,资源包中的约束文件也是按照该实验板设计。

第 3 章　Verilog HDL 语言基础。介绍了 Verilog HDL 语言。本书大多数实验都是用

Verilog HDL 语言设计的。因此本章是能够完成本书实验的关键,应该在"数字逻辑电路"课程中安排课时讲解本章内容。如果学生熟悉 C 语言,则可以着重讲解与 C 语言的不同和具有硬件特性的部分,这样学时数可以略少,多给学生练习。

第 4 章　数字逻辑电路实验。本章共设计了 11 个实验专题,大部分实验专题由几个小实验组成。本书所有实验软件均采用 Xilinx Vivado 开发软件,但书中没有安排专门的篇幅介绍该软件,而是在第一次使用该软件的某项功能的时候,再提供详细的操作步骤。因此,本章前两个实验尤为重要,建议即使不想做这章实验的读者,也务必完成前两个实验。本章围绕 CPU 设计所需要的基本器件展开,因此比较适合作为计算机专业"数字逻辑电路"课程的实验内容。

第 5 章　计算机组成部件实验。本章共设计了 5 个实验,大部分实验由几个小实验组成。如果开设了专门的计算机组成原理课程设计,则本章内容只作为"计算机组成原理"课内小实验,完成 CPU 基本部件的设计。如果没有专门开设计算机组成原理课程设计,则本章可以和第 6 章合并,作为计算机组成原理实验内容。

第 6 章　Minisys-1 单周期 CPU 的设计。本章首先介绍 CPU 的基本结构和工作原理,以及 CPU 设计的大致流程。然后介绍目标系统 Minisys-1 处理器。最后,通过多个实验,逐步完成 Minisys-1 单周期 CPU 的设计。本章可作为本科计算机专业"计算机组成课程设计"的基础实验内容。

第 7 章　Minisys-1 汇编语言程序设计。本章主要是针对程序员,比较详细地讲解了 Minisys-1 汇编语言以及汇编语言程序设计的技巧。本章适合在"计算机组成原理"课程中作为汇编程序设计的实验内容。

第 8 章　多周期 Minisys-1 CPU 的设计。本章在单周期 CPU 的基础上,通过多个实验修改数据通路。增加相关部件和状态机,完成了多周期 CPU 的设计。本章适合作为计算机专业"计算机组成课程设计"的选做内容。

本书的大部分实验是在介绍了原理的基础上,要求读者独立完成设计。不同于大多数教程,本书并不给出实验的完整设计答案。因此,本书更适合作为高等院校本科生相关课程的实践(实验)教材,而并不太适合读者自学,请读者留意这个问题。

本书在设计每个实验的时候,主要包括如下内容。

- 实验目的:介绍本实验要达到的目标。
- 实验内容:介绍本实验要完成的内容。
- 实验预习:学生需要预先复习和掌握的知识,一般也会在这部分给出实验原理。
- 实验步骤:给出实验比较详细的步骤,帮助学生完成实验。
- 思考与拓展:给出一些讨论题目或难度更高的设计要求,供学有余力的学生完成。

编者在"中国大学 MOOC"网站开设了慕课"计算机系统综合设计"(目前评分为满分 5.0),读者可以与本书配套进行学习,效果更好。

本书配套的学习资源包可以从清华大学出版社网站 www.tup.com.cn 下载,相关问题可以联系 404905510@qq.com。

本书由东南大学计算机科学与工程学院杨全胜副教授、南京工程学院计算机工程学院钱瑛老师、东南大学成贤学院电子与计算机学院院长王晓蔚副教授、东南大学计算机科学与工程学院任国林副教授和吴强高级工程师编写,杨全胜副教授负责统稿工作。

东南大学计算机科学与工程学院罗继明、李林、徐言、江仲鸣、樊飞、王飞、杨英豪、徐恒煜等同学参与了本书实验的验证及绘图工作。东南大学计算机学院2003—2018届全体本科学生用实践验证了本课程内容的正确性，还帮助完善了课程内容。

本书的撰写和与之相关的教改活动得到了清华大学杨士强教授、北京航空航天大学马殿富教授、东南大学翟玉庆教授、同济大学王力生教授、浙江大学施青松老师、中国农业大学黄岚教授、哈尔滨工业大学(深圳)薛睿老师的热情指导。与本书相关的教改活动得到了美国Xilinx(赛灵思)公司陆佳华先生以及依元素科技有限公司的大力支持。在此，对所有帮助我们的老师和同学表示衷心的感谢。另外，还要特别感谢清华大学出版社的编辑在编写本书期间给予的极大帮助。

由于编者水平有限，书中难免会有不足之处，殷切希望广大同仁和读者批评指正。

编者

于南京江宁九龙湖畔

2019年7月

目 录

第1章 概述

本章内容基于计算机组成的角度，从理论上概述了计算机系统和CPU的结构与工作原理。理论是实践的基础，希望读者能在进行CPU设计之前，对相关的理论知识做一个梳理。

1.1 计算机系统概述

1946年，世界上第一台电子计算机诞生。经过70多年的发展，历经了电子管计算机、晶体管计算机、集成电路计算机和大规模及超大规模集成电路计算机四代。计算机性能不断提高，性能价格比不断上升，应用领域也越来越广。当前的计算机既向巨型化发展，也同时向微型化发展。巨型化方面，截至2017年6月，出现了由10 649 600个Sunway(神威)SW26010 260C CPU核组成的当时世界上排名第一的中国神威·太湖之光(Sunway TaihuLight)超级计算机，运算速度峰值达到93pflop/s；微型化方面，出现了专用领域的嵌入式系统，甚至是在一个芯片上实现的片上系统(System on Chip，SoC)。但不论是巨型机还是SoC，它们大都采用冯·诺依曼计算机模型，因此，计算机的结构及组成基本相同。本节主要介绍计算机系统的基本知识和一些本书中将要用到的概念。

1.1.1 计算机系统层次

图1-1是计算机系统从底层到应用的抽象层次示意图。

从图1-1可以看到，计算机系统最底层是物理层，这里主要是指硅片、晶元这种制造芯片最基础的物理材料。器件层指形成电路基本器件，比如晶体管等。电路层是指利用器件层器件构成的最基础电路。这三层主要涉及材料、电子等专业的相关研究。

进行计算机系统设计的主要工作在门电路级/RTL(Register Transfer Level)级到应用程序级这几个层次上。当然，这些工作将分别由计算机硬件工程师和软件工程师共同完成。

实际上，一个计算机系统的设计是从制定指令集开始的，如果采用已有指令集，则设计计算机系统从分析指定的指令集开始。

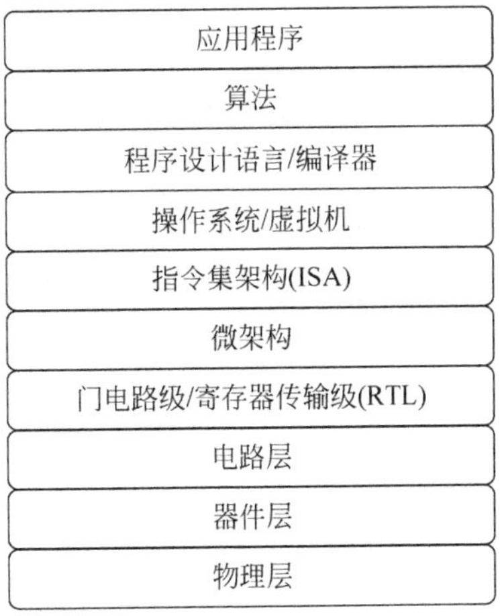

从图1-1可以看出，指令集架构层正好在计算机系

应用程序
算法
程序设计语言/编译器
操作系统/虚拟机
指令集架构(ISA)
微架构
门电路级/寄存器传输级(RTL)
电路层
器件层
物理层

图1-1 计算机系统层次

统软/硬件交界面上。从指令集架构层向下,指令集决定了该计算机(主要是 CPU(Central Processing Unit,中央处理器))的微架构,包括数据通路、存储结构、时序系统等的确定和设计。确定了微架构后,进一步在门电路级/RTL 级进行逻辑电路设计。这一步骤,被称为自顶向下的设计步骤。具体到实现上,通常采用自底向上的实现步骤,也就是在门电路级/RTL 级实现常用的 CPU 部件,然后作为 IP(Intellectual Property)核或模块带入到实现微架构设计的电路中。

从指令集层向上,指令集决定了汇编语言指令形式和其与机器指令的对应关系。而指令集所决定的微架构以及计算机硬件的组成方式又对操作系统和虚拟机的具体实现起到决定作用。操作系统与虚拟机的出现,不仅能较好地管理硬件资源,也通过虚拟化提高了硬件的利用率,增强了系统功能。

计算机要完成某个应用,首先应该在应用层提出需求,经过需求分析,提出解决需求问题的算法,并通过计算机程序具体来实现算法。计算机程序是完成某个特定功能的指令序列,但机器指令和汇编指令在编写程序的时候非常烦琐,不利于实现较为复杂的算法。因此在计算机技术的发展中,出现了很多易于编程人员掌握的程序设计语言,比如 C、C++、Java、Python 等,但这些语言必须转换成机器指令才能被计算机执行,将程序设计语言转换成机器语言的工具就是编译器。而指令集也决定了编译器的最终输出结果,微架构也是编译器对程序与结构进行相关优化的一个重要依据。

由此可见,指令集架构在计算机系统设计中起到非常关键的重用。

本书涉及的层次,硬件设计上主要是门电路级/RTL 级和微架构级,指令集架构上采用组常用的 31 条 MIPS 指令,在编程上采用 MIPS(Microcomputer Without Interlocked Pipeline Stages)汇编语言(仅限 31 条指令)。

1.1.2 计算机硬件的基础部件

由图 1-1 可知,计算机在硬件实现上首先要解决的是基本电子器件和电子部件的设计,而计算机最基本的器件单元就是数字逻辑电路中的基本门电路。当然,对于计算机专业而言,学生需要掌握门级以上数字电路的设计。

下面列出计算机专业学生应该掌握的基本门级电路,以及要会设计的基本器件和基本部件。

1. 应掌握的基本门级电路

计算机基本器件或部件最终是由基本门级电路组成的,这些门级电路包括以下电路。

(1) 与门。完成 C=A & B 的逻辑运算。

(2) 或门。完成 C=A|B 的逻辑运算。

(3) 非门。完成 A=～B 的逻辑运算。

(4) 与非门。完成 C=～(A & B)的逻辑运算。

(5) 或非门。完成 C=～(A|B)的逻辑运算。

(6) 异或门。完成 C=A^B 的逻辑运算。

(7) 异或非们。完成 C=～(A^B)的逻辑运算。

当然,除了上述输入门外,还包括多输入的上述门电路。

2. 应会设计的基本器件

以下基本器件学生应该学会设计，这些都是完成CPU设计的最基本器件。

(1) 多路选择器。这是在CPU乃至SoC设计中最常见的器件，通过选择端，决定在几路输入中选择哪一路作为输出。选择端通常由CPU的控制部件信号控制。

(2) 译码器。在CPU内部以及接口电路中常用的器件，它通常将编码信号转成枚举信号，在接口电路中多用于地址译码，如3-8译码器、2-4译码器等。

(3) 编码器。和译码器的功能相反，用于将枚举信号按一定的规则编码。在计算机中常用的有优先编码器等。

(4) 比较器。用于比较输入的两个数之间的大小关系或是否相等，常用于判优或相等判断。

(5) 锁存器与触发器。锁存器与触发器具有数据暂存的功能，是组成寄存器的基本器件。

(6) 寄存器。寄存器是计算机中存取速度最快的存储体，存在于CPU和接口电路中，用于存放CPU中经常用到的临时数据和接口电路中的命令、数据与状态。

(7) 分频器、计数器和脉宽调制器(Pulse Width Modulation，PWM)。它们实际上都是以计数器为核心，根据用途的不同起到分频、定时和计数等功能。

(8) 移位寄存器。移位寄存器在计算机中运用非常广泛，比如串行通信中的并转串和串转并器件、在运算器中实现移位指令的桶形移位器等。

3. 应会设计的基本部件

计算机硬件中的基本部件大多由基本门电路和基本器件构成，它们是形成CPU或计算机系统的基本单元或简单单元，要进行CPU设计，必须要先掌握这些基本部件的设计。

(1) 寄存器文件。又称为寄存器堆或寄存器组，由多个寄存器组成，是CPU中用于存储临时数据最快的存储部件。

(2) 加减法器。最基本的运算器，根据原码和补码的原理，采用一个加法器完成加法和减法操作。

(3) 乘法器和除法器。基本的运算器件之一，根据不同的微结构，会有更加适合的相关设计方式。

(4) 运算器。根据指令码来完成不同类型的运算，是CPU中的核心部件之一。

(5) 存储器及存储器的扩展。基本的内存单元以及位扩展或/和字节扩展技术下的存储器设计。

(6) 7段数码管控制器、LED输出、拨码开关输入控制器。这些都是最简单的计算机外设控制电路。

当然，除了上述部件以外，对于一个完整的CPU，还会有取指单元、译码单元、控制单元等。

1.1.3 计算机系统组成

1945年6月30日，普林斯顿大学数学教授冯·诺依曼(John von Neumann)发表了EDVAC(Electronic Discrete Variable Computer，离散变量自动电子计算机)方案，确立了现代计算机的基本结构，提出计算机应具有五大基本组成部分：运算器、控制器、存储器、输入设备和输出设备，描述了这五大部分的功能和相互关系，并提出"采用二进制"和"存储程序"这两个重要的基本思想。迄今为止，大部分计算机仍基本上遵循冯·诺依曼结构。当要计算机完成某项工作的时候，比如一个财务管理工作或者一个文字处理工作等，必须先设计解决问题的算法，然后根据算法编写有关的程序，准备所需要的数据。"存储程序"就是把这些事先编写好的程序和数据存储到存储器中保留起来，系统会根据给出的程序中第一条指令的存储地址取出第一条指令，然后控制器就可以依据存储程序中的指令逻辑顺序周而复始地取指令、分析指令和执行指令，直到完成全部的指令操作。冯·诺依曼模型计算机的程序执行过程如图1-2所示，其中，计算指令地址这一步骤可以提前，比如提前到本条指令取指之后，分析指令之前。

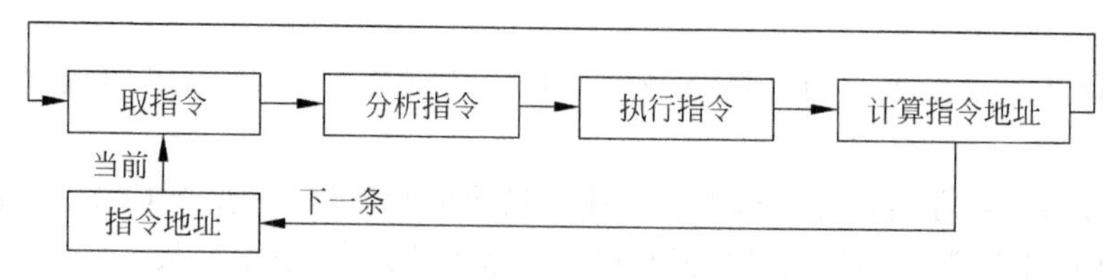

图1-2　冯·诺依曼模型计算机的程序执行过程

计算机系统由硬件系统和软件系统组成，如图1-3所示。

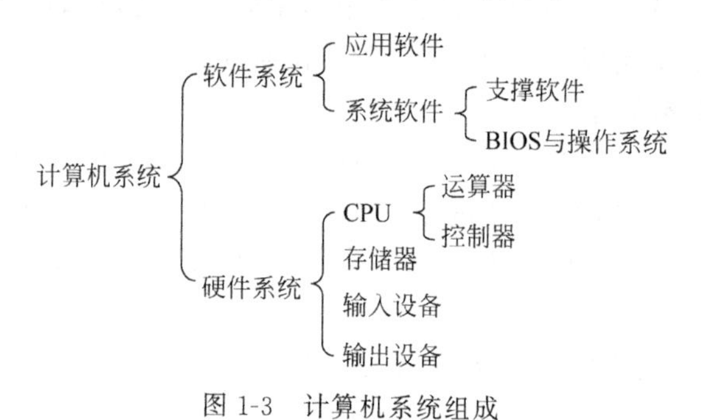

图1-3　计算机系统组成

1. 计算机系统的硬件系统

从图1-3可以看出，计算机系统的硬件系统包括作为计算机核心的中央处理单元(CPU)、存放数据和程序的存储器以及能够为程序提供各种数据的输入设备和将运算结果显示出来的输出设备。

1）中央处理单元(CPU)

CPU是计算机的运算和指挥控制中心，它包含了运算器和控制器。运算器负责数据运算，控制器负责协调CPU各部件的工作和根据指令发出有关的控制信号。在现代微处理器中，控制器一般由取指单元、指令译码单元、控制单元和结果回写单元组成。

(1) 取指单元根据指令指针寄存器中存放的地址从存储器中取出指令，放入指令寄存器中。

(2) 指令译码单元分析和解释指令寄存器中的指令，并根据需要从寄存器、存储器或者I/O端口中取出指令所需的数据。如果需要，译码单元会将数据送到运算逻辑单元进行运算。

(3) 控制单元按照指令的要求,对计算机各部件发出相应的控制信号,协调它们的工作。

(4) 结果回写单元负责将运算的结果写回寄存器、存储器或者送到 I/O 端口输出。

寄存器组包含多个寄存器,它们用来存放 CPU 经常使用或正在使用的数据或地址及暂存计算结果。这些寄存器包括通用寄存器、控制与状态寄存器、指令指针寄存器等。

2) 存储器

存储器是计算机的存储和记忆装置,用来存放数据和程序,它包括内存和外存(如硬盘),通常以 8 个二进制位为一个单元,每个单元规定一个唯一的物理地址。对于内存,CPU 可直接对它进行访问,因为其读写速度快于外存,所以主要存放当前正在使用的数据和程序。但由于当前 CPU 主频提高很快,内存读写速度相对来说不能适应 CPU 的高速读写要求,因此,在当前的计算机系统的内存子系统设计中,往往会在 CPU 和内存之间加上快速存储的高速缓存(Cache)作为过渡。

在计算机中,通常 8 个二进制位称为 1 字节(Byte,B),1024(2^{10})字节记作 1KB,2^{20} 字节记作 1MB,2^{30} 字节记作 1GB,2^{40} 字节记作 1TB。

3) 输入输出设备

输入输出(I/O)设备是为计算机提供数据或信息的输入设备(如扫描仪、键盘、鼠标等)和接收从计算机中出来的信息或数据的输出设备(如打印机、显示器等)。但无论哪种输入输出设备都不能直接和 CPU 相连,因为设备的类型繁多,需要的信号类型各有差异,时序上也千差万别,因此,必须通过各种 I/O 接口电路进行相应的转换以后再和 CPU 相连。I/O 接口电路是计算机与 I/O 设备之间的桥梁,是数据进出计算机的通道,也是计算机与 I/O 设备工作的协调者。

4) 计算机总线

上述谈到的计算机中的各种部件并不是独立存在的,它们之间需要密切配合,互通信息,而将这些部件联系到一起的就是计算机总线。计算机总线是在部件和部件之间或设备与设备之间的一组进行互连和传输信息的信号线,其传输的信息包括指令、数据和地址。对于连接到总线上的多个设备而言,任何一个设备发出的信号可以被连接到总线上的所有其他设备接收。但在同一时间段内,连接到同一条总线上的多个设备中只能有一个设备主动进行信号的传输,其他设备只能处于被动接收的状态。

早期计算机中,部件互连采用单总线结构,CPU、主存、I/O 接口(设备)均连接在同一条总线上,CPU 通过该系统总线访问主存和 I/O 接口,这种结构简单,但内存和 I/O 设备会因总线冲突而降低传输效率。现代计算机中,部件互连常采用双总线、多总线结构。双总线结构中,CPU 与内存之间以及 CPU 与 I/O 之间是通过两条总线相连,这将提高计算机系统的运行速度。ARM SoC 中采用的是多总线结构,CPU 与外部的 ICode 总线、DCode 总线、系统总线相连,分别用于取指令、读 ROM 中数据、访问 RAM 及 I/O,以提高总线传输的速率和并行度。

总线的信号线通常由地址总线、数据总线和控制总线组成。地址总线传送 CPU 发出的访问内存或外部设备接口的地址信息。对于内存的访问,地址总线的宽度(总线条数)决定了系统能访问的最大内存容量。数据总线既可以从 CPU 传送数据信息到外设和内存,也可以从内存和外设向 CPU 传送数据。数据总线的宽度决定了一次可以传送的二进制数据的位数。控制总线传送控制信息、时序信息和状态信息。这些信息控制数据总线、地址总线的使用。

2. 计算机系统的软件系统

硬件系统只是计算机系统的物理基础，必须配备各种软件才能做人们想要它们做的事情。计算机系统的软件系统包括为了运行、管理和维护计算机而编制的各种程序的总和，它分为系统软件和应用软件。系统软件包括基本输入输出系统(Basic Input Output System，BIOS)、操作系统和支撑软件。BIOS 在开机的时候完成硬件自检、启动操作系统的功能，并负责向上层软件提供控制硬件的简单接口。操作系统负责管理和保护计算机系统的各种资源，它通过处理器管理、作业管理、内存管理、设备管理、文件管理等几大模块不仅有效地管理、利用和保护系统资源，还向用户或程序员提供了便捷的操作界面和编程接口。另外，现代操作系统充分利用硬件资源，通过各项虚拟技术为用户提供了一个比实际裸机更为强大的虚拟计算机，比如多任务系统中，单处理器微机被虚拟成多个处理器，4 核处理器被虚拟成大于 4 核的处理器；请求页式、请求段式存储管理，使得虚拟存储的容量也远远大于实际内部存储器的容量，而 SPOOling(Simultaneous Peripheral Operations On-Line，外部设备联机并行操作)技术便可将一台物理 I/O 设备虚拟为多台逻辑 I/O 设备，并允许多个用户共享一台物理 I/O 设备。

计算机系统可以采用二进制机器指令码直接编程，这样写出的程序执行效率较高，而且代码量小。但是这种方法不容易记住指令码，也很难在今后进行代码维护。为了方便程序员编程，逐渐形成了带有指令助记符的汇编语言和各种更接近自然语言的高级语言，如 BASIC、C、C++、Java、Python 等。这些语言并不能被机器自动识别，必须有专门的软件将其翻译成机器能懂的机器码，这就需要编译器。除此以外，还有帮助编程人员的调试软件与文字编辑软件、管理大量数据的数据库管理系统软件，以及为了扩大计算机的功能而事先编好的各种标准子程序所组成的程序库、中间件等。所有这些，就组成了系统软件中的支撑软件。

应用软件是指用户为解决各种实际应用问题而利用计算机及其系统软件编写的软件。比如股票软件、QQ 聊天软件、音频、视频播放软件等。

不过不是所有的计算机系统都具有完整的软件体系，一些简单的系统(如使用单片机作为处理器的工业系统)中就可能没有基本输入输出系统和操作系统，而直接由应用程序对硬件进行控制。

3. 计算机系统的软硬件工作过程

从程序员的角度看，计算机系统是通过程序(软件)的执行来完成各种任务，软件是完成某功能的一条条指令的序列。而从系统结构人员的角度看，计算机系统完成任务最终是通过各种电子信号(数据、控制等)的配合来实现。

程序可以是用汇编语言写的，而更多的是用诸如 C、C++、Java、Python 等高级语言编写的。图 1-4 给出了一个高级语言或汇编语言程序如何转换电子信号的过程。

高级语言或汇编语言编写的程序是机器无法识别的，因此，必须通过编译器将其翻译成机器能够识别的二进制形式的机器指令。编译器通过词法分析和语法分析、中间代码生成等过程，最后根据不同的指令系统生成相关的二进制机器指令序列。在生成机器指令序列的时候，好的编译器除了常规优化外，可以根据硬件结构的特点对指令序列进行特殊的优

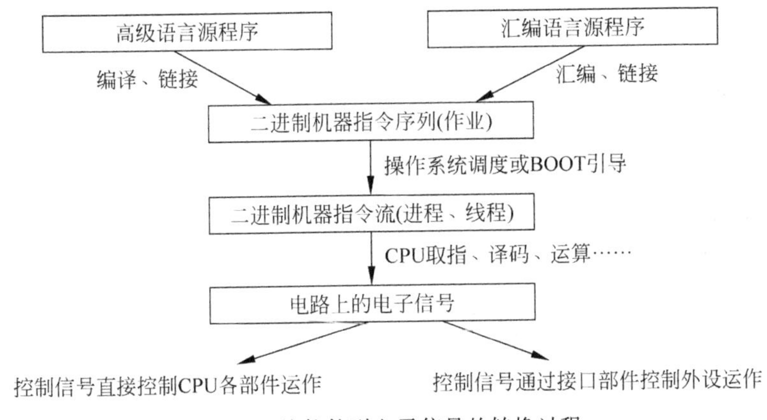

图 1-4 从软件到电子信号的转换过程

化,以便该程序能够充分利用硬件资源。例如,在超标量结构中,尽量将不相关的指令连续存放,以便几条指令能同时进入几条流水中。

编译器有时甚至需要通过库程序来弥补硬件的不足。如早期 PC 的 CPU 没有浮点运算单元,编译器就需要提供一个软件的浮点运算仿真库(以静态链接库或动态链接库的形式存在)来解决这个问题。而一个大型项目的任务,往往需要很多的程序共同完成,因此编译器和汇编器往往会将这些同一项目中的程序先生成可链接的目标文件,通过链接(link)程序将这些目标文件或系统静态链接库链接成一个二进制的可执行代码(二进制的机器指令序列)。

二进制的可执行代码仅仅是存放在外存中的可执行文件,并不能产生任何的信号,必须要调入到内存中实际运行起来。通常可执行文件是由操作系统的作业调度程序调度到内存中成为进程,再由进程调度程序调度进 CPU 运行环境后才正式运行,并产生各类信号。而操作系统本身的核心部分则是由 BIOS 的 BOOT 引导程序引导进内存执行。

进入到内存的二进制机器指令流经过 CPU 的取指单元取出,通过译码单元对指令进行分析和解释,为下一步的运算做数据准备,而控制单元根据指令的要求,发出各种控制信号,这些控制信号会协调各部件工作。运算单元计算出来的结果由回写单元写回寄存器、存储器或 I/O 端口。

系统的 BIOS 程序是直接将编译过后生成的二进制机器指令序列固化 ROM、E^2PROM 或 Flash 中,系统启动的时候,其第一条指令直接被 CPU 取指执行。在有些结构的系统中,没有 BIOS 和操作系统,其应用程序也是采用这种方法执行的。

由上面的步骤可以看到,无论是高级语言程序还是汇编程序,最终都要转换成机器能够识别的机器指令,这些机器指令再在 CPU 的工作下转换成各类电子信号。

1.1.4 计算机存储结构类型

在计算机的存储结构上,存在着冯·诺依曼结构和哈佛结构两种。

冯·诺依曼结构的计算机在存储结构上采用了一种将指令和数据以二进制形式存储在同一个存储器的结构。指令存储地址和数据存储地址指向同一个存储器的不同物理位置,因此指令和数据的宽度相同。目前主存使用冯·诺伊曼存储结构的中央处理器和微控制器有很多,比如 Intel 公司的 x86 系列、ARM 公司的 ARM7、MIPS 公司的 MIPS 处理器等。

这种存储结构有一个缺陷,那就是指令和数据存放在一个存储体内,在流水线处理器中,当一条指令取指,而另一条指令需要取数据的时候,就会产生访存的冲突,从而降低了系统的性能。

另外,数据和指令都以二进制形式且不加区分地存储在一个存储空间中,这样数据取出后,也可以当作指令执行,换句话说,一个可执行的程序可以被当作数据存放。这给一些病毒程序提供了一个漏洞,曾经就有一种蠕虫病毒将自己程序的一部分作为文本文件存放在硬盘中,然后通过指针调用该文本执行,因此躲过了大部分杀毒软件的查杀。

另一种存储结构是将指令和数据分别存储在指令存储器和数据存储器中,CPU 首先到指令存储器中读取程序指令内容,译码后得到数据地址,再到相应的数据存储器中读取数据,并进行下一步的操作(通常是执行),这种存储结构称为哈佛结构。指令存储器和数据存储器分开,可以使指令和数据有不同的数据宽度。

由于指令和数据分开组织和存储,在同时读取数据和取下一条指令时不会产生访存冲突,因此哈佛结构的微处理器通常具有较高的执行效率。摩托罗拉公司的 MC68 系列、Zilog 公司的 Z8 系列、ATMEL 公司的 AVR 系列、ARM 公司的 ARM9、ARM10 和 ARM11 系列都采用了哈佛结构,MCS-51 单片机广义上也属于哈佛结构。

哈佛结构的缺点是两套存储体机制下,如果采用处理器外扩展存储体方式时,处理器需要的引脚数会比冯·诺依曼结构多很多。另外,如果程序中的常量定义在指令存储器中,则对它的读取要比读取数据存储器中的数据复杂得多。

实际上,现在的处理器设计已经开始出现融合两种结构的设计方案,比如 Intel 公司的 Pentium 系列和酷睿系列,总的架构是冯·诺依曼结构,但在 L1 Cache 的设计上,就借鉴了哈佛结构,单独设计了 L1 指令 Cache 和 L1 数据 Cache。MIPS 的 L1 Cache 也采用了这种结构。

1.1.5 计算机指令集类型

计算机系统的指令集是该计算机系统能够执行的所有指令的总和。不同的计算机系统会有不同的指令集,而不同的指令集往往会影响到整个系统的体系结构设计。尽管目前计算机的指令集很多,但大致上可以分成两类:复杂指令集和精简指令集。根据这两类,计算机的体系结构也被相应分成两种。

1. 复杂指令集计算机

早期的计算机都是采用的复杂指令集计算机(Complex Instruction Set Computer, CISC)结构,这种结构是希望指令功能非常强大,因此指令格式比较复杂,通常采用不等长指令设计,指令的寻址方式丰富,绝大多数指令的执行需要多个时钟周期。x86 就属于 CISC 型处理器。CISC 技术有其一定的优点,其指令系统与高级语言的语义相近,因此降低了编译器的复杂程度,而且编译后的程序较小,节省了大量的存储空间。

但是,CISC 也有其固有的缺点。首先随着计算机结构的不断改进,指令的功能和指令条数不断增加,指令系统变得异常庞大,有些系统的指令数目甚至达 300 多条。而且经过研究发现,只有 20%的指令是最常用的,它们在程序中占了 80%。其次,复杂的指令格式和众多的寻址方式使得硬布线逻辑电路的设计更为复杂,尽管采用微程序设计技术可以降低电路的复杂性，但也在一定程度上影响了指令的执行速度。再次，复杂不规整的指令会降低流水线的性能。第四，随着指令条数的增加，完成同一任务的指令组合变多，编译器在最后优化分析时就变得更加困难。

2. 精简指令集计算机

通过简化指令，使得计算机的结构变得简单、合理，从而提高CPU的执行速度。精简指令集计算机(Reduced Instruction Set Computer，RISC)的主要特点如下。

(1) 优化指令系统，只选用使用频率高的指令，减少指令条数。

(2) 采用简单的指令格式和寻址方式，指令的长度固定，大多数指令能在一个时钟周期内完成。

(3) 除了Load/Store指令能访问存储器外，其他任何指令的操作数或者为立即数或者存放在寄存器中，因此，进行的是寄存器与寄存器之间的操作。通常RISC处理器设计了大量的寄存器，用于临时存放数据。

(4) 由于计算机结构简单，所以主要采用硬布线逻辑，较少使用或者不用微程序控制。

RISC体系结构更加适合流水线、超标量的CPU设计。但它也有其自身的缺点，那就是简化了硬件设计，却使得编译器变得复杂，因为要完成同一个任务，RISC程序通常要比CISC程序需要更多的指令，这就使得编译器的优化更为重要。

目前运行的很多处理器都综合采用了CISC和RISC体系结构，比如传统的CISC处理器系列中的Pentium、Pentium 4、Core 2 Duo也采用了RISC设计思想，而RISC处理器中的Power 4处理器则采用了一些复杂指令。

1.1.6 单周期、多周期和流水线处理器

计算机中的最核心部分是处理器，目前的处理器至少要完成取指、译码和执行等工作。单周期的CPU会在一个时钟周期内完成所有的工作，即从指令取出到得到结果全部在一个时钟之内完成。单周期CPU的设计比较适合不很复杂的电路，因为当电路复杂后，整个处理电路的最长路径延时会严重阻碍处理器工作频率的提高。

多周期CPU的设计是将整个CPU的执行过程分成几个阶段，每个阶段用一个时钟去完成。如上述所说的分成取指、译码、执行等阶段，如果每个阶段都用一个时钟周期完成的话，则整个指令的取指到得到结果的过程需要3个时钟才能完成。尽管多周期的设计比单周期的设计在完成一条指令的执行上要花费更多的时钟周期，但由于每个阶段的电路复杂性降低，各阶段的电路最长路径延时必定会比整个任务执行时间短，而多周期的处理器的时钟周期是由具有最大阶段电路延时决定的，因此，时钟周期会大大缩短，进而时钟频率会大步提升。比如，假设原来单周期的CPU完成一次完整操作需要10ms，则处理器最高频率为100Hz，如果将其执行分成3个阶段，每个阶段完成的时间分别为3ms、3ms、4ms，则多周期下的最高频率可以接近1000Hz/4=250Hz。多周期CPU的设计不仅能提高CPU的工作频率，还为组成指令流水线提供了基础。

在多周期CPU设计的基础上，利用各阶段电路间可并行执行的特点，让各个阶段的执行在时间上重叠起来，这种技术就是流水线技术。假设一条指令的执行分为取指(F)、译码(D)和执行(E)3个阶段，每个阶段完成的时间分别为3ms、3ms、4ms。由于多周期和流水处理器的时钟周期都是由具有最大阶段电路延时决定的，在这里最大延时是4ms，因此一个时钟

周期为4ms。如果采用顺序执行,则三条指令的执行过程如图1-5(a)所示,总共需要9个时钟周期,总时间是36ms。如果采用流水线技术,同样三条指令执行过程如图1-5(b)所示,三条指令执行只需要5个时钟周期,执行总时间缩短到了20ms。这就在一定程度上提高了单位时间的执行指令数(Instruction Per Clock,IPC)。

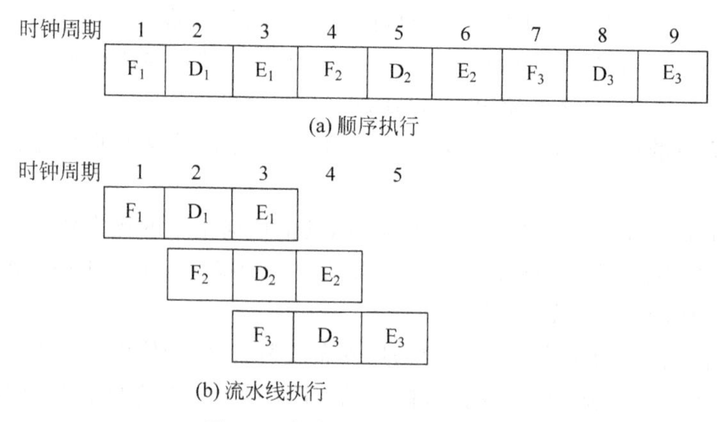

图1-5 指令流水线的基本思想

CPU的性能指标可以用以下公式计算。

$$\text{CPU 性能} = \text{CPU 主频} \times \text{IPC}/\text{指令数}$$

式中,IPC是每时钟执行的指令条数。作为分母的指令数由指令集体系结构(Instruction Set Architecture,ISA)、编译器性能和操作系统性能决定,ISA中每条指令完成的工作量越多,则完成特定功能的指令数越少;编译器对程序优化得越好,指令数也会越少;而应用程序对操作系统中的功能调用会增加指令数。显然,从单周期发展到多周期是为了提高CPU的主频,而流水线处理器是为了在多周期的情况下提高IPC。为了进一步提高IPC,现代微处理器中甚至采用多流水线的超标量结构以及多核结构。RISC型处理器中增加一些复杂指令,也是为了降低指令数。

1.1.7 思考与拓展

设计CPU为什么必须从指令集架构开始呢?

1.2 EDA工具及其运用

EDA(Electronics Design Automation,电子设计自动化)技术是20世纪60年代中期从计算机辅助设计(Computer Aided Design,CAD)、计算机辅助制造(Computer Aided Manufacturing,CAM)、计算机辅助测试(Computer Aided Test,CAT)和计算机辅助工程(Computer Aided Engineering,CAE)的概念发展而来的。实际上,EDA所涉及的领域很宽泛,包括在机械、电子、通信、航空航天、化工、矿产、生物、医学、军事等各个领域,都有EDA的应用。本书仅讨论与CPU设计相关的电子电路设计领域的EDA技术,在该领域,EDA以计算机为工作平台,融合了电子技术、计算机技术、信息处理和自动化技术的最新成果,进行电子产品的自动设计。

1.2.1 EDA工具的分类

总体来说，电子设计类的EDA工具分为以下几类。

1. 电子电路设计及仿真工具

这类工具包括MATLAB、Proteus、Spice/Pspice、Multisim7，SystemView、MMICAD LiveWire、Edison、Tina Pro Bright Spark等。

其中MATLAB是美国MathWorks公司出品的商业数学软件，用于算法开发、数据可视化、数据分析以及数值计算的高级技术计算语言和交互式环境，主要包括MATLAB和Simulink两部分。MATLAB除具有数据分析、数值和符号计算、工程与科学绘图、控制系统设计、数字图像信号处理、财务工程、建模、仿真、原型开发、应用开发、图形用户界面设计等功能外，还具有数据采集、报告生成和MATLAB语言编程产生独立C/C++、Java代码等功能，被广泛应用于信号与图像处理、控制系统设计、通信系统仿真等诸多领域。

Proteus是英国Lab Center Electronics公司出版的EDA工具。它从原理图布图、代码调试到处理器(如单片机等)与外围电路协同仿真，一键切换到PCB(Printed Circuit Board，印制电路板)设计，真正实现了从概念到产品的完整设计。它是将电路仿真软件、PCB设计软件和虚拟模型仿真软件三合一的设计平台，其处理器模型支持8051、HC11、PIC10/12/16/18/24/30/DsPIC33、AVR、ARM、8086、MSP430、Cortex和DSP系列处理器等。在编译方面，它也支持IAR、Keil和MPLAB等多种编译器，在单片机、嵌入式和微机原理实验中被广泛采用。

2. PCB设计工具

PCB设计工具种类有很多，如Protel、Altium Designer、OrCAD、Viewlogic、PowerPCB、Cadence PSD、Expedition PCB、Zuken CadStart、PCB Studio、Winboard/Windraft/Ivex-SPICE、PCBWizard、Ultiboard 7等。

Protel是Altium公司在20世纪80年代末推出的EDA工具，是PCB设计者的首选软件。它是个完整的全方位电路设计系统，包含了电原理图绘制、模拟电路与数字电路混合信号仿真、多层印刷电路板设计(包含印刷电路板自动布局布线)，可编程逻辑器件设计、图表生成、电路表格生成、支持宏操作等功能，并具有Client/Server(客户/服务)体系结构，同时还兼容一些其他设计软件的文件格式，如OrCAD、Pspice、Excel等。

3. IC设计工具

IC(Integrated Circuit)设计工具包括ASIC(Application Specific Integrated Circuits，专用集成电路)设计工具和PLD(Programmable Logic Device，可编程逻辑器件)设计工具。此类工具以计算机为工作平台，把应用电子技术、计算机技术、智能化技术等融合在一个电子CAD通用软件包中，根据硬件描述语言(Hardware Description Language，HDL)或电路原理图完成的设计文件，自动完成逻辑、化简、分割、综合、优化、布局布线及仿真，直至完成对于特定目标芯片的适配编译、逻辑映射和编程下载等工作。

在ASIC设计工具中，按市场所占份额排行为Cadence、Mentor Graphics和Synopsys。

PLD设计工具有两类：CPLD(Complex PLD，复杂可编程逻辑器件)设计工具和FPGA(Field Programmable Gate Array，现场可编程门阵列)设计工具，最主要的三大CPLD和FPGA芯片生产厂家都有自己的设计工具。

1）Xilinx公司及其开发工具

Xilinx公司成立于1984年，它首创了现场可编程逻辑阵列(FPGA)这一创新性的技术。目前，Xilinx满足了全世界对FPGA产品一半以上的需求，其产品还包括了CPLD。与采用传统方法如固定逻辑门阵列相比，利用Xilinx可编程器件，用户可以更快地设计和验证电路。而且，由于Xilinx器件是只需要进行编程的标准部件，用户不需要像采用固定逻辑芯片时那样等待样品或者付出巨额成本。

FPGA内的基本逻辑单元是CLB(Configurable Logic Block)，每个CLB都包含一个可配置开关矩阵，此矩阵由4或6个输入、一些选型电路(多路复用器等)和触发器组成。每个CLB模块不仅可以用于实现组合逻辑、时序逻辑，还可以配置为分布式RAM和分布式ROM。

Xilinx的主流FPGA分为两大类：一种侧重低成本应用，容量中等，性能可以满足一般的逻辑设计要求，如Spartan系列的Spartan-2、Spartan-2E、Spartan-3、Spartan-3A、Spartan-3E、Spartan-6等；还有一种侧重于高性能应用，容量大，性能能满足各类高端应用，如Virtex系列的Virtex-6、Virtex-5、Virtex-4、Virtex-Ⅱ Pro和Virtex-Ⅱ系列。近几年，Xilinx又向外部发布了28nm的7系列芯片，包括Artix-7、Kintex-7和Virtex-7 Zynq；20nm制程的Virtex UltraScale和Kintex UltraScale以及16nm制程的Virtex UltraScale＋和Kintex UltraScale＋。除此之外，Xilinx还发布了包含ARM＋FPGA的SoC系列芯片Zynq和Pynq，以及包含ARM核心＋Mali GPU＋FPGA的Zynq UltraScale＋ MPSoC。Xilinx公司的芯片不仅满足了数字电路应用领域的需要，更是涉足从1＋Tb/s网络、智能NIC、机器学习和数据中心互连到全集成雷达/预警系统等应用。

在EDA工具方面，除了早期的Foundation外，还开发了ISE设计套件，尤其是7系列芯片出来之后，Xilinx遵循开发全可编程(All-Programmable)芯片的指导思想全新开发了Vivado设计套件。该套件包括高度集成的设计环境和新一代从系统到IC级的工具，这些均建立在共享的可扩展数据模型和通用调试环境基础上。这也是一个基于AMBA AXI4互联规范、IP-XACT IP封装元数据、工具命令语言(Tool Command Language，TCL)、Synopsys系统约束(Synopsys Design Constraints，SDC)以及其他有助于根据客户需求量身定制设计流程并符合业界标准的开放式环境。

所谓全可编程是指Xilinx公司将逻辑和I/O、软件可编程ARM处理系统、3D-IC、模拟混合信号(Analog Mixed Signal，AMS)、系统到IC设计工具以及IP核可编程技术进行不同组合，集成到器件中的一项技术。

本书后面的实验都是基于Xilinx Artix7为核心的Minisys实验平台，开发工具使用的是Vivado 2017.4。

2）Altera公司及其开发工具

Altera公司于20世纪发明了世界上第一个可编程逻辑器件，在20世纪90年代以后发展很快。主要产品有MAX3000/7000、FELX6K/10K、APEX20K、ACEX1K、Stratix、Cyclone等。其开发工具MAX＋PLUS Ⅱ及之后推出的Quartus Ⅱ是较成功的PLD开发平台。Altera公司提供较多形式的设计输入手段，绑定第三方VHDL综合工具，如综合软件FPGA Express、Leonard Spectrum、仿真软件ModelSim。2015年12月英特尔斥资167亿美元收购了Altera公司。

3）Lattice公司及其产品

Lattice是ISP（In-System Programmability，在系统编程）技术的发明者。ISP技术极大地促进了PLD产品的发展，它提供业界最广范围的现场可编程门阵列（FPGA）、可编程逻辑器件（PLD）及其相关软件，包括现场可编程系统芯片（FPSC）、复杂的可编程逻辑器件（CPLD）、可编程混合信号产品（ispPAC）和可编程数字互连器件（ispGDX），其开发工具比Altera和Xilinx略逊一筹。

1.2.2　EDA技术的运用

1. 从传统实验手段转换到EDA技术手段

目前还有不少学校的计算机专业在数电实验和计算机组成原理实验中依然采用传统的实验方案，这已经完全脱离了当前行业发展的趋势，严重滞后于行业当前的技术水平和开发方法，亟须进行实验手段的更新，这主要表现在以下几个方面。

1）从固定TTL芯片接线向FPGA设计方式转化

以前的数电实验和计算机组成实验大多采用固定的TTL芯片，学生通过在实验箱上进行连线来完成。因为大多数实验箱所用器件是固定的，受到实验箱硬件的限制，因此所谓的设计实验，基本上也是事先被教师规定好，多以验证型为主。当大规模和超大规模集成电路出现后，在一个芯片内可以集成更多的功能和门电路，而CPLD和FPGA的出现，更使得电路设计具有了在线可编程性。因此，以FPGA设计为代表的实验方式，并未给学生太多的条条框框，学生可以更加自由地发挥自己的想象，做出更为出彩的设计。而且以FPGA为核心技术的实验平台可以更好地适应不同课程和不同实验的需要，而无须一门课一个实验平台。比如本书所使用的Minisys实验平台，支持从基本数电实验、CPU的部件实验、CPU设计实验到基本的计算机接口实验，满足了计算机专业多门硬件课程的实验要求。

2）从依赖TTL芯片到更关注数字逻辑本身

过去的实验大多采用74系列的TTL芯片来组成组合逻辑电路或时序逻辑电路，这种做法现在面临很大的问题。首先，大多数74系列的TTL芯片已经退出市场，学生毕业后还要经历一次知识和方法的更新；其次，学生设计电路的时候不仅要关注逻辑本身，还要去熟悉这些已被淘汰的芯片的各种功能和特性，分散了注意力，积累了不必要的知识；最后，与业界当前的电路设计方法和设计技术严重脱轨。而采用FPGA芯片设计技术不仅让学生掌握了先进的芯片设计技术，符合当前小型化、嵌入式化的发展趋势，同时，学生的注意力关注于逻辑本身，并且能够更加充分地利用硬件资源。

3）用硬件描述语言设计更为复杂的电路

在本书中，基本器件和基本电路的设计还是提倡用原理图的方式，以提高所设计电路的性能，也加强了学生对电路原理的理解。但对于复杂的部件和CPU设计，无法画出包含十万门甚至上百万逻辑门的电路原理图，此时，应该采用硬件描述语言Verilog HDL或VHDL语言进行设计，电路设计者更为关注的是电路的逻辑和功能。实际上，当前的EDA技术已经在支持更高级语言进行电路设计，比如C语言，甚至是Python语言，这大大地降低了电路设计的难度。

4）学会用仿真时序图而不是用LED、拨码开关查看中间结果

过去的实验，为了查看中间结果，或者为了了解CPU运行每一个时钟的中间信号情

况，通常采用拨码开关输入，中间结果用 LED 输出的方式，这种方法一个是操作烦琐，需要将观察信号拉到输出引脚，测试信号拉到输入引脚，不仅无端占用了很多引脚，而且人工操作拨码开关以及按钮会受器件不稳定的影响，有时候有先后关系且时间很短的两个信号也不容易进行人工输入。也有部分高校或公司开发了一些虚拟直观的显示界面来显示中间结果，尽管看似直观，但它却很难表现出几个信号之间细微的时序关系。

现代 EDA 技术给出了更为有效的调试和仿真手段，读者应该学会利用仿真工具，通过仿真时序图查看整个电路的运行情况及内部信号的变化。即使是看一个流水型 CPU 的执行，也应该直接通过仿真时序图来观察流水运行情况，而不是用一个间接的界面模拟。

5）利用已有的 IP 核来加快项目的设计

现代 EDA 工具都包含有很多已经设计好的模块，比如 Xilinx 的 Vivado 中的 IP 核库以及 Altera 的 Quartus Ⅱ 中的宏模块，这些都是有经验的工程师开发的模块，就像软件开发中的库函数一样，读者要善于利用这些 IP 核来加快自己的设计。

2. 采用 Vivado 工具的设计步骤

由于本书使用的 EDA 工具是 Vivado 2017.4，所以这里给出了使用 Vivado 工具进行芯片电路设计的一般流程。有关该软件的使用方法和具体流程，将会结合在后续章节的实验中给出。

1）设计准备阶段

该阶段设计者要根据系统的功能、器件的资源、成本、器件的工作速度等方面开展调研，进行方案论证、系统设计和器件选择。准备好后，就可以在 Vivado 中创建一个新的工程，在创建新工程的时候指定选择的芯片。

2）设计的输入

设计者将自己设计的电路按照开发工具要求的形式输入到开发工具中，通常有两种方法：一种是通过原理图输入，它利用图形界面将设计者设计的电路以类似原理图的形式输入到 EDA 工具中，这种方法直观，但只适合小规模电路的输入，比如 Vivado 中的 Block Design；第二种是硬件描述语言输入，这种方式是在文本编辑窗口输入用硬件描述语言描述的电路，常用的硬件描述语言有 Verilog HDL、VHDL，现在有些 EDA 工具也支持 C 语言和 Python 语言。

3）RTL 行为级仿真（behavioral simulation）

这个阶段的仿真可以用来检查代码中的语法错误以及代码行为的正确性。由于设计只是在 RTL 中描述，所以不需要时序信息。如果没有实例化一些与器件相关的特殊底层元件的话，这个阶段的仿真也可以做到与器件无关。因此在设计的初期阶段不使用特殊底层元件既可以提高代码的可读性和可维护性，又可以提高仿真效率，且容易被重用。

4）为工程添加约束

在进行综合与实现之前为工程添加约束（包括引脚约束、时序约束、区域约束等），这样就把设计和具体器件联系起来。添加约束可以在文本窗口直接编辑 XDC 文件，也可以在 Vivado 提供的窗口界面工具中完成约束设置。

5）综合

综合（synthesis）是将 RTL 指定设计转换为门级表示的过程。Vivado 综合是时序驱动的，并针对内存使用和性能进行了优化。综合的结果生成网表文件。

6）综合后的仿真

综合后的仿真（post-synthesis simulation）包括功能仿真和时序仿真。这一阶段设计者可以通过仿真综合网表来验证综合设计是否符合功能要求并按预期行事，也可以在此时使用估计的时序编号进行时序仿真。

7）实现

实现（implementation）过程将逻辑网表和约束转换为布局和布线设计，为生成比特流做好准备。这一阶段主要的工作是优化逻辑设计，使其更容易适应目标 Xilinx 器件，优化设计元素以降低目标 Xilinx 器件的功耗需求，布局、布线和再优化。

8）实现后仿真

实现后仿真（post-implementation simulation）指实现后可以执行功能仿真或时序仿真。时序仿真是最接近于将设计真正下载到器件后所表现出来的时序情况的一种仿真，它使得设计者确保实现的设计符合功能和时序要求，并且具有器件中的预期行为。

9）Bit 流文件生成、编程、调试

这一步产生可以下载到器件上去的 Bit 流文件，连接好硬件以后，通过编程，将设计的电路下载到 FPGA 中。之后，如果有必要可以进行调试。

1.2.3 思考与拓展

（1）CPU 实验为什么要从使用 TTL 芯片上升到 FPGA 设计？

（2）使用 EDA 技术如何在下板之前验证设计的正确性？

第2章

Minisys实验板介绍

尽管本书的实验在逻辑层面上不与器件相关，但具体到实现和编程（下载）以及所做实验的功能和引脚分配，还是避免不了与FPGA芯片型号和实验平台相关。本书的实验采用依元素科技有限公司开发的Minisys实验板作为实验平台，所以本章着重介绍Minisys实验板的相关功能及参数。

2.1 Minisys实验板概述

Minisys实验板是一个以Xilinx Artix-7系列FPGA（XC7A100T FGG484C-1）为主芯片的、可用于"数字电路""计算机组成原理""计算机组成课程设计""微机原理与接口技术""计算机系统综合课程设计（SoC）"等多门课程实验的统一实验平台。

2.1.1 主芯片XC7A100T关键资源

XC7A100T上有101 440个逻辑单元，15 850个Slice，每一个Slice中带有4个6输入的查找表（LUT）和8个触发器，片内近12.5%的查找表可以配置为64位分布式RAM或者32位的SRL（或两个16位SRL16），使得综合工具能够充分利用这些逻辑和存储资源。

片内集成135个36Kb的Block RAM，并且每一个可以当作两个独立的18Kb的Block RAM使用。这些Block RAM资源可以很方便地利用Vivado的IP集成器配置成单端口、双端口等多种类型RAM。

240个DSP48E1数字信号处理单元，每个DSP48E1中包含一个预加器、一个25×18乘法器、一个加法器以及一个累加器。

6个时钟管理模块（CMT），每个包含一个混合模式时钟管理器（MMCM）及一个锁相环（PLL）。MMCM和PLL的中心都有一个可以根据输入电压而调速的晶振，由此能够生成频率范围很宽的时钟信号。同时，这两个部件又都能作为输入时钟信号的抖动滤波器。

内部时钟最高可达450MHz，Minisys实验板采用100MHz主频。

2.1.2 Minisys实验板资源

Minisys实验板提供了丰富的端口和外设资源，包括：

- 24个用户可用的拨码开关。
- 5个按键开关。
- 8个用户可用的红色LED（RLDs）。
- 8个用户可用的黄色LED（YLDs）。

• 8 个用户可用的绿色 LED(GLDs)。
• 2 个 4 位 7 段数码管。
• 1 个 4×4 键盘。
• 1 个 USB_JTAG 编程(下载)接口或 Type C 编程、串口接口。
• 1 个 Micro SD 卡槽。
• 1 个 12 位 VGA 输出。
• 1 个蜂鸣器。
• 1 个 10/100/1000Mbps 以太网接口。
• 1 个 512MB 的 DDR3 SDRAM。
• 1 组 48 位宽,24Mb 容量的 SRAM。
• 1 个 16MB 的非易失性 SPI Flash。
• 1 个 6-Pin JTAG 插口,用于 FPGA 的配置及在线调试。
• 1 个接口板连接器。

大量的 FPGA 资源以及板上的外设让 Minisys 能够胜任各种数字系统设计、计算机组成课程设计等。

Minisys 实验板与 Xilinx 公司新推出的高性能 Vivado 开发套件(包含 Simulator、IP Integrator、Block Design、SDK)完全兼容。Xilinx 为这些工具提供了免费的 Webpack 版本,这就意味着可以在不增添费用的情况下完成设计。

图 2-1 是 Minisys(2016 版)实验板的实物图。

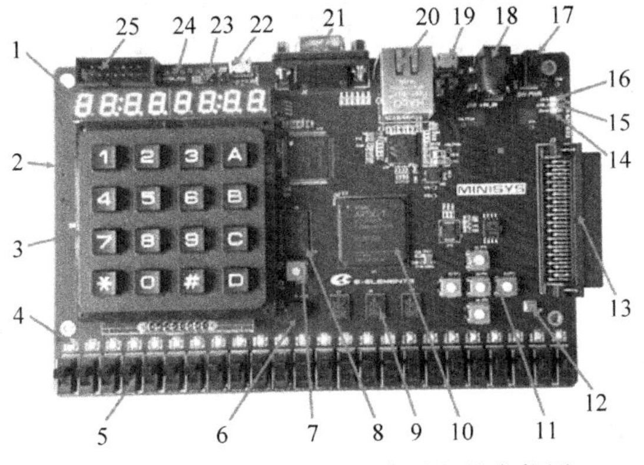

图 2-1 Minisys(2016 版)实验板的实物图

表 2-1 是 Minisys(2016 版)实验板资源一览表。

表 2-1 Minisys(2016 版)实验板资源一览表

标注	描　　述	标注	描　　述
1	8 个 7 段数码管	6	蜂鸣器
2	Micro SD 卡槽(板卡背面)	7	FPGA 复位按键
3	4×4 小键盘	8	DDR3 SDRAM
4	LEDs(红、黄、绿各 8 个)	9	SRAM
5	拨码开关	10	XC7A100T 主芯片

续表

标注	描　　述	标注	描　　述
11	5个按键开关	19	USB转UART接口(供电用)
12	麦克风	20	以太网接口
13	接口板连接器	21	VGA接口
14	FPGA烧写完成指示灯	22	USB_JTAG接口(编程用)
15	USB_JTAG指示灯	23	编程跳线
16	电源指示灯	24	用户扩展I/O
17	电源开关	25	JTAG接口
18	电源连接口		

图2-2是Minisys(2017版)实验板的实物图。

图2-2　Minisys(2017版)实验板的实物图

表2-2是Minisys(2017版)实验板资源一览表。

表2-2　Minisys(2017版)实验板资源一览表

标注	描　　述	标注	描　　述
1	8个7段数码管	13	接口板连接器
2	Micro SD卡槽(实验板背面)	14	FPGA烧写完成指示灯
3	4×4小键盘	15	USB_JTAG指示灯
4	LEDs(红、黄、绿各8个)	16	电源指示灯
5	拨码开关	17	电源开关
6	蜂鸣器	18	电源连接口
7	FPGA复位按键	19	Type C接口(编程,串口)
8	DDR3 SDRAM	20	以太网接口
9	SRAM	21	VGA接口
10	XC7A100T主芯片	22	编程跳线
11	5个按键开关	23	用户扩展I/O
12	麦克风	24	JTAG接口

2.2 Minisys板上存储器

除了XC7A100T-1 FGG484C-1内部有Block RAM存储器外，Minisys实验板上还包括3种扩展存储设备。

2.2.1 DDR3 SDRAM

在Minisys实验板上，将一个容量为256M×16b的DDR3 SDRAM（芯片型号为MT41J256M16-FBGA96）连接到主芯片上，当主芯片访问SDRAM时，需要传送15位的行地址、3位块地址和10位列地址，其中行地址和列地址分时共用一组地址线。

2.2.2 SRAM

SRAM模块由3块IS61WV51216BLL-10MI芯片并联组成，每块芯片的容量为512K×16b，并联后的SRAM模块的容量为512K×48b，通过19根地址线和48根数据线与主芯片连接。SRAM的片选信号$\overline{CE}$、输出使能信号$\overline{OE}$、写使能信号$\overline{WE}$、低字节控制$\overline{LB}$和高字节控制$\overline{HB}$均为低电平有效。

2.2.3 Flash Memory

非易失串行Flash的容量是128Mb，使用的是专用的Quad SPI总线。FPGA的配置文件可以写入Quad SPI Flash（型号N25Q032A13ESE40F），图2-2标注22的最左端两个接上跳帽后选择板子在上电时，FPGA自动从SPI Flash中读取配置文件。当编程跳线连接JP3的位置时，可以将编程文件下载到Flash中。

2.3 时　钟

Minisys实验板包括了一个连接在主芯片Y18引脚的100MHz的晶振。根据需求设计，输入时钟可以驱动MMCMs或PLLs产生多种频率的时钟以及相位的变化。Xilinx提供了时钟向导IP核，可以帮助用户设计产生不同需求的时钟。

2.4 基本I/O设备

2.4.1 拨码开关与LED灯

Minisys实验板上有24个拨码开关，板上标注为SW23～SW0。在实验中，常将拨码开关作为数据输入，当开关拨到下档时，表示输入为0，否则为1。

另外，实验板上还有24个LED灯（红、黄、绿分别8个），板上标号为RLD7～RLD0、YLD7～YLD0和GLD7～GLD0。当FPGA相应引脚的输出为高电平时，所连接的LED灯被点亮，否则灯熄灭。

拨码开关和LED灯与主芯片的连接如图2-3所示。

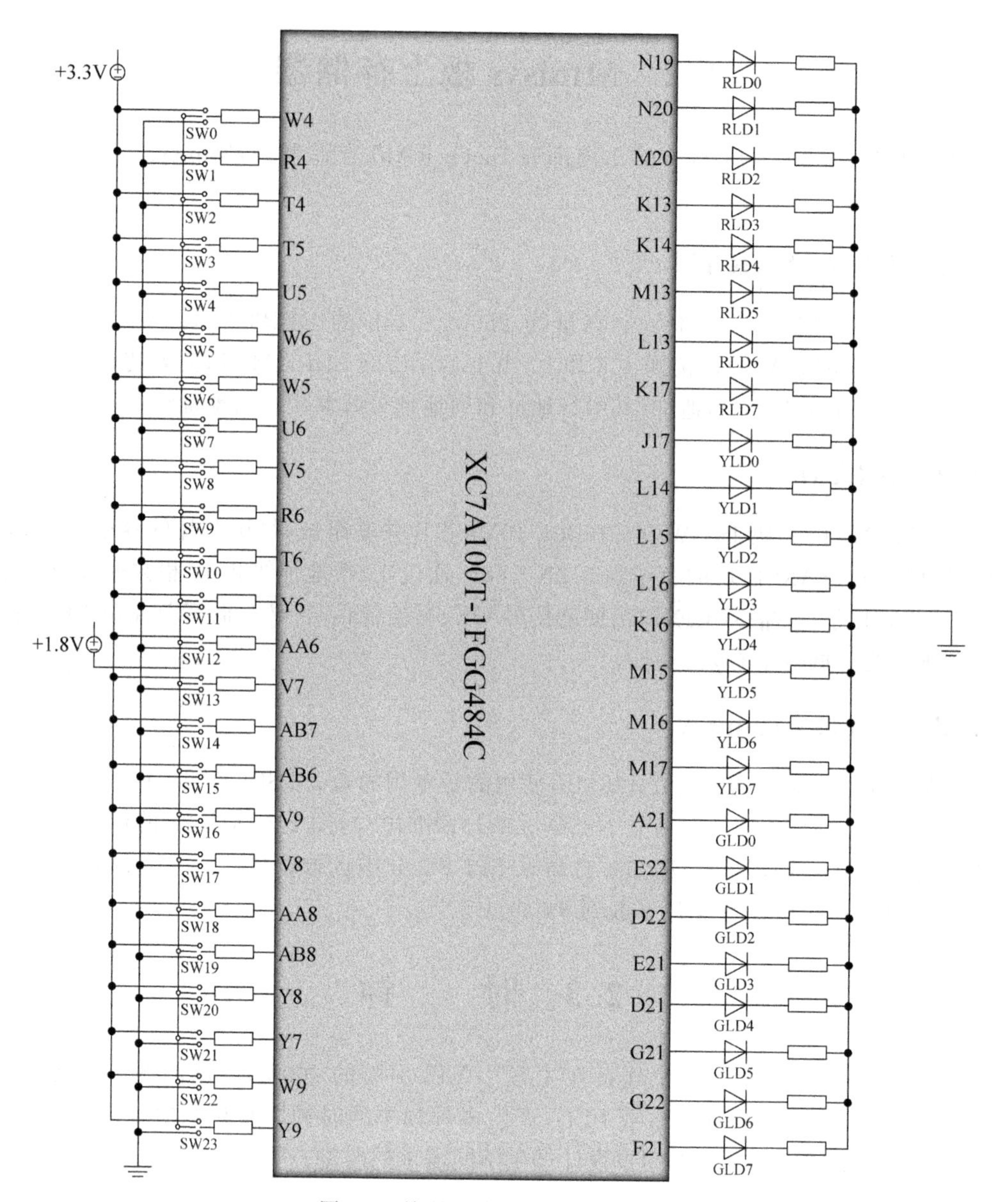

图 2-3 拨码开关与 LED 灯电路图

2.4.2 按键开关

按键开关与主芯片的连接方式如图 2-4 所示。当某一按键按下时，其对应的 FPGA 输入为 1，否则为 0。

板上共有 6 个按键开关(S1～S6)，其中的 S6 按键被选作 FPGA 的复位按键。在开发学习过程中，建议在需要时设置一个复位输入，这不仅是所开发系统的功能需求，还有利于代码调试。

另外 5 个按键开关(S1～S5)排成了一个十字交叉型，如图 2-4 所示。

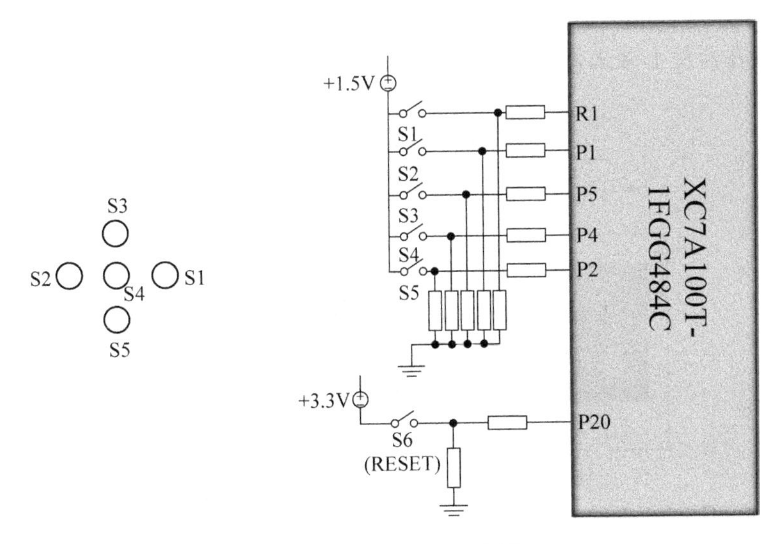

图 2-4　按键开关电路图

2.4.3　4×4 矩阵键盘

Minisys 实验板上还连接了一个 4×4 的矩阵键盘，用以方便快速地进行数值输入。

4×4 键盘通过 4 根行选线和 4 根列选线连接到主芯片。其采用行列扫描的原理与主芯片交换数据，其中行线是输出线，列线是输入线，图 2-5 显示了 4×4 键盘的原理图。值得注意的是，主芯片接收的是按键的“坐标”，而不是其所对应的键值。要想获得需要的键值，需要在程序中对行、列信号的每一种组合方式进行翻译。

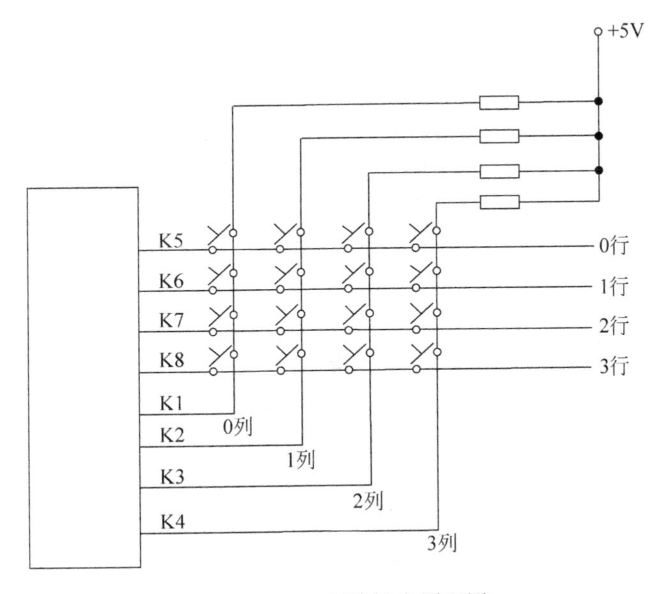

图 2-5　4×4 矩阵键盘原理图

图 2-6 显示了 Minisys 实验板上的 4×4 键盘与主芯片的连接方式。4×4 键盘在器件上并未做去抖处理，所以在对它运用时要做去抖处理。

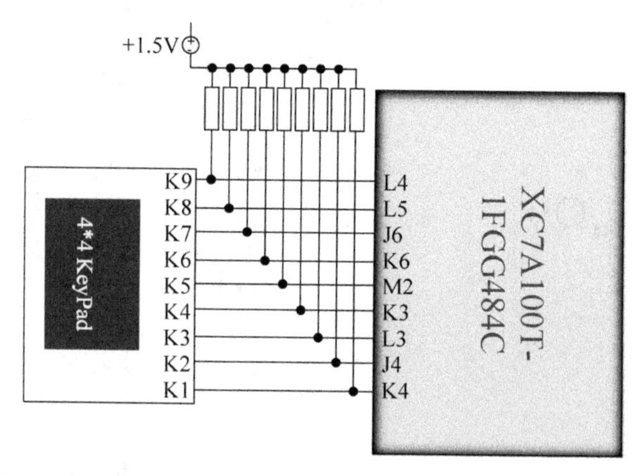

图 2-6　4×4 矩阵键盘连接电路图

2.4.4　7 段数码管

Minisys 实验板上有两个 4 位带小数点的 7 段数码管，总共是 8 位 7 段数码管，图 2-7 显示了它们与主芯片的连接方式。图 2-8 以数码管中最右侧的 A0 数码管为例说明了 Minisys 实验板上的 7 段数码管的连接方式。

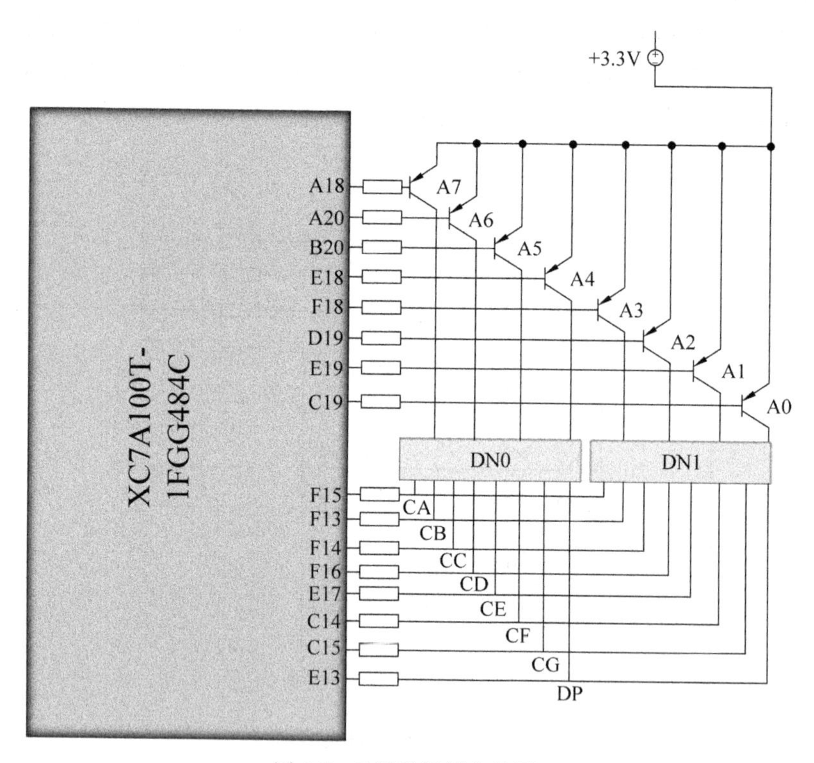

图 2-7　7 段数码管电路图

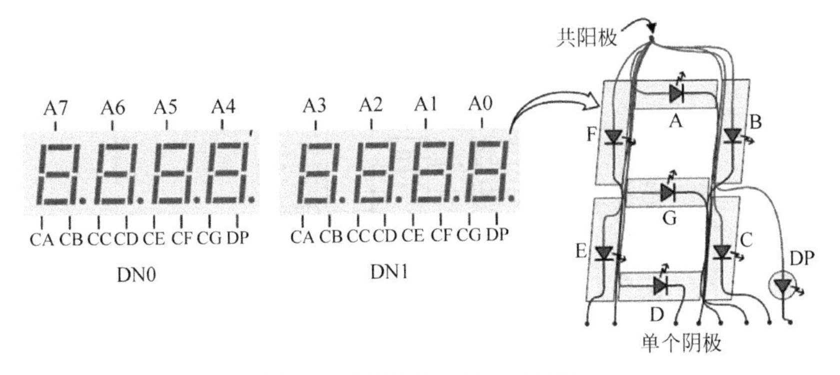

图 2-8 共阳极数码管电路结构

8 位 7 段数码管中每一位数码管的 7 个段及小数点分别连接到一组低电平触发的引脚上，它们被称为 CA，CB，CC，…，CG，DP，其中，CA 接到 8 个数码管中每一个数码管 A 段的负极，CB 接到 8 个数码管中每一个数码管 B 段的负极，以此类推。

此外，每一位数码管都有一个使能信号，数码管从左到右的使能信号分别是 A7，A6，…，A0。A7～A0 通过一个反相器接到对应数码管的每一个段的正极上。例如，只有当 A0 为 0 的时候，最右侧数码管的显示才会受到 CA～CG 这几个信号的驱动。

需要注意的是，使能信号和触发信号都是低电平有效。

图 2-9 中列出了数码管显示 0～F 时点亮的段。比如说在显示数字 0 的时候，除了中间的 G 段外，其他的段都被点亮了，而数字 1 只点亮了 B 段和 C 段。

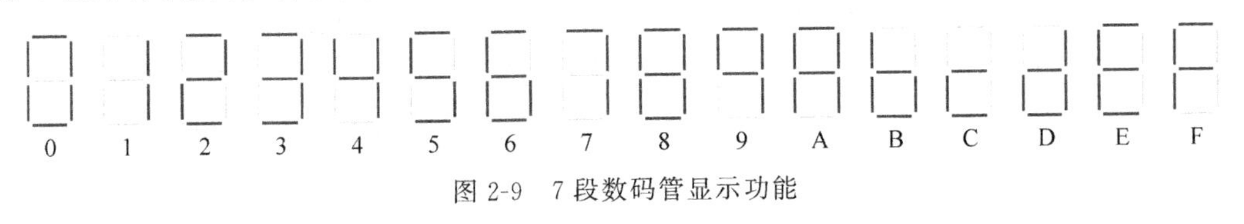

图 2-9 7 段数码管显示功能

要想让每个数码管显示不同的数字，使能信号（A7～A0）和段信号（CA～CG）必须依次地被持续驱动，数码管之间的刷新速度应该足够快，这样就看不出来数码管之间在闪烁，通常刷新频率设置为 500Hz，也就是 2ms 刷新一次。举个例子，如果想在数码管 0 上显示数字 3，而数码管 1 上显示数字 9，可以先把 CA～CG 设置为显示数字 3，并拉低 A0 信号（A7～A1 均为高），2ms 后再把 CA～CG 设置为显示数字 9 并拉高 A0，拉低 A1。

2.4.5 VGA 模块

VGA 模块与主芯片的连接电路图如图 2-10 所示。Minisys 使用 14 路 FPGA 信号生成一个 VGA 端口，该端口包括 4 位的红、绿、蓝三基色信号和标准行、列同步信号。色彩信号由电阻分压电路产生，支持 12 位的 VGA 彩色显示，共有 4096 种不同的颜色配置。

在实际应用中，若使用 Minisys 实验板进行 VGA 显示输出，一定要提供正确的时序，否则 VGA 显示电路不能正常工作。

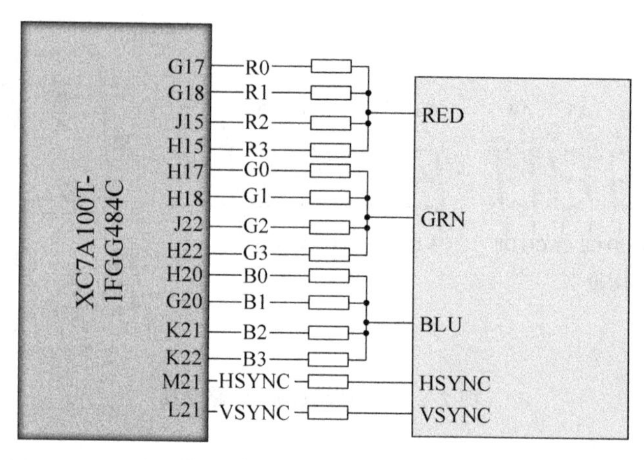

图 2-10 VGA 模块电路图

2.4.6 蜂鸣器

除了上述各种视觉输出部件外，Minisys 实验板上还配置了一个蜂鸣器，用作声音输出部件，与主芯片的连接方式如图 2-11 所示。主芯片通过 A19 引脚向蜂鸣器输出一个电信号，该信号的频率由用户决定。在该信号驱动下，蜂鸣器内部发生机械振动，发出相应频率的声音。

2.4.7 麦克风

Minisys 实验板上还包含一个全向的 MEMS 麦克风。麦克风使用 ADMP421 芯片，其信噪比高达 61dBA，敏感度达－26dBFS，能够对 100Hz～15kHz 的信号产生平稳的响应，经其数字化后的音频以 PDM 格式输出。图 2-12 显示了麦克风模块与主芯片的连接方式。

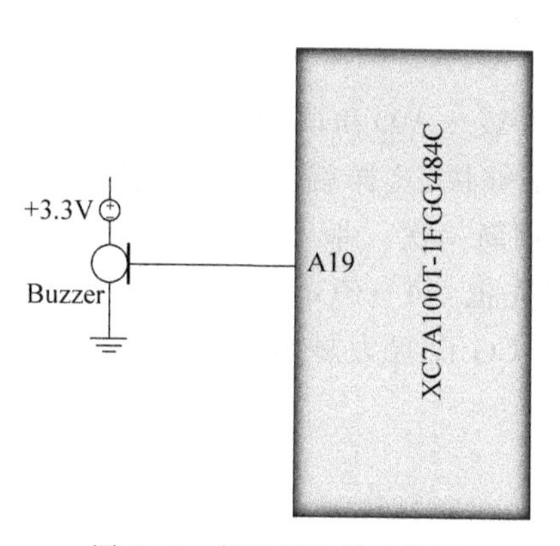

图 2-11 蜂鸣器连接电路图

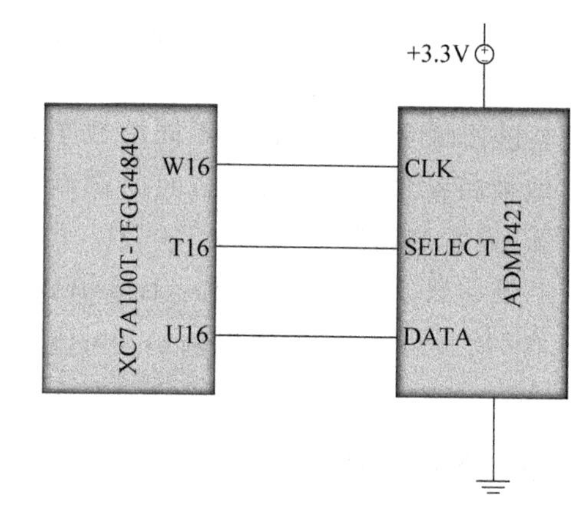

图 2-12 麦克风连接电路图

2.4.8 思考与拓展

(1) 请根据图 2-8 和图 2-9 列出十六进制数 0～F 的 7 段数码管的输出码。

(2) 请根据图 2-5 和图 2-6 并查找相关资料，写出扫描 4×4 键盘的算法流程。

第3章

Verilog HDL 语言基础

本书中大部分实验采用硬件描述语言 Verilog HDL 编写，因此，本章先简单介绍该语言。如果学生熟悉 C 语言，则着重学习与 C 语言不同和具有硬件特性的部分。

3.1 Verilog HDL 设计初步

Verilog HDL 是一种硬件描述语言，主要用于从系统级（system level）、算法级（algorithm level）、寄存器传输级（Register Transfer Level，RTL）、门级（gate level）到开关级（switch level）的多种抽象设计层次的数字系统建模。Verilog HDL 既是一种行为描述语言也是一种结构描述语言，也就是说，Verilog HDL 既可以用电路的功能描述，也可以用元器件及其之间的连接来建立模型。

Verilog HDL 支持硬件设计的开发、验证、综合和测试，硬件数据之间的通信，硬件的设计、维护和修改。Verilog HDL 可以在各种抽象层次上描述数字电路，可以测试各种层次数字电路的行为，可以设计出正确有效的复杂电路结构。其功能非常强大，是目前应用最广泛的硬件描述语言之一。

3.1.1 Verilog HDL 设计流程简介

运用 Verilog HDL 设计系统一般采用自顶向下（top-down）分层设计的方法。

（1）从系统设计入手，在顶层进行功能方框图的划分和结构设计。从系统级设计开始，把系统划分成几个大的功能模块，每个功能模块再按一定的规则分成下一个层次的基本单元，如此划分下去，并用硬件描述语言对高层次的系统行为进行**描述**。可以采用文本方式，也可以采用图形和文本混合设计的方式，主要是要求正确地描述模块的功能和逻辑关系，但不考虑逻辑关系的具体实现。

（2）利用高性能的计算机对用 Verilog HDL 建模的复杂数字逻辑进行**功能仿真**（又称前仿真），以验证设计在功能上是否正确，但不考虑信号时延等因素，若发现有问题应修改设计。这一仿真层次的许多 Verilog HDL 语句不能被综合器所接受，必须将行为方式描述的 Verilog HDL 语言程序改写为数据流方式描述的 Verilog HDL 语言程序，为下一步的逻辑综合做准备。

（3）选用合适的基本逻辑元件库、宏库和 IP 核库，选用合适的综合器进行**综合**（synthesis），将高层次的设计描述自动转化为低层次的设计描述，以生成符合要求且在电路结构上可以实现的数字逻辑网表（netlist），其结果相当于根据系统要求画出了系统的逻辑电路图。综合后的结果可为硬件系统所接受，具有硬件系统可实现性。

(4) 利用适配器(fitter)将综合后的网表文件针对某一具体的目标器件进行逻辑映射操作,根据网表和合适的某种工艺的器件生成具体电路,也就是通常所说的**布局布线**设计。

(5) 生成该工艺条件下具体电路的延时模型进行**时序仿真**(又称后仿真),即针对具体器件在完成布局布线后的含时延的仿真。

(6) 仿真验证无误后,通过编程器或下载电缆将设计文件**下载**到目标芯片 FPGA 或 CPLD 中。

相比传统的原理图设计方法,用 Verilog HDL 设计数字系统能够获得抽象级的描述,设计者在电路设计时不必考虑工艺实现的具体细节;在设计的前期就可以完成电路功能级的验证;易于理解和维护,信号位数容易修改,可以很方便地适应不同规模的应用;方便把设计移植到不同厂家的不同芯片中去,利于 IP 核重用。

IP 核(Intellectual Property core)是一段具有特定功能的硬件描述语言程序,该程序与集成电路工艺无关,可以移植到不同的半导体工艺中去生产集成电路芯片。IP 核分为 3 类:软核(soft IP core)、硬核(hard IP core)和固核(firm IP core)。软核通常是用 HDL 文本形式提交给用户,它经过 RTL 级设计优化和功能验证,但其中不含有任何具体的物理信息。据此,用户可以综合出正确的门电路级设计网表,并可以进行后续的结构设计,具有很大的灵活性。硬核是基于半导体工艺的物理设计,已有固定的拓扑布局和具体工艺,并已经过工艺验证,具有可保证的性能,提供给用户的形式是电路物理结构掩模版图和全套工艺文件,是可以拿来就用的全套技术。固核的设计程度则是介于软核和硬核之间,除了完成软核所有的设计外,还完成了门级电路综合和时序仿真等设计环节,一般以门级电路网表的形式提供给用户。

3.1.2 Verilog HDL 语言与 C 语言的比较

从语法结构上看,Verilog HDL 语言与 C 语言有许多相似之处,继承和借鉴了 C 语言的许多语法结构。表 3-1 和表 3-2 给出常用 C 语言与 Verilog HDL 语言相对应的关键字、控制结构和运算符的比较。

表 3-1 C 语言与 Verilog HDL 关键字与控制结构对照表

C 语言	Verilog HDL 语言	C 语言	Verilog HDL 语言
function	module, function	break	break
if-then-else	if-then-else	define	define
for	for	printf	printf
while	while	int	int
case	case	{,}	begin,end

表 3-2 C 语言与 Verilog HDL 运算符的对照表

C 语言	Verilog HDL 语言	功　　能	C 语言	Verilog HDL 语言	功　　能
+	+	加	<=	<=	小于或等于
-	-	减	==	==	等于
*	*	乘	!=	!=	不等于
/	/	除	~	~	取反

续表

C 语言	Verilog HDL 语言	功　能	C 语言	Verilog HDL 语言	功　能
%	%	取模	&	&	按位与
!	!	逻辑非	|	|	按位或
&&	&&	逻辑与	^	^	按位异或
||	||	逻辑或	~^	~^	按位同或
>	>	大于	<<	<<	左移
<	<	小于	>>	>>	右移
>=	>=	大于或等于	? :	? :	等同于 if-else

从表中可以看出，Verilog HDL 语言与 C 语言几乎完全相同。但是作为一种硬件描述语言，Verilog HDL 语言与 C 语言在使用时还是有着本质的区别的：C 语言是一行一行依次执行的，属于顺序结构；而 Verilog HDL 是用语言的方式去描述物理电路的行为，在任何时刻，只要接通电源，所有电路都同时工作，因此，虽然程序语句是顺序编写的，但一旦综合成硬件电路后，各部分电路可以在同一时刻同时运行，属于并行结构。C 语言的函数调用与 Verilog HDL 中的模块调用也有区别，C 语言调用函数是没有延时特性的，一个函数是唯一确定的，对同一个函数的不同调用是一样的；而 Verilog HDL 中对模块的不同调用是不同的，即使调用的是同一模块，也必须用不同的名字来指定。

3.1.3 基本的 Verilog HDL 模块

模块(module)是 Verilog HDL 程序的基本设计单元，它代表硬件上的逻辑实体，其范围可以从简单的门到整个大的系统，比如一个加法器、一个存储子系统、一个微处理器等。模块是可以进行层次嵌套的。每个 Verilog HDL 源文件中只准有一个顶层模块，其他为子模块。

在 Verilog HDL 语言中，首先要做的就是模块定义。下面以图 3-1 为例来说明模块的结构。

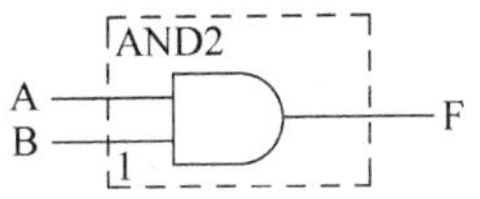

AND2　A　B　F　1

图 3-1　两输入与门

用 Verilog HDL 语言对两输入与门的描述如下：

```
//模块声明
module MYAND2 (A,B,F );          //模块名为 MYAND2
//端口定义
input  A,B;                      //输入信号定义
output F;                        //输出信号定义
//数据类型说明
wire A, B, F;                    //定义信号的数据类型
//逻辑功能描述
assign F = A & B;                //逻辑功能描述
endmodule
```

将上面的 Verilog HDL 程序与原理图对照，可以对 Verilog HDL 程序模块有一个比较直观的认识。Verilog HDL 模块结构完全嵌在 module 和 endmodule 关键字之间，每个 Verilog HDL 模块包括 4 个主要部分：模块声明、端口定义、数据类型说明和逻辑功能描述。

1. 模块声明

模块声明的格式如下：

```
module  模块名(端口列表);
```

在模块声明中,"模块名"是模块唯一的标识符,模块名区分大小写。端口列表是由模块各个输入输出和双向端口组成的列表,这些端口用来与其他模块进行连接,括号中的列表以逗号(,)来区分,列表的顺序没有规定,先后自由。要注意关键字与模块名之间应留有空格,端口列表的最后要写入分号(;)。

2. 端口定义

端口定义的格式如下:

```
input 端口名 1, …,端口名 N;          //输入端口
output 端口名 1, …,端口名 N;         //输出端口
inout 端口名 1, …,端口名 N;          //输入和输出端口
```

端口列表中所列端口要在端口定义中进行输入和输出的明确说明。输入和输出的端口名之间分别以逗号(,)来区分,行末写入分号(;)。Verilog 定义的端口类型有 3 种:input、output、inout,分别表示输入、输出和双向端口。在顶层模块中,端口对应的物理模型是芯片的引脚,在内部子模块中,端口对应的物理模型是内部连线。

3. 数据类型说明

数据类型说明的格式如下:

```
wire 数据名 1, …,数据名 N;          //连线型数据
reg 数据名 1, …,数据名 N;           //寄存器型数据
```

对模块中用到的所有信号(包括端口信号、节点信号等)都必须进行数据类型的定义。在 3.2.2 节中将介绍 Verilog HDL 语言提供的常用信号类型,这些信号类型分别模拟实际电路中的各种物理连接和物理实体。

4. 逻辑功能描述

模块中最重要的部分是逻辑功能描述。有 3 种方法可在模块中进行逻辑功能描述。

1) 用 assign 持续赋值语句

这种方法的句法很简单,只需将逻辑表达式放在关键字 assign 后即可。

例如,用 assign 赋值语句实现 1 位半加器(数据流描述方式)的代码如下:

```
1.  module  half_add1 (A,B,Sum,Cout);
2.  input  A,B;
3.  output  Sum,Cout;
4.   assign  Sum = A^B;
5.   assign  Cout = A&B;
6.  endmodule
```

assign 语句一般用于组合逻辑的赋值,称为持续赋值方式。

2) 元件例化

元件例化的方法类似于在电路图输入方式下调入库元件,也称为元件调用。元件例化包括门元件例化和模块元件例化,这种方法侧重于电路的结构描述。

(1) 门元件例化的格式如下:

```
门元件名<实例名> (<端口列表>);
```

其中<>内的部分为可选项，端口列表根据不同类型的元件会有所不同。

例如，调用门元件实现 1 位半加器(门级描述方式)的代码如下：

```
1.  module half_add2 (A,B,Sum,Cout);
2.  input A,B;
3.  output Sum,Cout;
4.   and(Cout,A,B);
5.   xor  U1(Sum,A,B);
6.  endmodule
```

在多层次结构的电路设计中，设计师自己设计的各种模块也可以看作元件，被顶层文件或其他文件调用。

(2) 模块元件例化的格式如下：

```
模块名<实例名> (<端口列表>);
```

其中端口列表有两种表示方式：第一种方式显式给出端口与信号之间的对应关系，其格式如下：

```
(.端口名(信号值表达式), .端口名(信号值表达式), …)
```

第二种方法是隐式给出端口与信号之间的关系，其格式如下：

```
(信号值表达式, 信号值表达式, …)
```

这种方式下，例化的端口列表中信号的顺序要与该模块定义中的端口列表中端口顺序严格一致。而第一种方法则无此要求。

下面的例子先定义了一个 1 位全加器的模块，然后通过元件例化的方法构造一个 4 位全加器的模块。

```
1.   module full_add (a,b,cin,sum,cout);
2.   input  a,b,cin;
3.   output  sum,cout;
4.   assign {cout,sum} = a + b + cin;
5.   endmodule
6.   module add4(sum,cout,a,b,cin);
7.   output [3:0] sum;
8.   output cout;
9.   input [3:0] a,b;
10.  input cin;
11.  wire cin1,cin2,cin3;
12.  full_add f0 (a[0],b[0],cin,sum[0],cin1);
13.  full_add f1 (a[1],b[1],cin1,sum[1],cin2);
14.  full_add f2 (.a(a[2]),.b(b[2]),.cin(cin2),.sum(sum[2]),.cout(cin3));
15.  full_add f3 (.cin(cin3),.a(a[3]),.b(b[3]),.cout(cout),.sum(sum[3]));
16.  endmodule
```

上例中，f0、f1、f2 和 f3 采用的是元件例化的方式，其中 f0 和 f1 采用隐式法，而 f2 和 f3 采用显式法，f3 的端口列表采用了和 full_add 不一样的端口顺序。

(3) 用 always 过程块赋值。

用 always 过程块来描述逻辑功能，它常用于描述时序逻辑，也可描述组合逻辑。

例如，用 always 过程块语句实现 1 位半加器的代码如下：

```
1.  module half_add2 (A,B,Sum,Cout);
2.  input  A,B;
3.  output  Sum,Cout;
4.  reg  Sum,Cout;
5.  always  @ (A or B)
6.   begin
7.    Sum = A^B;
8.    Cout = A&B;
9.   end
10. endmodule
```

在 always 过程块中可用很多种行为语句来表达逻辑。本例中用的是阻塞型赋值语句。在 3.4 节中将详细介绍 Verilog HDL 的语句。

仅考虑用于逻辑综合的部分，Verilog HDL 模块的模板如下：

```
module <顶层模块名> (<端口列表>);
output 输出端口列表;
input 输入端口列表;
wire  数据名;
reg 数据名;
//(1)使用 assign 语句定义逻辑功能
assign <结果信号名> = 表达式;
//(2)使用 always 块定义逻辑功能
always@ (<敏感信号表达式>)
    begin
        //过程赋值语句
        //if 语句
        //case 语句
        //while,repeat,for 循环语句
        //task,function 调用
     end
//(3)元件例化
< module_name > < instance_name > (< port_list >);             //模块元件例化
< gate_type_keyword > < instance_name > (< port_list >);       //门元件例化
endmodule
```

3.2 Verilog HDL 语言要素

同其他高级语言一样，Verilog HDL 具有自身固有的语法说明与定义格式。下面简单介绍 Verilog HDL 语言的基本要素。

3.2.1 词法

1. 空白符与注释

在 Verilog HDL 语言中，空白符与注释和 C 语言相同。Verilog HDL 的空白符包括空格(\b)、换行符(\n)及换页符。在 Verilog HDL 中有两种形式的注释。

(1) 多行注释。以"/ * "开始,到" * /"结束的多行文字。

(2) 单行注释。以"//"开始到本行结束的文字。

2. 数字与字符串

由于 Verilog HDL 语言只用于描述数字系统,因此 Verilog HDL 语言中常量(信号)的取值通常由以下 4 种基本的逻辑状态组成。

(1) 0。低电平、逻辑 0 或"假"。

(2) 1。高电平、逻辑 1 或"真"。

(3) x 或 X。未知状态,可能是 0,也可能是 1 或 z。

(4) z 或 Z。高阻态。

Verilog HDL 中有 3 种类型的常量。

1) 整型数

Verilog HDL 中整型常量有二进制型整数(b 或 B)、十进制型整数(d 或 D)、八进制型整数(o 或 O)和十六进制型整数(h 或 H)表示形式。

数字表示方法:

```
+/-<位宽>'<进制><数字>
```

其中位宽是指该数在二进制时的位数。例如:

```
8'b11000101        //二进制位宽为 8 位的二进制数 11000101
8'hd5              //二进制位宽为 8 位的十六进制数 d5
5'O27              //二进制位宽为 5 位的八进制数 27
```

2) 实数

Verilog HDL 中的实数表示与 C 语言相同,可以用十进制与科学记数法两种格式来表示。

3) 字符串

字符串是双引号内的字符序列,它必须包含在同一行中,不能分成多行书写。

若字符串用作 Verilog HDL 表达式或赋值语句中的操作数,则字符串被看作 8 位的 ASCII 值序列,即一个字符对应 8 位的 ASCII 值。

例 3-1 存储 12 个字符的字符串"Hello China!",需要 8×12=96 位宽的寄存器。字符串变量的声明如下:

```
1.  reg [8×12: 1] stringvar;
2.  initial
3.  begin
4.      stringvar = "Hello China! ";
5.    end
```

3. 标识符

Verilog HDL 中的标识符可以是任意一组字母、数字、$ 符号和_(下画线)的组合,但标识符的第一个字符必须是字母或者下画线。另外,标识符是区分大小写的。

4. 运算符

Verilog HDL 语言参考了 C 语言中大多数运算符的语义和句法,提供了功能丰富的运算符。按功能不同可分为算术运算符、逻辑运算符、关系运算符、等式运算符、缩位运算符(又称归约运算符)、条件运算符、位运算符、移位运算符和拼接运算符9类。表3-3给出了Verilog HDL中定义的运算符分类及功能说明。

表3-3　Verilog HDL中定义的运算符分类及功能说明

运算符类型	运　算　符	功能说明
算术运算符	+,-,*,/ %	算术运算 求模
逻辑运算符	&& || !	逻辑与 逻辑或 逻辑非
关系运算符	<,<=,>,>=	关系运算
等式运算符	== != === !==	等于 不等于 全等 不全等
缩位运算符	& ~& | ~| ^ ~^,^~	归约与 归约与非 归约或 归约或非 归约异或 归约同或(^~与~^等价)
条件运算符	?:	条件运算
位运算符	~ & | ^ ^~,~^	按位取反 按位与 按位或 按位异或 按位同或(^~与~^等价)
移位运算符	>> >>> <<	逻辑右移 算术右移 逻辑/算术左移
拼接运算符	{ }	拼接运算

下面将对与C语言不同的运算符进行简单介绍,其他运算符读者可以参考C语言中的规定。

1) 等式运算符

==和!=又称为逻辑等式运算符,参与比较的两个操作数必须逐位相等,其比较的结果才为1。如果某些位是不定值x和高阻值z,比较的结果为不定值x。而全等比较(===)则是对这些不定值x和高阻值z也进行比较,两个操作数必须完全相等,其结果才为1,否则结果为0。

相等运算符(==)和全等运算符(===)的真值表如表3-4和表3-5所示。

表 3-4 相等运算符(==)的真值表

==	0	1	x	z
0	1	0	x	x
1	0	1	x	x
x	x	x	x	x
z	x	x	x	x

表 3-5 全等运算符(===)的真值表

===	0	1	x	z
0	1	0	0	0
1	0	1	0	0
x	0	0	1	0
z	0	0	0	1

2) 缩位运算符

缩位运算符类似于位运算符的逻辑运算规则,但其运算过程不同,位运算是对操作数的相应位进行与、或、非运算,操作数是几位则运算结果也是几位。而缩位运算是对单个操作数进行与、或、非递推运算,最后的运算结果是 1 位二进制数。缩位运算的具体运算过程:第一步将操作数的第 1 位与第 2 位进行与、或、非运算;第二步将运算结果与第 3 位进行与、或、非运算,以此类推,直至最后 1 位。

例 3-2 缩位运算的例子。

```
reg [3:0] a;
    reg b;
    b = &a;
```

相当于

```
b = ((a[0]&a[1])&a[2])&a[3]
```

3) 拼接运算符

拼接运算符是将两个或多个信号的某些位拼接起来形成新的数据操作。

{信号 1 的某几位,信号 2 的某几位,…,信号 n 的某几位}

例 3-3 拼接运算的例子。

```
wire [7:0]  Dbus;
wire [3:0]  Abus;
assign  Abus[3:0] = {Dbus[0],Dbus[1],Dbus[2],Dbus[3]};
assign  Dbus = {Dbus[3:0],Dbus[7:4]};
```

3.2.2 数据类型

Verilog HDL 定义了两种变量:一种为连线型(nets type);另一种为寄存器型(register type)。

1. 连线型

连线型数据对应的是硬件电路中的一根物理连线，其特点是输出的值紧跟输入值的变化而变化，因此连线型数据不能存储信息，只能传递信息。连线型数据必须有驱动源驱动，有两种方式对它进行驱动（赋值）：一是在结构描述中把它连接到一个门或模块的输出端；二是用持续赋值语句对其进行赋值。当没有驱动源对其驱动时，它将保持高阻态。

Verilog HDL 提供了多种连线型变量，最常用的是 wire 连线型变量，如表 3-6 所示。

表 3-6　常用的 nets 型变量及说明

类　型	功能说明
wire，tri	连线类型（wire 和 tri 功能完全相同）
wor，trior	多重驱动时，具有线或特性的连线（两者功能一致）
wand，triand	多重驱动时，具有线与特性的连线（两者功能一致）
tri1，tri0	分别为上拉电阻和下拉电阻
supply1，supply0	分别为电源（逻辑 1）和地（逻辑 0）

wire 型数据常用来表示以 assign 语句赋值的组合逻辑信号。模块中输入输出信号类型在默认时自动定义为 wire 型。wire 型信号可以用作任何表达式的输入，也可以用作 assign 语句或元件例化的输出。

wire 型变量的格式如下：

```
wire[n-1:0] 数据名1,数据名2,…,数据名i; //共有i个数据,每个数据位宽为n位
```

或

```
wire[n:1] 数据名1,数据名2,…,数据名i;
```

wire 是 wire 型数据的确认符，[n－1:0]和[n:1]代表该数据的位宽，默认位宽为 1 位。

例 3-4　wire 型数据的定义。

```
wire  a,b;                 //定义了两个wire变量a和b,每个变量位宽为1位
wire[7:0]  databus;        //数据总线databus的位宽是8位
wire[19:0]  addrbus;       //地址总线addrbus的位宽是20位
```

例 3-5　已知门电路的逻辑函数表达式为 $F=\overline{AB+CD}$，试用 Verilog 语言对该门电路进行描述。

```
1.  module AOI (A,B,C,D,F);          //模块名为AOI
2.  input A,B,C,D;                   //模块的输入端为A,B,C,D
3.  output  F;                       //模块的输出端为F
4.  wire  A,B,C,D;                   //定义信号的数据类型
5.  assign  F = ~((A&B)|(C&D));      //逻辑功能描述
6.  endmodule
```

2. 寄存器型

寄存器型数据对应的是具有状态保持作用的硬件电路元件，如触发器、寄存器等。寄存器型数据与连线型数据的区别在于：寄存器型数据具有存储信息的能力，它能够一直保持最后一次的赋值：而连线型数据需要有持续的驱动。

在设计中要求将寄存器型变量放在过程语句(如 always、initial)中,通过过程赋值语句赋值。在 always、initial 过程块中,被赋值的每一个信号必须定义成寄存器型。

Verilog HDL 提供了多种寄存器型变量,如表 3-7 所示。integer、real、time 寄存器型变量都是纯数学的抽象描述,不对应任何具体的硬件电路。reg 型变量是最常用的一种寄存器型变量。

表 3-7 常用的寄存器型变量及功能说明

类 型	功能说明
reg	常用的寄存器型变量
integer	32 位带符号整数型变量
real	64 位带符号实数型变量
time	无符号时间变量

reg 型变量的格式如下:

```
reg[n-1:0] 数据名 1,数据名 2,…,数据名 i;
```

或

```
reg [n:1] 数据名 1,数据名 2,…,数据名 i;
```

例 3-6 reg 型数据的定义。

```
reg  a,b;                        //定义了两个 1 位的 reg 型变量 a,b
reg  [7:0]  qout;                //定义 qout 为 8 位宽的 reg 型变量
```

例 3-7 试用 Verilog HDL 语言正确实现三输入与门的模块。

```
1.  module and3 (a,b,c,out);
2.  input  a,b,c;
3.  output out;
4.  reg  out;                    //定义信号的数据类型
5.  always @ (a or b or c)
6.  begin
7.  out = a&b&c;                 // out 在 always 过程块中被赋值
8.  end
9.  endmodule
```

注意:Verilog HDL 语言中的寄存器型数据和数字逻辑电路中了解的寄存器逻辑单元是不一样的,后者需要用时钟驱动,而 Verilog HDL 语言中的寄存器型数据与时钟没有直接关系;寄存器型变量的物理模型不一定是寄存器,在时序电路中对应的是寄存器,而在组合电路中则表示一根连线。

3.2.3 寄存器和存储器

1. 寄存器

在 Verilog HDL 语言中,寄存器型数据可以进行一位寄存器或多位寄存器的定义,并且可以任意选中寄存器中的一位或相邻几位进行赋值或运算。

例 3-8 寄存器的定义和使用。

```
reg [7:0]  byte;                        //定义一个名为 byte 的 8 位寄存器
reg [3:0]  B;
reg  A;
A = byte[6];                            //将 byte 的第 6 位赋值给变量 A
B = byte[5:2];                          //将 byte 的第 5～2 位赋值给变量 B
```

注意：reg 型只表示被定义的信号将用在 always 过程块内，并不是说 reg 型信号一定是寄存器或触发器的输出。

2. 存储器

Verilog HDL 语言中没有多维数组，所以采用寄存器组来表示存储器，用来对 ROM、RAM 或寄存器组建模。

存储器或寄存器组的格式如下：

```
reg [n-1:0] 存储器名[m-1:0]; //定义了 m 个存储单元或寄存器,每个单元位宽为 n 位
```

或

```
reg [n:1] 存储器名[m:1];
```

例 3-9 存储器或寄存器组的定义。

```
reg[7:0] mema[255:0];                 //定义了一个名为 mema 的存储器或寄存器组,该存储器或
                                      //寄存器组有 256 字节,每字节 8 位
reg  memb[n-1:0];                     //存储器名为 memb,有 n 字节,每字节 1 位
```

注意：对于存储器和寄存器组，都不能对其某一单元或某一寄存器的一位或相邻几位进行赋值或运算。

另外，Xilinx 的 Vivado、ISE 和 Altera 的 Quartus Ⅱ 等都建议设计者使用存储器的时候使用工具中定义好的存储器 IP 核或宏模块，因为它们直接使用了芯片中的存储器资源。

3.3 Verilog HDL 的描述风格

Verilog HDL 是由模块组成的，每一个模块有若干个子模块，这些模块可以分别用不同抽象级别的 Verilog HDL 模块来描述。归纳起来，Verilog HDL 模块有 3 种描述方式：结构描述、数据流描述和行为描述。

3.3.1 结构描述方式

结构描述又称门级描述，该方法非常贴近于实际的数字电路系统，它可以直接描述电路或系统的组成结构，清晰地表示出一个电路或系统的基本部件以及部件之间的连接。当然，如果要用结构描述方式，则要求设计人员有较多的电路设计知识。

1. 内置基本门

在用电路进行数字系统设计时，一般选用合适的逻辑单元并将其相互连接。逻辑门是最常见的逻辑单元。Verilog HDL 提供了 26 个描述逻辑门的关键字（又称内置门实例语句），其中 12 个为内置基本门，12 个为开关级元件，另外两个分别为上拉电阻和下拉电阻。

它们可用于门级结构描述。下面简单介绍 12 个内置基本门。

Verilog HDL 的内置基本门包括多输入门、多输出门和三态门。

1）多输入门

多输入门包含 6 个逻辑门：and——与门；nand——与非门；or——或门；nor——或非门；xor——异或门；xnor——异或非门。每个门可以有多个输入，但只能有一个输出。

多输入门的调用格式如下：

```
多输入门关键字 <实例名>(端口列表);
```

其中，多输入门关键字：上述 6 个多输入门之一。

实例名：可选项，为本次元件调用后生成的门级元件实例所取的名称，在具有行为描述功能的语句行里也可以省略。

端口列表：按照输出、输入 1、输入 2、……、输入 N 的顺序列出。

注意：门类型关键字与实例名之间要有空格。

例 3-10　定义一个两输入与门。

```
and  U1(Y,A,B);                    //两输入端的与门,实例名为 U1
```

2）多输出门

多输出门包含 2 个逻辑门：buf——缓冲器；not——非门。它们具有一个输入，多个输出。

多输出门的调用格式如下：

```
多输出门关键字<实例名>(端口列表);
```

多输出门关键字是 buf 或 not，端口列表的顺序为输出 1、输出 2、……、输出 N、输入。

例 3-11　定义一个两输出缓冲器。

```
buf  U2(out1,out2,in);             //两个输出,一个输入,实例名为 U2
```

3）三态门

三态门包含 4 个逻辑门：bufif1——高电平使能缓冲器；bufif0——低电平使能缓冲器；notif1——高电平使能非门；notif0——低电平使能非门。如图 3-2 所示，它们都有一个输入端，一个输出端，一个控制端。其特点是数据输出端可以实现三态输出。

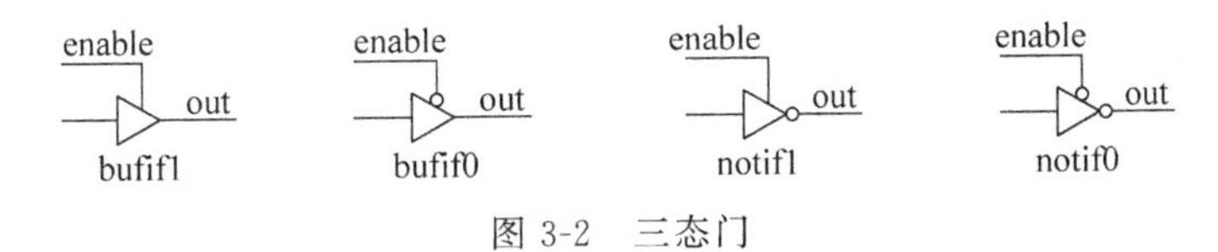

图 3-2　三态门

三态门的调用格式如下：

```
三态门关键字<实例名>(端口列表);
```

三态门关键字是上述 4 个三态门之一。对于三态门，端口列表按照输出、输入、使能端的顺序列出。

例 3-12　定义一个高电平时能缓冲器。

```
bufif1  U3(out,in,enable);
```

例 3-13 采用门级描述方法实现如图 3-3 所示的 4 选一数据选择器。

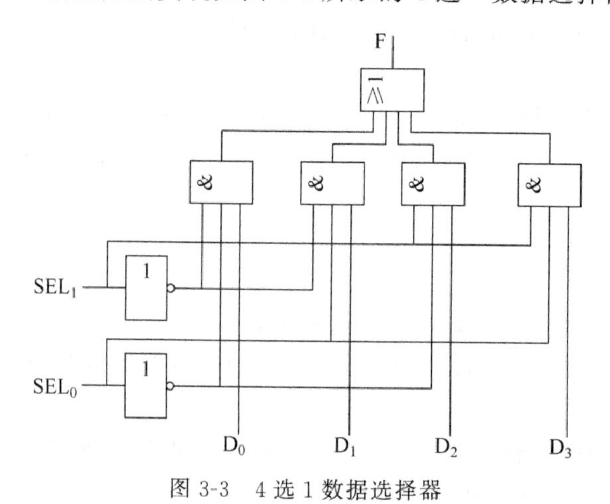

图 3-3 4 选 1 数据选择器

```
1.  module MUX4_1_1 (F,D3,D2,D1,D0,SEL);
2.    input D3,D2,D1,D0;
3.    input [1:0]  SEL;
4.    output  F;
5.    wire  SEL1_NOT,SEL0_NOT,AND0,AND1,AND2,AND3;
6.    not U1(SEL1_NOT,SEL[1]);
7.    not U2(SEL0_NOT,SEL[0]);
8.    and U3(AND0,SEL1_NOT,SEL0_NOT,D0);
9.    and U4(AND1,SEL1_NOT,SEL[0],D1);
10.   and U5(AND2,SEL[1],SEL0_NOT,D2);
11.   and U6(AND3,SEL[1],SEL[0],D3);
12.   or U7(F,AND0,AND1,AND2,AND3);
13.  endmodule
```

2. 用户定义原语

除了上述 26 个常用的基本元件和逻辑门，Verilog HDL 还提供了一些扩展使用方法，允许用户自定义元件。利用用户定义原语(User-Defined Primitives，UDP)，用户可以自己定义元件的逻辑功能，可以将组合逻辑或时序逻辑封装在一个 UDP 内，并像调用 Verilog HDL 内含的基本元件和逻辑门一样调用自定义元件。

UDP 在语法形式上是以关键词 primitive 开始，以关键词 endprimitive 结束的一段程序。这段程序定义了 UDP 的功能，各 UDP 功能的差别主要体现在 table 表项的描述上。UDP 的使用格式如下：

```
primitive  UDP元件名(输出端口,输入端口 1,输入端口 2,…,输入端口 n);
output 输出端口;
input 输入端口 1,输入端口 2,…,输入端口 n;
reg  输出端口;
initial  begin
        输出端口或内部寄存器赋初值;
end
table
```

```
//输入端口 1,输入端口 2, …,输入端口 n: 输出端口
真值表
endtable
endprimitive
```

在定义UDP时只能有一个输出端口,可以有多个输入端口。一般组合逻辑电路的UDP输入端口最多允许有10个,时序逻辑电路的UDP输入端口最多允许有9个。所有的输入输出端口都只能是1位。

"输出端口或内部寄存器赋初值"表示对时序逻辑电路上电时刻初始状态进行定义,只允许有0、1、x 3种状态,默认状态为x。

在关键词table和endtable内定义了UDP的逻辑功能,它是一个输入输出真值表。在table表项中只允许出现0、1、x 3种状态,不允许出现高阻态"z",描述时序逻辑时增加一种"－"状态表示值不变。如果某项的值可以是0、1、x中的任意值,则可用"?"表示。表中,"//"为注释行,用于保证表项中各项正确。

在定义UDP时还需注意,UDP模块不能出现在其他模块内,UDP模块和其他模块具有相同的语法结构。

1) 组合逻辑电路UDP

在组合逻辑电路设计时,要用真值表描述逻辑功能。而定义组合逻辑电路UDP元件,就是将组合逻辑电路中的真值表搬到UDP描述的table表中。在table表项中,各输入值之间用空格分隔,其排列顺序与它们在primitive的端口列表中输入端口的排列顺序一致;输入端口与输出端口之间用冒号分隔。

例3-14 定义一个4选1数据选择器UDP元件。

```
1.  primitive  MUX4_1_1 (F,D3,D2,D1,D0,SEL1,SEL0);
2.  output  F;
3.  input  D3,D2,D1,D0,SEL1,SEL0;
4.  table
5.  // D3 D2 D1 D0 SEL1 SEL0 : F
6.     0  ?  ?  ?   0    0   : 0
7.     1  ?  ?  ?   0    0   : 1
8.     ?  0  ?  ?   0    1   : 0
9.     ?  1  ?  ?   0    1   : 1
10.    ?  ?  0  ?   1    0   : 0
11.    ?  ?  1  ?   1    0   : 1
12.    ?  ?  ?  0   1    1   : 0
13.    ?  ?  ?  1   1    1   : 1
14. endtable
15. endprimitive
```

2) 时序逻辑电路UDP

除了可以描述组合逻辑电路外,UDP元件也可以描述电平触发或边沿触发的时序逻辑电路。由于时序逻辑电路的输出与当前输入及状态有关,所以UDP描述时序电路时增加了内部状态的描述。

例3-15 电平触发的1位数据锁存器UDP元件。

```
1.  primitive latch (Q,CLK,RESET,D);
```

```
2.  output  Q;
3.  input  CLK,RESET,D;
4.  reg  Q;
5.  initial Q = 1'b1;
6.  table
7.  // CLK RESET D : state : Q
8.       ?  1   ? :   ?   : 1        // 复位状态,输出始终为 0
9.       0  0   0 :   ?   : 0        // CLK = 0; Q = D
10.      0  0   1 :   ?   : 1
11.      1  0   ? :   ?   : -        // CLK = 1; Q 值不变,用" - "表示
12.  endtable
13.  endprimitive
```

从例 3-15 可以看到,与组合逻辑的描述不同的是时序逻辑描述中多了一个表示当前内部状态的描述 state。如果是边沿触发,则用一个括号内的两个数表示边沿变化情况,其中(10)表示下降沿,(01)表示上升沿,(? 0)表示从 1、0、x 中的任意状态跳变到 0。

3.3.2 数据流描述方式

数据流描述又称寄存器传输级描述,它描述了数据流的运动路径、运动方向和运动结果。

在数字逻辑电路的学习过程中发现,一个逻辑电路可以用布尔表达式(即逻辑函数表达式)表示,这些表达式描述了输入转换为输出所遵循的逻辑关系。数据流描述方式与布尔表达式比较类似,在这种描述方式中,电路不再被描述为逻辑单元之间的连接,而是被描述为一系列赋值语句。通常,在数据流描述方式中使用的是持续赋值语句 assign。关于赋值语句将在 3.4 节中介绍。

例 3-16 采用数据流描述方法实现 4 选 1 数据选择器。

```
1.  module MUX4_1_2 (F,D3,D2,D1,D0,SEL1,SEL0);
2.  input D3,D2,D1,D0,SEL1,SEL0;
3.  output  F;
4.  assign  F = (~ SEL1  & ~ SEL0  &  D0)|(~ SEL1  &  SEL0  &  D1)|
5.  (SEL1 &~ SEL0  &  D2)|(SEL1  &  SEL0  &  D3);
6.  endmodule
```

3.3.3 行为描述方式

行为描述方式是对系统数学模型的描述。它关注逻辑电路输入输出的因果关系(行为特性),无须包含任何电路的结构信息,由综合器自动将行为描述转换成电路结构,其抽象程度比数据流描述方式及结构描述方式更高。行为描述与自然语言描述最为接近,灵活性最大。通常只需将数字电路或系统的功能用 Verilog HDL 语言进行对等翻译就可以了,就如同 C 语言程序设计一样。

数字系统设计的目的是产生行为和功能准确的电路结构。一些较复杂的系统,其电路结构非常复杂,如果没有较好的硬件电路基础,则很难用结构描述方式或数据流描述方式准确地描述它。而行为描述较为直观,即使设计者没有很好的硬件电路功底,也可以进行软件编程。因此在编程时,一般以行为描述方式开始设计过程,通过 Verilog HDL 语言的仿真

测试验证其正确后，用综合器将行为描述模块自动转换为门级结构，再次经过 Verilog HDL 语言的仿真测试验证其正确后，便完成了前端的逻辑设计，大大提高了设计的效率和准确性，这就是用 Verilog HDL 语言设计复杂逻辑电路的基本思想。

注意：所有 Verilog HDL 语句都可用于仿真，但通常可综合的只是 Verilog HDL 语言的一个优化子集，而行为描述方式的程序中采用的大量行为语句并不是现有综合器都支持的，因此在使用时应对语句的可综合性有所了解。不同综合器支持的 Verilog HDL 语句也有所差别，在使用时还须了解所用综合器的性能。

例 3-17 用 case 语句描述 4 选 1 数据选择器。

```
1.    module  MUX4_1_3 (F,D3,D2,D1,D0,SEL);
2.    input  D3,D2,D1,D0;
3.    input  [1:0]  SEL;
4.    output  F;
5.    reg  F;
6.    always  @  (D3  or  D2  or  D1  or  D0  or  SEL)
7.    begin
8.    case (SEL)
9.           2'b00:  F = D0;
10.          2'b01:  F = D1;
11.          2'b10:  F = D2;
12.          2'b11:  F = D3;
13.   endcase
14.   end
15.   endmodule
```

3.4 Verilog HDL 的行为语句

Verilog HDL 的行为描述以过程块为基本组成单位。一个模块的行为描述由一个或多个过程块组成，它们将以并行方式各自独立地执行。每个过程块都是由结构说明语句和语句块组成的。Verilog HDL 中的多数过程模块从属于 always 和 initial 这两种过程结构，而语句块主要是由赋值语句、条件分支语句和循环控制语句构成的。Verilog HDL 语句列表如表 3-8 所示。

表 3-8 Verilog HDL 语句列表

赋值语句	持续赋值语句
	过程赋值语句
块语句	begin-end 语句
	fork-join 语句
条件分支语句	if-else 语句
	case 语句
循环控制语句	forever 语句
	repeat 语句
	while 语句
	for 语句

续表

结构说明语句	initial 语句
	always 语句
	function 语句
	task 语句
编译预处理语句	`define 语句
	`include 语句
	`timescale 语句

3.4.1 结构说明语句

1. always 语句

always 过程块是由 always 语句和语句块组成的，其内的语句块会不断重复执行。always 过程块的使用格式如下：

```
always @(<敏感信号列表>)
begin
    //过程赋值                                    ⎫
    //if - else,case,casex,casez 条件分支语句     ⎬ 语句块
    //while,repeat,for 循环语句                  ⎪
    //task,function 调用                          ⎭
end
```

敏感信号列表为可选项。所谓“敏感信号”是指：只要列表中该信号发生变化，就会引发语句块内语句(即“行为语句”)的执行。“敏感信号列表”中应列出影响块内取值的所有信号，若有两个以上的信号，它们之间用 or 连接。如果没有敏感信号列表，则系统中任意信号变化都会引发语句块内语句的执行。

例 3-18 敏感信号列表举例。

```
@ (a)                                  //当信号 a 的值发生变化时
@ (a or b)                             //当信号 a 或 b 的值发生变化时
@ (posedge clock)                      //当信号 clock 上升沿到来时
@ (negedge clock)                      //当信号 clock 下降沿到来时
@ (posedge clk  or  negedge reset)     //当 clk 上升沿或 reset 下降沿到来时
```

敏感信号分为两类：边沿敏感型和电平敏感型。一般要求“敏感信号列表”中的敏感信号为同一种类型，而不要将边沿敏感型和电平敏感型信号列在一起。如：

```
@ (posedge clk  or  reset)
```

always 过程块可以被综合器综合成组合逻辑或者时序逻辑。当敏感信号列表中出现边沿触发信号时，则综合成时序逻辑电路；当敏感信号列表中出现电平触发信号时，则综合成组合逻辑电路。

在一个模块中可以有多个 always 过程块，每个过程块都是同时从 0 时刻开始并行执行的。always 过程块内的多条行为语句可以顺序执行(begin-end)，也可以并行执行(fork-join)。

例 3-19 设计一个上升沿触发的 D 触发器。

```
1.  module dff (q,d,clk);
2.  input  d,clk;
3.  output  q;
4.  reg     q;                       //always 语句块内被赋值的每个信号必须定义成 reg 型
5.  always @ (posedge clk)           // clk 为边沿敏感型信号
6.   begin
7.    q <= d;                        //当时钟上升沿到来时将 d 的值赋给 q
8.  end
9.  endmodule
```

例 3-20 设计一个高电平触发的 D 触发器。

```
1.  module dff (q,d,clk);
2.  input  d,clk;
3.  output  q;
4.  reg     q;
5.  always  @ (clk or d)             // clk 和 d 为电平敏感型信号
6.  begin
7.   if(clk)
8.    q = d;                         //当时钟高电平到来时将 d 的值赋给 q
9.  end
10. endmodule
```

always 语句在仿真时是不断重复执行的，但 always 语句后面跟着的语句块是否执行，则要看它的触发条件是否满足，如满足则运行过程块一次；若不满足，则不断地循环执行 always 语句。

在使用 always 过程块时还要注意避免引起仿真死锁状态的发生。因为 always 语句有不断重复执行的特点，所以当敏感信号列表默认时，语句块将一直执行下去，这就可能在仿真时产生仿真死锁情况。

看下面的这段代码：

```
always
begin
clk = ~clk;
end
```

在上面这段代码中，由于 always 语句不带敏感信号列表，所以 begin-end 语句块是无条件循环进行的。当仿真进程进行到该 always 过程块后(假设为 t0 时刻)，将开始重复执行块中语句“clk=～clk；”，由于该语句没有时延控制部分，该语句每次执行时都不需要延时，这样仿真进程将停留在 t0 时刻不断循环执行此条语句，进入仿真死锁状态。

时延控制定义为执行过程中首次遇到该语句与该语句的执行时间的间隔。时延控制表示在语句执行前的“等待时延”。可以将上述代码修改成下面的形式：

```
always
begin
#50 clk = ~clk;
end
```

修改后的代码在赋值语句的前面加上时延控制“#50”，则该always语句就变成一条非常有用的行为描述语句。它的执行将产生一个周期为100的方波信号，常用这种方法来描述时钟信号。

2. initial语句

initial过程块是由initial语句和语句块组成的，常用于仿真中的初始化，其内的语句仅执行一次，其使用格式如下：

```
initial
begin
语句 1;
语句 2;
⋮
语句 n;
end
```

initial语句后没有“敏感信号列表”，因此它不需触发条件即可执行begin-end内的语句。在仿真时initial过程块只执行一次，执行完后initial过程块就被挂起，不再执行。

和always过程块一样，在一个模块中可以有多个initial过程块，每个initial过程块都是同时从0时刻开始并行执行。initial过程块内的多条行为语句可以顺序执行（begin-end），也可以并行执行（fork-join）。

initial过程块的使用主要面向功能仿真，通常不具有可综合性。initial过程块常用来描述测试模块的初始化、产生测试信号等。

例 3-21 用initial语句对变量和存储器进行初始化。

```
1.  module  register_initialize(memory);
2.  inout  areg;
3.  inout memory;
4.  parameter  size = 1024, bytesize = 8;
5.  reg  [bytesize - 1:0]  memory [size - 1:0];
6.  initial
7.    begin:SEQ - BLK - A
8.      integer: index ;
9.      for(index = 0; index < size; index = index + 1)
10.       memory[ index] = 0;
11.     areg = 0;
12.   end
13. endmodule
```

例 3-22 用initial语句产生测试波形。

```
1.  `timescale 1ns/1ns
2.  module test - wave;
3.  reg a, b, c;
4.  initial
5.      begin
6.          a = 0; b = 0;
7.      #5  b = 1;
8.      #5  a = 1;
```

```
9.         #5  b = 0;
10.        end
11.  always @ (a or b)
12.        c = a^b;
13.  endmodule
```

3. task和function语句

task和function语句分别用来定义任务和函数。任务和函数往往是大的程序模块中在不同地点多次用到的相同程序段。利用task和函数可以把一个很大的程序模块分解成许多较小的任务和函数,便于理解和调试。输入、输出和总线信号的值可以传入或传出任务和函数。

task和function的主要不同有以下4点。

(1) function只能与主模块共用同一个仿真时间单位,而task可以定义自己的仿真时间单位。

(2) function不能启动task,而task能启动其他task和function。

(3) function至少要有一个输入变量,而task可以没有或有多个任何类型的变量。

(4) function返回一个值,而task则不返回值。

当希望能够对一些信号进行一些运算并输出多个结果(即有多个输出变量)时,宜采用task结构,function的目的是通过返回一个值来响应输入信号的值,适用于对不同变量采取同一种运算的操作。

task的定义格式如下:

```
task <任务名>;
    端口及数据类型声明语句;
    其他语句;
endtask
```

task的调用格式如下:

```
<任务名> (端口 1, 端口 2, …);
```

注意:task的定义与调用必须在一个module模块内,task被调用时,需列出端口名列表,且必须与task定义中的I/O变量一一对应。

function的定义格式如下:

```
function <返回值位宽或类型说明>函数名;
    端口声明;
    局部变量定义;
    其他语句;
endfunction
```

注意:函数的定义不能包含任何用延时"#"、事件控制"@"或者等待wait标识的语句;定义function时至少要有一个输入变量,不能有任何输出或输入输出双向变量;在function的定义中必须有一条赋值语句,给函数中的一个内部寄存器赋以function的结果值,该内部寄存器与函数同名。

function的调用是通过将function作为调用function的表达式中的操作数来实现的,

function 的调用格式如下：

```
<函数名> (<表达式><表达式>)
```

3.4.2 块语句

块语句位于过程语句的后面，通常有两种形式：一种是 begin-end 语句；另一种是 fork-join 语句。

1. 串行块(begin-end)

串行块的使用格式如下：

```
begin: <块名>
     块内局部变量声明;
     语句 1;
     语句 2;
     ⋮
     语句 n;
end
```

其中，<块名>为可选项，定义了“块名”的过程块称“有名块”；“块内局部变量声明”也为可选项，只有在“有名块”内才可以定义局部变量，该局部变量可以是 reg 型、integer 型或 real 型。

串行块的执行特点是：begin-end 内的语句是顺序执行的。如：

```
begin
    b = a;
    c = b;
end
```

“c=b;”会在“b=a;”语句之后执行，因此执行完该程序后，c 和 b 的值是相同的，都等于 a 的值。

语句块只能出现在行为描述中，但它不必非得出现在 initial 或 always 过程块中，在高级程序语句、任务和函数中都可以出现语句块结构。

2. 并行块(fork-join)

并行块的使用格式如下：

```
fork: <块名>
     块内局部变量声明;
     语句 1;
     语句 2;
     ⋮
     语句 n;
join
```

<块名>的含义与串行块相同，“块内局部变量声明”可以是 reg 型、integer 型、real 型、time 型或 event 型。

并行块的执行特点是：fork-join 内的语句是并行执行的。如：

```
fork
    b = a;
    c = b;
join
```

“c=b;”会和“b=a;”语句同时执行，因此执行完该程序后，b 和 c 的值是不同的：b 更新为 a 的值，而 c 的值更新为没有改变前的 b 的值。

注意：fork-join 语句块通常不具有可综合性。

3.4.3 赋值语句

在 Verilog HDL 中信号有两种赋值方法：持续赋值和过程赋值。

1. 持续赋值语句

持续赋值语句主要用来对组合逻辑电路的行为进行描述。持续赋值语句只能用来对连线型变量进行赋值，而不能对寄存器型变量进行赋值，其使用格式如下：

```
assign  连线型变量名 = 赋值表达式;
```

持续赋值语句表示“赋值表达式”中的操作数无论何时发生变化都会引起其值的重新计算，并将重新计算后的值赋给左边的“连线型变量名”。

例 3-23 用持续赋值语句实现 4 位全加器。

```
1.  module adder_4 (A,B,CIN,S,COUT);
2.  input [3:0]  A,B;
3.  input  CIN;
4.  output [3:0]  S;
5.  output  COUT;
6.    assign { COUT,S } = A + B + CIN;
7.  endmodule
```

2. 过程赋值语句

过程赋值语句是在 initial 或 always 过程块内的赋值，它只能对寄存器数据类型的变量赋值。赋值后变量的取值保持不变，直到另一条过程赋值语句对变量重新赋值为止。

过程赋值语句的基本格式如下：

```
<被赋值变量><赋值操作符><赋值表达式>
```

过程赋值分为阻塞型过程赋值和非阻塞型过程赋值两种。

1）阻塞型过程赋值语句

阻塞型过程赋值语句的格式如下：

```
<被赋值变量> = <赋值表达式>;
```

例如：

```
b = a;
```

阻塞型过程赋值语句的执行过程是：首先计算右端赋值表达式的取值，然后立即将计算结果赋给“=”左边的被赋值变量。如果在一个语句块中有多条阻塞型赋值语句，则前面的赋值语句没有执行完以前，后面的赋值语句不能被执行。可见，所谓阻塞的概念是指在同一个 always 块中，后面的赋值语句是在前一条赋值语句结束后才开始赋值的。

在 Verilog HDL 中可以用多种方式来描述组合逻辑，但当用 always 块来描述组合逻辑时，应该用阻塞赋值。

例 3-24 用阻塞型赋值语句实现简单的组合逻辑电路。

```
1.  module and_or (A,B,C,D,F);
2.  input A,B,C,D;
3.  output  F;
4.  reg  F,tmp1,tmp2;
5.  always  @ (A or B or C or D)
6.    begin
7.      tmp1 = A & B;
8.      tmp2 = C & D;
9.      F = tmp1|tmp2;
10.   end
11. endmodule
```

2）非阻塞型过程赋值语句

非阻塞型过程赋值语句的格式如下：

```
<被赋值变量><=<赋值表达式>;
```

例如：

```
b<=a;
```

非阻塞型过程赋值语句的执行过程是：右端赋值表达式计算完后并不立即赋给左端，而是同时启动下一条语句继续执行。可以将其理解为所有右端表达式在语句块内同时计算，计算完后，等语句块结束时同时分别赋给左端变量。

非阻塞型过程赋值语句不能用于 assign 持续赋值语句中，一般只能出现在 initial 和 always 等过程块中，对 reg 型变量进行赋值。

例 3-25 用非阻塞型赋值语句实现 4 位移位寄存器电路。

```
1.  module shift_reg(Q1,Q2,Q3,Q4,D,clk);
2.  input  D,clk;
3.  output  Q1,Q2,Q3,Q4;
4.  reg Q1,Q2,Q3,Q4;
5.  always @ (posedge clk)
6.  begin
7.      Q1 <= D;
8.      Q2 <= Q1;
9.      Q3 <= Q2;
10.     Q4 <= Q3;
11. end
12. endmodule
```

图 3-4 是上述 4 位移位寄存器的仿真波形。从图中可以看到，由于采用了非阻塞型赋值语句，在第一个时钟上升沿，always 中的 4 条语句同时执行，而此时 Q1 <=D 的赋值尚未

完成(从图上可以看到,由于固有门延时,该赋值直到半个时钟周期后才完成),因此Q2上获得的还是Q1原来的值,直到下一个时钟上升沿,Q2才真正得到Q1在上一个时钟获得的D值,既Q2比Q1晚一个时钟得到D值。同理,Q3比Q2晚一个时钟,Q4比Q3晚一个时钟,这样就获得了D上的值通过4个时钟在Q1、Q2、Q3、Q4间移动。

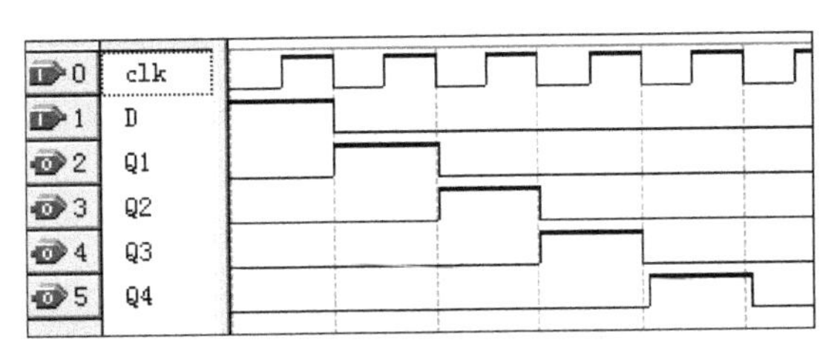

图3-4 位移位寄存器的仿真波形图

如果always内采用阻塞型赋值语句,则Q2会在Q1赋值完后被赋值,因此在同一周期内,Q2获得了与Q1同样的值(D的值),同样,Q3和Q4也获得了D的值,因此得不到移位的效果。除非对4条语句进行巧妙安排,才能利用阻塞型赋值语句获得移位效果。读者可以自行将always内的赋值语句改成阻塞型赋值语句,然后做仿真验证。

3.4.4 条件分支语句

1. if-else语句

if语句是用来判断所给定的条件是否满足,根据判断的结果来决定下一步要执行的操作。该语句格式与C语言中的if-else语句类似,使用时可采用下面3种形式。

1) 形式一

```
if (表达式)语句 1;
```

2) 形式二

```
if (表达式)语句 1;
else 语句 2;
```

3) 形式三

```
if (表达式 1)语句 1;
else  if(表达式 2)语句 2;
else  if(表达式 3)语句 3;
          ⋮
else  if(表达式 n)语句 n;
else  语句 n+1;
```

3种形式的if语句中在if的后面都有“表达式”,一般为逻辑表达式或关系表达式。系统对表达式的值进行判断,若值为1,则认为该表达式成立;若值不为1(为0、x或z),则认为该表达式不成立。

如果if-else中包含多个操作语句,则要用begin-end将这多条语句组合成一个语句块。

例3-26 if-else语句举例。

```
1.  if(a>b)
```

```
2.  begin
3.      max <= a;
4.      min <= b;
5.    end
6.    else
7.    begin
8.      max <= b;
9.      min <= a;
10. end
```

例 3-27 用 if-else 语句实现 4 选 1 数据选择器。

```
1.  module SEL_4_to_1(D0,D1,D2,D3,Y,sel);
2.  input  D0,D1,D2,D3;
3.  input  [1:0] sel;
4.  output Y;
5.  reg  Y;
6.  always @ (D0 or D1 or D2 or D3 or sel )
7.  begin
8.    if(sel == 2'b00)    Y = D0;
9.    else if(sel == 2'b01)    Y = D1;
10.   else if(sel == 2'b10)    Y = D2;
11.   else  Y = D3;
12. end
13. endmodule
```

2. case 语句

case 语句是一种多分支语句。与使用 if-else 条件分支语句相比，采用 case 语句来实现多路选择控制显得更方便。通常用 case 语句来描述译码器、数据选择器、有限状态机和微处理器的指令译码等。它的格式有以下 3 种。

1) case 语句

case 语句的使用格式如下：

```
case(表达式)
分支项表达式 1: 语句 1;
分支项表达式 2: 语句 2;
    ⋮
分支项表达式 n: 语句 n;
default: 语句 n+1;
endcase
```

case 语句首先对“表达式”求值，然后依次对各“分支项表达式”求值并进行比较，第一个与“表达式”值相匹配的分支中的语句被执行。如果所有分支项表达式的值都没有与“表达式”值相匹配，就执行 default 后面的语句。当条件分支中包含了所有的情况，则 default 项可以默认。需要注意的是 case 语句中“表达式”的值和“分支项表达式”的值必须具有相同的位宽，这样才能进行比较。

例 3-28 用 case 语句实现 3-8 线译码器。

```
1.  module Decoder_3_to_8 (IN,OUT);
```

```
2.  input [2:0]  IN;
3.  output [7:0]  OUT;
4.  reg  [7:0]  OUT;
5.  always  @ (IN)
6.  begin
7.  case (IN)
8.  3'd0: OUT = 8'b11111110;
9.  3'd1: OUT = 8'b11111101;
10. 3'd2: OUT = 8'b11111011;
11. 3'd3: OUT = 8'b11110111;
12. 3'd4: OUT = 8'b11101111;
13. 3'd5: OUT = 8'b11011111;
14. 3'd6: OUT = 8'b10111111;
15. 3'd7: OUT = 8'b01111111;
16. endcase
17. end
18. endmodule
```

2）casez 和 casex 语句

case 语句在执行时，“表达式”和“分支项表达式”之间进行的比较是一种按位进行的“全等比较”，即只有在“分支项表达式”和“表达式”对应的每一位都相等时，才认为“表达式”与“分支项表达式”相等。在进行对应位的比较时，x 和 z 这两种逻辑状态也与 1 和 0 逻辑状态一样作为合法状态参加比较。

casez 和 casex 的格式与 case 完全相同，但是在执行时有区别：在 casez 中，如果分支项表达式某些位的值为高阻态 z，那么对这些位的比较就不予考虑；在 casex 中，如果分支项表达式某些位的值为 z 或 x，这些位的比较予以忽略。case、casez 和 casex 三者的比较规则如表 3-9 所示。表中用 1 表示比较结果为“两者相等”，用 0 表示比较结果为“两者不相等”。

表 3-9　case、casez 和 casex 的比较规则

case	0	1	x	z	casez	0	1	x	z	casex	0	1	x	z
0	1	0	0	0	0	1	0	0	1	0	1	0	1	1
1	0	1	0	0	1	0	1	0	1	1	0	1	1	1
x	0	0	1	0	x	0	0	1	1	x	1	1	1	1
z	0	0	0	1	z	1	1	1	1	z	1	1	1	1

3.4.5 循环控制语句

循环控制语句在 Verilog HDL 中被用来进行行为描述。Verilog HDL 共提供了 4 种循环来控制语句的执行次数，包括 for 循环语句、while 循环语句、repeat 循环语句和 forever 循环语句。但现有的综合器只支持 for 循环语句。

1. for 循环语句

for 循环语句是一种使用很灵活的“条件循环”语句，与 C 语言的 for 语句非常相似。

for 语句的使用格式如下：

```
for(循环变量赋初值; 循环结束条件; 循环变量增值)执行语句;
```

例 3-29 用 for 循环语句描述两个 8 位数相乘。

```
1.  module mult_8 (F,A,B);
2.  input [8:1]  A,B;
3.  output [16:1]  F;
4.  reg [16:1]  F;
5.  integer i;
6.  always @ (A  or  B)
7.  begin
8.  F = 0;
9.  for (i = 1;i <= 16;i = i + 1)
10.   if (B[i]) F = F + (A <<(i - 1));
11. end
12. endmodule
```

2. while 循环语句

该语句为"条件循环"语句,如果"条件表达式"的值为"真",就执行后面的语句或语句块,如果"条件表达式"的值为"假",就退出循环。

while 语句的使用格式如下:

```
while(条件表达式)语句;
```

或

```
while(条件表达式)begin
…语句块
end
```

例 3-30 用 while 循环语句对 16 位二进制数中值为 1 的位进行计数。

```
1.  reg [15:0] word;
2.  while (word)
3.  begin
4.      if (word[0])
5.          count = count  +  1;
6.      word = word >> 1;
7.  end
```

3. forever 循环语句

这是一条无限循环语句,该循环语句内指定的循环体部分将不断被重复执行。

forever 语句的使用格式如下:

```
forever  语句;
```

或

```
forever  begin
…语句块
end
```

forever 后的"语句"或"语句块"就是循环体。forever 语句常用来产生周期性的波形作为仿真测试信号。该语句一般用在 initial 中。

例 3-31 用 forever 描述一个时钟产生器，可以产生周期为 20ns 的时钟。

```
1.  module  period(clock);
2.  output clock;
3.  initial
4.  begin : clocking                //有名块
5.       clock = 0;
6.       forever
7.       #10 clock = !clock;
8.  end
9.  endmodule
```

如果需要在某一时刻跳出 forever 循环，可通过在循环体语句块中使用终止语句

```
disable clocking;
```

来实现这一目的。

4. repeat 循环语句

该语句可以预先指定循环次数，循环语句内的循环体部分将被重复执行指定的次数。如果循环次数表达式的值不确定，即为 x 或 z 时，循环次数按 0 处理。

repeat 语句的使用格式如下：

```
repeat (循环次数表达式)语句;
```

或

```
repeat (循环次数表达式) begin
…语句块
end
```

其中，“循环次数表达式”通常为常量表达式；“语句”或“语句块”为循环体。

例 3-32 用 repeat 循环语句产生 8 个时钟。

```
1.  initial
2.  begin
3.     clock = 0;
4.     repeat (8)
5.     begin
6.        #10 clock = 1;
7.        #10 clock = 0;
8.     end
9.  end
```

3.4.6 编译预处理语句

Verilog HDL 语言和 C 语言一样，也提供了编译预处理的功能。在 Verilog HDL 中为了和一般的语句相区别，这些预处理语句以符号“`”开头，注意，这个字符位于主键盘的左上角，其对应的上键盘字符为“～”，这个符号并不是单引号“'”。这里简单介绍最常用的`define、`include 和`timescale。

1. 宏定义`define

用一个指定的标识符(名字)来代表一个字符串,其一般命令格式如下:

```
`define 标识符(宏名) 字符串(宏内容)
```

例如:

```
`define  SIGNAL  string
```

其作用是在后面程序中用SIGNAL替代所有的string字符串,在编译预处理时,将程序中该命令后面所有的SIGNAL替换为string,这种替代过程称作宏展开。

说明:

(1) 宏名可以是大写字母,也可以是小写字母。一般用大写字母,防止与后面的变量名重复。

(2) `define可以出现在模块定义里面,也可以出现在外边,其有效范围从该命令行开始至源文件结束。

(3) 在引用已定义的宏名时,必须在宏名的前面加上符号"`",表示该名字是一个经过宏定义的名字。

(4) 宏定义是用宏名代替一个字符串,只做简单替换不检查语法。

(5) 宏定义不是Verilog HDL语句,不必在后面加分号。

(6) 在进行宏定义时,可以引用已经定义的宏名,可以层层替换。

(7) 宏名和宏内容必须在同一行进行声明。如果在宏内容中包含有注释行,注释行不会作为被置换的内容。

2. 文件包含处理`include

所谓文件包含是指处理一个源文件可以将另一个源文件的全部内容包含进来,即将另外文件包含到本文件之中,其一般命令格式如下:

```
`include  "文件名"
```

在执行命令时,将被包含文件的全部内容复制插入到`include命令出现的地方,然后继续进行下一步的编译。

说明:

(1) 一个文件包含命令只能制定一个被包含的文件,如果需要包含n个文件,要用n个`include命令。

(2) `include命令可以出现在Verilog HDL程序的任何位置。被包含文件名可以是相对路径名,也可以是绝对路径名。

(3) 可以将多个包含命令写在同一行,可以出现空格和注释行。

(4) 如果文件1包含文件2,文件2需要用到文件3的内容,可以在文件1中用两个`include命令分别将文件2和文件3包含进去,而且文件3要在文件2之前。

(5) 在一个被包含文件中又可以包含其他的文件,即文件的包含是可以嵌套的。

3. 时间尺度`timescale

`timescale命令用来说明跟在该命令后面的模块的时间单位和精度。使用`timescale命令可以在同一个设计中包含不同时间单位的模块,其一般命令格式如下:

```
`timescale <时间单位>/<时间精度>
```

在这条命令中，时间单位用来定义模块中的仿真时间和延迟时间的基准单位。时间精度用来声明该模块仿真时间的精确程度，该参量被用来对延迟时间值进行取整操作，因此又可以称作取整精度。如果在同一个程序设计中存在多个`timescale 命令，则用最小的时间精度值来决定仿真的时间单位。另外，时间精度不能大于时间单位值。

使用`timescale 时应该注意，`timescale 的有效区域为`timescale 语句处直至下一个`timescale 命令或者`resetall 语句为止。当有多个`timescale 命令时，只有最后一个才起作用，所以在同一个源文件中，`timescale 定义的不同的多个模块最好分开编译，不要包含在一起，以免出错，例如：

```
`timescale 1ns/1ps                //时间值都为 1ns 的整数倍,时间精度为 1ps,
                                  //因此延迟时间可以表达为带三位小数的实型数
`timescale 10μs/100ns             //时间单位为 10μs 的整数倍,时间精度位 100ns,
                                  //因此延迟时间可以表达为带两位小数的实型数
```

4. 条件编译命令 `ifdef、`else、`endif

一般情况下，Verilog HDL 源程序中所有的行都参加编译。但是有时希望对其中的部分内容只有在满足编译条件时才进行编译，也就是对一部分内容指定编译条件，即条件编译。

条件编译的命令格式如下：

```
`ifdef 宏名 (标识符)
程序段 1
`else
程序段 2
`endif
```

它的作用是当宏名已经被定义过(`define 定义)，则对程序 1 进行编译，程序段 2 被忽略，其中 else 部分可以省略。

3.4.7　思考与拓展

(1) 请用 Verilog HDL 设计一个三输入或门。

(2) 请用 Verilog HDL 设计一个 8 位计数器。

(3) 请用 Verilog HDL 设计一个 RS 触发器。

3.5　有限状态机

数字逻辑电路分为组合逻辑电路和时序逻辑电路两大类。时序逻辑电路通常由组合电路和存储元件两部分构成，存储元件由一组触发器组成，用来记忆时序逻辑电路的状态，状态是时序逻辑电路的一个重要概念。由于时序逻辑电路设计中所涉及的状态是有限的，任何时序逻辑电路都可以表示为有限状态机(Finite State Machine，FSM)。

3.5.1　有限状态机的基本概念

有限状态机又称有限自动机或时序机。在数字系统设计中，一个功能的完成需要若干步骤，这些步骤可以抽象成如图 3-5 所示的数学模型，模型中包含以下几个参数。

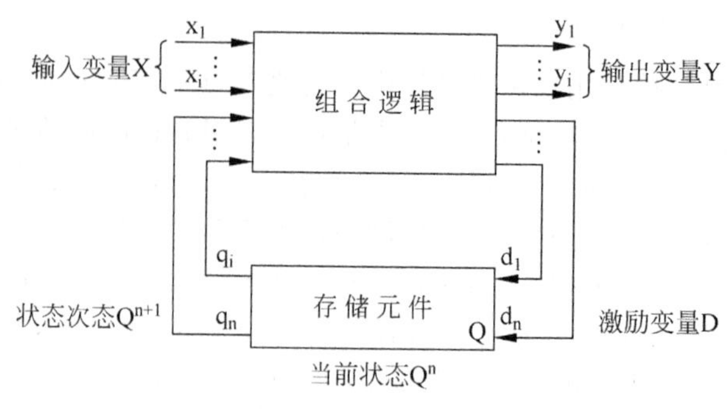

图3-5　有限状态机

(1) 输入变量X。从外部输入到状态机的所有变量均为输入变量。并不是所有状态机都有输入变量,但具有输入变量的状态机,其状态转移需结合外部输入一起考虑。

(2) 输出变量Y。从状态机输出的所有变量均为输出变量。该输出在某一状态满足一定的条件时发生,如计数器的进位输出、控制电路的报警信号等。

(3) 当前状态Q^n。状态机的一个重要概念,用来表示状态机的属性,状态机通过存储元件的不同状态来"记忆"当前时刻的输入。

(4) 状态次态Q^{n+1}。下一时刻存储元件的输出信号。

(5) 激励变量D。存储元件的输入信号,取自组合逻辑的输出。

1. Mealy有限状态机

根据有限状态机输出信号的特点,可以将其分为Mealy有限状态机和Moore有限状态机两种。

在Mealy有限状态机中,输出信号不仅取决于存储电路的当前状态,而且还取决于该状态的输入条件。电路结构如图3-6所示。

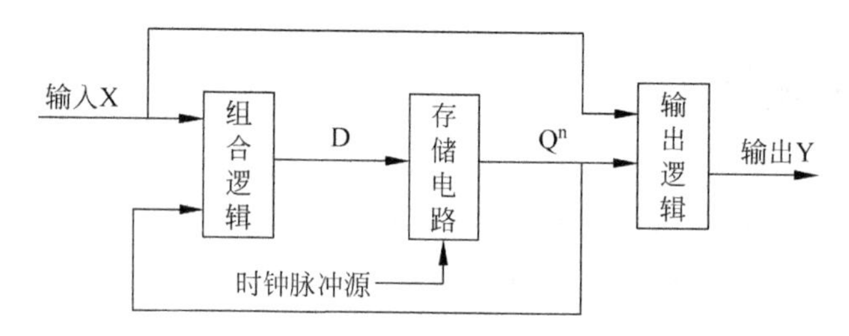

图3-6　Mealy有限状态机的电路结构

在图3-6中,存储电路是时序逻辑,由一组触发器构成,用来记忆状态机当前所处的状态Q^n,n个触发器最多可记忆2^n个状态。所有触发器的时钟输入端都与同一个时钟脉冲源相连,状态的改变与输入时钟脉冲同步,下一个状态$Q^{n+1}=f(Q^n,D)$;组合逻辑用于产生下一个状态,其输出$D=f(X,Q^n)$,是当前状态Q^n与输入信号X的函数;输出逻辑是组合逻辑,表示状态机的输出,输出$Y=f(X,Q^n)$,也是当前状态Q^n与输入信号X的函数。

Mealy有限状态机的输出直接受输入信号当前值的影响。在当前时钟周期内,若输入信号发生变化,则输出会产生相应的变化,因此,输入信号的噪声可能会在输出端反映出来。

2. Moore 有限状态机

在 Moore 有限状态机中,输出信号仅依赖于存储电路的当前状态,而与该状态的输入条件无关。电路结构如图 3-7 所示,其中,下一个状态 $Q^{n+1}=f(Q^n,D)$,组合逻辑输出 $D=f(X,Q^n)$,输出逻辑输出 $Y=f(Q^n)$。

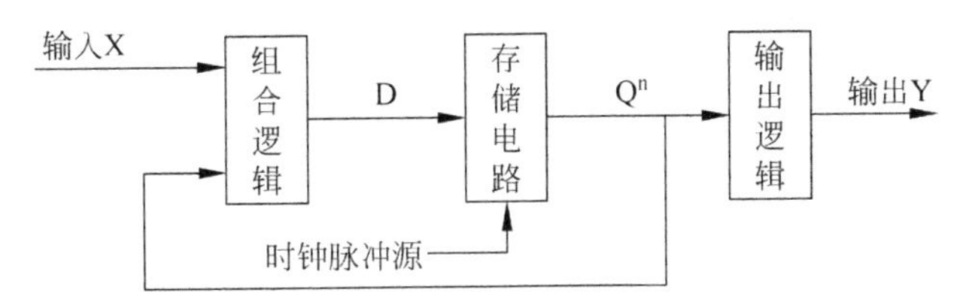

图 3-7 Moore 有限状态机的电路结构

Moore 有限状态机最重要的特点是将输入与输出隔离开,输入信号的变化对输出的影响要在下一个时钟周期才能反映出来,比 Mealy 有限状态机对输入信号的响应要晚一个时钟周期。

从上面的介绍可以看出,Mealy 有限状态机和 Moore 有限状态机各有特点,在设计过程中究竟选哪种类型,需要根据具体情况及有限状态机的特点来决定。

3. 有限状态机的表示方法

在数字系统设计中,有限状态机一般有 3 种表示方法:状态转换图、状态转换表和流程图。这 3 种表示方法是等价的,可以互相转换。

1) 状态转换图

状态转换图是一个有向图,比较直观地表现了有限状态机中状态的转换规律和输入输出信号的变化规律。

图 3-8 是一个可控的同步四进制计数器的状态转换图,图中,每个圆圈各代表状态机的一个状态,直线箭头的根表示现在状态,箭头指向时钟脉冲作用下的下一个状态(次态)。X/Y 是状态机的外部输入和外部输出,表示引起状态转换的输入条件和伴随转换产生的输出。通过对状态转换图的分析可以看出:当外部输入 X=0 时,状态机保持原状态不变且输出 Y=0;当外部输入 X=1 时,状态机为四进制计数器,且在状态 $Q_2^n Q_1^n=11$ 时有进位输出(Y=1)。应注意的是,在构造状态转换图时,必须对所有可能的输入条件进行分析,以确定在哪些条件激励下,有限状态机可以从某一状态转换到新的状态。

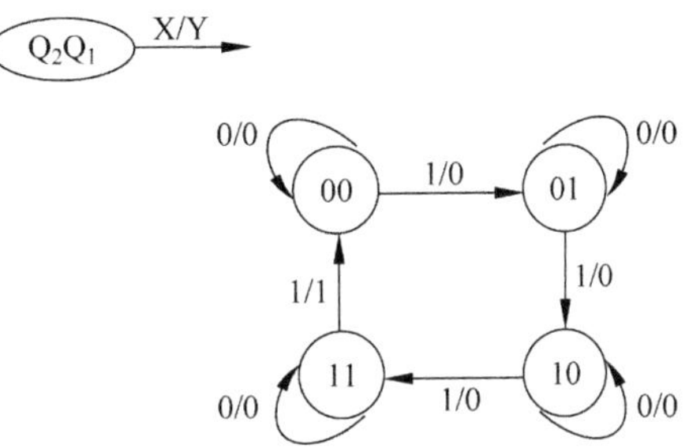

图 3-8 可控的同步四进制计数器的状态转换图

2) 状态转换表

状态转换图清楚地表示了状态之间的转换关系和转换条件,但是对复杂的状态机,当状态的数目很多时,状态转换图也将变得复杂起来,此时可以选用状态转换表。状态转换表用列表的方法表示有限状态机,它描述了有限状态机在哪些输入信号作用下会从现在状态转换到下一个状态,并产生相应的输出。

现仍以可控的同步四进制计数器为例,列出状态转换表,如表 3-10 所示。

表 3-10　可控的同步四进制状态转换表

X	Q_2^n　Q_1^n	Q_2^{n+1}　Q_1^{n+1}	Y
0	0　0	0　0	0
0	0　1	0　1	0
0	1　0	1　0	0
0	1　1	1　1	0
1	0　0	0　1	0
1	0　1	1　0	0
1	1　0	1　1	0
1	1　1	0　0	1

表中，Q^n 为有限状态机的现在状态；Q^{n+1} 为在时钟脉冲作用下的下一个状态。可见，状态转换表和状态转换图一样，可以很好地表示在给定的输入条件下有限状态机的状态转换关系。

3）流程图

从形式上看，有限状态机的流程图类似于描述软件程序的流程图，由状态框、分支框和条件输出框等几种基本图形构成，所不同的是有限状态机的流程图可以和实现它的硬件对应起来。这表明软件工程和硬件工程在理论上的相似性和可转换性。

下面将图 3-8 的状态转换图用流程图表示出来，如图 3-9 所示。图中，S_i 表示状态，$S_0=00$，$S_1=01$，$S_2=10$，$S_3=11$。

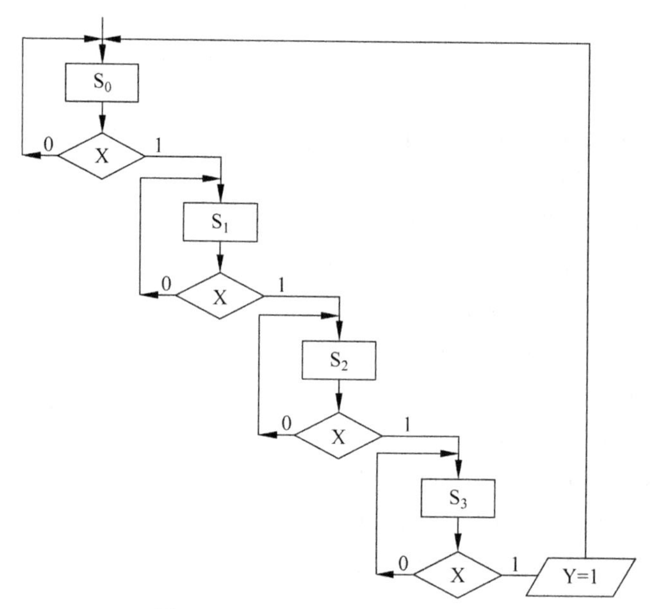

图 3-9　可控的同步四进制流程图

4. 设计有限状态机的一般步骤

时序逻辑电路根据触发条件的不同，可以分为异步时序逻辑和同步时序逻辑。异步时序逻辑没有统一的时钟脉冲，输入的变化会直接引起电路状态的改变；而同步时序逻辑的特点是电路具有统一的时钟脉冲，只有当时钟脉冲的上升沿或下降沿到来时，电路的状态才会发生改变,新的状态一旦建立,可以保持不变,直到下一个时钟脉冲的到来。由于在时钟脉冲间隔时间里,输入的变化不会引起电路状态的改变,因此在设计时不必考虑门电路的延时所带来的问题,这使得同步时序逻辑比异步时序逻辑具有更可靠、更简单的逻辑关系。实用的状态机一般都设计为同步时序逻辑方式,目前的综合工具也只支持同步时序逻辑的设计。

设计有限状态机的一般步骤如下。

(1) 根据给出的逻辑问题确定输入输出,设定原始状态表或状态图。通常取原因或条件为输入变量,结果为输出变量。原始状态表或状态图的设定要从逻辑功能出发,列出所有输入对应的所有可能出现的状态,因此会包含冗余项。

(2) 状态化简,消除原始状态中的多余项。在原始状态中,如果有两个或两个以上的状态,在相同的外部输入X,不仅各自的外部输出Y相同,而且次态也相同,则意味着对这几个状态没有加以区分的必要,可以合并成一个状态。状态数越少,存储电路越简单。

(3) 状态编码。给简化后的状态图中每个状态赋予二进制编码。有多种编码方式,不同的编码方式选择将影响电路的复杂性,但这种影响往往并不很直观,因此状态编码需要一定的技巧和经验。

(4) 编写Verilog HDL程序。

3.5.2 用Verilog HDL语言设计有限状态机

1. 有限状态机的状态编码

状态编码就是对不同的状态用不同的编码值区分,使得每个状态对应唯一编码。为了便于识别,一般选用的状态编码和它们的排列顺序都遵循一定的规律。Verilog HDL语言中常用3种编码:二进制码(binary)编码、格雷码(gray)编码和一位热码(one-hot)编码。

1) 二进制码编码

采用自然二进制码对每个状态进行编码,n位二进制数可以表示2^n个状态,因此这种编码方式的效率很高。但是,在从一个状态转换到另一个状态时,有可能出现错误。以四位二进制为例,当状态从0111转换到1000时,四位数均要发生变化,由于四位数变化有先后,那么在转换过程中可能出现短暂的错误(出现短暂的1111的情况),即容易产生毛刺。另外当状态数较多且状态跳转较复杂时,会生成很大的组合逻辑,消耗器件资源。

2) 格雷码编码

格雷码又称循环码,是一种可靠性编码,其特点是相邻两个码字之间只有一位码元不同,其他各位均相同。这种编码可以减少毛刺的产生,但是只适合状态顺序跳变的情况。

3) 一位热码编码

one-hot需要用n位寄存器表示n个状态,其特点是在给定的状态中,状态编码只有一位是1,其他n−1位都为零。每个状态需要占用一个寄存器。这种编码同样可以减少毛刺的产生,但会出现一些多余状态,在用case语句描述时应增加default分支,以确保状态机一旦进入无效状态时,可以立即跳转到确定的状态。

二进制码和格雷码编码使用的触发器少,但产生的组合电路较大;一位热码编码使用的触发器较多,但由于状态译码简单,因此简化了组合逻辑。表3-11中给出了3种编码方式的比较。

表 3-11　3 种编码方式的比较

状　态	二进制码	格　雷　码	一位热码
S_0	000	000	00000001
S_1	001	001	00000010
S_2	010	011	00000100
S_3	011	010	00001000
S_4	100	110	00010000
S_5	101	111	00100000
S_6	110	101	01000000
S_7	111	100	10000000

2. 有限状态机的描述实例

描述有限状态机时首先要搞清楚这样几个问题：在什么条件下会发生状态转移。状态转移与输入信号的关系，状态机的输出信号是什么等。用 Verilog HDL 语言描述有限状态机有多种方法，最常见的是通过在 always 过程块内使用 case 语句实现，将状态信息存储在寄存器中，用 case 语句描述每个状态的行为。根据描述风格的不同，分一段式、两段式和三段式 3 种。下面以可控的同步四进制计数器为例，用 Verilog HDL 语言描述有限状态机。

1）一段式有限状态机的描述

整个状态机用一个 always 过程块描述，在该语句块中，完整地描述了输入输出及状态之间的关系。一段式有限状态机的设计程序如下：

```
1.  module FSM1 (clk,reset,X,Y);
2.  input  clk,reset;
3.  input X;
4.  output  Y;
5.  reg  Y;
6.  reg [1:0] state;
7.  parameter  S0 = 2'b00, S1 = 2'b01, S2 = 2'b10, S3 = 2'b11;
8.  always  @  (posedge clk  or  negedge  reset)
9.  begin
10.   if (!reset)  state <= S0;
11.   else
12.     case (state)
13.       S0: begin
14.             if (X)  begin
15.               state <= S1;
16.              Y <= 0;
17.             end
18.             else  begin
19.                state <= S0;
20.                Y <= 0;
21.             end
22.          end
23.       S1: begin
24.             if (X)  begin
25.               state <= S2;
```

```
26.                 Y <= 0;
27.               end
28.               else  begin
29.                 state <= S1;
30.                 Y <= 0;
31.               end
32.             end
33.         S2: begin
34.               if (X)  begin
35.                 state <= S3;
36.                 Y <= 0;
37.               end
38.               else begin
39.                 state <= S2;
40.                 Y <= 0;
41.               end
42.             end
43.         S3: begin
44.               if (X)  begin
45.                 state <= S0;
46.                 Y <= 1;
47.               end
48.               else  begin
49.                 state <= S3;
50.                 Y <= 0;
51.               end
52.             end
53.         default state <= 2'bxx;
54.     endcase
55. end
56. endmodule
```

一段式有限状态机的特点是：组合逻辑和时序逻辑在同一个 always 过程块中，代码量较大，清晰程度不够，不利于维护和修改。

2）两段式有限状态机的描述

使用两个 always 过程块描述状态机，其中一个 always 过程块用于描述时序逻辑，另一个 always 过程块描述组合逻辑。两段式有限状态机的设计程序如下：

```
1.  module FSM2 (clk,reset,X,Y);
2.  input clk,reset;
3.  input  X;
4.  output  Y;
5.  reg  Y;
6.  reg [1:0] CS,NS;
7.  parameter  S0 = 2'b00, S1 = 2'b01, S2 = 2'b10, S3 = 2'b11;
8.  always  @  (posedge clk  or  negedge  reset)
9.  begin
10.   if (!reset)     CS <= S0;
11.   else        CS <= NS;
12. end
```

```
13. always  @  (CS  or  X)
14. begin
15.   case (CS)
16.     S0: begin
17.           if (X) begin
18.              NS = S1;
19.              Y = 0;
20.           end
21.           else  begin
22.              NS = S0;
23.              Y = 0;
24.           end
25.        end
26.     S1: begin
27.           if (X)  begin
28.              NS = S2;
29.              Y = 0;
30.           end
31.           else  begin
32.              NS = S1;
33.              Y = 0;
34.           end
35.        end
36.     S2: begin
37.           if (X)  begin
38.              NS = S3;
39.              Y = 0;
40.           end
41.           else  begin
42.              NS = S2;
43.              Y = 0;
44.           end
45.        end
46.     S3: begin
47.           if (X)  begin
48.              NS = S0;
49.              Y = 1;
50.           end
51.           else  begin
52.              NS = S3;
53.              Y = 0;
54.           end
55.        end
56.      default  NS = 2'bxx;
57.     endcase
58. end
59. endmodule
```

两段式有限状态机的特点是：一个always过程块采用同步时序方式描述了状态转移的情况，另一个always过程块采用组合逻辑方式判断状态转移条件，描述了状态转移的规律。此时，程序中使用两个状态寄存器 CS 和 NS，CS 表示当前状态，NS 表示下一个状态。在上升沿到达时，将 NS 赋给 CS。这种描述方法结构清晰，便于维护和修改。但组合逻辑输出容易产生毛刺，造成电路工作不稳定，所以，可以使用三段式状态机描述方法。

3）三段式有限状态机的描述

使用三个 always 过程块描述状态机，两个时序 always 过程块用来描述当前状态和输出信号，一个组合 always 过程块用于产生下一个状态。三段式有限状态机的设计程序如下：

```
1.  module FSM3 (clk,reset,X,Y);
2.  input  clk,reset;
3.  input  X;
4.  output  Y;
5.  reg  Y;
6.  reg [1:0] CS,NS;
7.  parameter  S0 = 2'b00, S1 = 2'b01, S2 = 2'b10, S3 = 2'b11;
8.  always  @  (posedge  clk  or  negedge  reset)
9.  begin
10.  if (!reset)   CS <= S0;
11.   else   CS <= NS;
12.  end
13. //判断状态转移
14. always  @  (CS  or  X)
15. begin
16.   case (CS)
17.     S0: if (X)     NS = S1;
18.          else      NS = S0;
19.     S1: if (X)     NS = S2;
20.          else      NS = S1;
21.     S2: if (X)     NS = S3;
22.          else      NS = S2;
23.     S3: if (X)     NS = S0;
24.          else      NS = S3;
25.     default        NS = 2'bxx;
26.   endcase
27. end
28. //同步时序有限状态机输出
29. always  @  (posedge  clk  or  negedge  reset)
30. begin
31.   if (!reset)    Y <= 0;
32.     else
33.     begin
34.       case (NS)
35.         S0:  Y <= 0;
36.         S1:  Y <= 0;
37.         S2:  Y <= 0;
38.         S3:  Y <= 1;
39.       endcase
40.     end
41.   end
42. endmodule
```

通过三段式和两段式的比较可以看出：两段式采用组合逻辑描述输出，三段式采用同步时序逻辑描述输出。在case敏感表中指定次态寄存器，然后直接在每个次态的case分支中描述该状态的输出，而不需考虑状态转移条件。由于采用寄存器输出，可以避免出现组合电路的毛刺。

上面的程序中，使用parameter定义标识符常量，例如标识符S0代表常量2'b00，当采用另外一种状态编码方案时，直接在parameter定义处修改状态编码，代码其余部分不需要改动，提高了代码的可读性和可维护性。

3. 有限状态机综合的原则

(1) 综合之前一定要进行仿真，因为仿真会暴露逻辑错误，如果不做仿真，没有发现的逻辑错误会进入综合器，使综合的结果产生同样的逻辑错误。

(2) 每一次布线之后都要进行仿真，在器件编程或流片之前一定要进行仿真。

(3) 用Verilog HDL语言描述的异步状态机是不能综合的，因此应该避免用语言来设计，如果一定要设计异步状态机，则可以用电路图输入的方法来设计。

(4) 如果要为电平敏感的锁存器建模，使用持续赋值语句是最简单的方法。

第4章

数字逻辑电路实验

本章共设计了11个实验专题，大部分实验专题由几个小实验组成。本书的实验注重前后知识的关联性，前面的实验会为后面的实验打基础，因此本章所做实验的成果可能将在后续章节中使用。

另外，为了方便学生实验，与本书配套的资源包中有大部分实验的相关文件，包括实验初始设计文件、仿真文件和约束文件，本章的配套资源下载后默认解压到C:\sysclassfiles\digit文件夹中。

本章内容比较适合作为“数字逻辑电路”的课程实验。

4.1 Vivado工具与Verilog HDL语言的使用

本节通过4个基本门电路实验，重在用step by step的方法带领读者学习Vivado的基本使用方法。本节所有实验在资源包中提供的初始文档均在C:\sysclassfiles\digit\Ex_1中。

4.1.1 拨码开关与LED灯——熟悉Vivado和实验台

1. 实验目的

(1) 熟悉Vivado的开发环境及开发流程。

(2) 掌握Vivado中Verilog HDL文本输入设计方法，包括仿真、综合、实现和下载。

(3) 熟悉Minisys实验板的功能和使用方法。

2. 实验内容

以一个简单的24位拨码开关的读和24位LED灯的输出电路为例，利用Verilog HDL语言，在Vivado中创建简单的24位拨码开关的输入和24位LED灯的输出电路，并会将设计下载到Minisys实验平台。

注意：由于Minisys实验板所用的XC7A100TFGG484-1芯片比较新，而且实验板采用TypeC接口下载，因此，需要64位的Vivado 2017.3及以后的版本，本教材采用Vivado 2017.4。

3. 实验预习

认真阅读本书的前两章内容，对Vivado的开发流程有大概的了解，没有安装Vivado软件的读者请自行安装好该软件。

4. 实验步骤

1) 创建一个项目

双击，打开Vivado 2017.4，在Quick Start中选择Create Project，创建一个新项目

（或者在菜单栏选择 File→New Project 命令），弹出如图 4-1 所示的界面。

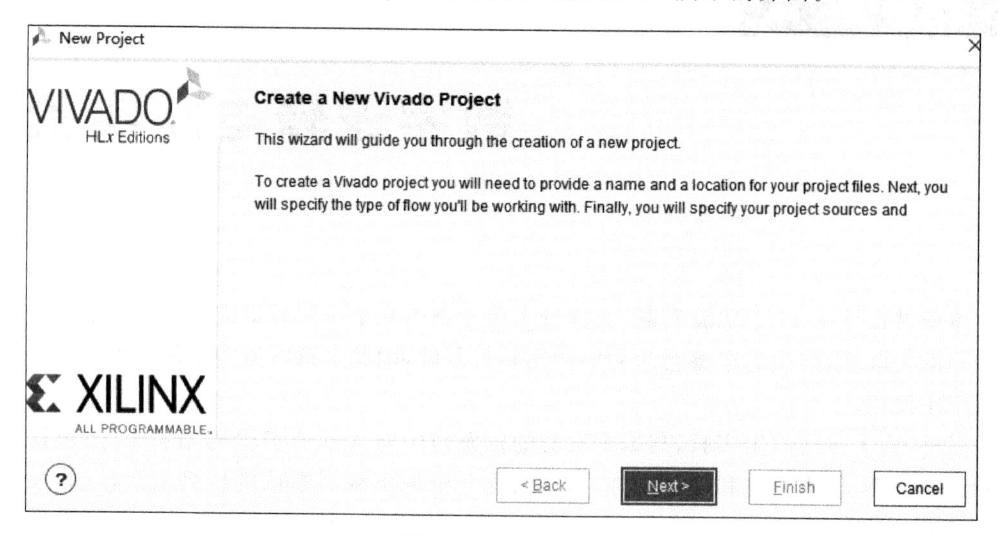

图 4-1　New Project

单击 Next 按钮，弹出如图 4-2 所示的界面。按图 4-2 中所示命名项目名称和路径。这里项目名称为 Ex_1，项目的位置是 C:/sysclassfiles/digit/Ex_1，单击 Next 按钮。最后，整个项目将保存在 C:/sysclassfiles/digit/Ex_1/Ex_1 中。

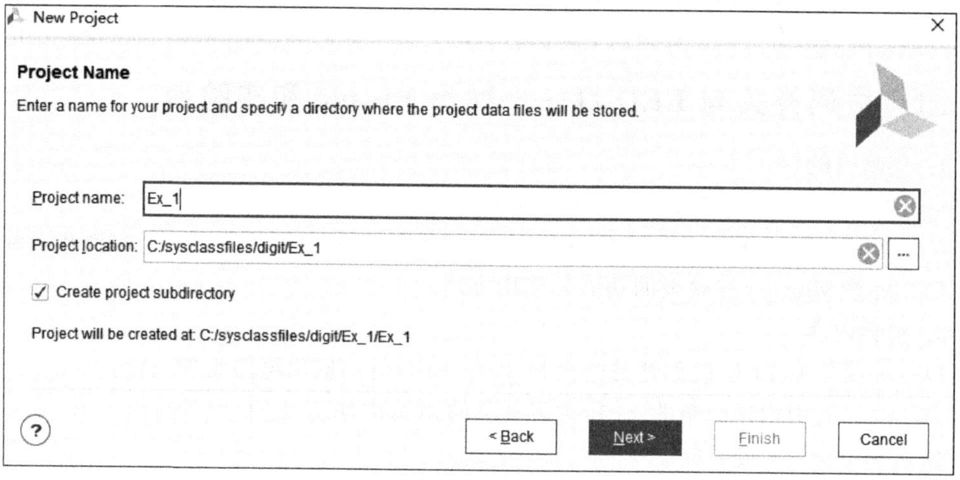

图 4-2　项目名称

设置选择项目类型，单击 Next 按钮，如图 4-3 所示。

因为不需要增加源文件，所以在 Add Sources 窗口单击 Next 按钮（在 Target Language 和 Simulator Language 下拉列表框中选择 Verilog）。

不增加 IP 核，所以在 Add Existing IP 窗口单击 Next 按钮。

不增加约束文件，所以在 Add Constraints 窗口单击 Next 按钮。

按图 4-4 所示选择器件为 xc7a100tfgg484-1，单击 Next 按钮。

可以看到如图 4-5 所示的新项目概览，单击 Finish 按钮，创建项目完成。

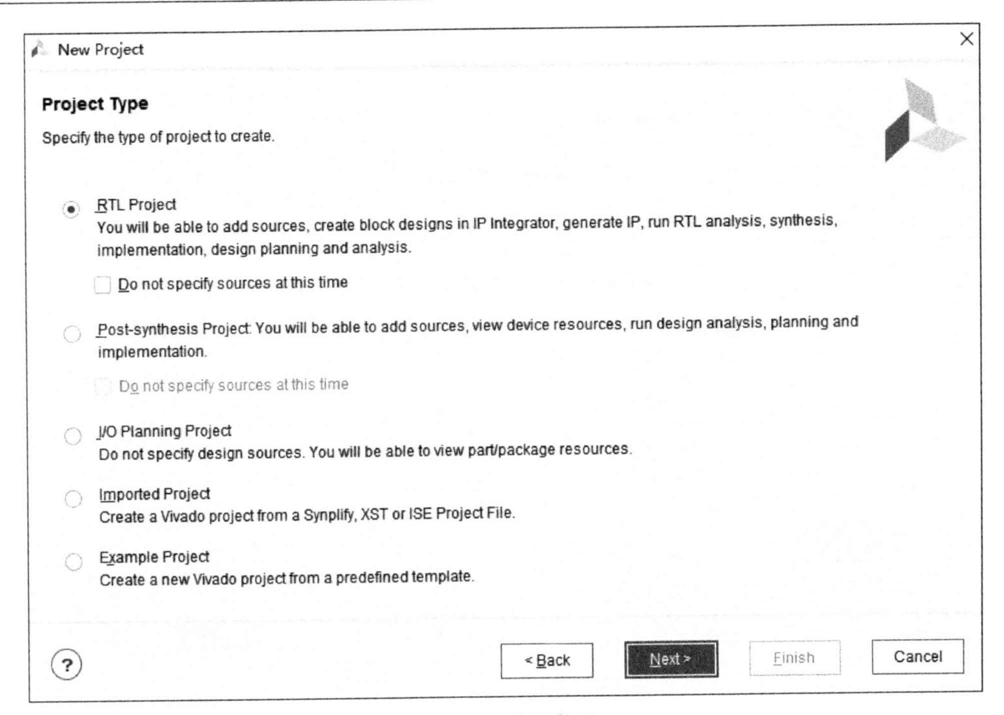

图 4-3　项目类型

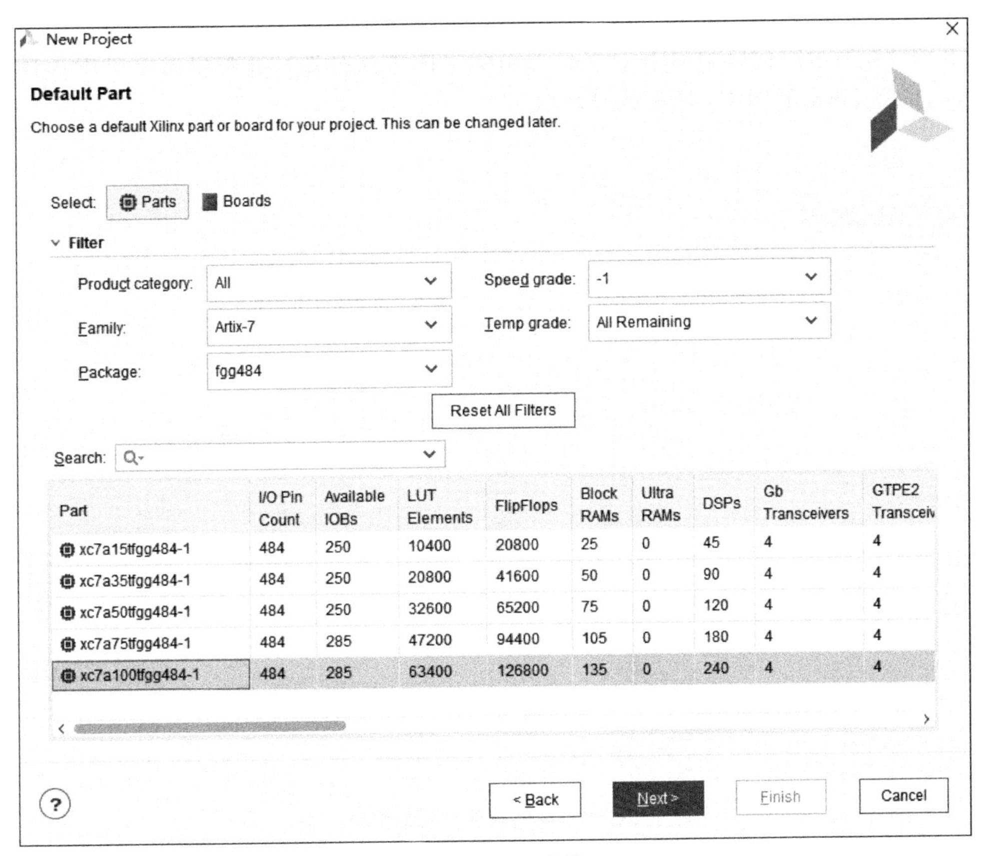

图 4-4　选择器件

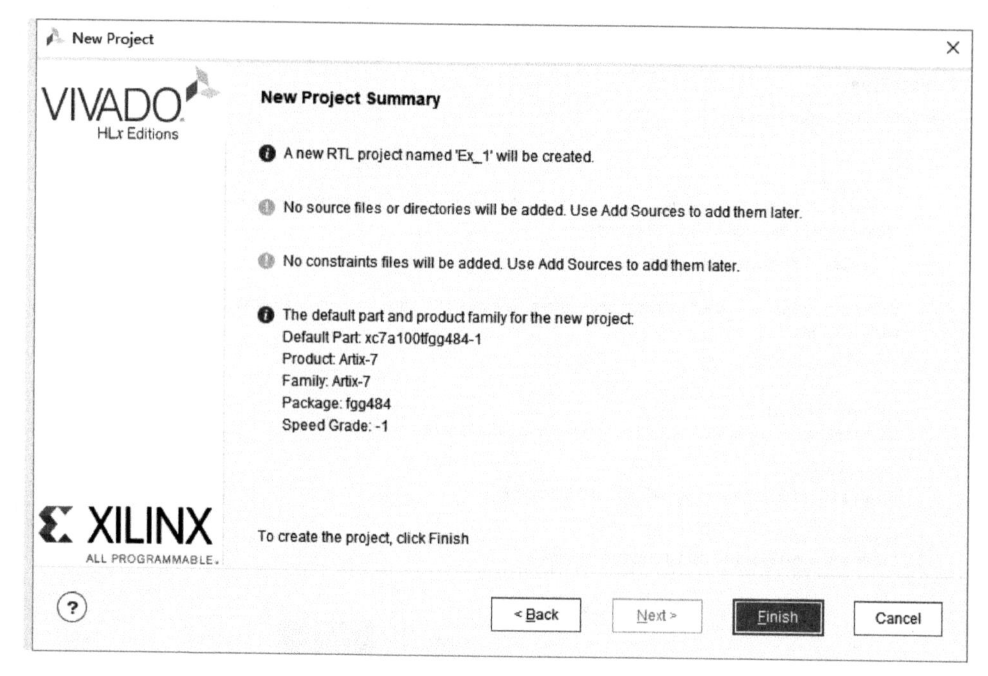

图 4-5　新项目概览

2）添加源代码

在图 4-6 所示的窗口中右击 Design Sources(图中高亮处)，在弹出的菜单中选择 Add Sources 命令，弹出如图 4-7 所示的对话框。

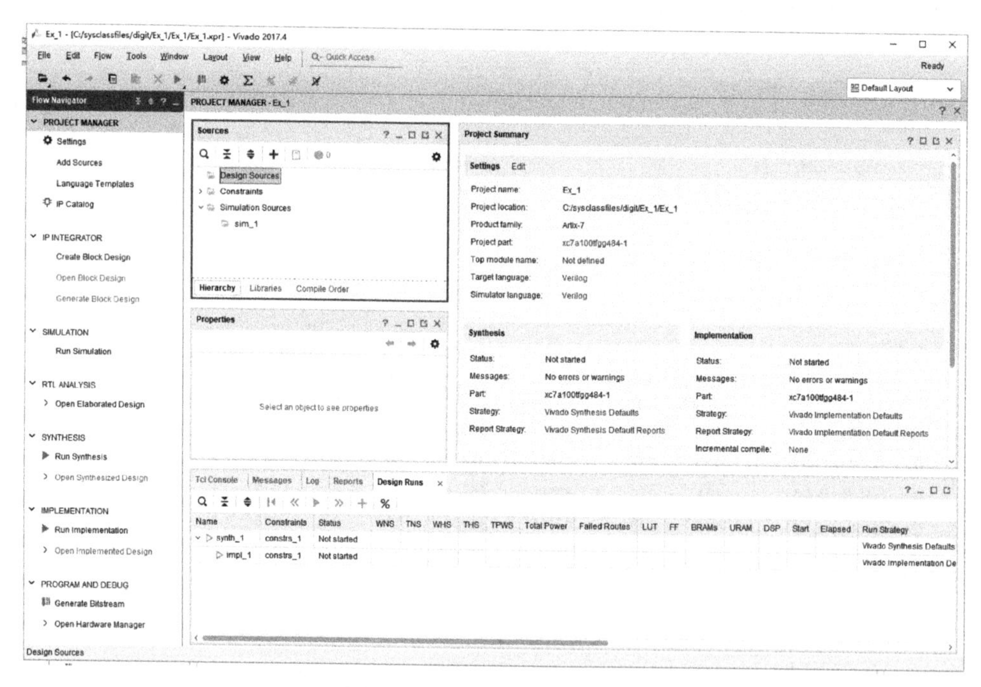

图 4-6　创建新项目后的窗口

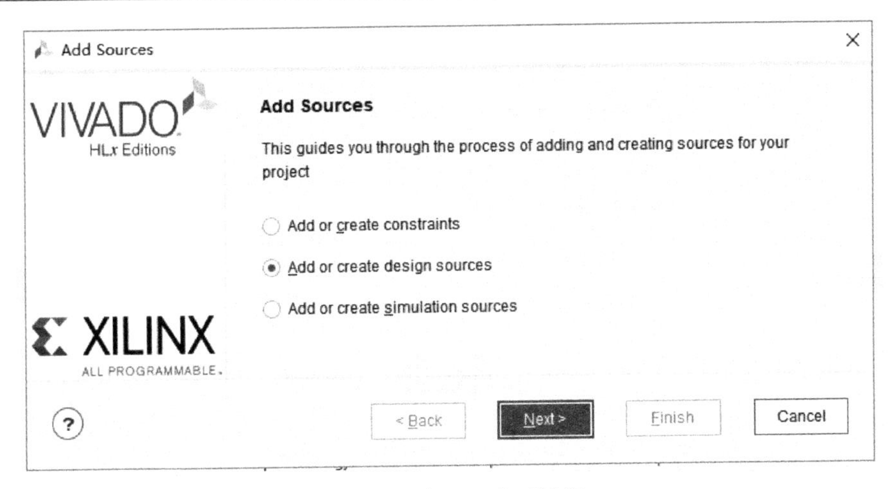

图 4-7　添加源程序对话框

按照图 4-7 所示选择后，单击 Next 按钮。在接下来打开的对话框（见图 4-8）中单击+按钮，并选择 Create File 命令。

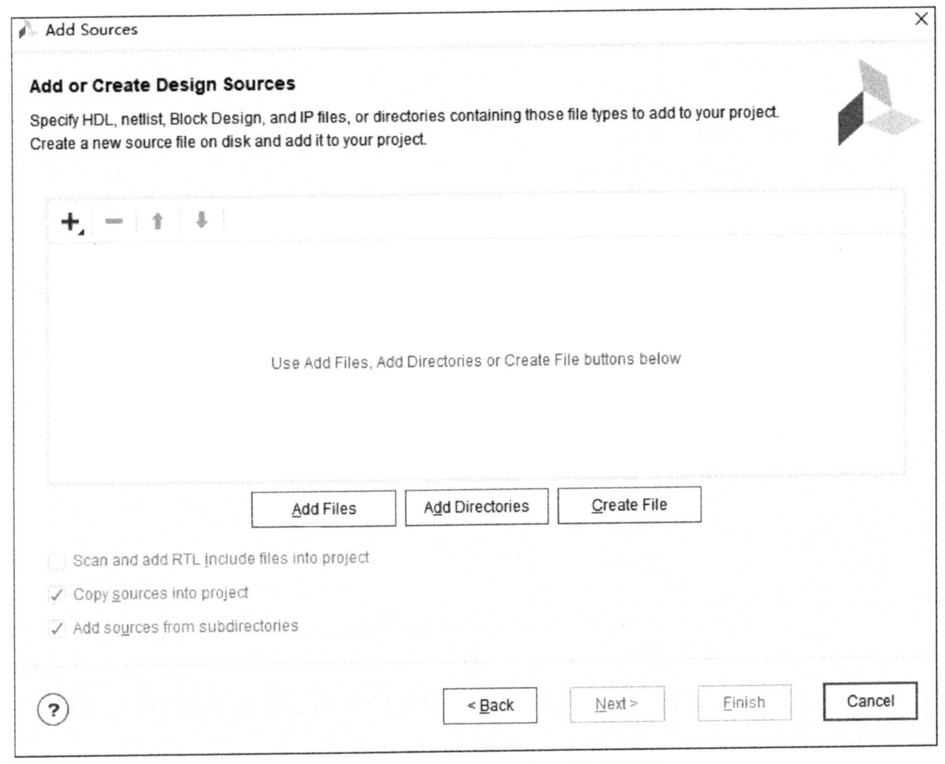

图 4-8　添加或创建设计文件对话框

此时会看到 Create Source File 对话框，按照图 4-9 所示填写后单击 OK 按钮。

此时会看到图 4-10 所示的对话框。

单击 Finish 按钮，在接下来的 Define Module 对话框中按照图 4-11 所示进行设置，然后单击 OK 按钮。

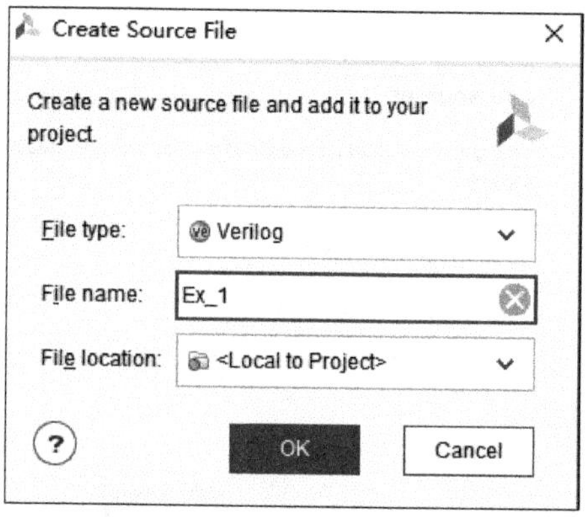

图 4-9　Create Source File 对话框

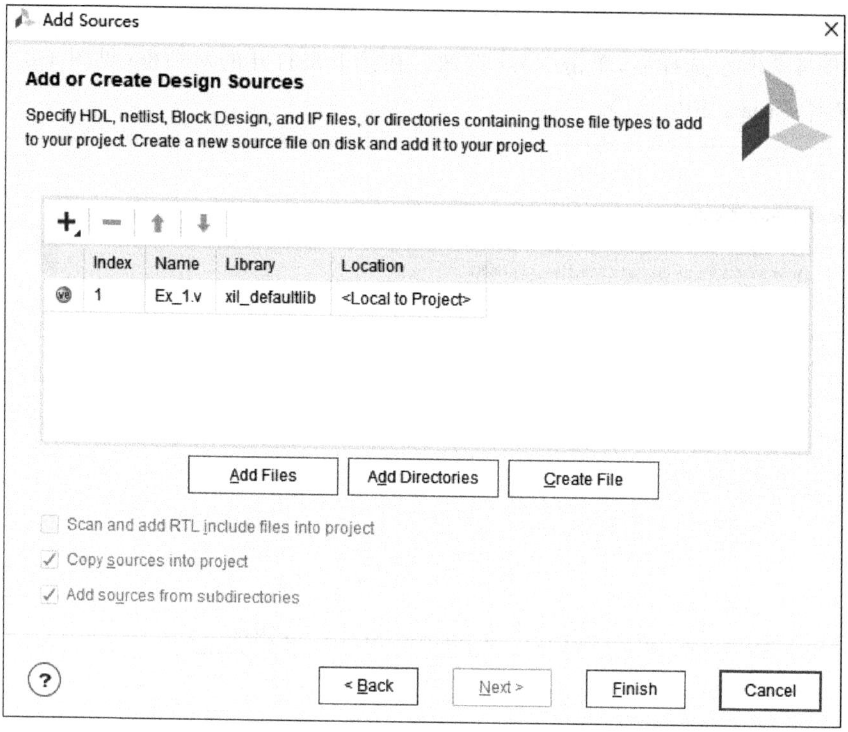

图 4-10　创建设计文件后的添加或创建设计文件对话框

接下来在图 4-12 所示的界面中双击 Ex_1 文件(图中高亮部分)就会在右边显示初始的 Ex_1 文件内容。

可以看到文件中 Ex_1 的模块是空的。

```
module Ex_1(
    input [23:0] sw,
    output [23:0] led
    );
endmodule
```

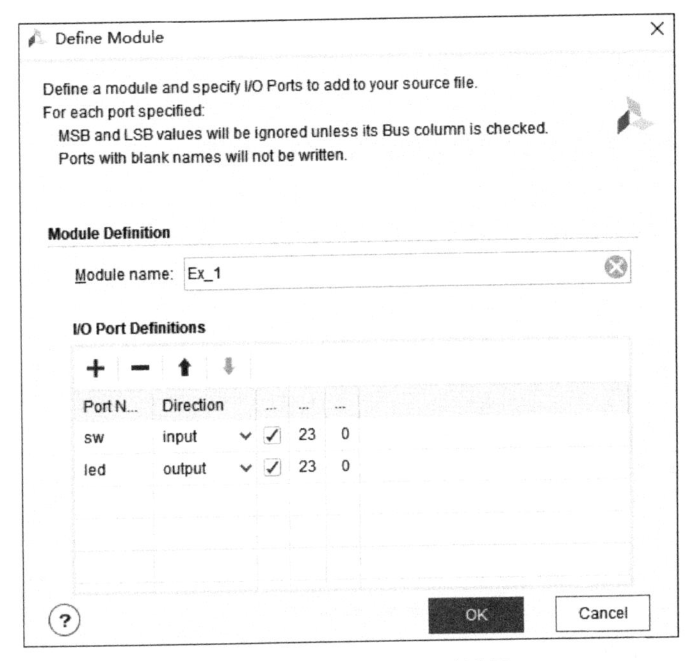

图 4-11　Define Module 对话框

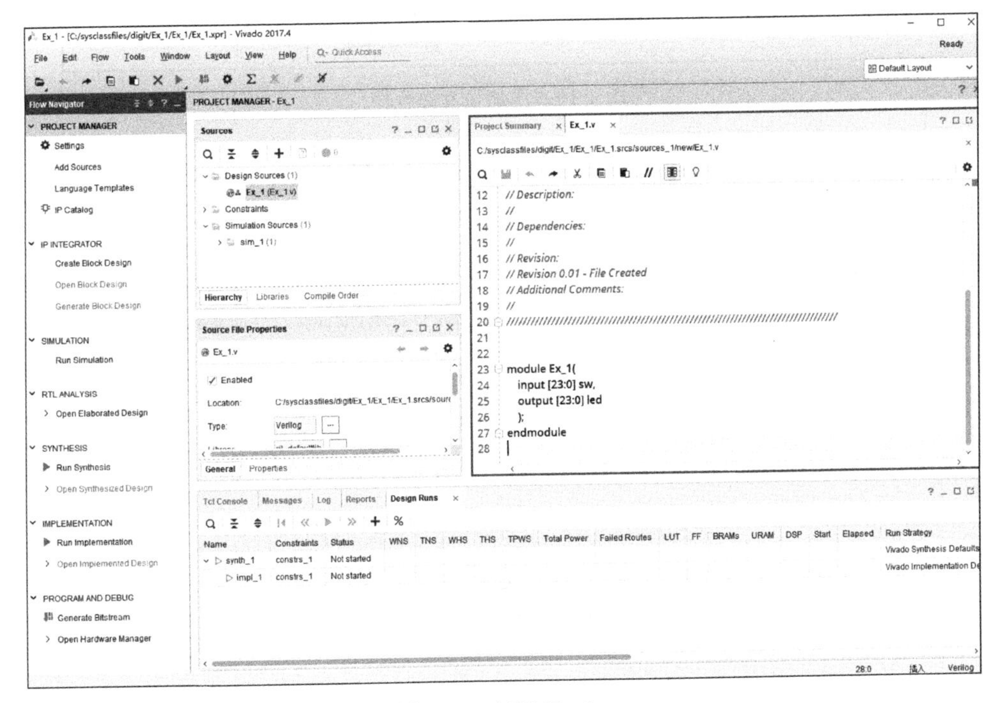

图 4-12　打开 Ex_1. v

用下面的程序将这个空模块替代掉。

```
1.  module Ex_1(
2.      input [23:0] sw,
3.      output [23:0] led
```

```
4.      );
5.      assign led = sw;
6.  endmodule
```

这个模块很简单，就是将拨码开关的内容赋值给 LED。

3）仿真

仿真的目的是为了检查电路设计是否正确。右击 Project Manager 下面 Sources 中的 Simulation Sources，在弹出的菜单中选择 Add Source 命令。按照图 4-13 所示的设置单击 Next 按钮。

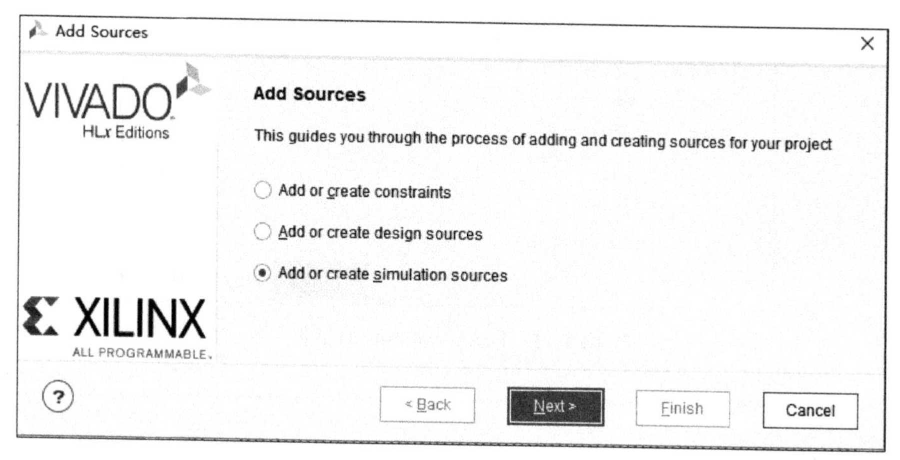

图 4-13 添加仿真源程序

在弹出的如图 4-14 所示的窗口中单击 + 按钮，并选择 Create File 命令。

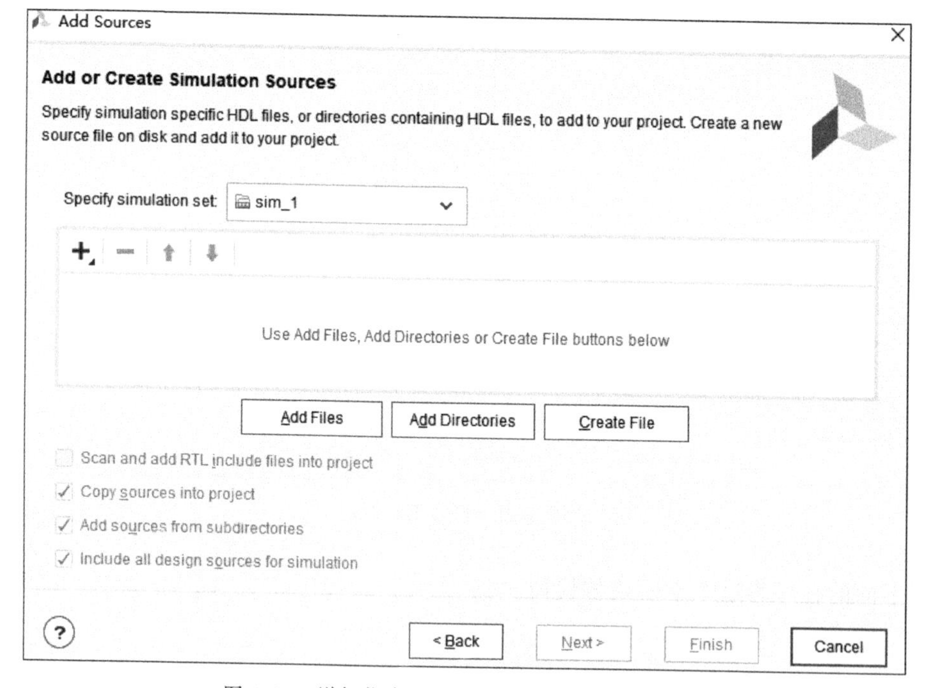

图 4-14 增加仿真源程序中 Add Sources 对话框

在创建文件的窗口按照图 4-15 设置仿真源文件的文件名为 Ex_1_sim，并单击 OK 按钮。

现在回到了 Add Sources 对话框，单击 Finish 按钮，在 Define Module 窗口中单击 OK 按钮，弹出如图 4-16 所示的窗口，单击 Yes 按钮。

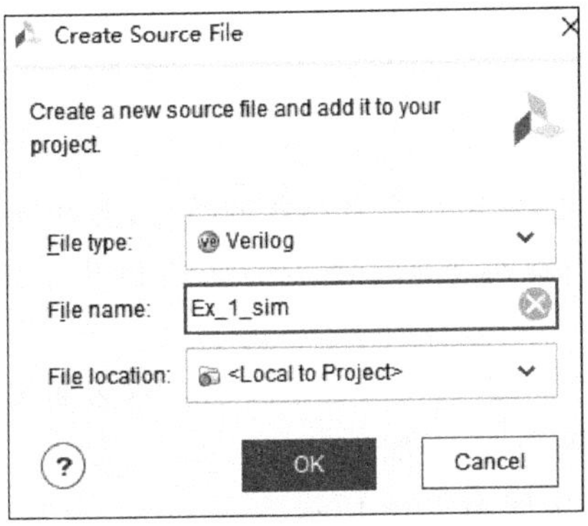

图 4-15　设置仿真源文件的文件名

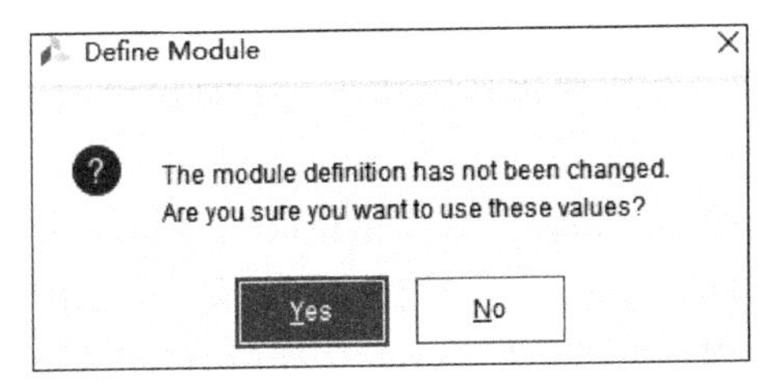

图 4-16　Define Module 窗口

如图 4-17 所示，现在在项目中看到了这个仿真源文件(图中高亮部分)。

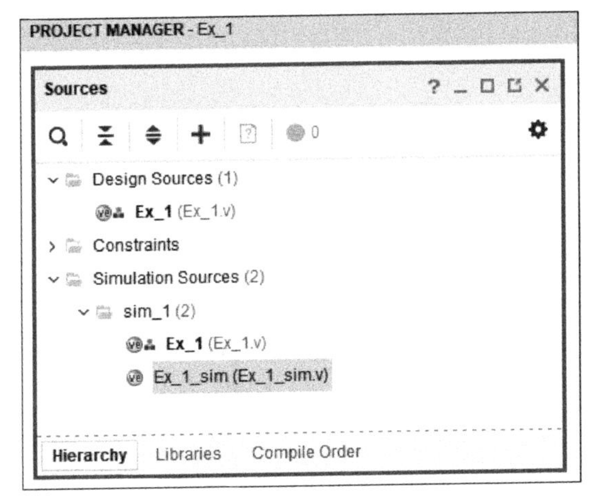

图 4-17　项目中的仿真源文件

双击图 4-17 中的高亮部分，打开该文件。可以看到目前的模块定义如下：

```
module Ex_1_sim(

    );
endmodule
```

用下面的代码替代：

```
1.  `timescale 1ns / 1ps
2.  module Ex_1_sim( );
3.      //input
4.      reg [23:0] sw = 24'h000000;
```

```
5.        //output
6.        wire [23:0] led;
7.        //instantiate the Unit under test
8.        Ex_1 uut(
9.            .sw(sw),
10.           .led(led)
11.           );
12. always #10 sw = sw + 1;
13. endmodule
```

上面代码的第4行将要仿真模块Ex_1的输入端sw定义为寄存器型数据，并初始化为0；第6行将要仿真模块Ex_1的输出端led定义为线型数据；第8～11行例化了Ex_1模块。

第12行每隔10个单位时间将sw+1。注意第1行是`timescale 1ns/1ps，这表明1个单位时间是1ns，10个单位时间就是10ns，因此sw每隔10ns会加1。

保存好Ex_1_sim.v文件后，得到的项目文件层次如图4-18所示。

在如图4-19所示的PROJECT MANAGER菜单中单击Run Simulation，在弹出的菜单中选择Run Behavior Simulation命令。

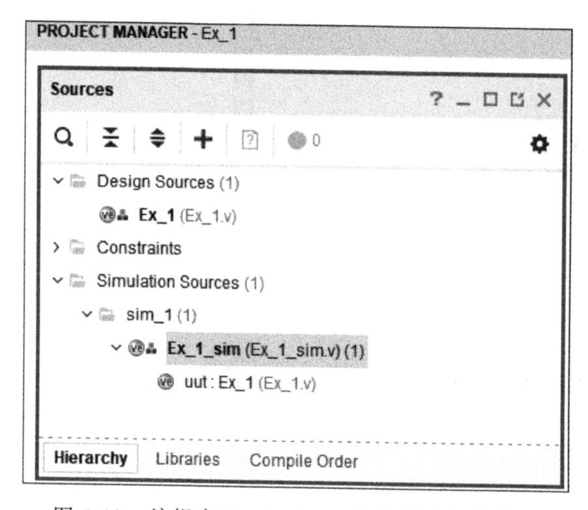

图4-18 编辑完Ex_1_sim.v后的项目文件层次

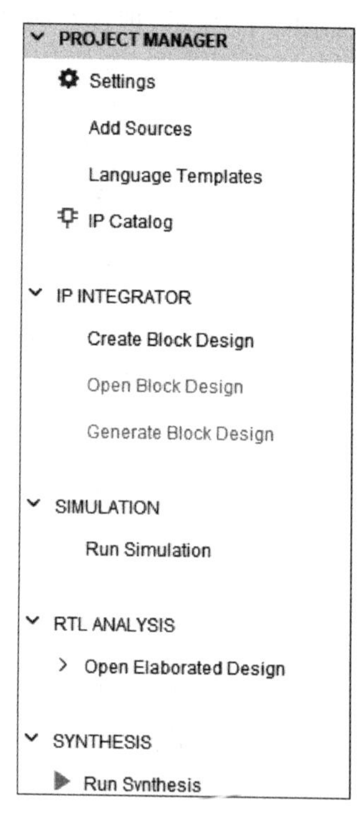

图4-19 单击Run Simulation

将工具条中的仿真时间调整为 70 ns ，单击按钮，然后单击按钮开始仿真。仿真完后，单击按钮得到如图4-20所示的波形图。

从图中可以明显地看到，每隔10ns，输入数据sw加1，输出数据led紧跟着变化，由于是行为仿真，所以没有延时产生。

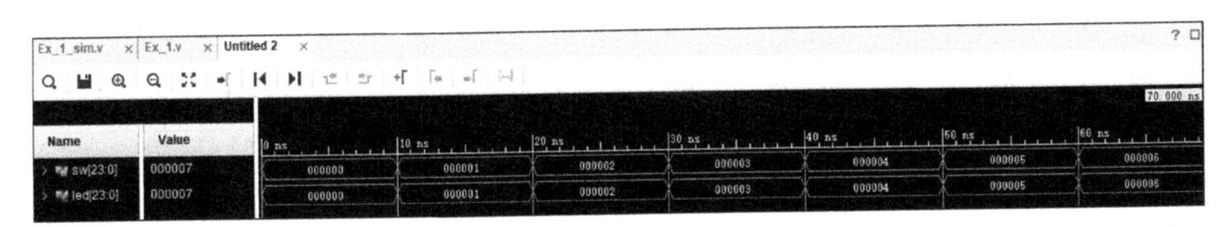

图 4-20　数电 Ex_1 仿真波形图

4）综合

在 PROJECT MANAGER 菜单中单击 Run Synthesis，在弹出的 Launch Runs 对话框中单击 OK 按钮。综合结束后，如果没有问题，会弹出如图 4-21 所示的窗口。

由于还没有进行引脚分配，所以按照图 4-21 的选择（Open Synthesized Design），单击 OK 按钮，对设计的电路进行引脚分配，如果已经引脚分配过了，那么图 4-21 中选择 Run Implementation 来运行实现。

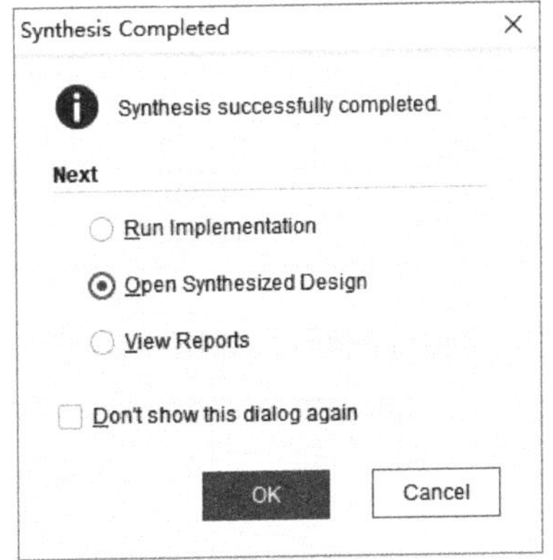

图 4-21　综合以后的窗口

5）引脚分配

按照图 4-21 的选择，单击 OK 按钮或在 Project Manager 中单击 Open Synthesized Design，有一个滚动条说明进度。滚动条结束后，选择菜单 Layout→I/O Planning 命令，弹出如图 4-22 所示的引脚分配表。

Name	Direction	Neg Diff Pair	Package Pin	Fixed	Bank	I/O Std	Vcco	Vref	Drive Strength	Slew Type	Pull Type	Off-Chip Termination	IN_TERM
All ports (48)													
led (24)	OUT					default (LVCMOS18)	1.800		12	SLOW	NONE	FP_VTT_50	
sw (24)	IN					default (LVCMOS18)	1.800				NONE	NONE	
Scalar ports (0)													

图 4-22　引脚分配表

先将 I/O Std 这一列全部改成 LVCMOS33，然后根据表 4-1，单击 site，对每个引脚进行分配。

表 4-1　Ex_1 引脚分配表

信　　号	部　　件	引　　脚	信　　号	部　　件	引　　脚
led[23]	RLD7	K17	sw[23]	SW23	Y9
led[22]	RLD6	L13	sw[22]	SW22	W9
led[21]	RLD5	M13	sw[21]	SW21	Y7
led[20]	RLD4	K14	sw[20]	SW20	Y8
led[19]	RLD3	K13	sw[19]	SW19	AB8
led[18]	RLD2	M20	sw[18]	SW18	AA8
led[17]	RLD1	N20	sw[17]	SW17	V8
led[16]	RLD0	N19	sw[16]	SW16	V9
led[15]	YLD7	M17	sw[15]	SW15	AB6
led[14]	YLD6	M16	sw [14]	SW14	AB7
led[13]	YLD5	M15	sw [13]	SW13	V7

续表

信　　号	部　　件	引　　脚	信　　号	部　　件	引　　脚
led[12]	YLD4	K16	sw [12]	SW12	AA6
led[11]	YLD3	L16	sw [11]	SW11	Y6
led[10]	YLD2	L15	sw [10]	SW10	T6
led[9]	YLD1	L14	sw [9]	SW9	R6
led[8]	YLD0	J17	sw [8]	SW8	V5
led[7]	GLD7	F21	sw [7]	SW7	U6
led[6]	GLD6	G22	sw [6]	SW6	W5
led[5]	GLD5	G21	sw [5]	SW5	W6
led[4]	GLD4	D21	sw [4]	SW4	U5
led[3]	GLD3	E21	sw [3]	SW3	T5
led[2]	GLD2	D22	sw [2]	SW2	T4
led[1]	GLD1	E22	sw [1]	SW1	R4
led[0]	GLD0	A21	sw [0]	SW0	W4

引脚分配好后，如图 4-23 所示。

Tcl Console | Messages | Log | Reports | Design Runs | Package Pins | I/O Ports ×

Name	Direction	Neg Diff Pair	Package Pin	Fixed	Bank	I/O Std	Vcco	Vref	Drive Strength	Slew Type	Pull Type	Off-Chip Termination
All ports (48)												
led (24)	OUT			✓	(Mu...	LVCMOS33*	3.300		12	SLOW	NONE	FP_VTT_50
led[23]	OUT		K17	✓	15	LVCMOS33*	3.300		12	SLOW	NONE	FP_VTT_50
led[22]	OUT		L13	✓	15	LVCMOS33*	3.300		12	SLOW	NONE	FP_VTT_50
led[21]	OUT		M13	✓	15	LVCMOS33*	3.300		12	SLOW	NONE	FP_VTT_50
led[20]	OUT		K14	✓	15	LVCMOS33*	3.300		12	SLOW	NONE	FP_VTT_50
led[19]	OUT		K13	✓	15	LVCMOS33*	3.300		12	SLOW	NONE	FP_VTT_50
led[18]	OUT		M20	✓	15	LVCMOS33*	3.300		12	SLOW	NONE	FP_VTT_50
led[17]	OUT		N20	✓	15	LVCMOS33*	3.300		12	SLOW	NONE	FP_VTT_50
led[16]	OUT		N19	✓	15	LVCMOS33*	3.300		12	SLOW	NONE	FP_VTT_50
led[15]	OUT		M17	✓	15	LVCMOS33*	3.300		12	SLOW	NONE	FP_VTT_50
led[14]	OUT		M16	✓	15	LVCMOS33*	3.300		12	SLOW	NONE	FP_VTT_50
led[13]	OUT		M15	✓	15	LVCMOS33*	3.300		12	SLOW	NONE	FP_VTT_50
led[12]	OUT		K16	✓	15	LVCMOS33*	3.300		12	SLOW	NONE	FP_VTT_50
led[11]	OUT		L16	✓	15	LVCMOS33*	3.300		12	SLOW	NONE	FP_VTT_50
led[10]	OUT		L15	✓	15	LVCMOS33*	3.300		12	SLOW	NONE	FP_VTT_50
led[9]	OUT		L14	✓	15	LVCMOS33*	3.300		12	SLOW	NONE	FP_VTT_50
led[8]	OUT		J17	✓	15	LVCMOS33*	3.300		12	SLOW	NONE	FP_VTT_50
led[7]	OUT		F21	✓	16	LVCMOS33*	3.300		12	SLOW	NONE	FP_VTT_50
led[6]	OUT		G22	✓	16	LVCMOS33*	3.300		12	SLOW	NONE	FP_VTT_50
led[5]	OUT		G21	✓	16	LVCMOS33*	3.300		12	SLOW	NONE	FP_VTT_50
led[4]	OUT		D21	✓	16	LVCMOS33*	3.300		12	SLOW	NONE	FP_VTT_50
led[3]	OUT		E21	✓	16	LVCMOS33*	3.300		12	SLOW	NONE	FP_VTT_50
led[2]	OUT		D22	✓	16	LVCMOS33*	3.300		12	SLOW	NONE	FP_VTT_50
led[1]	OUT		E22	✓	16	LVCMOS33*	3.300		12	SLOW	NONE	FP_VTT_50
led[0]	OUT		A21	✓	16	LVCMOS33*	3.300		12	SLOW	NONE	FP_VTT_50
sw (24)	IN			✓	34	LVCMOS33*	3.300				NONE	NONE
sw[23]	IN		Y9	✓	34	LVCMOS33*	3.300				NONE	NONE
sw[22]	IN		W9	✓	34	LVCMOS33*	3.300				NONE	NONE
sw[21]	IN		Y7	✓	34	LVCMOS33*	3.300				NONE	NONE
sw[20]	IN		Y8	✓	34	LVCMOS33*	3.300				NONE	NONE
sw[19]	IN		AB8	✓	34	LVCMOS33*	3.300				NONE	NONE
sw[18]	IN		AA8	✓	34	LVCMOS33*	3.300				NONE	NONE
sw[17]	IN		V8	✓	34	LVCMOS33*	3.300				NONE	NONE
sw[16]	IN		V9	✓	34	LVCMOS33*	3.300				NONE	NONE
sw[15]	IN		AB6	✓	34	LVCMOS33*	3.300				NONE	NONE
sw[14]	IN		AB7	✓	34	LVCMOS33*	3.300				NONE	NONE
sw[13]	IN		V7	✓	34	LVCMOS33*	3.300				NONE	NONE
sw[12]	IN		AA6	✓	34	LVCMOS33*	3.300				NONE	NONE
sw[11]	IN		Y6	✓	34	LVCMOS33*	3.300				NONE	NONE
sw[10]	IN		T6	✓	34	LVCMOS33*	3.300				NONE	NONE
sw[9]	IN		R6	✓	34	LVCMOS33*	3.300				NONE	NONE
sw[8]	IN		V5	✓	34	LVCMOS33*	3.300				NONE	NONE
sw[7]	IN		U6	✓	34	LVCMOS33*	3.300				NONE	NONE
sw[6]	IN		W5	✓	34	LVCMOS33*	3.300				NONE	NONE
sw[5]	IN		W6	✓	34	LVCMOS33*	3.300				NONE	NONE
sw[4]	IN		U5	✓	34	LVCMOS33*	3.300				NONE	NONE
sw[3]	IN		T5	✓	34	LVCMOS33*	3.300				NONE	NONE
sw[2]	IN		T4	✓	34	LVCMOS33*	3.300				NONE	NONE
sw[1]	IN		R4	✓	34	LVCMOS33*	3.300				NONE	NONE
sw[0]	IN		W4	✓	34	LVCMOS33*	3.300				NONE	NONE
Scalar ports (0)												

图 4-23　引脚分配图

按 Ctrl+S 组合键，弹出如图 4-24 所示的窗口，单击 OK 按钮。

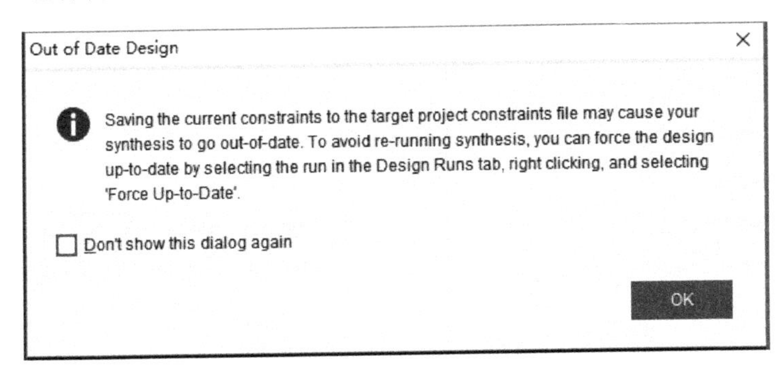

图 4-24 保存引脚分配设置

在弹出的如图 4-25 所示的窗口中填写约束文件名为 Ex_1。

单击 OK 按钮，然后选择 File→Close Synthesized Design，关闭综合设计窗口。

6）实现

在 Project Manager 中单击 Run Implementation，对设计进行实现。如果刚刚做过引脚分配，则 Vivado 会弹出对话框告知用户综合的结果已经失效，需要先综合后再自动进行实现，在该对话框中单击 Yes 按钮，进行再次综合与实现。

实现完之后，如果没有错误，弹出如图 4-26 所示的窗口，这样就完成了实现。

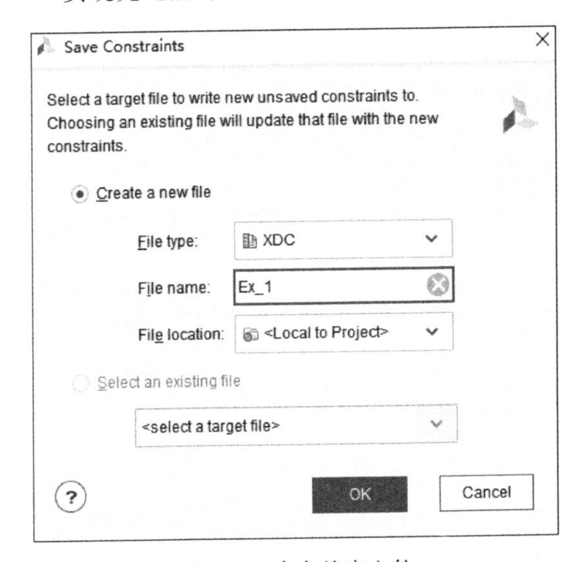

图 4-25 命名约束文件

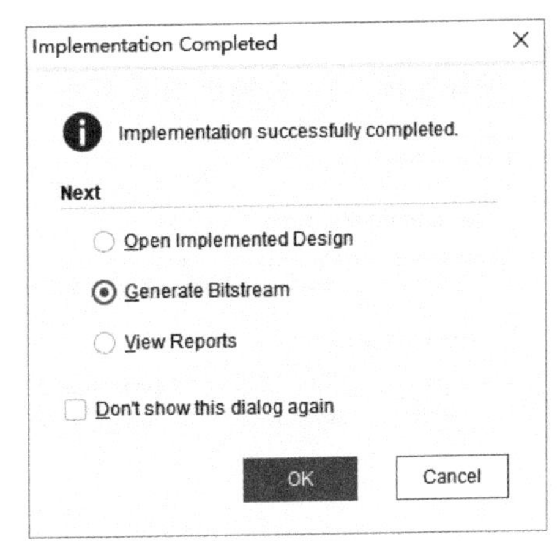

图 4-26 实现后的窗口

7）产生比特流文件并下载

按照图 4-26 所示的设置单击 OK 按钮，或者在 Project Manager 中单击 Generate Bitstream 或工具条上的 按钮。比特流生成后会弹出如图 4-27 所示的对话框。

用 USB-TypeC 下载线将 Minisys 板的 TypeC 接口与 PC 的 USB 相连，接上 Minisys 板的电源线，并打开电源开关。按照图 4-27 所示选中 Open Hardware Manager，单击 OK 按钮（或在 PROJECT MANAGER 菜单中单击 Hardware Manager），弹出如图 4-28 所示的界面。

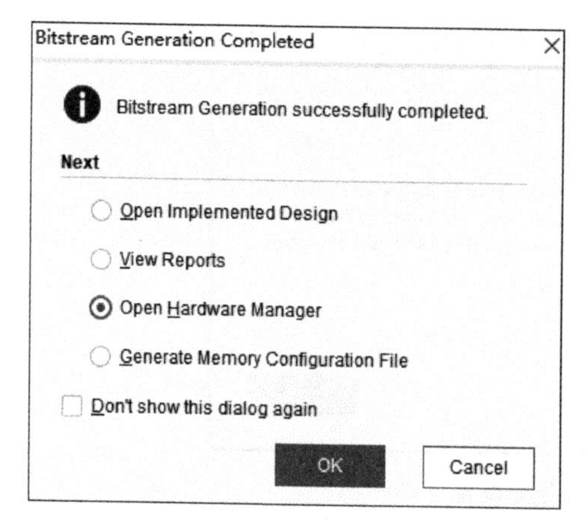

图 4-27　比特流生成完成

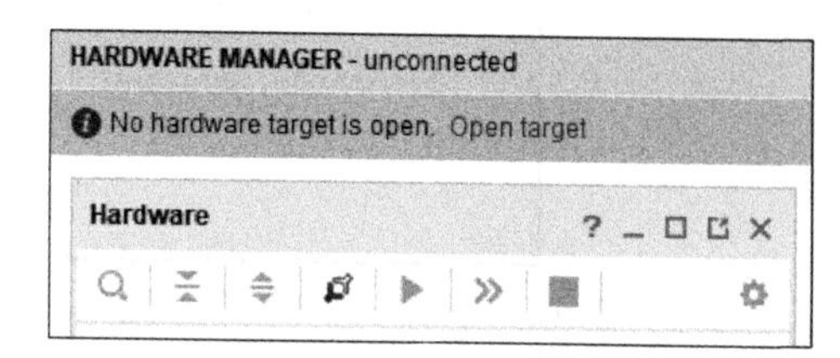

图 4-28　Hardware Manager 界面

选择 Open target→Open new target 命令，在弹出的窗口中单击 Next 按钮，再次单击 Next 按钮，此时出现图 4-29 所示的进度条。

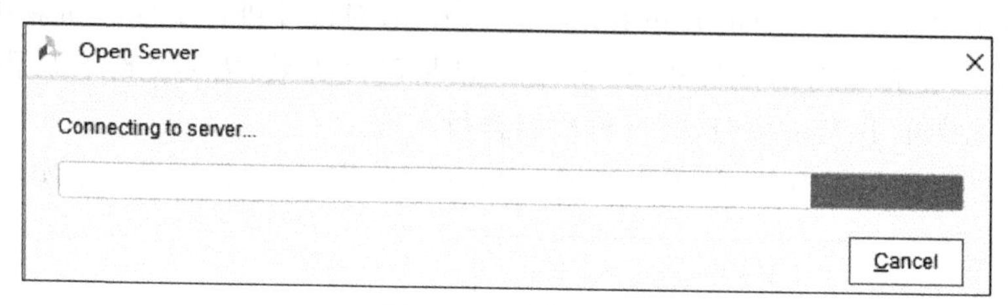

图 4-29　寻找硬件

硬件连接上后，会弹出如图 4-30 所示的界面。

Open New Hardware Target

Select Hardware Target

Select a hardware target from the list of available targets, then set the appropriate JTAG clock (TCK) frequency. If you do not see the expected devices, decrease the frequency or select a different target.

Hardware Targets

Type	Name	JTAG Clock Frequency
xilinx_tcf	Xilinx/1234-tulA	15000000

Add Xilinx Virtual Cable (XVC)

Hardware Devices (for unknown devices, specify the Instruction Register (IR) length)

Name	ID Code	IR Length
xc7a100t_0	13631093	6

Hardware server: localhost:3121

< Back　Next >　Finish　Cancel

图 4-30　找到硬件

所列的正是接到 PC 上的实验板的主芯片。单击 Next 按钮，然后单击 Finish 按钮，弹出如图 4-31 所示的界面。

HARDWARE MANAGER - localhost/xilinx_tcf/Xilinx/1234-tulA
There are no debug cores. Program device Refresh device
Hardware
Name
Status
localhost (1)
Connected
xilinx_tcf/Xilinx/1234-tulA (1)
Open
xc7a100t_0 (1)
Programmed
XADC (System Monitor)

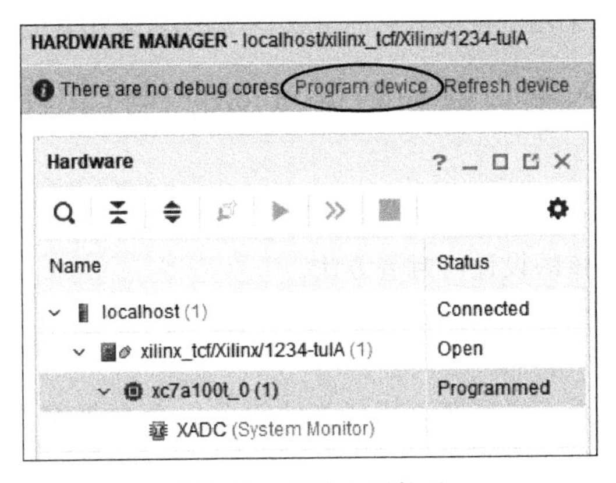

图 4-31　连接上硬件后

选中 xc7a100t_0，单击图中圈出的 Program device 在弹出的 Program Device 窗口（见图 4-32）中单击 Program 按钮，弹出如图 4-33 所示的正在下载的进度条。

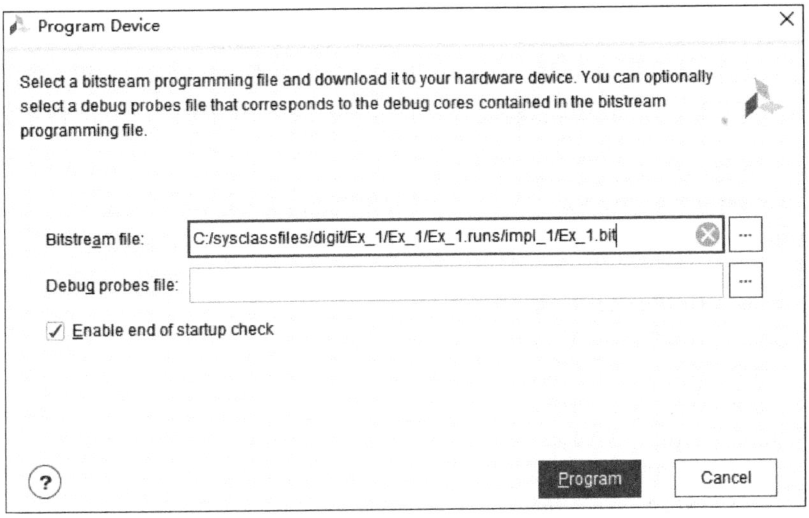

Program Device
Select a bitstream programming file and download it to your hardware device. You can optionally select a debug probes file that corresponds to the debug cores contained in the bitstream programming file.
Bitstream file:
C:/sysclassfiles/digit/Ex_1/Ex_1/Ex_1.runs/impl_1/Ex_1.bit
Debug probes file:
Enable end of startup check
Program
Cancel

图 4-32　Program Device 窗口

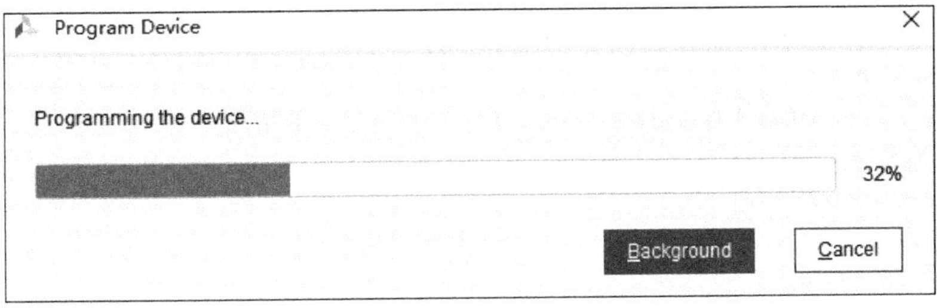

Program Device
Programming the device...
32%
Background
Cancel

图 4-33　下载进度条

下载结束后，会看到 Minisys 板上的 LED 灯会随着拨码开关的变化而变化。

5. 思考与拓展

本实验中为 led 赋值采用了持续赋值的方式，考虑能否采用其他赋值的方式实现本功能。

4.1.2 可配置输入端口数和数据宽度的“与门”IP 核设计

1. 实验目的

（1）进一步熟悉 Vivado 的使用。

（2）学会可配置 IP 核的设计与封装方法。

（3）对与门逻辑有更直观的认识。

2. 实验内容

使用 Verilog HDL 语言的数据流描述方法设计一个数据宽度可在 1～32 之间变化。输入端口数可在 2～8 之间变化的与门，输入端最多 8 个，分别是 a、b、c、d、e、f、g、h，输出端为 q，利用仿真进行验证，并将该与门封装成可配置输入端口数和数据宽度的“与门”IP 核。

3. 实验预习

预习与门电路输入与输出之间的逻辑关系，了解与门的真值表，写出逻辑表达式。

4. 实验步骤

1）创建并仿真 andgate 项目

采用 4.1.1 节中的步骤创建 andgate 项目，项目名称为 andgate，项目的位置是 C:/sysclassfiles/digit/Ex_1。其中，创建设计文件 andgate.v，其中的 andgate 模块如下：

```
1.  module andgate
2.  #(parameter Port_Num = 2,             // 指定默认的输入是 2 个输入端口
3.    parameter WIDTH = 8)                // 指定数据宽度参数，默认值是 8
4.    (
5.      input [(WIDTH - 1):0] a,
6.      input [(WIDTH - 1):0] b,
7.      input [(WIDTH - 1):0] c,
8.      input [(WIDTH - 1):0] d,
9.      input [(WIDTH - 1):0] e,
10.     input [(WIDTH - 1):0] f,
11.     input [(WIDTH - 1):0] g,
12.     input [(WIDTH - 1):0] h,
13.     output [(WIDTH - 1):0] q
14.     );
15.     assign q = (a & b & c & d & e & f & g & h);
16. endmodule
17. //建立如下的仿真文件 andgate_sim.v，仿真 1 位 8 输入的情况
18. `timescale 1ns / 1ps
19. module andgate_sim( );
20.     // input                           // 初始化输入
21.     reg  a = 0;
22.     reg  b = 0;
23.     reg  c = 1;
24.     reg  d = 1;
```

```
25.       reg  e = 1;
26.       reg  f = 1;
27.       reg  g = 1;
28.       reg  h = 1;
29.       //output
30.       wire q;                           // 定义输出
31.       // 实例化与门的时候,设定输入为 8 个,数据宽度为 1 位
32.   andgate #(8,1) u(.a(a),.b(b),.c(c),.d(d),
33.                   .e(e),.f(f),.g(g),.h(h),.q(q));
34.       initial begin
35.       #100  a = 1;
36.       #100  begin a = 0;b = 1;end
37.       #100  a = 1;
38.     end
39.   endmodule
```

按照 4.1.1 节中的仿真方法,可以得到如图 4-34 所示的仿真波形。

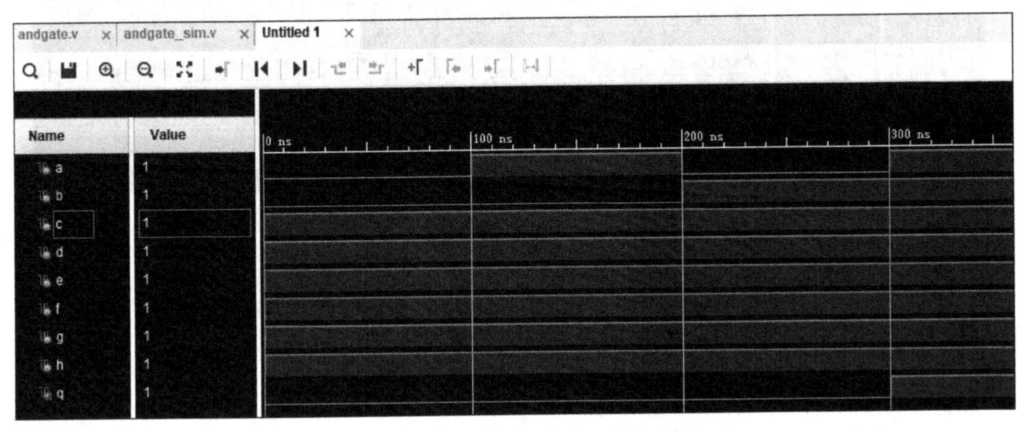

图 4-34　1 位 8 输入与门的仿真波形

将 c、d、e、f、g、h 这 6 个输入均设置为 1,因此,q 会随着 a、b 输入的变化而变化,从图 4-34 的仿真结果可以看到,当 a、b 任意一个为 0,q 都输出 0,满足"与门"逻辑。

下面来仿真测试一下 32 位 2 输入与门的结果。建立如下仿真文件:

```
1.   `timescale 1ns / 1ps
2.   module andgate32_sim( );
3.       // input                          // 初始化输入
4.       reg [31:0] a = 32'h00000000;
5.       reg [31:0] b = 32'h00000000;
6.       reg [31:0] c = 32'hffffffff;
7.       reg [31:0] d = 32'hffffffff;
8.       reg [31:0] e = 32'hffffffff;
9.       reg [31:0] f = 32'hffffffff;
10.      reg [31:0] g = 32'hffffffff;
11.      reg [31:0] h = 32'hffffffff;
12.      //outbut                           // 定义输出
```

```
13.      wire [31:0] q;
14.      // 实例化与门的时候,设定输入是 8 个,数据宽度为 32 位
15. andgate #(8,32) u(.a(a),.b(b),.c(c),.d(d),
16. .e(e),.f(f),.g(g),.h(h),.q(q));          initial begin
17.      #100   a = 32'hffffffff;
18.      #100   begin a = 32'h00000000;b = 32'hffffffff;end
19.      #100   a = 32'h007fa509;
20.      #100   a = 32'hffffffff;
21.    end
22. endmodule
```

按照 4.1.1 节中的仿真方法，可以得到如图 4-35 所示的仿真波形。

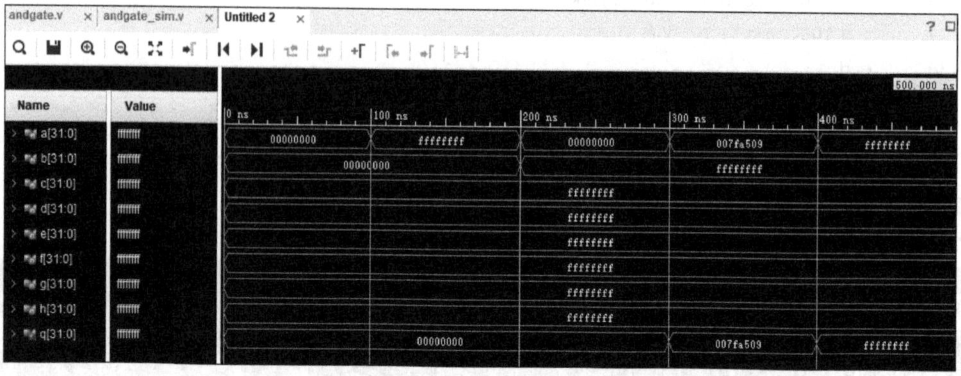

图 4-35　32 位 8 输入与门的仿真波形

从图 4-35 中可以看到，每隔 100ns 输入出现仿真文件中指定的变化，输出的结果是正确的。

2）综合并封装 IP 核

仿真正确的 andgate 模块进行综合（参考 4.1.1 节的步骤），综合结束后会弹出如图 4-21 所示的对话框，单击 Cancel 按钮。

在如图 4-36 所示的界面中单击 Settings。

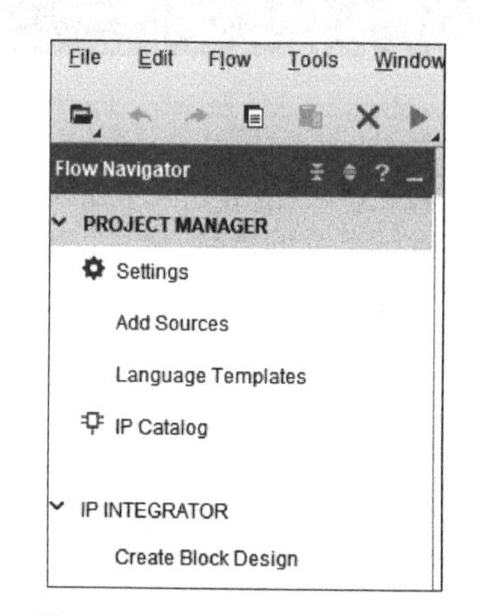

图 4-36　PROJECT MANAGER 菜单

在 Settings 对话框中选择 IP→Packager 命令，按照图 4-37 所示进行设置。设置好后，依次单击 Apply 按钮和 OK 按钮。记住这里设置的各个属性。

在 Vivado 的菜单栏中选择 Tools→Create and Package IP 命令，在弹出的窗口中单击 Next 按钮，在弹出的窗口中按照图 4-38 所示设置封装选项，单击 Next 按钮。

在 IP Location（见图 4-39）中不做修改，单击 Next 按钮。

封装后的 IP 放在了 C:/sysclassfiles/digit/Ex_1/andgate/andgate.srcs 文件夹中。在图 4-40 所示的对话框中单击 Finish 按钮，这时可以看到如图 4-41 所示的 IP 封装设置。按照图 4-41 所示设置好各个项目。

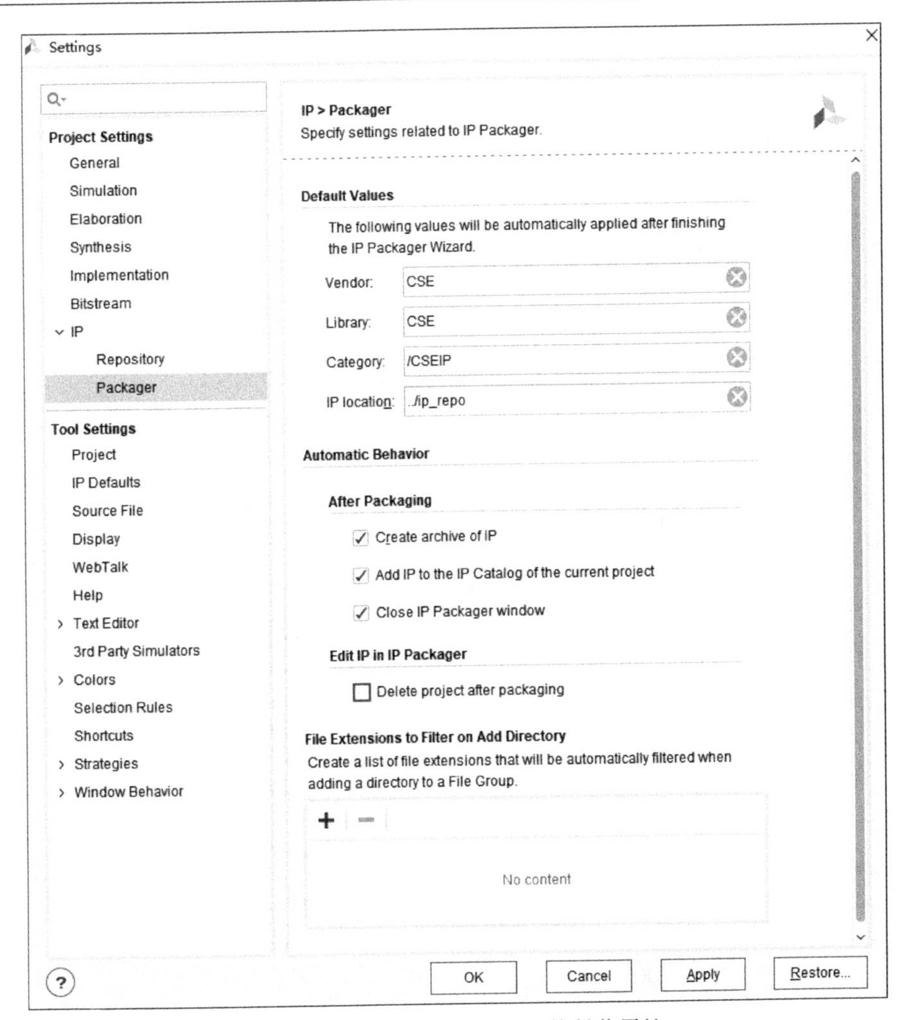

图 4-37　项目设置中设置 IP 核封装属性

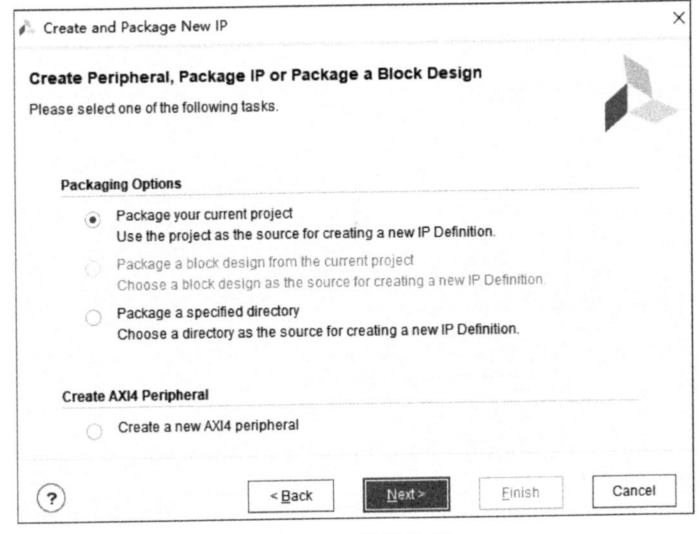

图 4-38　封装选项

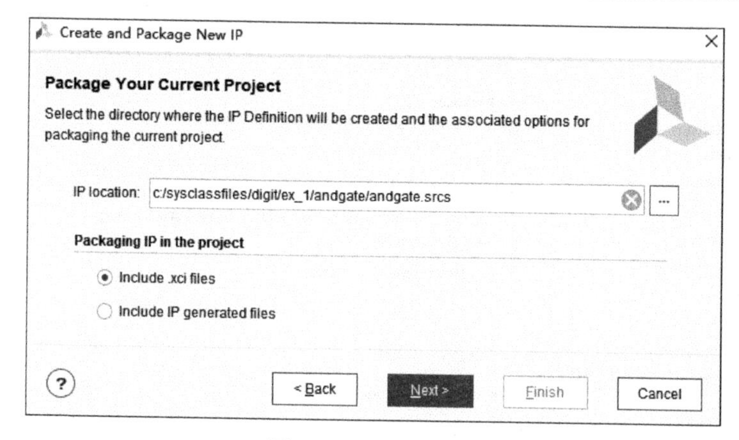

图 4-39　IP Location

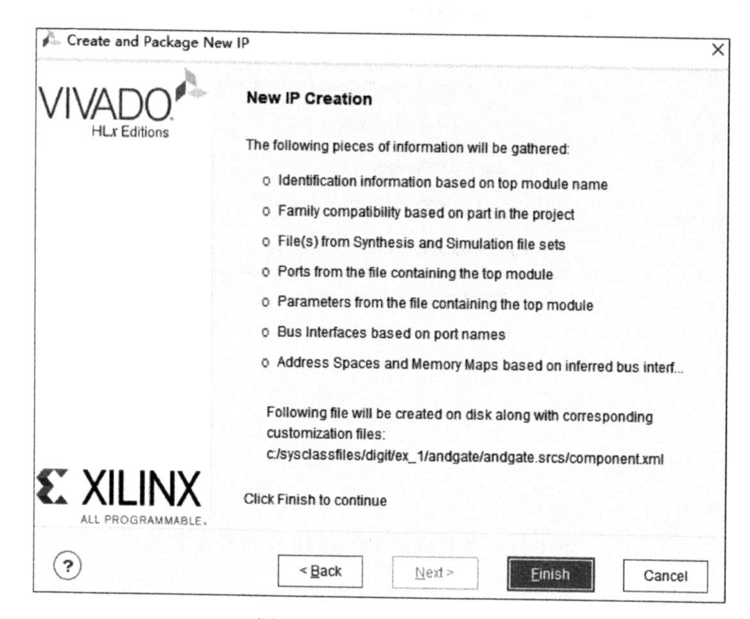

图 4-40　创建 IP 核结束

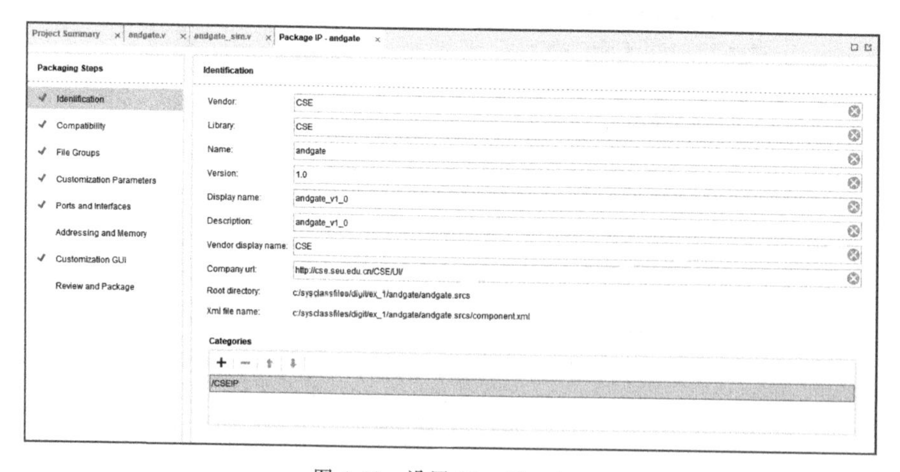

图 4-41　设置 Identification

在图 4-42 中可以设置 IP 核所支持的芯片家族，图 4-42 中是已经设置好的本 IP 核所支持的芯片家族。

如果还有缺少的芯片家族，可以在图 4-42 单击 + 按钮并选择 Add Family Explicitly，弹出如图 4-43 所示的 Add Family 对话框。在该对话框中选中需要添加的芯片家族，Life-cycle 项选择 Production。注意，在图 4-42 中已经有的芯片家族不要再重复勾选，然后单击 OK 按钮，Compatibility 就设置完成了。

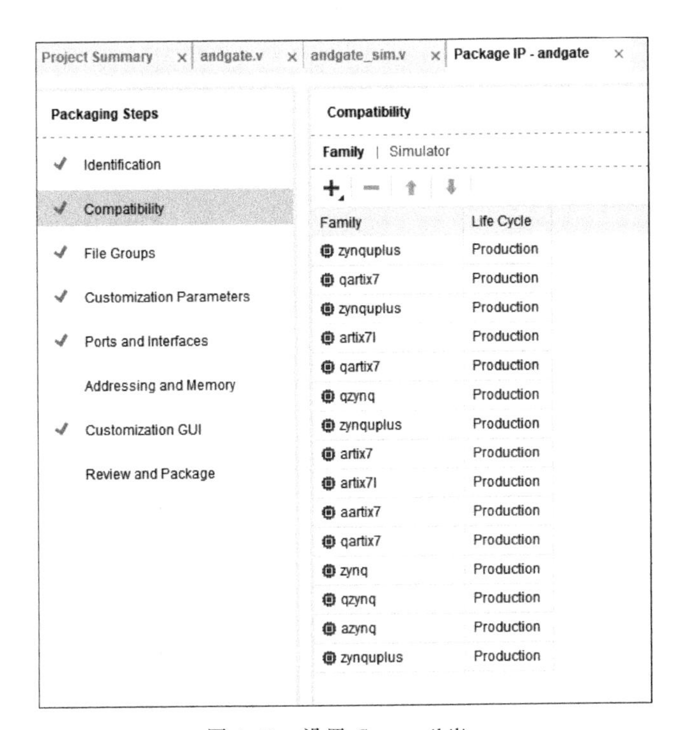

图 4-42　设置 Compatibility

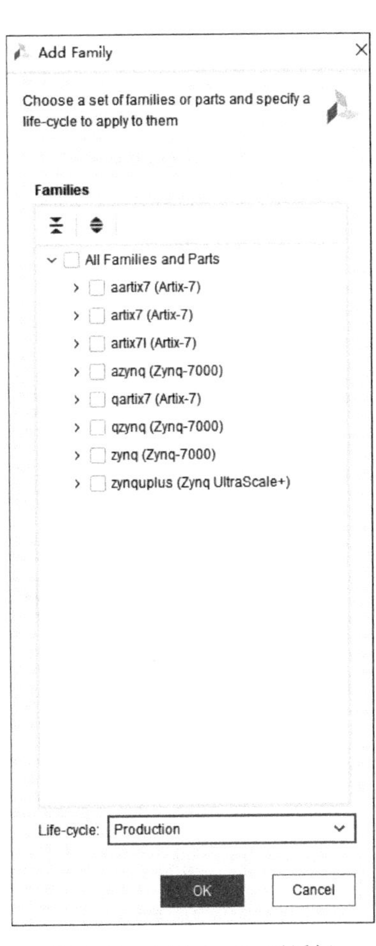

图 4-43　Add Family 对话框

接下来设置 Customization Parameters(见图 4-44)。

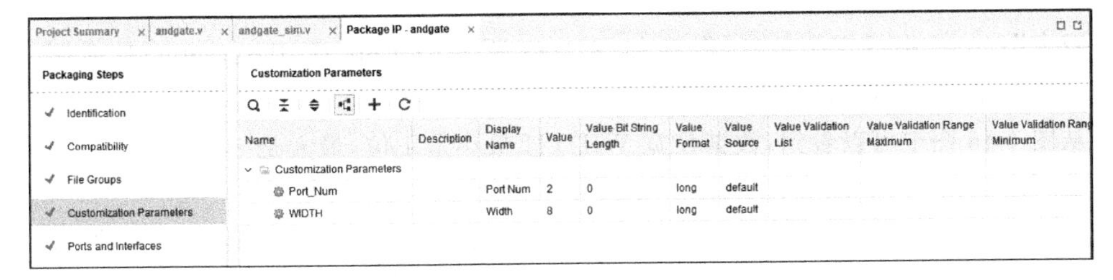

图 4-44　Customization Parameters

双击图 4-44 中的 Port_Num 得到如图 4-45 所示的 IP 核参数的对话框，按照图 4-45 所示设置 Port_Num 参数后单击 OK 按钮。

从图 4-45 中可以看出，IP 核至少有两个输入端，最多可以有 8 个输入端。

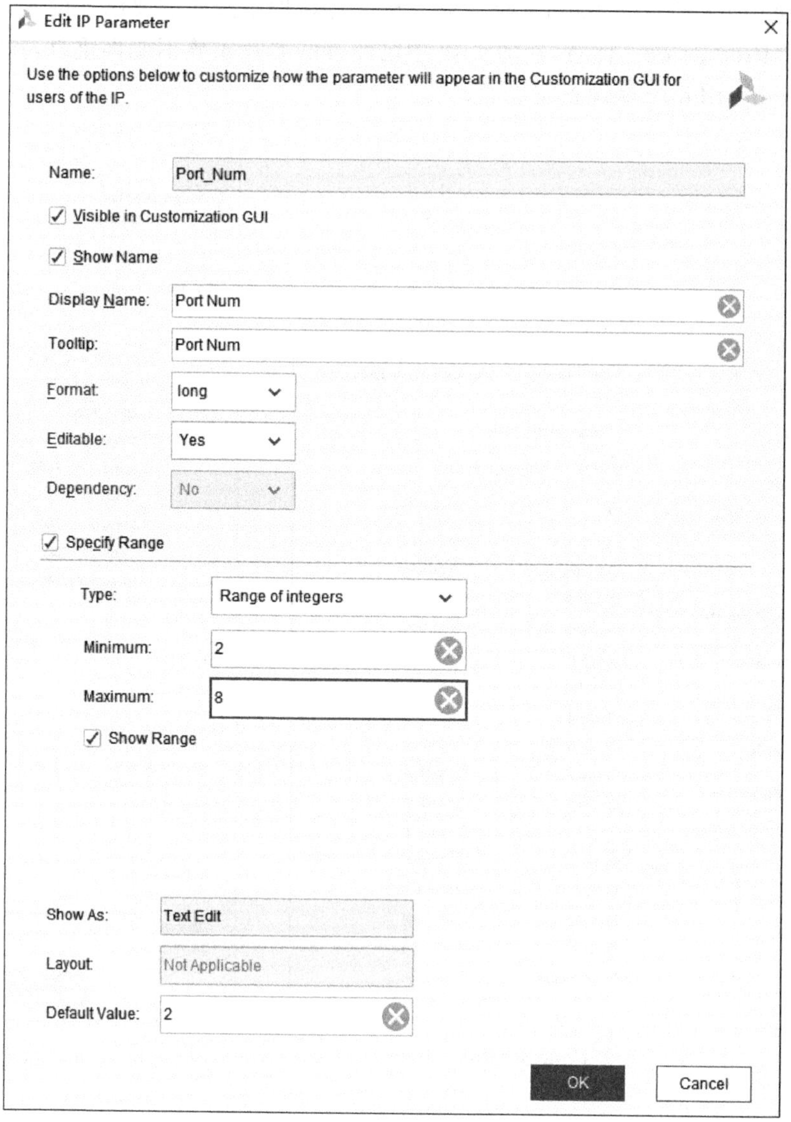

图 4-45　编辑 IP 核的 Port_Num 参数

双击图 4-44 中的 WIDTH，得到如图 4-46 所示的 Edit IP Parameter 对话框，按照图 4-46 所示设置 WIDTH 参数后单击 OK 按钮。

从图 4-46 图中可以看到，数据位宽 WIDTH 最小是 1 位，最大是 32 位。

接下来设置 Ports and Interfaces，如图 4-47 所示。

由于设计的数据输入端最小是两个，因此，a、b 两个输入端时钟都是 Enable 的。而 c～h 输入端则要根据 Port_Num 的值决定是否是 Enable。双击端口 c，在打开的对话框中按照图 4-48 所示进行设置。

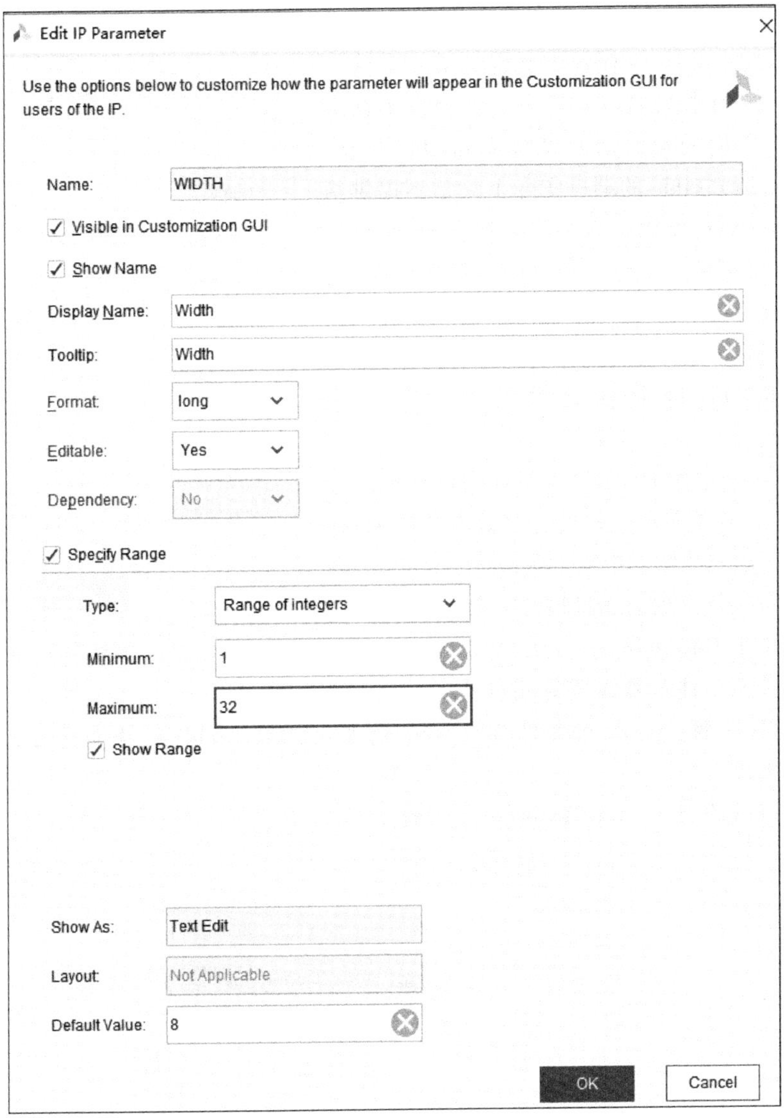

Edit IP Parameter

Use the options below to customize how the parameter will appear in the Customization GUI for users of the IP.

Name: WIDTH

✓ Visible in Customization GUI

✓ Show Name

Display Name: Width

Tooltip: Width

Format: long

Editable: Yes

Dependency: No

✓ Specify Range

Type: Range of integers

Minimum: 1

Maximum: 32

✓ Show Range

Show As: Text Edit

Layout: Not Applicable

Default Value: 8

OK　Cancel

图 4-46　编辑 IP 核的 WIDTH 参数

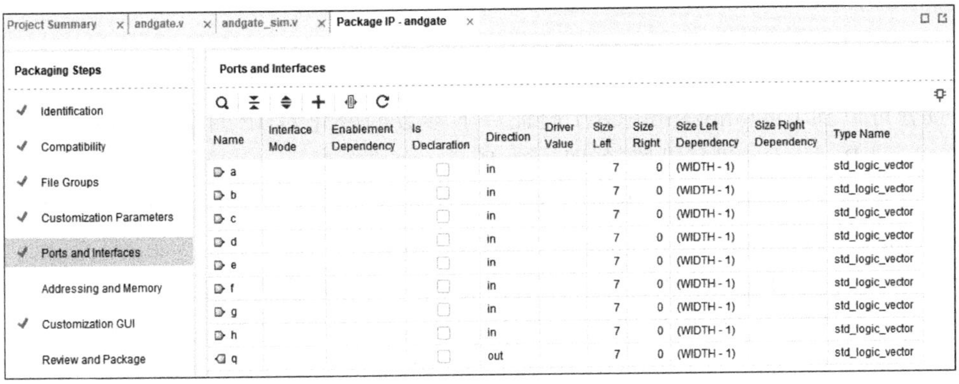

Project Summary × | andgate.v × | andgate_sim.v × | Package IP - andgate ×

Packaging Steps

✓ Identification

✓ Compatibility

✓ File Groups

✓ Customization Parameters

✓ Ports and Interfaces

Addressing and Memory

✓ Customization GUI

Review and Package

Ports and Interfaces

Name	Interface Mode	Enablement Dependency	Is Declaration	Direction	Driver Value	Size Left	Size Right	Size Left Dependency	Size Right Dependency	Type Name
a			☐	in		7	0	(WIDTH - 1)		std_logic_vector
b			☐	in		7	0	(WIDTH - 1)		std_logic_vector
c			☐	in		7	0	(WIDTH - 1)		std_logic_vector
d			☐	in		7	0	(WIDTH - 1)		std_logic_vector
e			☐	in		7	0	(WIDTH - 1)		std_logic_vector
f			☐	in		7	0	(WIDTH - 1)		std_logic_vector
g			☐	in		7	0	(WIDTH - 1)		std_logic_vector
h			☐	in		7	0	(WIDTH - 1)		std_logic_vector
q			☐	out		7	0	(WIDTH - 1)		std_logic_vector

图 4-47　Ports and Interfaces 设置

图 4-48 中 Driver value 是指端口 c 在 disable 时候的取值。在 andgate 模块中共定义了 8 个输入端口，但实际应用中只允许用 2～8 个中的任意多个输入端口，不用的端口需要设置成 disable 状态。在 IP 核中，所谓 disable 的端口实际上只是不提供给外部接口输入，但在模块中该端口依然存在，所以如果必要，需要对它赋一个驱动值。由于制作的是"与门"，因此所有不接外部接口的 disable 输入端应该赋值为全 1，也就是十六进制的 0xFFFFFFFF，十进制的 4294967295，因此在这里给出的赋值是 4294967295。

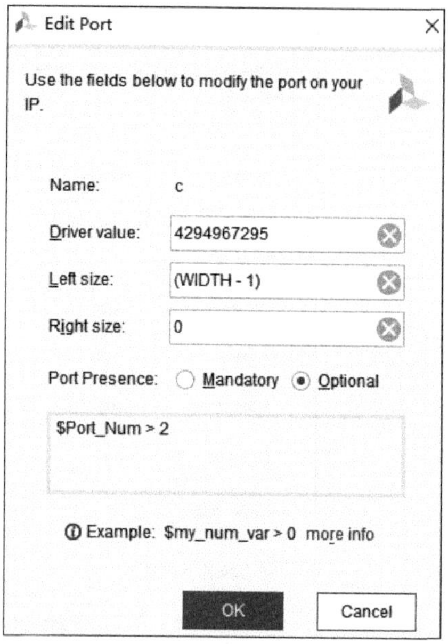

图 4-48 编辑端口 c 的参数

再看图 4-48 中的 Port Presence（端口存在），选择的是 Optional，说明该端口的存在是有条件的，在下面的启动表达式编辑框中输入 $Port_Num > 2，表明当输入端口大于 2 时，c 端口被启用（Enable），全部设置好后单击 OK 按钮。

请读者按照上述步骤设置好端口 d、e、f、g、h 的参数，注意每个引脚 Enable 的条件有所不同，例如 d 引脚 Enable 的条件就是 $Port_Num > 3，其他以此类推。

设置好以后的 Ports and Interfaces 如图 4-49 所示。

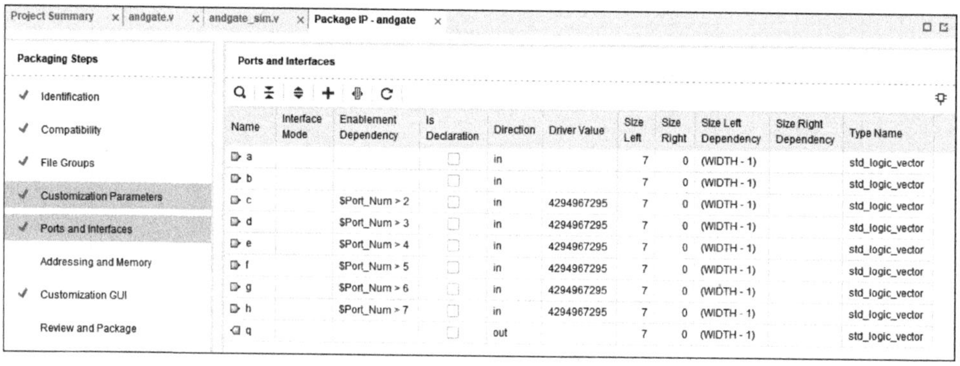

Name	Interface Mode	Enablement Dependency	Is Declaration	Direction	Driver Value	Size Left	Size Right	Size Left Dependency	Size Right Dependency	Type Name
a				in		7	0	(WIDTH - 1)		std_logic_vector
b				in		7	0	(WIDTH - 1)		std_logic_vector
c		$Port_Num > 2		in	4294967295	7	0	(WIDTH - 1)		std_logic_vector
d		$Port_Num > 3		in	4294967295	7	0	(WIDTH - 1)		std_logic_vector
e		$Port_Num > 4		in	4294967295	7	0	(WIDTH - 1)		std_logic_vector
f		$Port_Num > 5		in	4294967295	7	0	(WIDTH - 1)		std_logic_vector
g		$Port_Num > 6		in	4294967295	7	0	(WIDTH - 1)		std_logic_vector
h		$Port_Num > 7		in	4294967295	7	0	(WIDTH - 1)		std_logic_vector
q				out		7	0	(WIDTH - 1)		std_logic_vector

图 4-49 设置后的 Ports and Interfaces

读者可以到 Customization GUI 验证一下参数的变化对 IP 封装的影响。接下来对 Review and Packaging 进行设置，如图 4-50 所示。

可以看到 IP 生成到一个称为 CSE_CSE_andgate_1.0.zip 文件中，路径是 C:/sysclassfiles/orgnization/Ex_1/andgate/andgate.srcs。

单击 Package IP 或 Re-Package IP，这样，andgate 的 IP 核就生成了。

为了方便今后的使用，请读者在 C:\sysclassfiles\digit\路径下新建一个文件夹 IPCore，将 C:\sysclassfiles\digit\Ex_1\andgate\andgate.srcs\CSE_CSE_andgate_1.0.zip 文件复制到 C:\sysclassfiles\digit\IPCore 中，并将其解压缩。

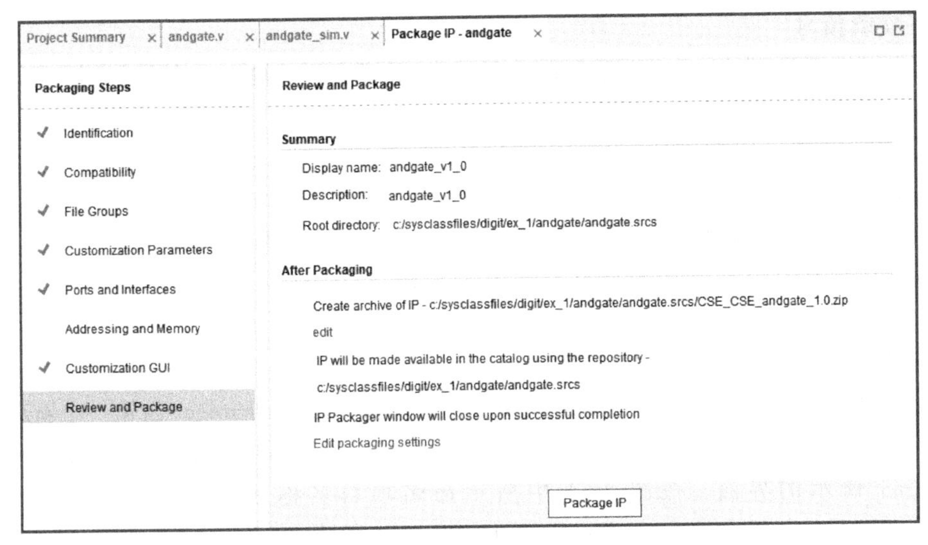

图 4-50　Review and Packaging 设置

5. 思考与拓展

请总结一下从创建一个项目、完成一个设计到封装一个 IP 核的全过程。

对封装好的 IP 核，在当前目录解压后，探究一下 IP 核中包含哪些文件，查找相关文献，了解.tcl 文件和.xml 文件的内容和格式。

4.1.3　多种基本门电路的 IP 核设计

1. 实验目的

(1) 熟悉使用 Vivado 进行可配置 IP 核设计的方法。

(2) 对各种门电路的逻辑有更加感性的认识。

(3) 为今后的实验积累基本的门电路 IP 核。

2. 实验内容

仿照 4.1.2 节的设计方法，使用 Verilog HDL 语言的数据流描述法设计表 4-2 中所列的各种基本门电路，要求这些门电路数据位宽在 1～32 位之间可变，除了非门外，其他门电路还要求输入端口数在 2～8 之间变化，最后将它们分别封装成 IP 核。一定要注意不同门电路的各个端口在 disable 时的 Driver value 的设定，要用一个合理的值。

表 4-2　基本门电路及参数表

门　电　路	模　块　名	参　　数			
		Port_Num	WIDTH	输　　入	输出
或门	Orgate	2～8	1～32	a,b,c,d,e,f,g,h	q
非门	Notgate	—	1～32	a	c
与非门	Nandgate	2～8	1～32	a,b,c,d,e,f,g,h	q
或非门	Norgate	2～8	1～32	a,b,c,d,e,f,g,h	q
异或门	Xorgate	2～8	1～32	a,b,c,d,e,f,g,h	q
异或非门	Nxorgate	2～8	1～32	a,b,c,d,e,f,g,h	q

3. 实验预习

认真了解或门、非门、与非门、或非门、异或门、异或非门的输入与输出之间的逻辑关系，分别写出它们的逻辑表达式。

4. 实验步骤

在C:\sysclassfiles\digit\Ex_1的相关目录下给出资源包中所带的各实验的初始文件，主要有配套各个实验的初始设计文件和仿真文件，供读者完善和使用。这里以与非门为例简单给出使用这些初始文件和仿真文件的方法，其他步骤请读者参照4.1.2节完成。

1）创建带有初始文件和约束文件的项目

双击，打开Vivado 2017.4，在Quick Start中单击Create Project创建一个新项目（或者在菜单栏选择File→New Project命令），弹出如图4-1所示的界面，单击Next按钮，弹出如图4-51所示的界面。按图4-51中所示命名项目名称和路径。这里项目名称为nandgate，项目的位置是C:/sysclassfiles/digit/Ex_1，单击Next按钮。最后，整个项目将保存在C:/sysclassfiles/digit/Ex_1/nandgate中。

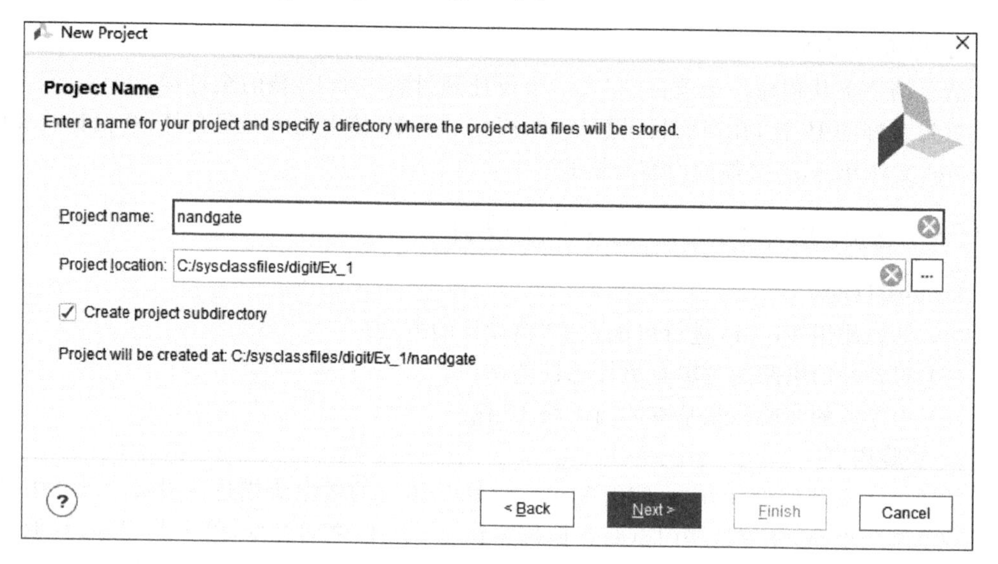

图4-51　nandgate项目名称

按照图4-3所示设置选择项目类型，单击Next按钮。

因为需要增加初始源文件，所以在如图4-52所示的Add Sources窗口中单击Add Files按钮。

弹出如图4-53所示的Add Source Files窗口。在该窗口中定位到C:/sysclassfiles/digit/Ex_1/nandgate，可以看到有3个.v文件，选择nandgate.v，然后单击OK按钮。此时会回到图4-52所示的窗口，nandgate.v文件已经加入，设置此窗口中的Target language和Simulator language选择Verilog，单击Next按钮。

不增加约束文件，所以在Add Constraints窗口单击Next按钮。

按图4-4选择器件为xc7a100tfgg484-1，单击Next按钮。

可以看到如图4-54所示的新项目概览，单击Finish按钮。

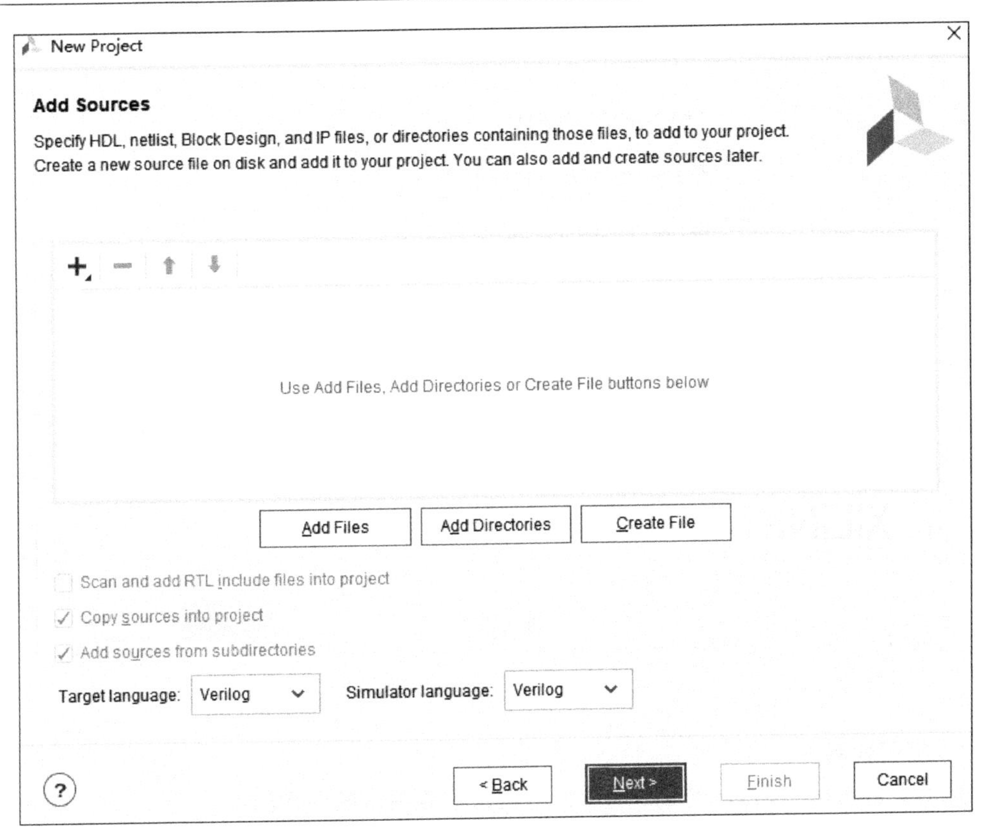

图 4-52　添加初始源文件

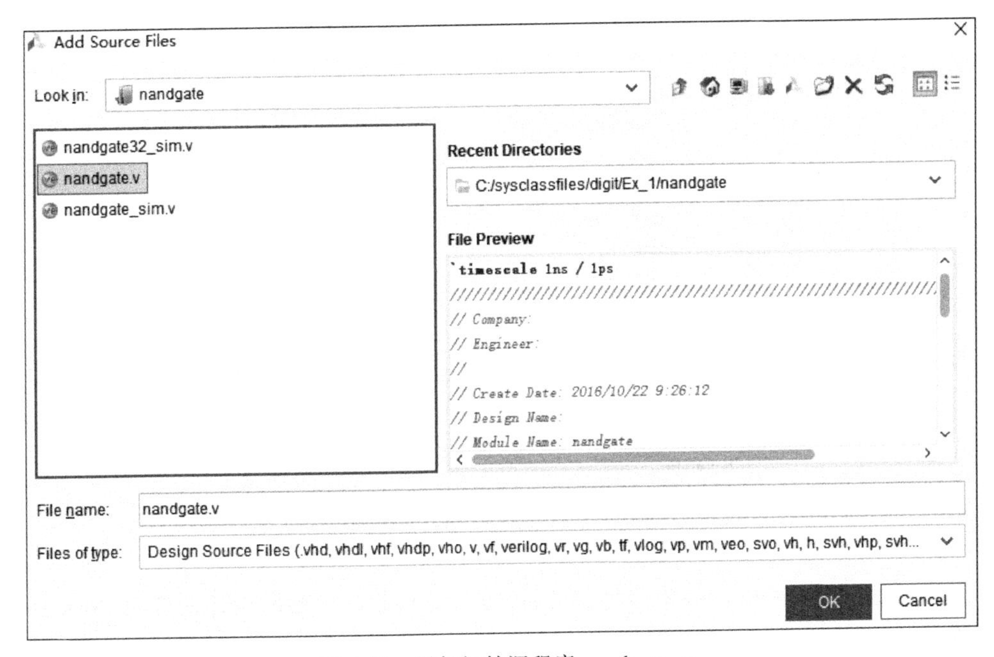

图 4-53　添加初始源程序 nandgate. v

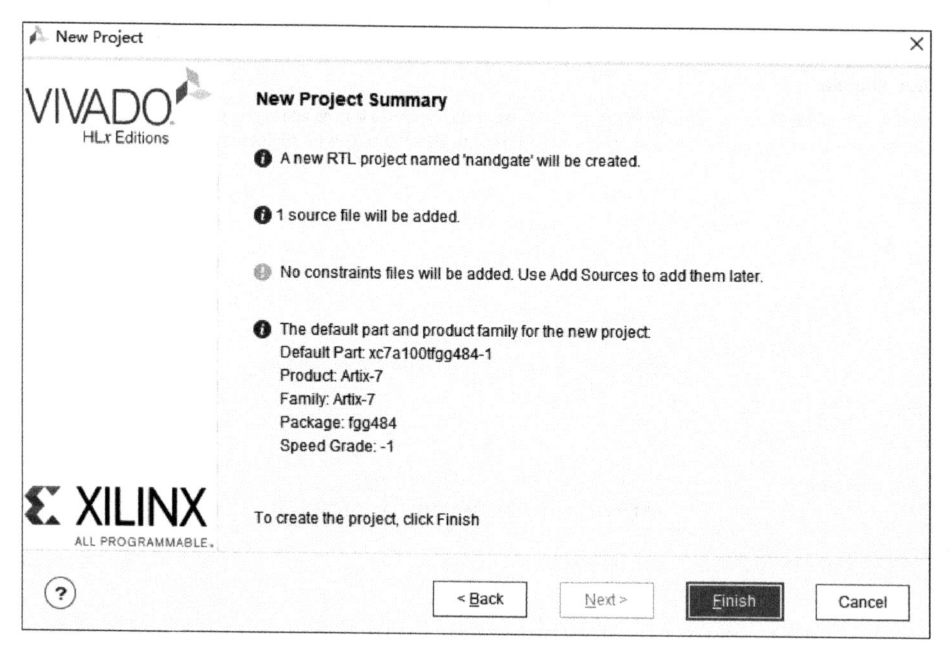

图 4-54　nandgate 项目概览

2）完善代码

此时，nandgate 项目已经创建，图 4-55 给出了该项目的层次图。

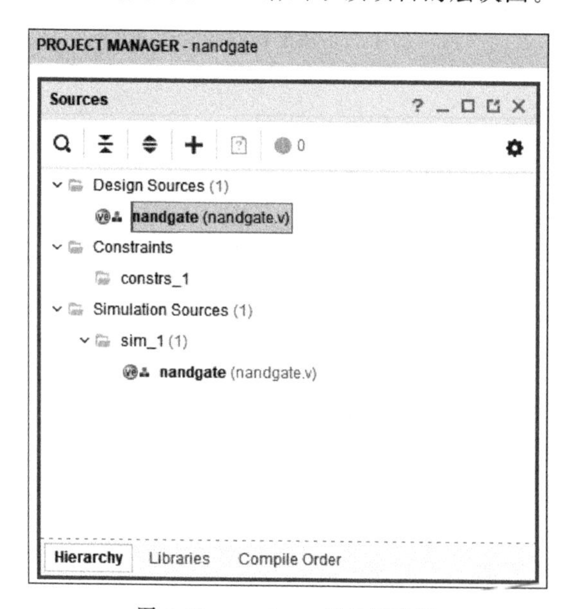

图 4-55　nandgate 项目层次图

双击 nandgate.v(图 4-55 中高亮部分)可以打开与非门初始的设计文件，其中 nandgate 模块如下：

```
1.   module nandgate
2.   #(parameter Port_Num = 2,            //指定默认的输入是两个输入端口
```

```
3.     parameter WIDTH = 8)                 //指定数据宽度参数,默认值是 8 位
4.     (
5.       input [(WIDTH - 1):0] a,
6.       input [(WIDTH - 1):0] b,
7.       input [(WIDTH - 1):0] c,
8.       input [(WIDTH - 1):0] d,
9.       input [(WIDTH - 1):0] e,
10.      input [(WIDTH - 1):0] f,
11.      input [(WIDTH - 1):0] g,
12.      input [(WIDTH - 1):0] h,
13.      output [(WIDTH - 1):0] q
14.      );
15.
16.       //  添加自己的代码
17.      endmodule
```

这是一个未完成的设计，请读者根据与非门输出信号的逻辑表达式将设计文件完成。

3）添加仿真文件

本书的配套资源包已经提供了本实验的仿真文件，可以直接使用。

右击图 4-56 中 Project Manager 下面 Sources 中的 Simulation Sources，在弹出的菜单中选择 Add Source 命令。

按照图 4-13 所示的设置单击 Next 按钮，在弹出的如图 4-14 所示的窗口中单击 + 按钮，并选择 Add Files，弹出如图 4-57 所示的 Add Source Files 窗口。

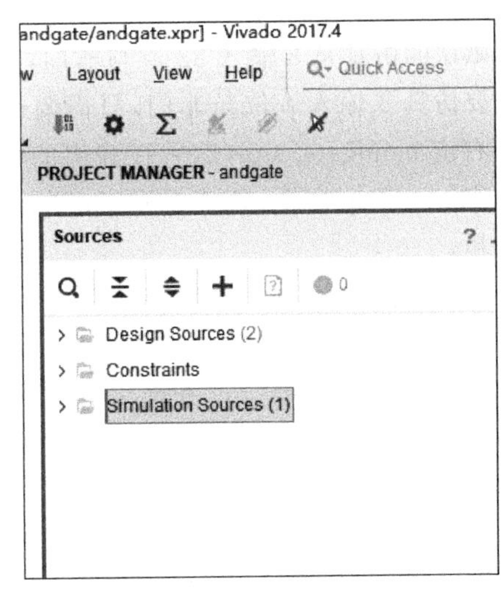

图 4-56　选择添加仿真文件

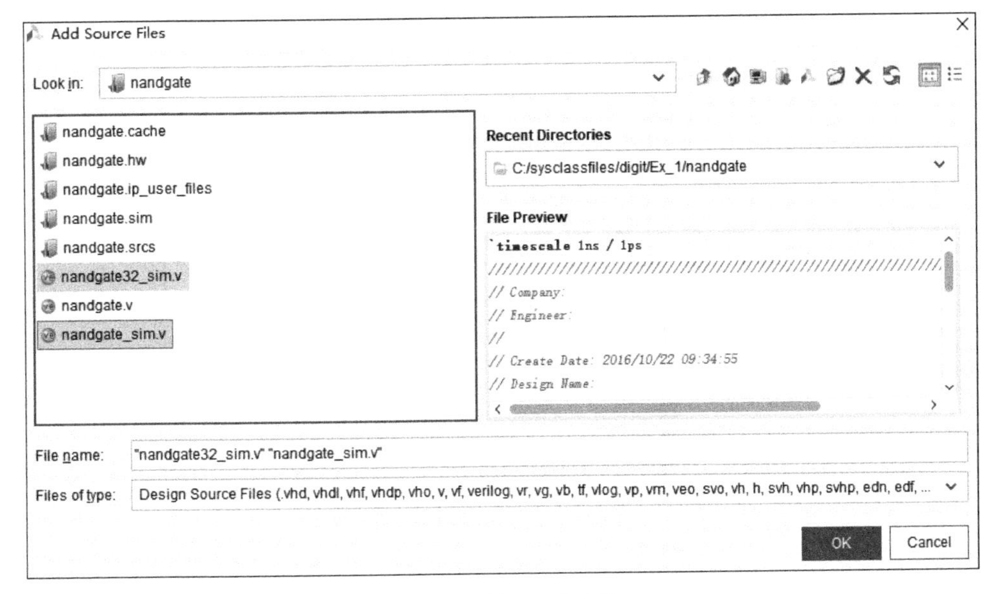

图 4-57　添加仿真文件

在该窗口中定位到 C:/sysclassfiles/digit/Ex_1/nandgate，可以看到有 3 个.v 文件，选择 nandgate_sim.v 和 nandgate32_sim.v，然后单击 OK 按钮。

此时回到图 4-14 的窗口，但两个仿真文件已经加入，单击 Finish 按钮，添加了仿真文件后的 nandgate 项目的层次结构如图 4-58 所示。

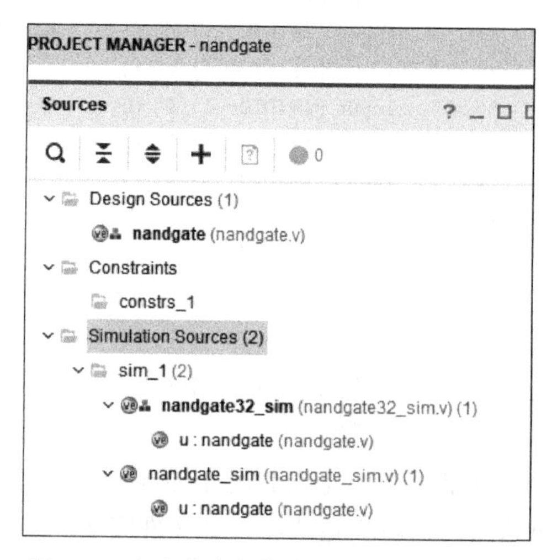

图 4-58 加入仿真文件后的 nandgate 项目层次

读者可能注意到了该项目有两个仿真文件，其中 nandgate_sim.v 是仿真 8 输入 1 位与非门，nandgate32_sim.v 是仿真 8 输入 32 位与非门。

图 4-58 中 nandgate32_sim 是加粗的，意味着默认的仿真是 8 输入 32 位与非门，假如读者需要仿真 8 输入 1 位与非门，只需要在图 4-58 中右击 nandgate_sim，然后在弹出的菜单中选择 Set as Top 命令，就会看到 nandgate32_sim 加粗。

4）完成仿真和 IP 核封装

添加完仿真文件并设置好默认仿真文件后，就可以在如图 4-19 所示的 Project Manager 中单击 Run Simulation，在弹出的菜单中选择 Run behavior Simulation 进行仿真。

仿真无误后，建议按照 4.1.2 节中的步骤做综合与 IP 核的封装。

5. 思考与拓展

考虑如何完成表 4-2 中其他各个门电路的设计和 IP 核的封装，所有的 IP 核都封装好后，统一复制到 C:\sysclassfiles\digit\IPCore 中，并分别解压这些.zip 文件，如图 4-59 所示。

C:\sysclassfiles\digit\IPCore

名称	类型	大小
CSE_CSE_andgate_1.0	文件夹	
CSE_CSE_nandgate_1.0	文件夹	
CSE_CSE_norgate_1.0	文件夹	
CSE_CSE_notgate_1.0	文件夹	
CSE_CSE_nxorgate_1.0	文件夹	
CSE_CSE_orgate_1.0	文件夹	
CSE_CSE_xorgate_1.0	文件夹	
CSE_CSE_andgate_1.0.zip	WinRAR ZIP 压缩...	4 KB
CSE_CSE_nandgate_1.0.zip	WinRAR ZIP 压缩...	4 KB
CSE_CSE_norgate_1.0.zip	WinRAR ZIP 压缩...	4 KB
CSE_CSE_notgate_1.0.zip	WinRAR ZIP 压缩...	4 KB
CSE_CSE_nxorgate_1.0.zip	WinRAR ZIP 压缩...	4 KB
CSE_CSE_orgate_1.0.zip	WinRAR ZIP 压缩...	4 KB
CSE_CSE_xorgate_1.0.zip	WinRAR ZIP 压缩...	4 KB

图 4-59 封装好的 IP 核

4.1.4　74系列基本逻辑门电路芯片的设计

1. 实验目的

(1) 学会自定义IP核的使用。

(2) 对74系列几个基本逻辑门电路芯片内部结构加深了解。

(3) 进一步了解Verilog HDL的3种描述方法。

2. 实验内容

通过对4.1.2节和4.1.3节封装的IP核的使用，利用原理图(block design)法、Verilog HDL结构化描述方法、数据流描述法或行为描述法设计7400芯片，比较一下这几种方法设计的不同和优缺点。

3. 实验预习

了解7400芯片的输入输出引脚以及该芯片的功能，给出输出信号的逻辑表达式，复习Verilog HDL的3种描述方式。

7400芯片是4-2输入与非门。

图4-60是7400的结构示意图，表4-3是7400芯片的真值表。

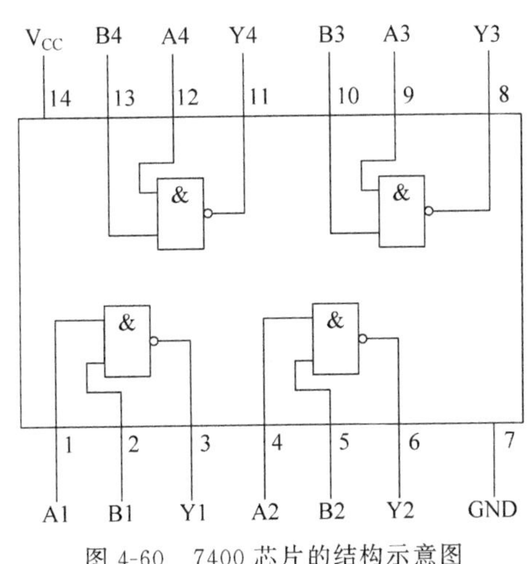

图4-60　7400芯片的结构示意图

表4-3　7400芯片的真值表

输　入		输　出
A	B	Y
0	0	1
0	1	1
1	0	1
1	1	0

4. 实验步骤

1) 用Block Design设计7400芯片

(1) 导入IP核。

在C:/sysclassfiles/digit/Ex_1文件夹中创建一个新的项目S7400。在如图4-36所示的界面中单击Settings，在Settings对话框中选择IP→Repository，如图4-61所示。

单击 ✚ 按钮，找到下面的目录：C:\sysclassfiles\digit\IPCore。如图4-62所示，选择IPCore文件夹，单击Select按钮。

系统弹出如图4-63所示的Add Repository对话框，确认是7个IP核，单击OK按钮。

回到如图4-64所示的Settings对话框，依次单击Apply按钮和OK按钮。

在图4-36所示的界面中单击Project Manager下的IP Catalog，就会看到如图4-65所示的界面中的IP Catalog里已经有了自己设计的7个IP核。

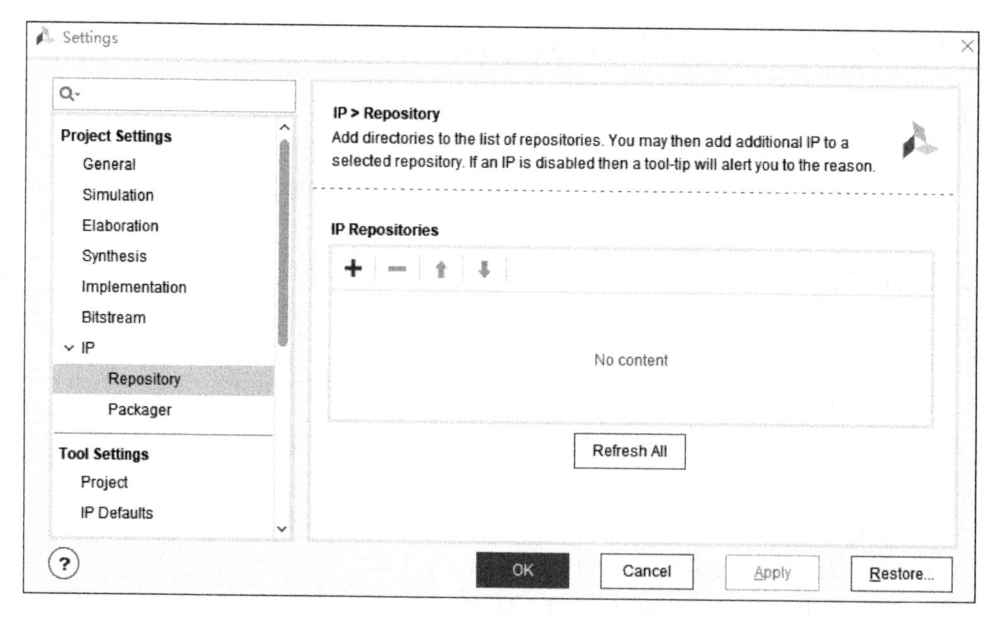

图 4-61 项目设置中添加 IP 核

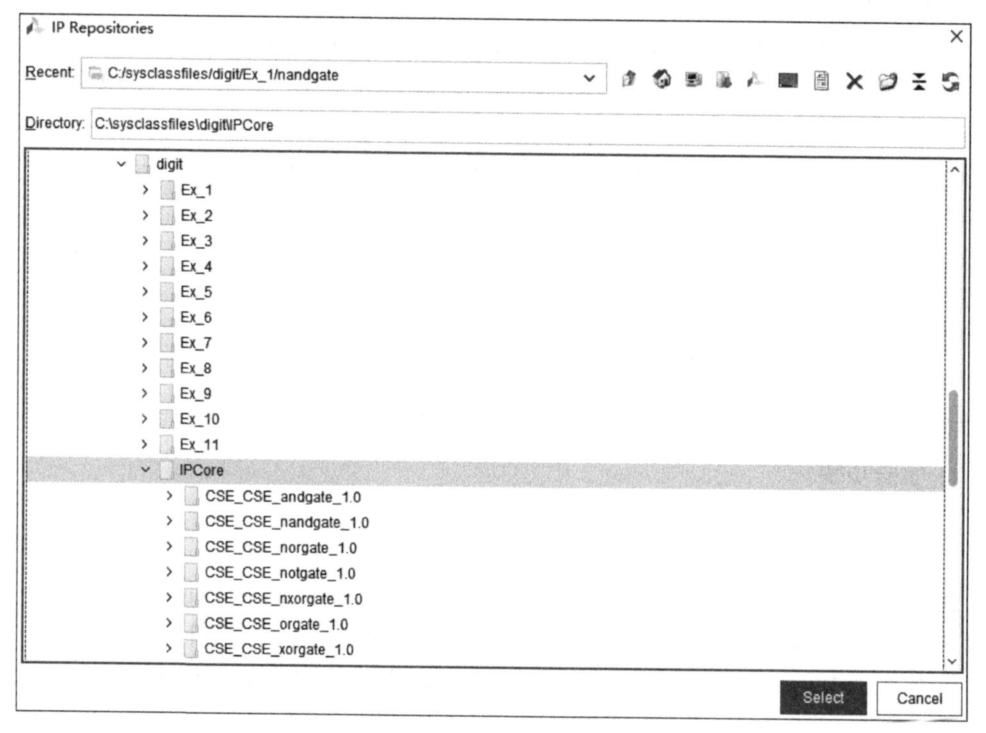

图 4-62 选择 IP 核的位置

(2) 创建 bd 设计文件

在图 4-36 所示的界面中单击 Project Manager 下的 Create Block Design，打开如图 4-66 所示的对话框，按照图 4-66 所示设置后单击 OK 按钮，得到如图 4-67 所示的界面。

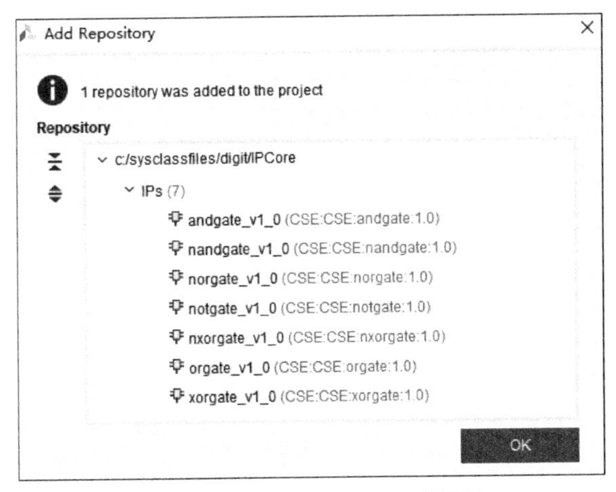

图 4-63　Add Repository 对话框

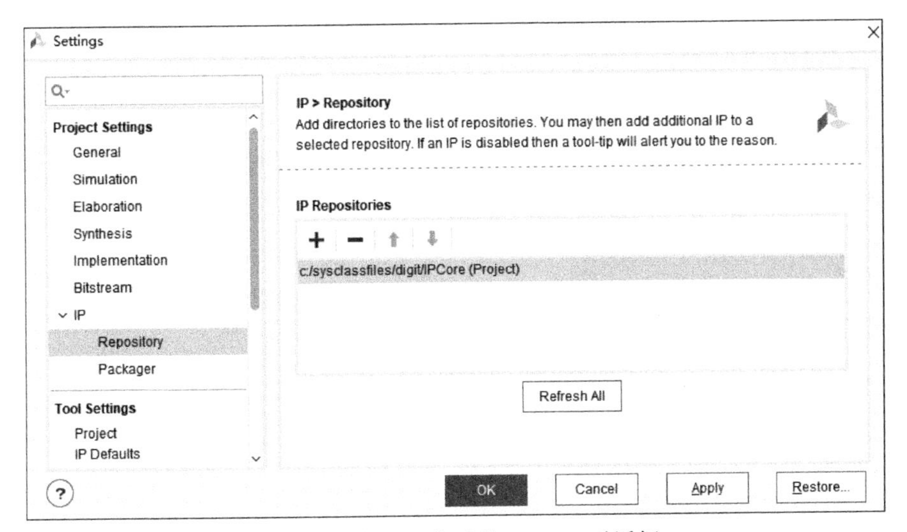

图 4-64　导入 IP 核后的 Settings 对话框

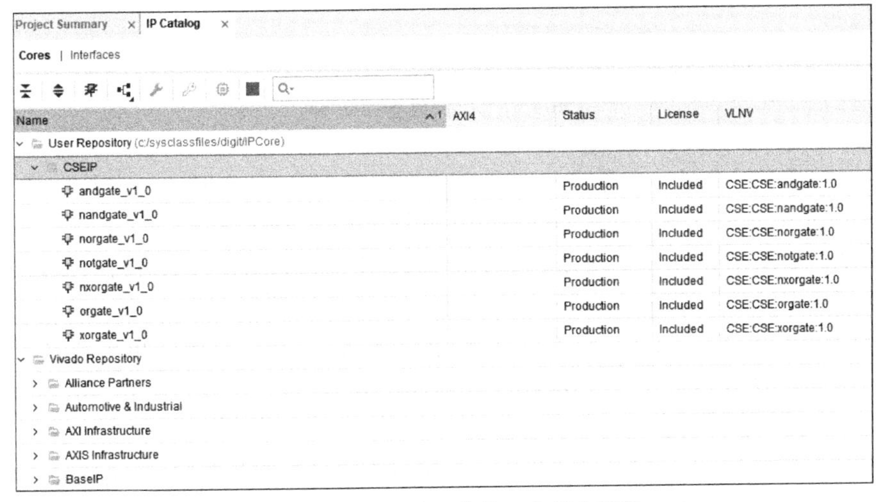

图 4-65　IP Catalog 中的 7 个基本部件

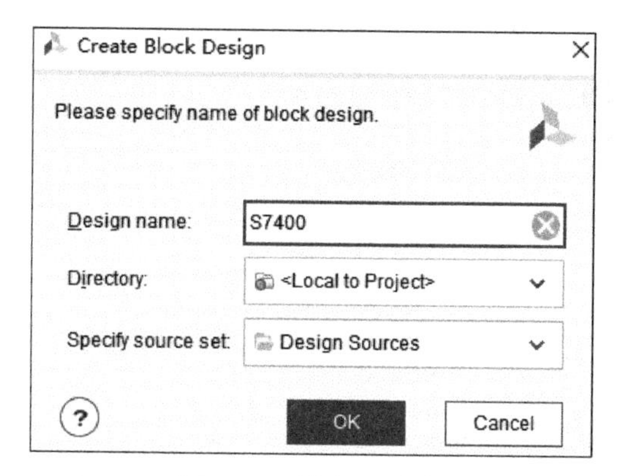

图 4-66　创建 bd 文件

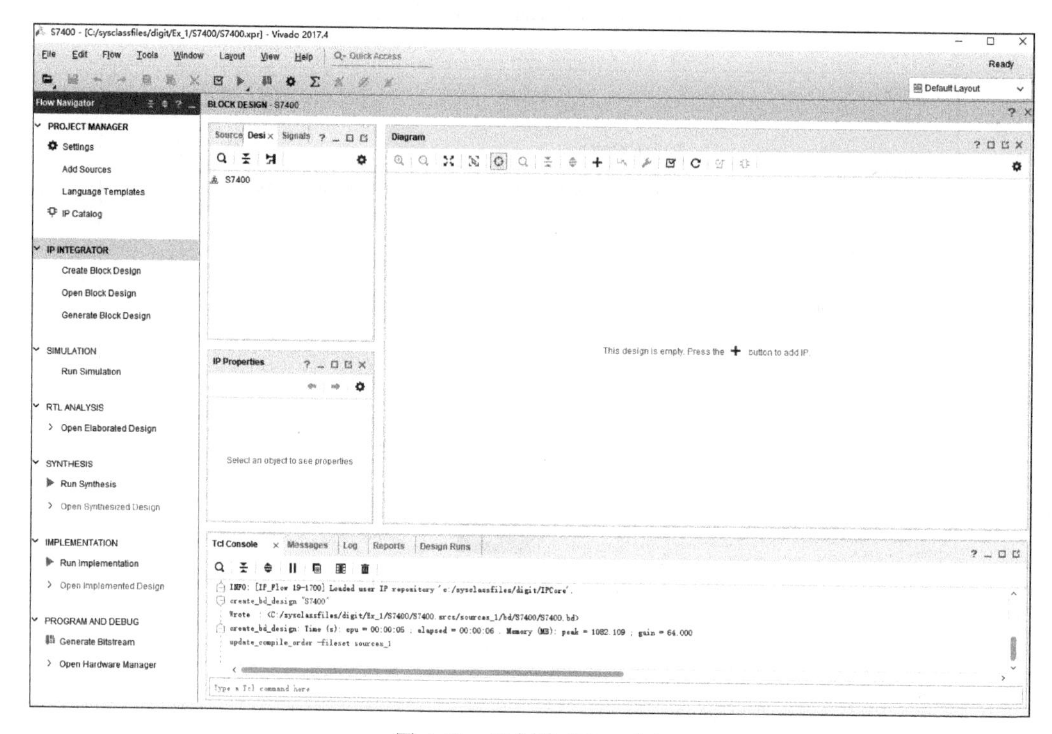

图 4-67　已创建 S7400. bd

（3）放置基本门电路。在图 4-36 所示的界面中单击 Project Manager 下的 IP Catalog，在如图 4-68 所示的窗口中双击 nandgate_v1_0（见图 4-68 中高亮部分）。

在出现的如图 4-69 所示的对话框中单击 Add IP to Block Design 按钮，此时界面上出现了所选择的 IP 核心，如图 4-70 所示。

单击图 4-70 中的 nandgate_0 器件，选中它并右击，并在弹出的菜单中选择 Customize Block 命令（或者双击 nandgate_0 器件），打开如图 4-71 所示的窗口。按照图中设置 Port Num 为 2、Width 为 1，然后单击 OK 按钮。

这样就放置好了 1 个与非门，按照这个方法再放置另 3 个与非门，并设置好它们的数据宽度都是 1，数据端口数都为 2。放置好后，将它们的位置移动到如图 4-72 所示的地方。

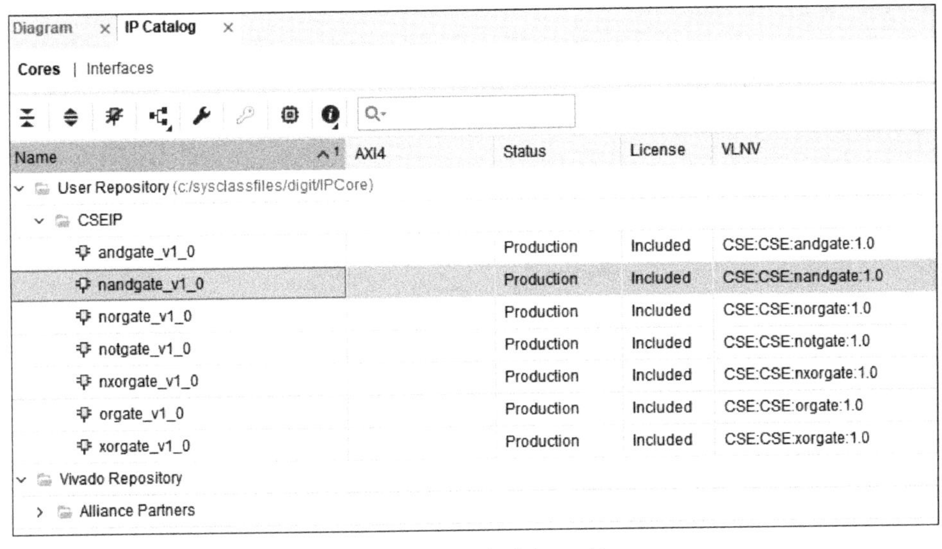

图 4-68 选择与非门 IP 核

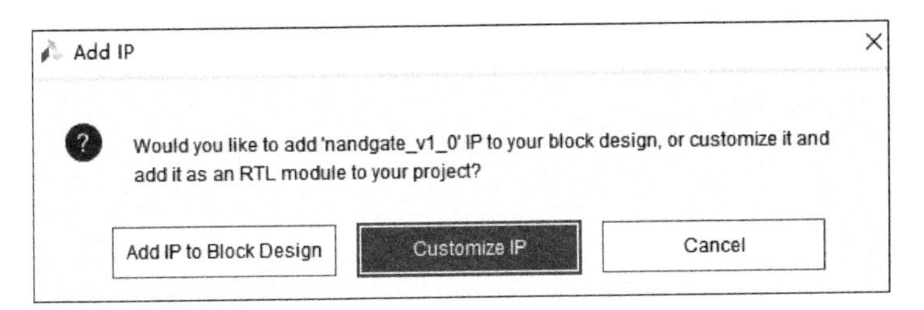

图 4-69 添加 IP 核

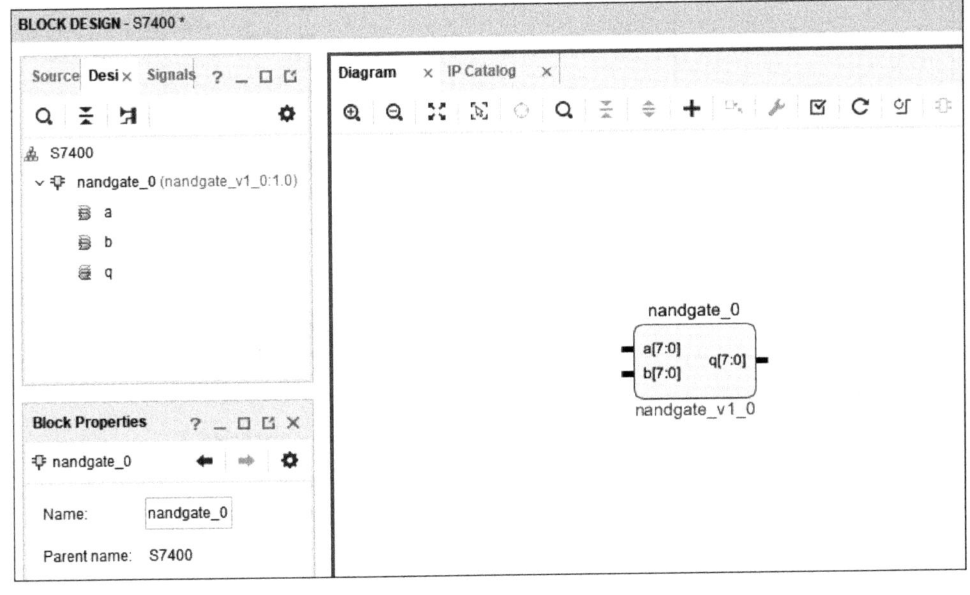

图 4-70 放置一个与非门后

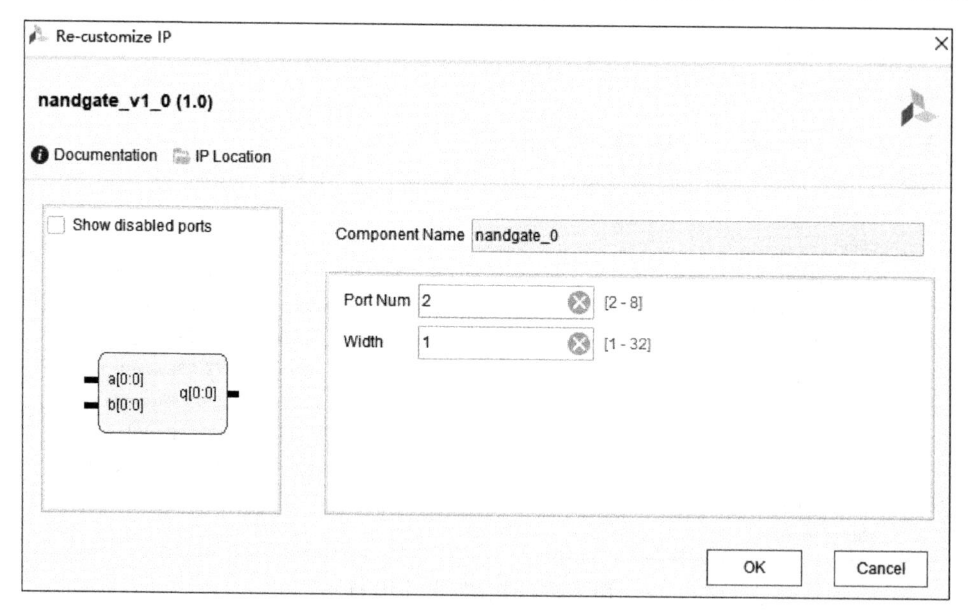

图 4-71 设置与非门数据宽度为 1

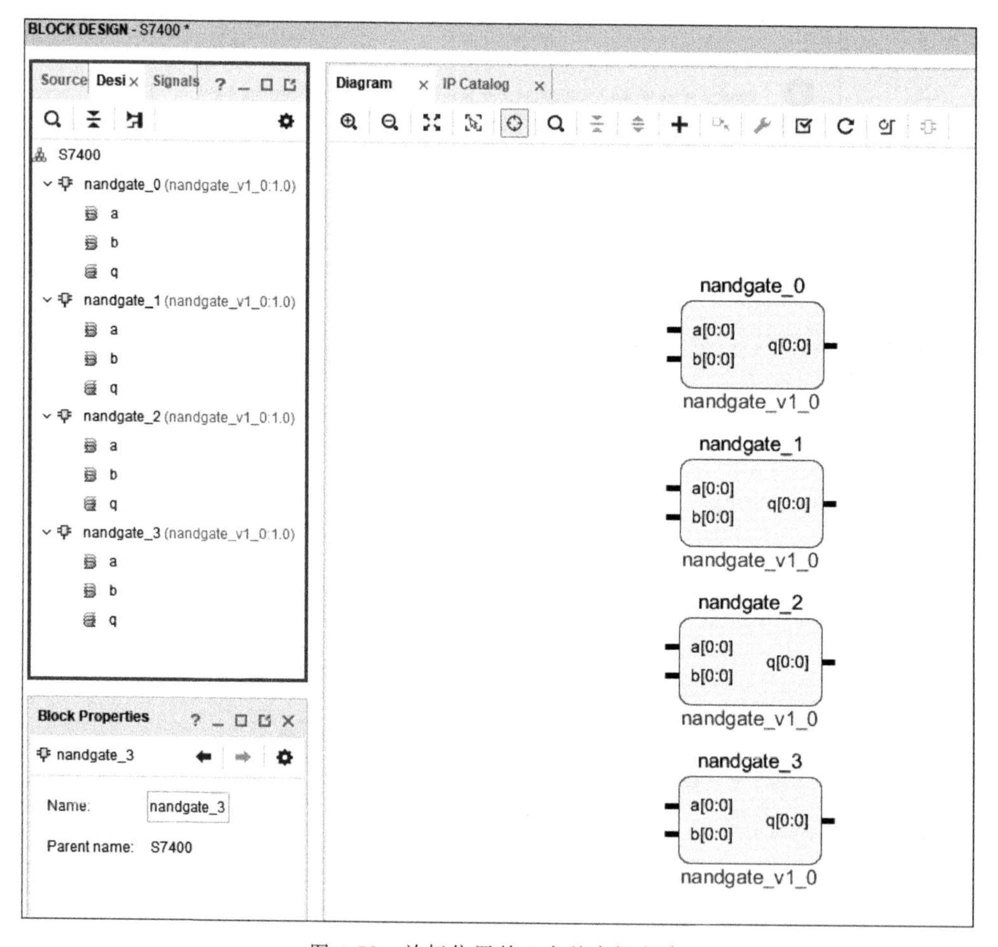

图 4-72 放好位置的 4 个基本门电路

(4) 放置输入输出端口。

在图 4-72 中空白处右击，在弹出的菜单中选择 Create Port 命令，打开如图 4-73 所示的对话框，按照图 4-73 所示进行设置，就添加了输入端 A1。

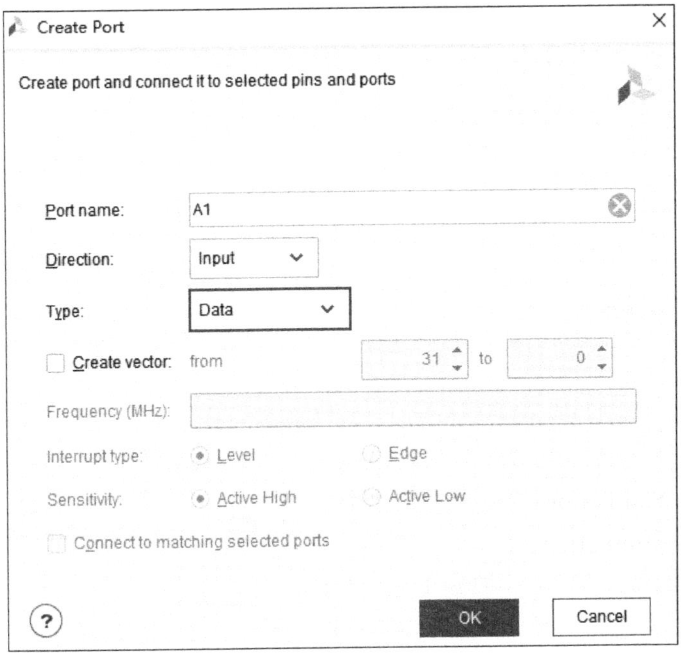

Create Port
Create port and connect it to selected pins and ports
Port name:
A1
Direction:
Input
Type:
Data
Create vector:
from
31
to
0
Frequency (MHz):
Interrupt type:
Level
Edge
Sensitivity:
Active High
Active Low
Connect to matching selected ports
OK
Cancel

图 4-73 添加输入端 A1

按照上述方法在增加输入端 A2、A3、A4、B1、B2、B3、B4 和输出端 Y1、Y2、Y3、Y4，并按照图 4-74 所示连接好电路。连线的时候鼠标移动到某个与非门模块某个引脚(如 nandgate_0 模块的 a[0:0]引脚)的顶端，当光标变成铅笔形状后，单击并拖曳鼠标到端口(如 A1)后放手(也可以是反方向操作)。

nandgate_0
A1
B1
a[0:0]
b[0:0]
q[0:0]
Y1
nandgate_v1_0
nandgate_1
A2
B2
a[0:0]
b[0:0]
q[0:0]
Y2
nandgate_v1_0
nandgate_2
A3
B3
a[0:0]
b[0:0]
q[0:0]
Y3
nandgate_v1_0
nandgate_3
A4
B4
a[0:0]
b[0:0]
q[0:0]
Y4
nandgate_v1_0

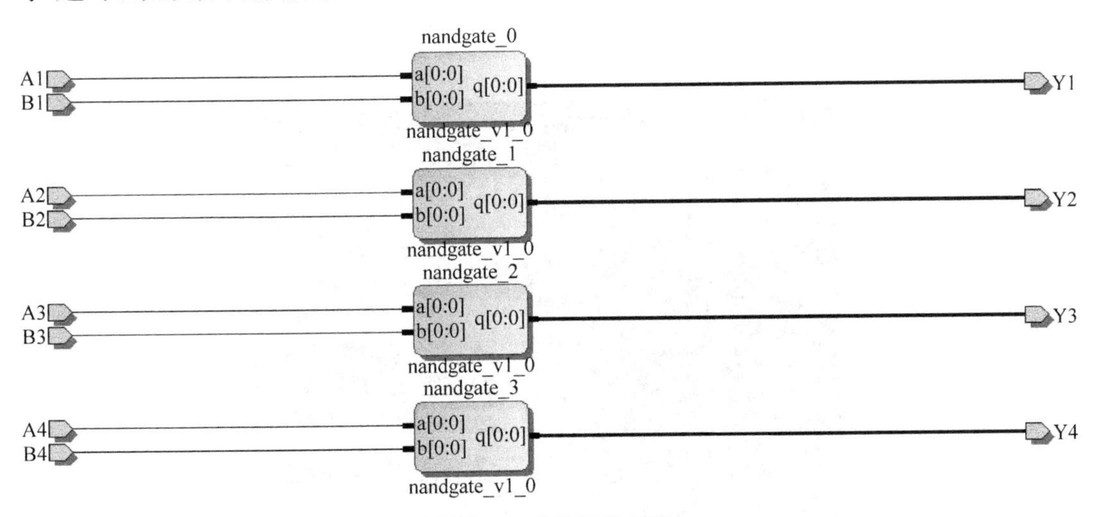

图 4-74 连接好的电路

(5) 仿真验证。

在本书资源包的 C:\sysclassfiles\digit\Ex_1\S7400 文件夹中有写好的仿真文件,读者可以参照 4.1.3 节中的办法添加仿真文件,仿真文件如下所示:

```
1.  `timescale 1ns / 1ps
2.  module S7400_sim(   );
3.      // INPUT
4.      reg A1 = 0,B1 = 0,A2 = 1,B2 = 0,A3 = 0,B3 = 1,A4 = 1,B4 = 1;
5.      //OUTPUT
6.      wire Y1,Y2,Y3,Y4;
7.      S7400 U1(.A1(A1),.A2(A2),.A3(A3),.A4(A4),
8.                  .B1(B1),.B2(B2),.B3(B3),.B4(B4),
9.                  .Y1(Y1),.Y2(Y2),.Y3(Y3),.Y4(Y4));
10.     initial begin
11.     #100 begin A1 = 1;B1 = 1;A2 = 0;B2 = 1;A3 = 1;B3 = 1;A4 = 0;B4 = 0; end
12.     end
13. endmodule
```

在如图 4-19 所示的 PROJECT MANAGER 菜单中单击 Run Simulation,在弹出的菜单中选择 Run Behavior Simulation。

在弹出的如图 4-75 所示的窗口中单击 Don't Save(注意,如果这里单击 Save,仿真的时候可能出错,可稍微过一会儿再仿真,如果还是错,在确保不是设计文件和仿真文件有问题的情况下,可以退出 Vivado,并重新启动计算机后重新在 Vivado 下打开本项目进行仿真)。

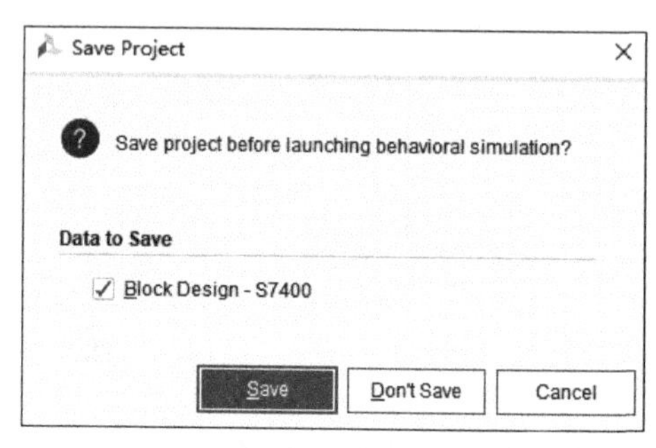

图 4-75 保存项目窗口

仿真后得到如图 4-76 所示的仿真结果,证明设计的逻辑是正确的,同时也说明与非门的 IP 核是可用的。

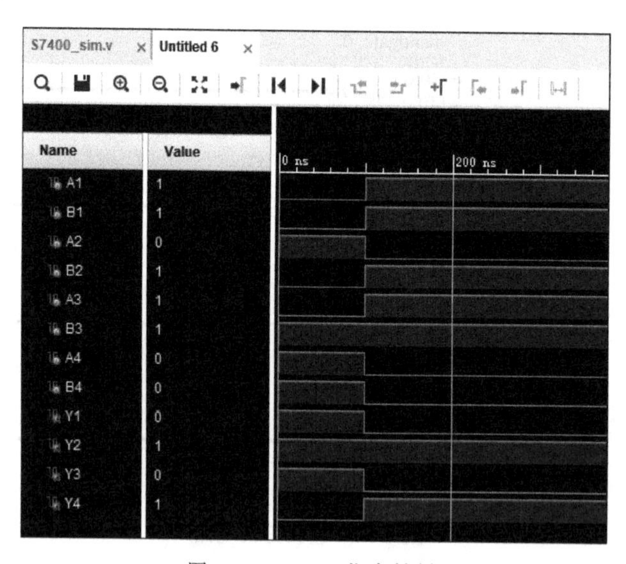

图 4-76 S7400 仿真结果

（6）生成输出文件。

在 PROJECT MANAGER 菜单的 Sources 界面中右击 S7400，在弹出的菜单中选择 Generate Output Products 命令，之后在弹出的如图 4-77 所示的生成输出文件的 Generate Output Products 对话框中选择 Global，单击 Generate 按钮。

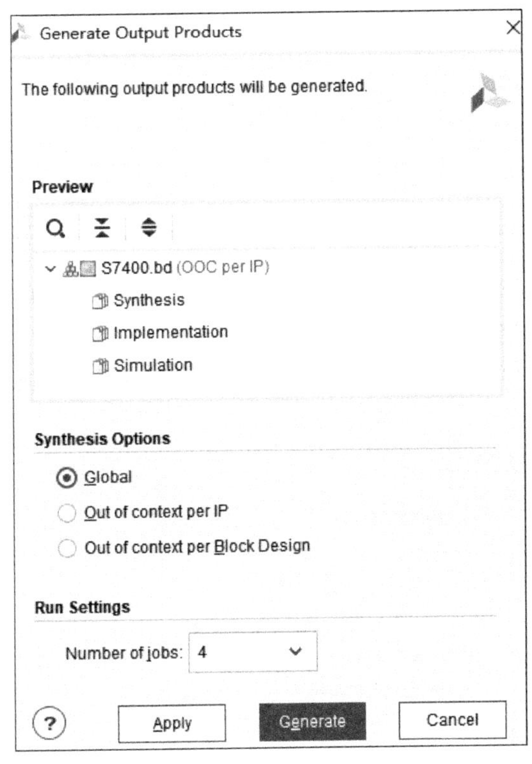

图 4-77　生成输出文件

（7）生成 HDL 文件。

再次在 PROJECT MANAGER 菜单的 Sources 界面中右击 S7400，在弹出的菜单中选择 Create HDL Wrapper 命令，之后在弹出的如图 4-78 所示的 Create HDL Wrapper 对话框中选择 Let Vivado manage wrapper and auto-update，单击 OK 按钮。

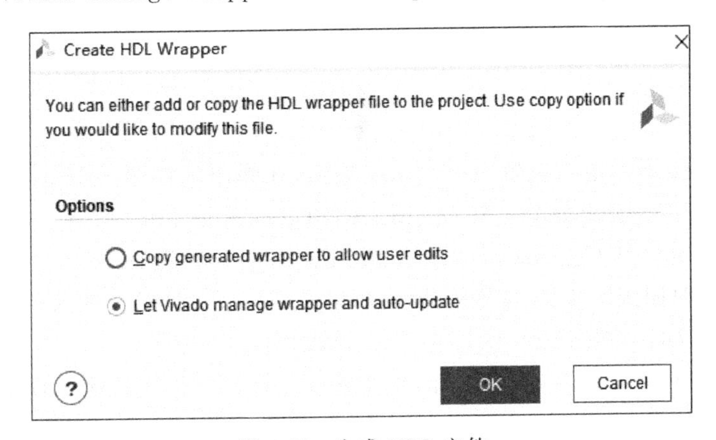

图 4-78　生成 HDL 文件

（8）引脚配置、综合、实现、生成比特流文件，下载到板子上进行验证。

S7400的引脚分配如表4-4所示。

表4-4 S7400引脚分配

信号	部件	引脚	信号	部件	引脚
Y4	GLD3	E21	B2	SW5	W6
Y3	GLD2	D22	B1	SW4	U5
Y2	GLD1	E22	A4	SW3	T5
Y1	GLD0	A21	A3	SW2	T4
B4	SW7	U6	A2	SW1	R4
B3	SW6	W5	A1	SW0	W4

在C:\sysclassfiles\digit\Ex_1\S7400文件夹中给读者提供了写好的约束文件，读者可以采用下面的方法将约束文件调入到项目中。

右击图4-79中Project Manager下面Sources的Constraints，在弹出的菜单中选择Add Source命令。

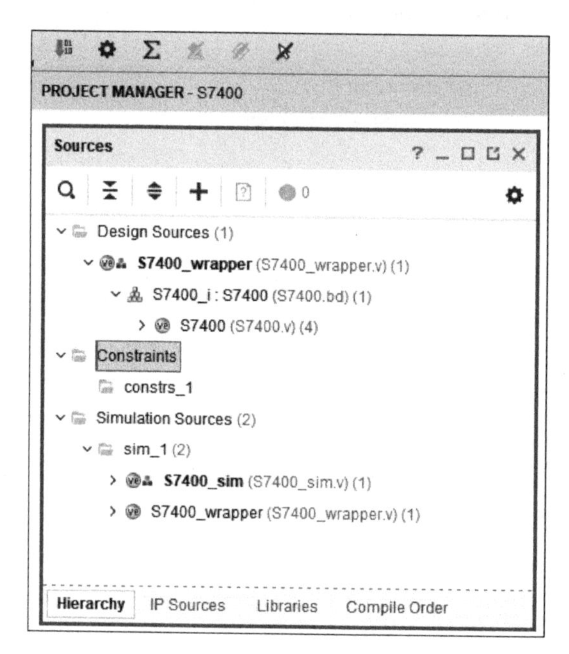

图4-79 选择添加约束文件

按照如图4-80所示进行设置，单击Next按钮，在弹出的如图4-81的窗口中单击+按钮，并选择Add Files，弹出如图4-82所示的Add Constraint Files窗口。

在该窗口中定位到C:/sysclassfiles/digit/Ex_1/S7400，选择S7400.xdc文件，然后单击OK按钮。此时回到图4-81所示的窗口，可以看到约束文件已经加入，单击Finish按钮。

添加了约束文件后的S7400项目的层次结构如图4-83所示。

接下来，读者可以参照其前面章节的步骤进行综合、实现、比特流文件生成并下载到实验板上。

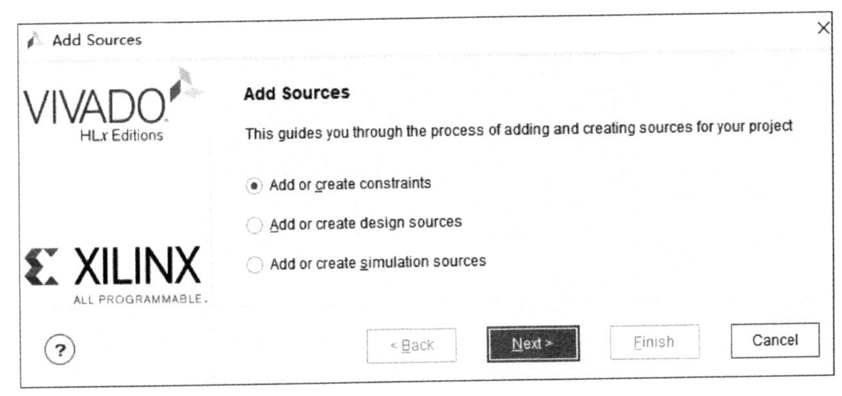

图 4-80　选择添加源文件类型

图 4-81　添加源文件窗口

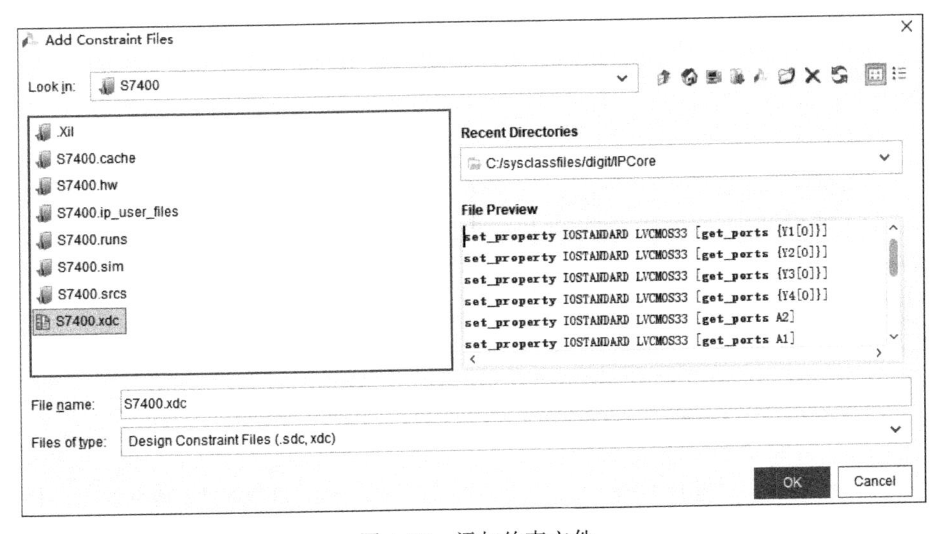

图 4-82　添加约束文件

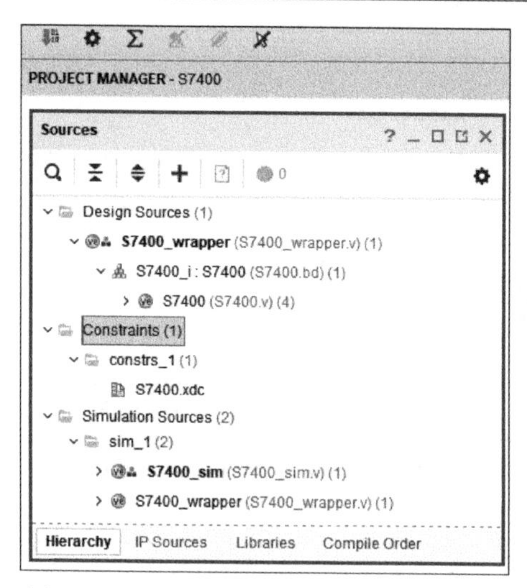

图 4-83　添加约束文件后的项目层次结构

2）用 Verilog HDL 语言结构化描述方法设计 7400 芯片

本书的资源包在 C:/sysclassfiles/digit/Ex_1/ S7400_v1 文件夹中已经为本实验提供了初始设计文件 S7400_v1.v、仿真文件 s7400_v1_sim.v 和约束文件 S7400_v1.xdc。

（1）在 C:/sysclassfiles/digit/Ex_1 文件夹中创建一个新的项目 S7400_v1，可以先期导入初始设计文件和约束文件。

（2）导入 IP 核。

（3）单击 Project Manager 下的 IP Catalog，在如图 4-68 所示的窗口中双击 nandgate_v1_0（图 4-68 中高亮部分），打开图 4-71 所示的窗口。按照图中设置 Port_Num 为 2，Width 为 1，然后单击 OK 按钮，弹出如图 4-84 所示的对话框，单击 Generate 按钮，在弹出的对话框中单击 OK 按钮，可以看到与非门 IP 核 nandgate_0 被加入到项目中，如图 4-85 所示（注意，该图是在创建项目时先期导入了初始化设计文件和约束文件后表现出来的样式，如果先期没有导入初始设计文件，则不会有 S7400_v1 这一层）。

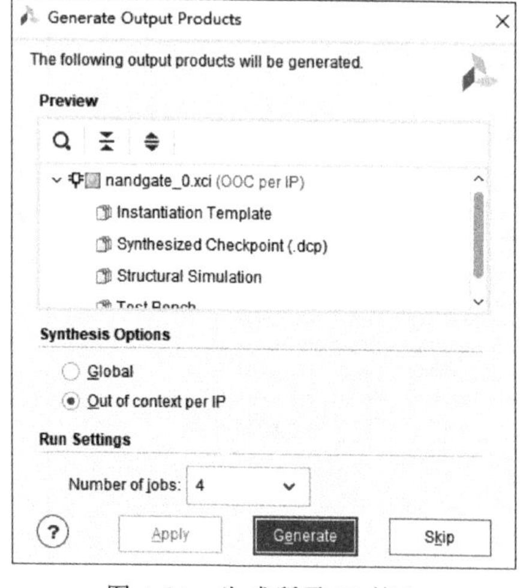

图 4-84　生成所需 IP 核心

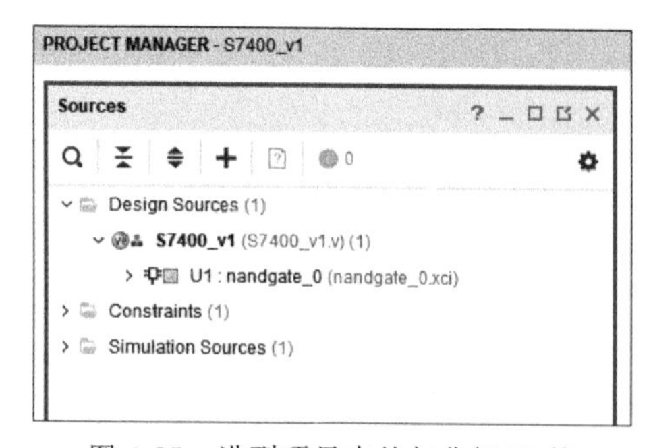

图 4-85　进到项目中的与非门 IP 核

(4) 用 (3) 的方法，再向项目中添加 3 个与非门的 IP 核，分别称为 nandgate_1、nandgate_2 和 nandgate_3，如图 4-86 所示，如果先期没有导入初始设计文件，则不会有 S7400_v1 这一层。

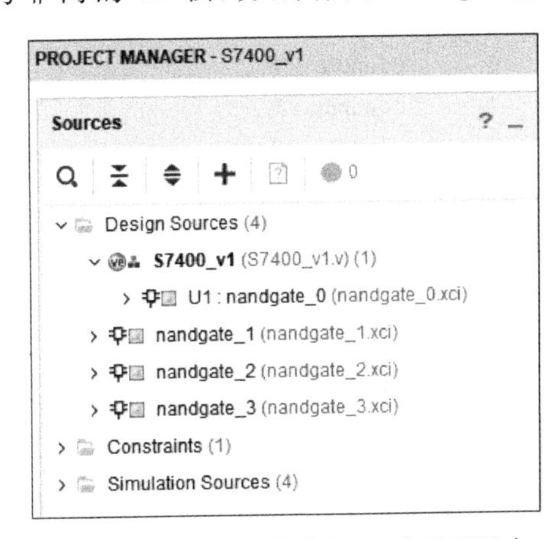

图 4-86　引入 4 个与非门 IP 核到项目中

(5) 建立结构化描述的 S7400_v1. v 设计文件，如果已经将该文件先期导入则双击 S7400_v1 打开该文件，如果没有，则参照前面章节导入该文件。也可以参照前面章节创建 S7400_v1. v 文件，打开后的初始设计文件如下：

```
1.  module S7400_v1(
2.      input  A1,
3.      input  B1,
4.      output Y1,
5.      input  A2,
6.      input  B2,
7.      output Y2,
8.      input  A3,
9.      input  B3,
10.     output Y3,
11.     input  A4,
12.     input  B4,
13.     output Y4
14.     );
15.     nandgate_0 U1(.a(A1),.b(B1),.q(Y1));
16.     …
17. endmodule
```

初始设计文件只将 nandgate_0 做了元件例化，省略号的部分请读者自行补充完整。

(6) 导入资源包提供的仿真文件，使用该文件仿真，仿真文件可参考 S7400_sim 的仿真文件。

(7) 进行引脚约束文件配置、综合、实现、生成比特流文件，下载到实验板上进行验证，引脚分配表如表 4-4 所示。

3) 用 Verilog HDL 语言数据流描述方法

本书的资源包在 C:/sysclassfiles/digit/Ex_1/ S7400_v2 文件夹中已经为本实验提供了初始设计文件 S7400_v2. v、仿真文件 s7400_v2_sim. v 和约束文件 S7400_v2. xdc。

用数据流描述方法不需要导入 IP 核，因为这种方法是直接用逻辑表达式产生输出的，不需要元件例化 IP 核。

在 C:/sysclassfiles/digit/Ex_1 文件夹中创建一个新的项目 S7400_v2。初始设计文件如下：

```
1.  module S7400_v2(
2.      input  A1,
3.      input  B1,
```

```
4.       output Y1,
5.       input  A2,
6.       input  B2,
7.       output Y2,
8.       input  A3,
9.       input  B3,
10.      output Y3,
11.      input  A4,
12.      input  B4,
13.      output Y4
14.      );
15.    assign Y1 = ~(A1 & B1);
16. …
17. endmodule
```

初始设计文件只给出了输出端口 Y1 的数据流描述，省略号的部分读者自行补充完整，然后完成对设计的仿真和实现。

4）用 Verilog HDL 语言的行为描述方法

本书的资源包在 C:/sysclassfiles/digit/Ex_1/ S7400_v3 文件夹中已经为本实验提供了初始设计文件 S7400_v3.v、仿真文件 s7400_v3_sim.v 和约束文件 S7400_v3.xdc。

用行为描述方法也不需要导入 IP 核。

在 C:/sysclassfiles/digit/Ex_1 文件夹中创建一个新的项目 S7400_v3。初始设计文件如下：

```
1.  module S7400_v3(
2.       input  A1,
3.       input  B1,
4.       output reg Y1,
5.       input  A2,
6.       input  B2,
7.       output reg Y2,
8.       input  A3,
9.       input  B3,
10.      output reg Y3,
11.      input  A4,
12.      input  B4,
13.      output reg Y4
14.      );
15.      always @( * )
16.      begin
17.        Y1 <= ~(A1 & B1);
18. …
19.      end
20. endmodule
```

初始设计文件只给出了 Y1 的赋值，省略号的部分读者自行补充完整，然后完成对设计的仿真和实现。

5. 思考与拓展

请读者考虑采用上述方法之一，设计7404、7420和7486芯片，通过仿真验证自己设计的正确性并进行封装。

1) 7404芯片的设计

7404芯片有6个反相器，图4-87给出了7404的结构示意图，表4-5给出了7404的真值表。

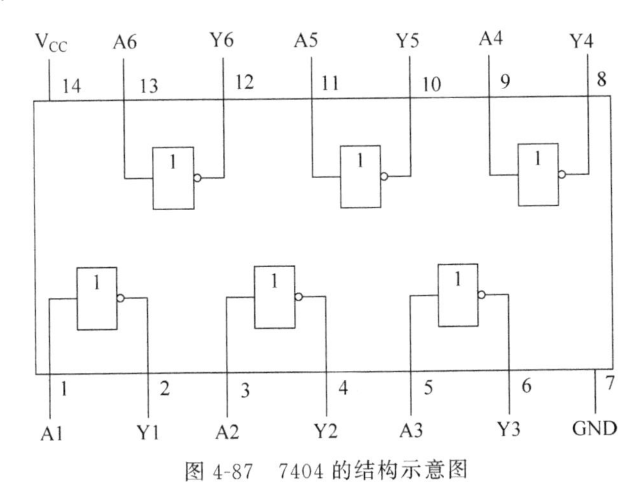

图4-87　7404的结构示意图

表4-5　7404的真值表

输入	输出
A	Y
0	1
1	0

请读者在Verilog HDL语言或者Block Design方法中选一种，设计和实现7404芯片并仿真后封装成IP核。

2) 7420芯片设计

7420芯片是2-4输入与非门，图4-88给出了7420的结构示意图。表4-6给出了7420的真值表。

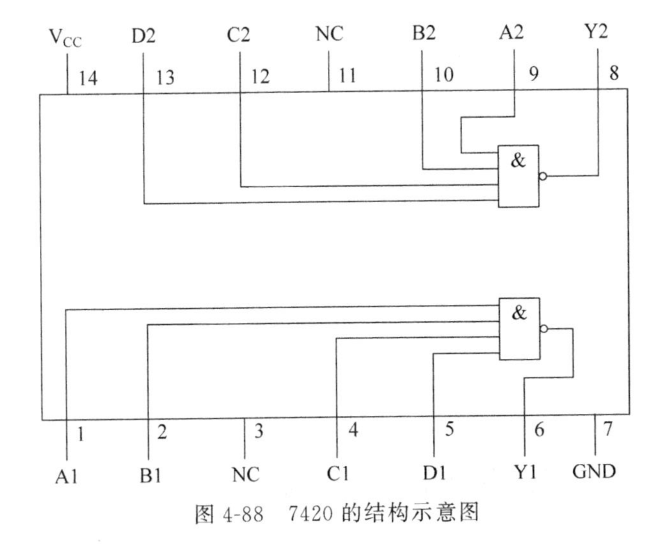

图4-88　7420的结构示意图

表 4-6 7420 的真值表

输 入				输 出
A	B	C	D	Y
X	X	X	0	1
X	X	0	X	1
X	0	X	X	1
0	X	X	X	1
1	1	1	1	0

请读者在 Verilog HDL 语言与 Block Design 方法中选一种,设计和实现 7420 芯片,并仿真后封装成 IP 核。

3) 7486 芯片设计

7486 芯片是 4-2 输入异或门,图 4-89 给出了 7486 的结构示意图。表 4-7 给出了 7486 的真值表。

请读者在 Verilog HDL 语言与 Block Design 方法中选一种,设计和实现 7486 芯片。

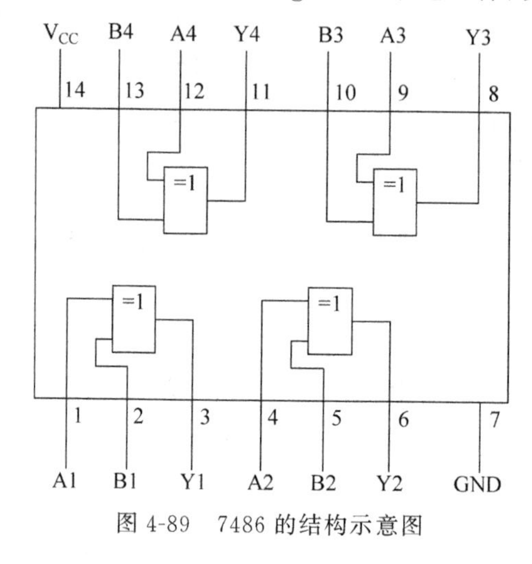

图 4-89 7486 的结构示意图

表 4-7 7486 的真值表

输 入		输 出
A	B	Y
0	0	0
0	1	1
1	0	1
1	1	0

4.2 多路选择器的设计与 IP 核封装

多路选择器是数据选择器的别称,也称多路开关。在多路数据传送过程中,能够根据需要将其中任意一路选出来的电路,叫作数据选择器。多路选择器在计算机系统中被广泛应用，它们通过选择信号，在多路输入数据中选择一路数据输出。本节通过4个实验，让读者掌握多路选择器的设计方法。本节所有实验的初始文档均在C:\sysclassfiles\digit\Ex_2中。

4.2.1　1位2选1多路选择器——使用IP核

1. 实验目的

(1) 加深对数据多路选择器的理解。

(2) 学会设计1位数据的2选1多路选择器。

(3) 巩固IP核的使用。

2. 实验内容

使用4.1.2节和4.1.3节中封装的相关IP核，利用Vivado工具设计一个1位数据的2选1多路选择器mux2x1，利用仿真来验证设计的正确性。

3. 实验预习

认真预习多路选择器的原理，尤其是要弄清楚1位2选1多路选择器的原理图（见图4-90）。

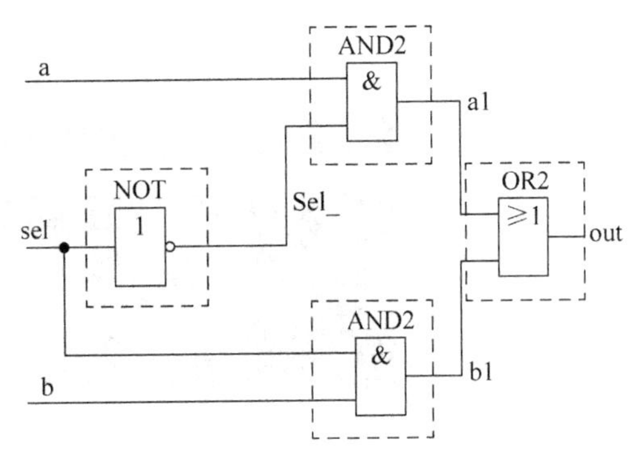

图4-90　1位2选1多路选择器

4. 实验步骤

1) 用Block Design设计2选1多路选择器

本实验的资源包在C:\sysclassfiles\digit\Ex_2\mux2x1中，并给出了仿真文件mux2x1_sim.v供读者使用。

请采用4.1.4节的方法，依据图4-90进行设计，并按照图4-91所示连接好电路。

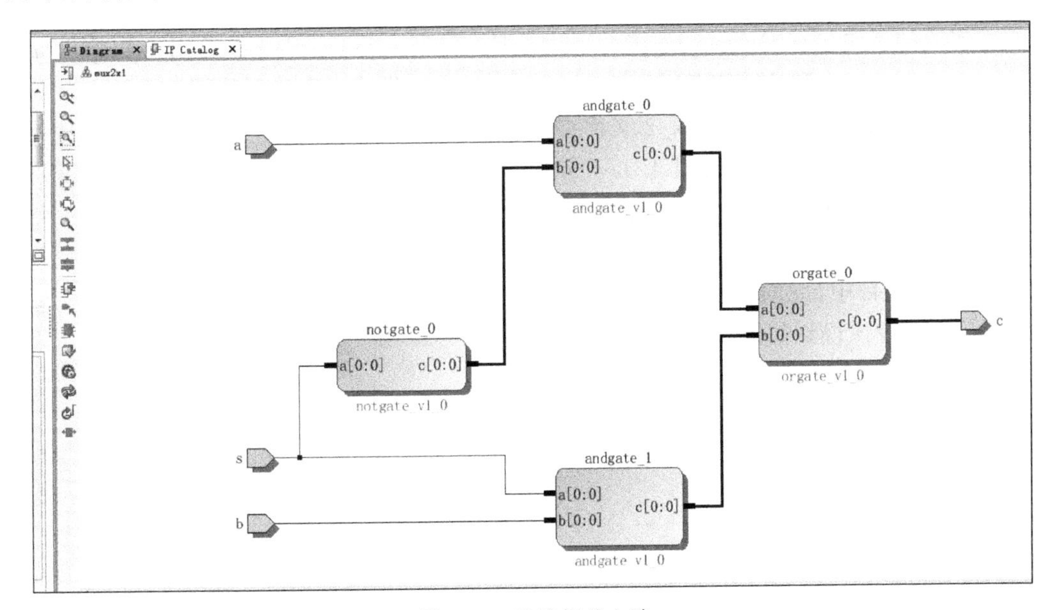

图4-91　连接好的电路

按照前面章节的方法，建立以下仿真文件：

```
1.  `timescale 1ns / 1ps
2.  module mux2x1_sim( );
3.      // input
4.      reg a = 0;
5.      reg b = 1;
6.      reg s = 0;              // 选择数据 a 输出
7.      //output
8.      wire c;
9.      mux2x1 u(.a(a),.b(b),.s(s),.c(c));
10.     initial begin
11.     # 200 s = 1;            // 200ns 后选择数据 b 输出
12.     end
13. endmodule
```

仿真后得到如图 4-92 所示的仿真结果，证明设计的逻辑是正确的。

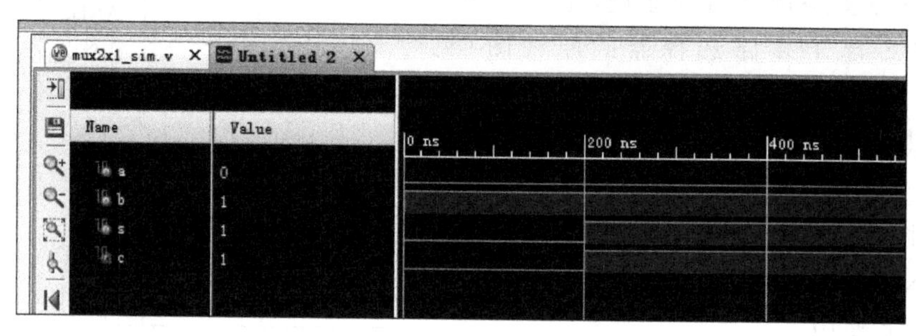

图 4-92　1 位 2 选 1 仿真结果

2）用 Verilog HDL 语言的结构化描述设计 2 选 1 多路选择器

本实验的资源包在 C:\sysclassfiles\digit\Ex_2\mux2x1verilog 中给出了初始设计文件 mux2x1verilog.v 和仿真文件 mux2x1verilog_sim.v，供读者完善和使用。

在 C:/sysclassfiles/digit/Ex_2 文件夹中创建 mux2x1verilog 项目。按照 4.1.4 节的步骤将 7 个基本门电路的 IP 核调入到项目的 IP Catalog 中，并将本实验需要的基本门电路 IP 核调入到项目中，此时在 Project Manager 的 Sources 中应该得到如图 4-93 所示的界面。

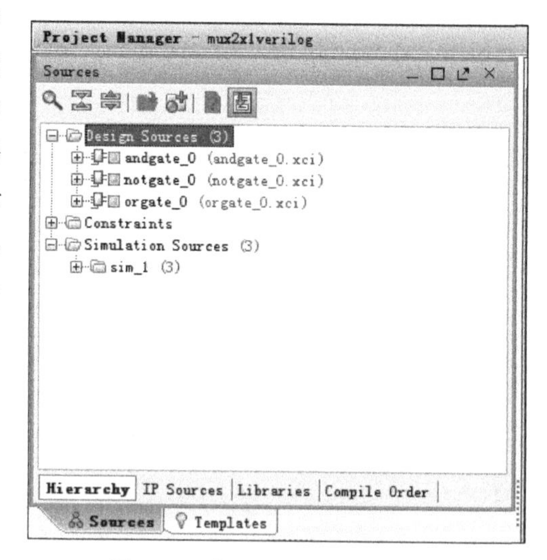

图 4-93　加入全部需要的 IP 核

创建如下所示的 mux2x1verilog.v 文件，包含 mux2x1verilog 模块。

```
1.  module mux2x1verilog(
2.      input a,
3.      input b,
4.      input s,
5.      output c
6.      );
7.      wire a1,b1,sel;
```

```
8.        notgate_0 u0(.a(s),.c(sel));
9.        …
10. Endmodule
```

该文件只给出了非门的实例化，其他门请读者在省略号的地方加以完善。

用以下的仿真软件进行仿真，证明逻辑正确性。

```
1.  `timescale 1ns / 1ps
2.  module mux2x1verilog_sim(   );
3.      // input
4.        reg a = 0;
5.        reg b = 1;
6.        reg s = 0;
7.        //output
8.        wire c;
9.        mux2x1verilog u(.a(a),.b(b),.s(s),.c(c));
10.       initial begin
11.       # 200 s = 1;
12.       end
13. endmodule
```

5. 思考与拓展

考虑采用结构化描述法进行 8 位 2 选 1、8 位 4 选 1 芯片的设计。

4.2.2　可配置输入端口数和数据位宽的多选 1 多路选择器——IP 核设计

1. 实验目的

(1) 学会设计可配置输入端口数和数据位宽的多选 1 多路选择器。

(2) 巩固 IP 核封装技术。

(3) 对多路选择器有更深的认识。

2. 实验内容

使用 Verilog HDL 语言设计数据位数在 1～32 之间变化，输入端口数在 2、4、8、16 共 4 个数中变化的多选 1 多路选择器 muxnto1，利用仿真来验证设计，并将其封装成 IP 核后将其复制到 C:\sysclassfiles\digit\IPCore 目录并解压。muxnto1 有 a0～a15 共 16 个输入，q 为输出，s 为选择端，根据 s 的值，分别从 a_s 中选择。

注意：定义 s 的位宽 Sel_Width 在 1～4 之间变化，其值决定了输入端口数是 2、4、8、16。

3. 实验预习

再复习一下可变端口数和可变数据位数的 IP 核的设计方法，复习一下 Verilog HDL 的 3 种描述方式，尤其是行为描述法。

4. 实验步骤

本实验的资源包在 C:\sysclassfiles\digit\Ex_2\muxnto1 中给出了初始设计文件 muxnto1.v 和仿真文件 muxnx1_sim.v，供读者完善和使用。

1) 创建项目

在 C:\sysclassfiles\digit\Ex_2 中创建 muxnto1 项目。

2）建立或导入初始设计并加以完善

创建源文件 muxnto1. v，该文件端口定义如下：

```
1.  module muxnto1
2.  #(parameter Sel_Width = 4,          // 选择端 s 的位宽
3.  parameter WIDTH = 8)                // 数据位宽
4.  (    input [WIDTH - 1:0] a0,
5.       input [WIDTH - 1:0] a1,
6.       input [WIDTH - 1:0] a2,
7.       input [WIDTH - 1:0] a3,
8.       input [WIDTH - 1:0] a4,
9.       input [WIDTH - 1:0] a5,
10.      input [WIDTH - 1:0] a6,
11.      input [WIDTH - 1:0] a7,
12.      input [WIDTH - 1:0] a8,
13.      input [WIDTH - 1:0] a9,
14.      input [WIDTH - 1:0] a10,
15.      input [WIDTH - 1:0] a11,
16.      input [WIDTH - 1:0] a12,
17.      input [WIDTH - 1:0] a13,
18.      input [WIDTH - 1:0] a14,
19.      input [WIDTH - 1:0] a15,
20.      input [Sel_Width - 1:0] s,
21.      output reg [WIDTH - 1:0] q
22.      );
23. …
```

接下来省略号的部分请读者自行完成。

3）仿真

采用下列仿真文件对做好的 muxnto1 模块进行仿真，也可直接导入资源包中的仿真文件。

```
1.  `timescale 1ns / 1ps
2.  module muxnto1_sim( );
3.  //input,初始化 a0～a7
4.      reg [7:0] a0 = 8'b00000000;
5.      reg [7:0] a1 = 8'b00010001;
6.      reg [7:0] a2 = 8'b00100010;
7.      reg [7:0] a3 = 8'b00110011;
8.      reg [7:0] a4 = 8'b01000100;
9.      reg [7:0] a5 = 8'b01010101;
10.     reg [7:0] a6 = 8'b01100110;
11.     reg [7:0] a7 = 8'b01110111;
12.     reg [2:0] s = 3'b000;
13.     //output
14.     wire [7:0] q;
15. //实例化时采用 8 路,8 位数据
16.     muxnto1 #(3,8) u(.a0(a0),.a1(a1),.a2(a2),.a3(a3),
17. .a4(a4),.a5(a5),.a6(a6),.a7(a7),.s(s),.q(q));
18.     initial begin
19.         #200 s = 3'b001; // 每隔 200ns 换一路输出,从 a0 输出到 a7
20.         #200 s = 3'b010;
21.         #200 s = 3'b011;
22.         #200 s = 3'b100;
```

```
23.         #200 s = 3'b101;
24.         #200 s = 3'b110;
25.         #200 s = 3'b111;
26.     end
27. endmodule
```

该仿真文件仿真了一个 8 位 8 选 1 的多路选择器，仿真后得到如图 4-94 所示的结果，说明多路选择器的设计在逻辑上是正确的。

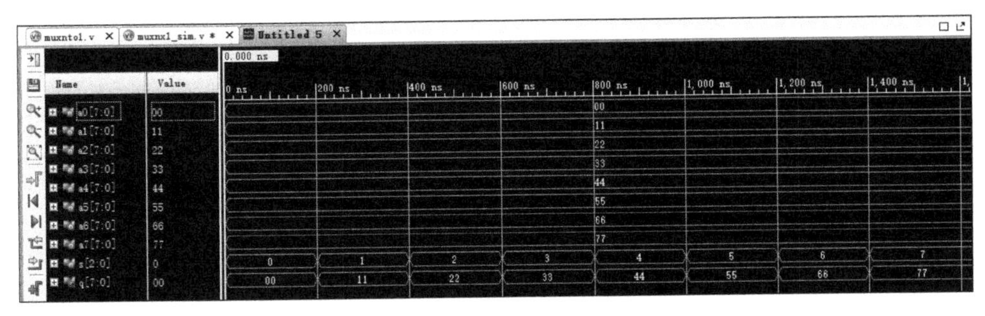

图 4-94　muxnto1 仿真图

4) IP 核封装

请读者仿照 4.1.2 节的步骤封装可配置的多路选择器。在做 IP 核封装的时候注意参数的设定和输入端口 Enable 的条件。

5. 思考与拓展

利用本节实现的 IP 核，实现 8 位 2 选 1 和 8 位 4 选 1 芯片。从设计与实现的难易程度上比较一下与 4.2.1 节思考与拓展中所实现的不同之处。

4.2.3　8 选 1 多路选择器 74151 芯片的设计

1. 实验目的

(1) 掌握 8 路数据选择器的设计。

(2) 熟悉 74151 芯片的内部结构和设计。

(3) 巩固 IP 核的使用或基于 Verilog HDL 的多路选择器的设计与实现。

2. 实验内容

采用下列四种方法之一实现 74151 芯片的设计。

(1) 使用 4.2.15 节中封装的 IP 核，采用 Block Design 方法或 Verilog HDL 结构化描述方法。

(2) 使用 4.1.2 节、4.1.3 节封装的基本门电路，采用 Block Design 方法或 Verilog HDL 结构化描述方法。

(3) 使用 Verilog HDL 语言的数据流描述法。

(4) 使用 Verilog HDL 语言的行为描述法。

下载到 Minisys 实验板上进行验证。

3. 实验预习

74151 芯片是 8 选 1 数据选择器，图 4-95 是 74151 的封装示意图。

图 4-96 是 74151 的内部结构图。表 4-8 是 74151 的真值表。

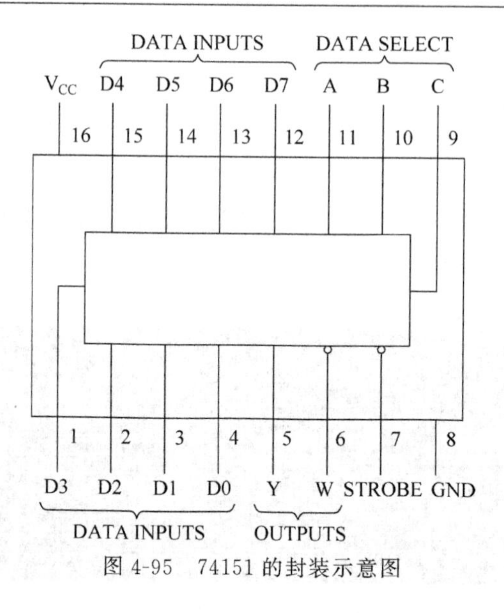

图 4-95 74151 的封装示意图

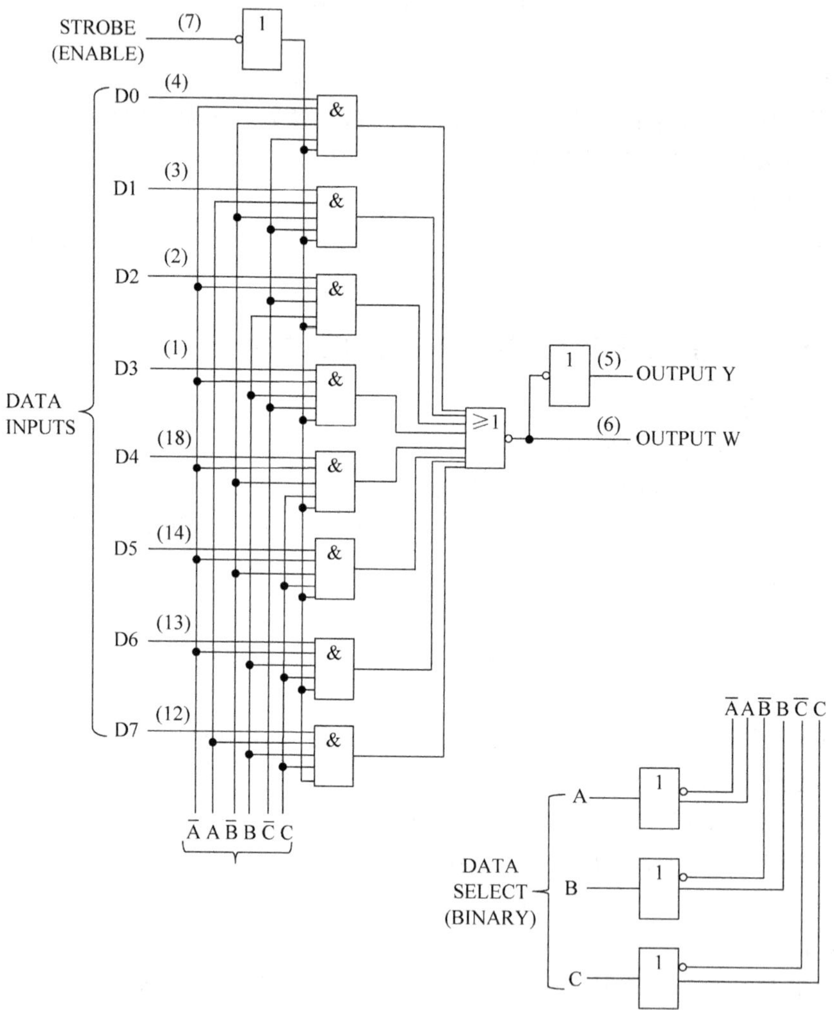

图 4-96 74151 的内部结构图

表 4-8　74151 的真值表

Inputs				Outputs	
Select			Strobe S	Y	W
C	B	A			
X	X	X	H	L	H
L	L	L	L	D0	$\overline{D0}$
L	L	H	L	D1	$\overline{D1}$
L	H	L	L	D2	$\overline{D2}$
L	H	H	L	D3	$\overline{D3}$
H	L	L	L	D4	$\overline{D4}$
H	L	H	L	D5	$\overline{D5}$
H	H	L	L	D6	$\overline{D6}$
H	H	H	L	D7	$\overline{D7}$

H=High level,L=Low Level,X=Don't Care.

D0,D1,…,D7=the level of the respective D input.

4. 实验步骤

本实验的资源包在 C:\sysclassfiles\digit\Ex_2\S74151 中给出了初始设计文件 S74151.v、仿真文件 S74151_sim.v 和约束文件 S74151.xdc,供读者完善和使用。

按照前面章节在 C:\sysclassfiles\digit\Ex_2 中创建 S74151 项目,将资源包中的 3 个文件导入,必要时导入所需要用的 IP 核,完善设计。

设计好以后,可以采用下面的仿真文件进行仿真,可以得到如图 4-97 所示的仿真波形图。

```
1.  `timescale 1ns / 1ps
2.  module S74151_sim(    );
3.      // INPUT
4.      reg D0 = 1,D1 = 0,D2 = 1,D3 = 0,D4 = 1,D5 = 0,D6 = 1,D7 = 0;      // 初始化 D0～D7
5.  reg A = 1'bx,B = 1'bx, C = 1'bx, STROBEN = 1;                        // 初始化为非工作状态
6.     //OUTPUT
7.      wire Y,WN;
8.      S_mux8x1_74151 U1(.D0(D0),.D1(D1),.D2(D2),.D3(D3),
9.  .D4(D4),.D5(D5),.D6(D6),.D7(D7),
10. .A(A),.B(B),.C(C),.STROBEN(STROBEN),
11. .Y(Y),.WN(WN));
12.     initial begin
13.         #50 begin A = 0;B = 0;C = 0;STROBEN = 0;end; // Y = D0,WN = ～D0
14.         #50 begin A = 1;B = 0;C = 0;end; // Y = D1,WN = ～D1
15.         #50 begin A = 0;B = 1;C = 0;end; // Y = D2,WN = ～D2
16.         #50 begin A = 1;B = 1;C = 0;end; // Y = D3,WN = ～D3
17.         #50 begin A = 0;B = 0;C = 1;end; // Y = D4,WN = ～D4
18.         #50 begin A = 1;B = 0;C = 1;end; // Y = D5,WN = ～D5
19.         #50 begin A = 0;B = 1;C = 1;end; // Y = D6,WN = ～D6
20.         #50 begin A = 1;B = 1;C = 1;end; // Y = D7,WN = ～D7
21.         #50 STROBEN = 1;
22.     end
23. endmodule
```

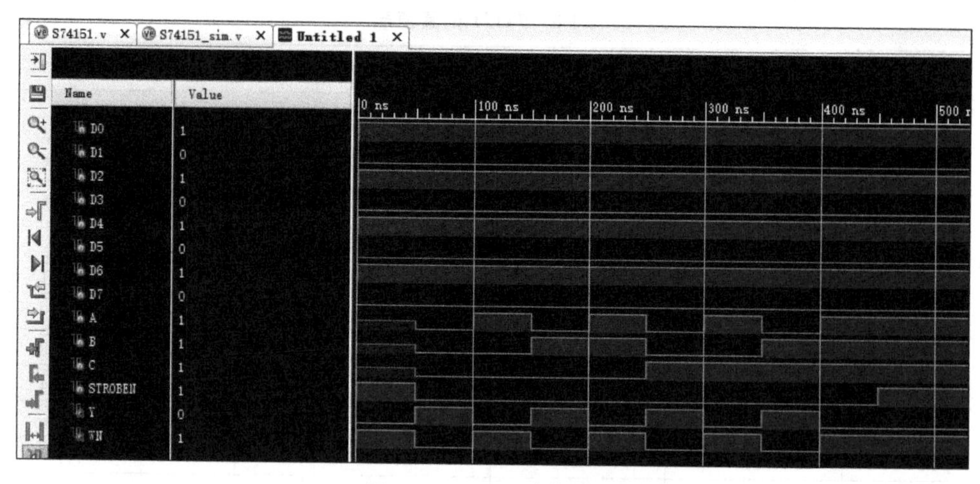

图 4-97　74151 的仿真图

接下来要进行引脚的分配、综合、实现、比特流文件生成和下载到实验板上验证设计的正确性。

74151 的引脚分配如表 4-9 所示。

表 4-9　7400 的引脚分配

信　　号	部　　件	引　　脚	信　　号	部　　件	引　　脚
D7	SW7	U6	STROBEN	SW23	Y9
D6	SW6	W5	C	SW22	W9
D5	SW5	W6	B	SW21	Y7
D4	SW4	U5	A	SW20	Y8
D3	SW3	T5	WN	GLD1	E22
D2	SW2	T4	Y	GLD0	A21
D1	SW1	R4			
D0	SW0	W4			

5. 思考与拓展

采用 Verilog HDL 语言的不同描述方法实现 74151，感受不同描述方法的特点。

4.2.4　32 位多路选择器的设计

1. 实验目的

由于后续要设计的 CPU 是 32 位的，因此该实验的主要目的如下。

(1) 封装 32 位的多路选择器 IP 核，以备后用。

(2) 巩固 IP 核封装操作。

2. 实验内容

使用 Verilog HDL 语言设计一个 32 位数据的 2 选 1 多路选择器和一个 32 位数据的 4 选 1 多路选择器，并将其分别封装成 IP 核 mux2x32 和 mux4x32。

由于实验平台资源的限制，本实验只需仿真验证即可。

4.3 译码器、比较器和编码器的设计

译码器、比较器和编码器在计算机接口和相关电路中被广泛采用。其中译码器是将二进制编码信号转换成其他形式的码或转换成枚举信号，这种枚举信号在接口电路中多用于接口或端口的选择信号；数值比较器能够比较两个输入的数据的大小及是否相等；编码器是将输入的信号按照一定的规则进行编码，其中的优先编码器也被计算机系统的相关判优电路广泛采用。本节实验主要涉及 3-8 译码器、74682 比较器和优先编码器。本节所有实验的初始文档默认情况下均解压到 C:\sysclassfiles\digit\Ex_3 中。

4.3.1 74138 译码器的设计

1. 实验目的

熟悉并学会 74138 译码器的设计。

2. 实验内容

使用 Verilog HDL 语言实现 74138 译码器 S_38decode_74138(项目名称和模块名称)。仿真验证设计的正确性并下载到 Minisys 实验板上。

3. 实验预习

74138 是一个 3 位组合数据输入、8 位枚举数据输出的 3-8 译码器，图 4-98 是它的封装示意图。

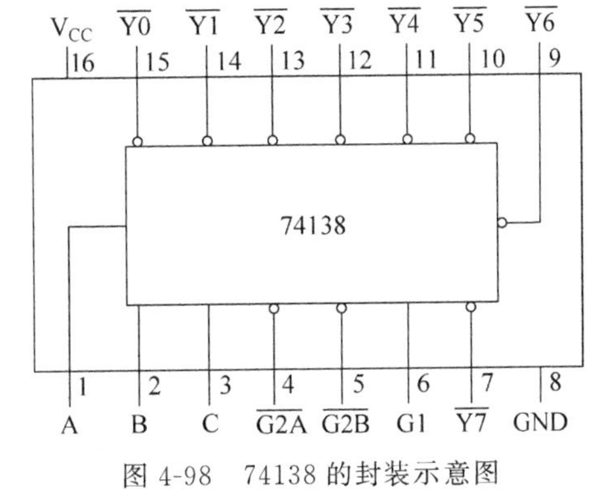

图 4-98 74138 的封装示意图

复习 74138 译码器的真值表，弄清楚输入和输出之间的关系，读懂 74138 的内部结构图。

3-8 译码器的真值表如表 4-10 所示。

表 4-10 3-8 译码器的真值表

输入				输出							
G1	$\overline{G2A}$	$\overline{G2B}$	C B A	Y_7	Y_6	Y_5	Y_4	Y_3	Y_2	Y_1	Y_0
1	0	0	0 0 0	1	1	1	1	1	1	1	0
1	0	0	0 0 1	1	1	1	1	1	1	0	1
1	0	0	0 1 0	1	1	1	1	1	0	1	1
1	0	0	0 1 1	1	1	1	1	0	1	1	1
1	0	0	1 0 0	1	1	1	0	1	1	1	1
1	0	0	1 0 1	1	1	0	1	1	1	1	1
1	0	0	1 1 0	1	0	1	1	1	1	1	1
1	0	0	1 1 1	0	1	1	1	1	1	1	1
0	×	×	× × ×	1	1	1	1	1	1	1	1
×	1	×	× × ×	1	1	1	1	1	1	1	1
×	×	1	× × ×	1	1	1	1	1	1	1	1

图 4-99 是 74138 的内部结构图。

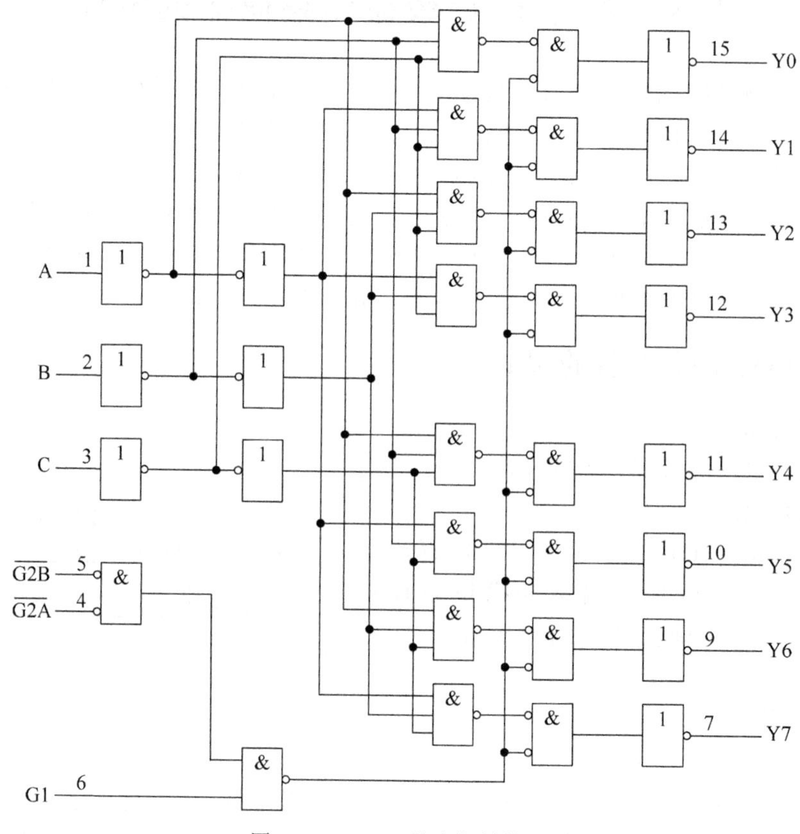

图 4-99 74138 的内部结构图

4. 实验步骤

本实验的资源包在 C:\sysclassfiles\digit\Ex_3\S74138 中给出了初始设计文件 S74138.v、仿真文件 S74138_sim.v 和约束文件 S74138.xdc，供读者完善和使用。

创建 S74138 项目，设计文件中模块名为 S_38decode_74138。

请读者完善资源包中如下的初始设计来实现 S_38decode_74138。

```
1.  module S_38decode_74138(
2.          input A,
3.          input B,
4.          input C,
5.          input G1,
6.          input G2AN,
7.          input G2BN,
8.          output Y0N,
9.          output Y1N,
10.         output Y2N,
11.         output Y3N,
12.         output Y4N,
13.         output Y5N,
14.         output Y6N,
15.         output Y7N
```

```
16.            );
17. integer i;
18.            reg [7:0] YN;
19.            wire[2:0] cba,G;
20.            assign cba = {C,B,A};
21.            assign G = {G1,G2AN,G2BN};
22. assign Y0N = YN[0];
23. …//定义寄存器用作 always 块输出暂存,并将输出与之相对应
24.        always @( * )
25.        begin
26. …//填写 3-8 译码器功能代码
27.        end
28. endmodule
```

下面给出仿真程序的一个示例(S74138_sim.v):

```
1.  `timescale 1ns / 1ps
2.  module S74138_sim(      );
3.      // INPUT
4.      reg A = 0,B = 0,C = 0,G1 = 0,G2AN = 1,G2BN = 1; // 初始化为 G1 = 0,G2AN = 1,G2BN = 1,138 不工作
5.      // OUTPUT
6.      wire Y0N,Y1N,Y2N,Y3N,Y4N,Y5N,Y6N,Y7N;
7.      S_38decode_74138 U1(.A(A),.B(B),.C(C),.G1(G1),.G2AN(G2AN),.G2BN(G2BN),
8.                       .Y0N(Y0N),.Y1N(Y1N),.Y2N(Y2N),.Y3N(Y3N),.Y4N(Y4N),
9.  .Y5N(Y5N),.Y6N(Y6N),.Y7N(Y7N));
10.     initial begin
11.         #10 begin A = 0;B = 0;C = 0;G1 = 1;G2AN = 0;G2BN = 1;  end;  // G2BN = 1,138 不工作
12.         #10 begin A = 0;B = 0;C = 0;G1 = 1;G2AN = 0;G2BN = 1;  end;  // G2BN = 1,138 不工作
13.         #10 begin A = 0;B = 0;C = 0;G1 = 1;G2AN = 1;G2BN = 0;  end;  // G2AN = 1,138 不工作
14.         #10 begin A = 0;B = 0;C = 0;G1 = 1;G2AN = 0;G2BN = 0;  end;  // Y0N 输出 0
15.         #10 begin A = 1;B = 0;C = 0;G1 = 1;G2AN = 0;G2BN = 0;  end;  // Y0N 输出 0
16.         #10 begin A = 0;B = 1;C = 0;G1 = 1;G2AN = 0;G2BN = 0;  end;  // Y1N 输出 0
17.         #10 begin A = 1;B = 1;C = 0;G1 = 1;G2AN = 0;G2BN = 0;  end;  // Y2N 输出 0
18.         #10 begin A = 0;B = 0;C = 1;G1 = 1;G2AN = 0;G2BN = 0;  end;  // Y3N 输出 0
19.         #10 begin A = 1;B = 0;C = 1;G1 = 1;G2AN = 0;G2BN = 0;  end;  // Y4N 输出 0
20.         #10 begin A = 0;B = 1;C = 1;G1 = 1;G2AN = 0;G2BN = 0;  end;  // Y5N 输出 0
21.         #10 begin A = 1;B = 1;C = 1;G1 = 1;G2AN = 0;G2BN = 0;  end;  // Y6N 输出 0
22.         #10 begin A = 0;B = 0;C = 0;G1 = 0;G2AN = 0;G2BN = 0;  end;  // Y7N 输出 0
23.     end;
24. endmodule
```

用该仿真程序应该得到图 4-100 所示的 74138 仿真波形图。

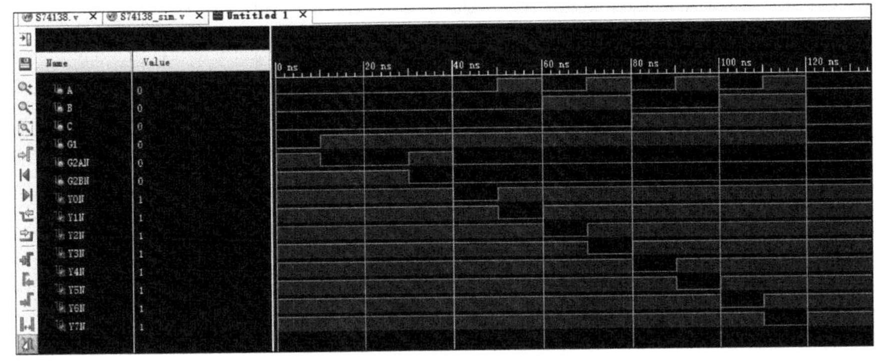

图 4-100　74138 的仿真波形图

下载到实验板上进行验证。3-8译码器的引脚分配如表4-11所示。

表4-11 3-8译码器的引脚分配

信 号	部 件	引 脚	信 号	部 件	引 脚
Y7N	SW15	AB6	G1	SW23	Y9
Y6N	SW14	AB7	G2AN	SW22	W9
Y5N	SW13	V7	G2BN	SW21	Y7
Y4N	SW12	AA6	C	SW2	T4
Y3N	SW11	Y6	B	SW1	R4
Y2N	SW10	T6	A	SW0	W4
Y1N	SW9	R6			
Y0N	SW8	V5			

5. 思考与拓展

(1) 可以自行设计2-4译码器和4-16译码器。

(2) 初始设计文件给出的是用行为描述方式的实现,考虑根据图4-99,采用结构化描述方式实现74138译码器,还可以考虑将74138译码器封装成IP核。

4.3.2 74682比较器的设计

1. 实验目的

学会74682比较器的设计。

2. 实验内容

使用Verilog HDL语言实现一个8位的74LS682比较器compare682(项目名称和模块名称),仿真验证并下载到实验板上。

3. 实验预习

复习74682译码器的真值表,弄清楚输入和输出之间的关系,读懂74682的内部结构图,尤其弄清楚P>Q的判断逻辑。

74682是一个8位数据比较器,其封装示意如图4-101所示。

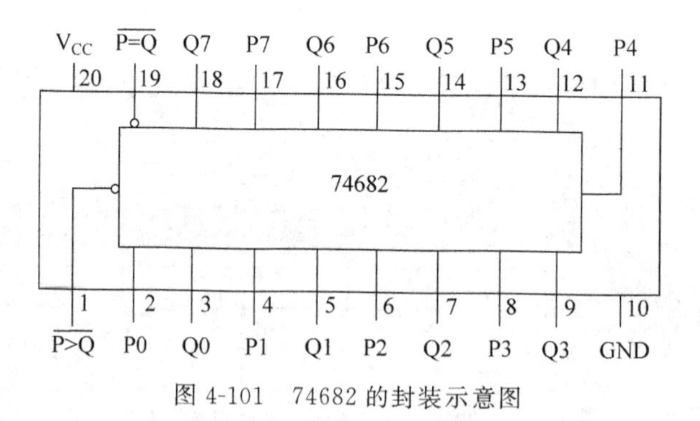

图4-101 74682的封装示意图

74682的真值表如表4-12所示。

表4-12 74682的真值表

输入	输出	
P,Q	$\overline{P=Q}$	$\overline{P>Q}$
P=Q	0	1
P>Q	1	0
P<Q	1	1

图4-102是74682的内部结构图。

4. 实验步骤

本实验的资源包在C:\sysclassfiles\digit\Ex_3\compare682中给出了初始设计文件compare682.v、仿真文件compare682_sim.v和约束文件compare682.xdc,供读者完善和使用。

创建compare682项目,设计文件中模块名为compare682。

请读者完善资源包中如下的初始设计来实现compare682。

```
1.  `timescale 1ns / 1ps
2.  module compare682(
3.      input [7:0] p,
4.      input [7:0] q,
5.      output peqn,
6.      output pgqn
7.      );
8.       … //  添加自己的代码
9.  endmodule
```

这个初始设计文件只定义了端口,剩下的部分请读者自己完成。在端口信号定义中,低电平有效的信号在信号名后加上n。

仿真阶段可以采用资源包提供的仿真程序compare682_sim.v进行验证,能得到如图4-103所示的74682的仿真波形。

```
1.  `timescale 1ns / 1ps
2.  module compare682_sim(    );
3.    //input
4.    reg [7:0] p = 8'h0f,q = 8'h0f;//初始化 P = Q
5.    //output
6.    wire peqn,pgqn;
7.    compare682 U(.p(p),.q(q),.peqn(peqn),.pgqn(pgqn));
8.    initial begin
9.      #10 q = 8'h00;          // 10ns 后 P = 0X0F,Q = 0,P > Q
10.     #10 q = 8'hff;          // 再过 10ns 后 P = 0X0F,Q = 0XFF,P < Q
11.   end;
12. endmodule
```

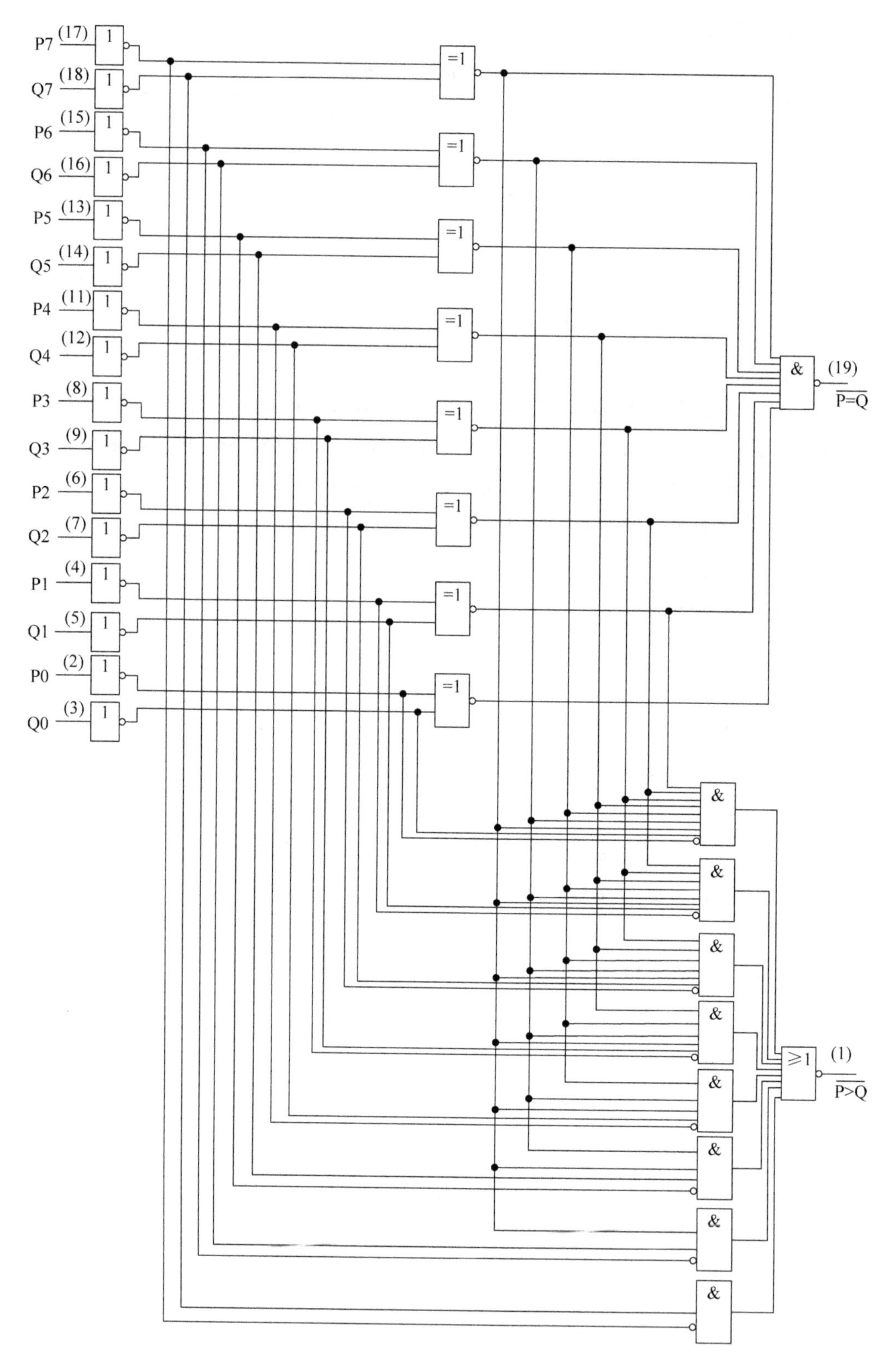

图 4-102　74682的内部结构图

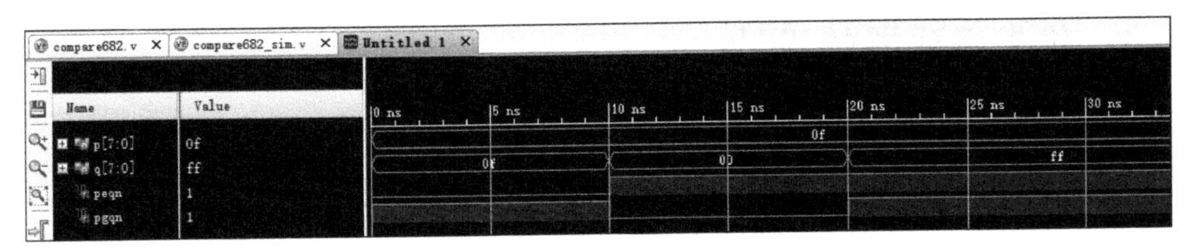

图 4-103　74682 的仿真波形图

下载到实验板上进行验证，引脚分配如表 4-13 所示。

表 4-13　74682 的引脚分配

信　　号	部　　件	引　　脚	信　　号	部　　件	引　　脚
q[7]	SW15	AB6	peqn	GLD0	A21
q[6]	SW14	AB7	p[7]	SW7	U6
q[5]	SW13	V7	p[6]	SW6	W5
q[4]	SW12	AA6	p[5]	SW5	W6
q[3]	SW11	Y6	p[4]	SW4	U5
q[2]	SW10	T6	p[3]	SW3	T5
q[1]	SW9	R6	p[2]	SW2	T4
q[0]	SW8	V5	p[1]	SW1	R4
pgqn	GLD1	E22	p[0]	SW0	W4

5. 思考与拓展

有如图 4-104 所示的电路，假设系统地址线有 A9～A0 共 10 根，74682 的 P 端接 A9～A3，Q 端接 DIP 开关，如果 DIP 开关按照图上的拨法，试分析 74LS138 的输出 Y0～Y7 各自的地址是多少。

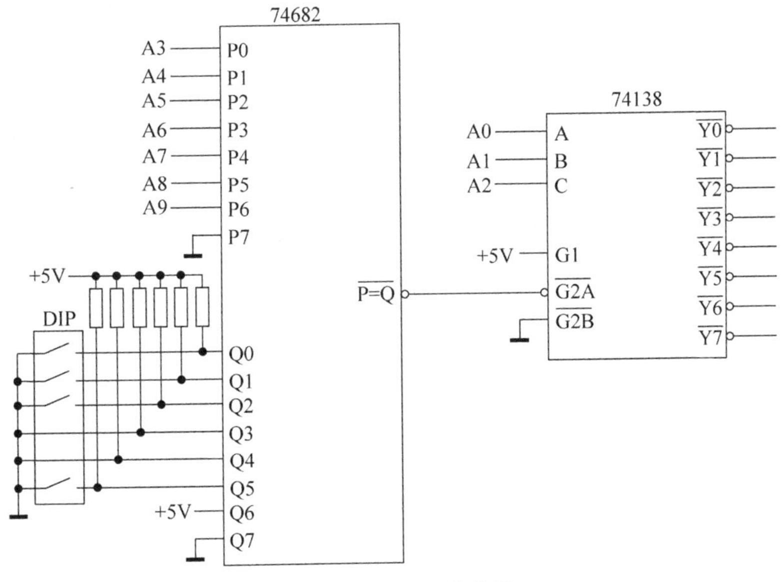

图 4-104　74682 的使用

4.3.3 优先编码器的设计

1. 实验目的

(1) 掌握优先编码器的原理。

(2) 学会优先编码器的设计。

2. 实验内容

使用 Verilog HDL 语言的数据流描述方式实现一个 8 位的优先编码器 priencoder，仿真验证设计，并下载到 Minisys 实验板上。

3. 实验预习

优先编码器常用于中断控制器中，将多个到来的中断请求(高电平有效)按照优先级排队，把最高优先级的编码输出。

复习了解优先编码器的原理，弄清楚输入和输出之间的关系。优先编码器的真值表如表 4-14 所示。请读者根据真值表给出 Y1，Y2 和 Y3 的逻辑达式。

表 4-14 优先编码器的真值表

输入								输出		
X7	X6	X5	X4	X3	X2	X1	X0	Y2	Y1	Y0
X	X	X	X	X	X	X	1	0	0	0
X	X	X	X	X	X	1	0	0	0	1
X	X	X	X	X	1	0	0	0	1	0
X	X	X	X	1	0	0	0	0	1	1
X	X	X	1	0	0	0	0	1	0	0
X	X	1	0	0	0	0	0	1	0	1
X	1	0	0	0	0	0	0	1	1	0
1	0	0	0	0	0	0	0	1	1	1

由真值表可以看出来 X0 的优先级最高，X7 的优先级最低。

4. 实验步骤

本实验的资源包在 C:\sysclassfiles\digit\Ex_3\priencoder 中给出了初始设计文件 priencoder. v、仿真文件 priencoder_sim. v 和约束文件 priencoder. xdc，供读者完善和使用。

创建 priencoder 项目，设计文件中模块名为 priencoder。

请读者完善下面的初始设计。建议根据自己写出来的逻辑表达式采用数据流描述方法完成。

```
1.  `timescale 1ns / 1ps
2.  module priencoder(
3.      input [7:0] x,
4.      output [2:0] y
5.      );
6.       //  添加自己的代码
7.    …
8.  endmodule
```

仿真阶段可以采用资源包中如下的仿真程序进行验证，能得到如图 4-105 所示的仿真波形。

```
1.  `timescale 1ns / 1ps
2.  module priencoder_sim(    );
3.     //input
4.     reg [7:0] x = 8'b00101101;
5.     //output
6.     wire[2:0] y;
7.     priencoder U(.x(x),.y(y));
8.     initial begin
9.        #20  x = 8'b01110010;      // 每隔 20ns 换一组输入,该输入依次使编码从 0~7
10.       #20  x = 8'b11100100;
11.       #20  x = 8'b11001000;
12.       #20  x = 8'b01010000;
13.       #20  x = 8'b10100000;
14.       #20  x = 8'b11000000;
15.       #20  x = 8'b10000000;
16.       #20  x = 8'b11111111;
17.    end;
18. endmodule
```

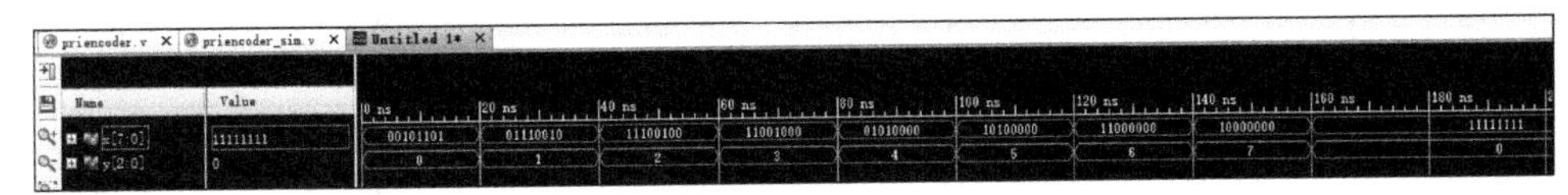

图 4-105 优先编码器的仿真波形图

下载到实验板上进行验证。优先编码器的引脚分配如表 4-15 所示。

表 4-15 优先编码器的引脚分配

信　号	部　件	引　脚	信　号	部　件	引　脚
x[7]	SW7	U6	x[1]	SW1	R4
x[6]	SW6	W5	x[0]	SW0	W4
x[5]	SW5	W6	y[2]	GLD2	D22
x[4]	SW4	U5	y[1]	GLD1	E22
x[3]	SW3	T5	y[0]	GLD0	A21
x[2]	SW2	T4			

5. 思考与拓展

(1) 考虑如何画出相关的电路,并以结构化描述方式实现。

(2) 考虑如何用行为描述方式来实现,比较一下这种方式和数据流描述方式比,哪个更简洁明了。

4.4 加法器的设计

加法器是将输入的两个数据做加法后将和输出的部件,是 CPU 中运算器的最基本功能之一。本节实验实现最基本的 8 位加法器。本节所有实验的初始文档均在 C:\sysclassfiles\digit\Ex_4 中。

1. 实验目的

(1) 加深对全加器的理解。

(2) 学会多位全加器的设计。

2. 实验内容

使用 Verilog HDL 语言结构化和数据流级描述方式实现 8 位带进位标志的加法器 add8,下载到实验板上进行验证。被加数为 a[0]～a[7],加数为 b[0]～b[7],低位进位位为 cin,结果为 sum[0]～sum[7],高位进位位为 cout。引脚分配如表 4-16 所示。

表 4-16 8 位全加器的引脚分配

信 号	部 件	引 脚	信 号	部 件	引 脚
a[7]	SW7	U6	sum [2]	GLD2	D22
a[6]	SW6	W5	sum [1]	GLD1	E22
a[5]	SW5	W6	sum [0]	GLD0	A21
a[4]	SW4	U5	b[7]	SW15	AB6
a[3]	SW3	T5	b[6]	SW14	AB7
a[2]	SW2	T4	b[5]	SW13	V7
a[1]	SW1	R4	b[4]	SW12	AA6
a[0]	SW0	W4	b[3]	SW11	Y6
sum[7]	GLD7	F21	b[2]	SW10	T6
sum [6]	GLD6	G22	b[1]	SW9	R6
sum [5]	GLD5	G21	b[0]	SW8	V5
sum [4]	GLD4	D21	cin	SW23	Y9
sum [3]	GLD3	E21	cout	RLD7	K17

3. 实验预习

复习数电课中有关半加器、全加器的概念与原理以及多位全加器的结构。

4. 实验步骤

1) 制作一个 1 位全加器 fulladd1

二进制加法器必须考虑从低位到高位的进位问题,因此需要在做加法的时候,不仅做 a_i、b_i 两个数加法,还要加上从低位进来的进位位 c_i,计算之后,不仅得到本位的和 sum_i,还要考虑向高位的进位位 c_{i+1}。这样的加法器称为全加器(区别于不考虑进位的半加器)。

表 4-17 是全加器的真值表。

表 4-17 全加器的真值表

c_i	a_i	b_i	sum_i	c_{i+1}
0	0	0	0	0
0	0	1	1	0
0	1	0	1	0
0	1	1	0	1
1	0	0	1	0
1	0	1	0	1
1	1	0	0	1
1	1	1	1	1

根据表 4-17,读者不难得出全加器的逻辑表达式。请写出 sum_i 和 c_{i+1} 的逻辑表达式,进而将该表达式代入到下面的设计中。

```
1.  module fulladd1(
2.      input a,                    //被加数 ai
3.      input b,                    //加数 bi
4.      input cin,                  //低位进位位 ci
5.      output sum,                 //和 sumi
6.      output cout                 //高位进位位 ci+1
7.      );
8.      //  将 sum 和 cout 的逻辑表达式填充在这里
9.    …
10. endmodule
```

2) 由 8 个 1 位全加器组成 8 位加法器

8 位加法器是由上述设计的 8 个 1 位全加器通过串联组成的,其框图如图 4-106 所示。最低位进位置为 0,每一位的 cin 输入来源于低位的 cout 输出,最高位的 cout 作为加法运算的进位位。

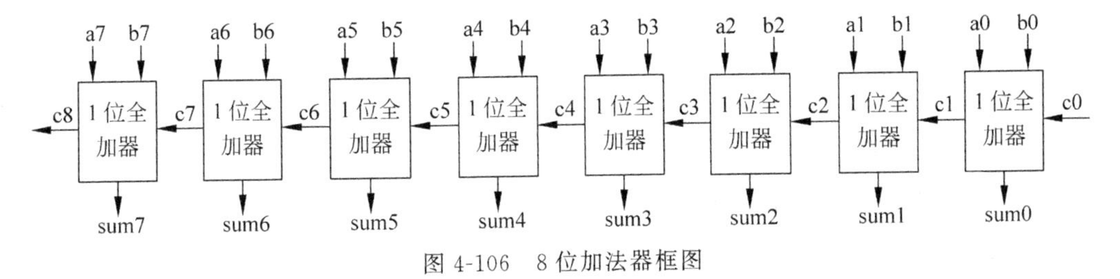

图 4-106　8 位加法器框图

根据图 4-106,请用结构化描述方法,完善下面的初始设计文件。

```
1.  module add8(
2.      input [7:0] a,              //被加数
3.      input [7:0] b,              //加数
4.      input cin,                  //低位进位
5.      output cout,                //进位
6.      output [7:0] sum
7.      );
8.      wire [6:0] scout;
9.      fulladd1 f0(a[0],b[0],cin,sum[0],scout[0]);
10. //  添加自己的代码,用结构化的描述方式
11. …
12. endmodule
```

用资源包提供的仿真文件进行仿真,可得到如图 4-107 所示的仿真波形图。

```
1.  `timescale 1ns / 1ps
2.  module add8_sim(     );
3.    //input
4.    reg [7:0] a = 8'd7,b = 8'd6;
5.    reg cin = 0;                  //必须为 0
```

```
6.     //output
7.     wire [7:0] sum;
8.     wire cout;
9.     add8 U(.a(a),.b(b),.cin(cin),.sum(sum),.cout(cout));
10.    initial begin
11.       #20 begin a = 8'd255;b = 8'd1;end   // 考查进位情况
12.       #20 begin a = 8'd128;b = 8'd28;end
13.    end
14. endmodule
```

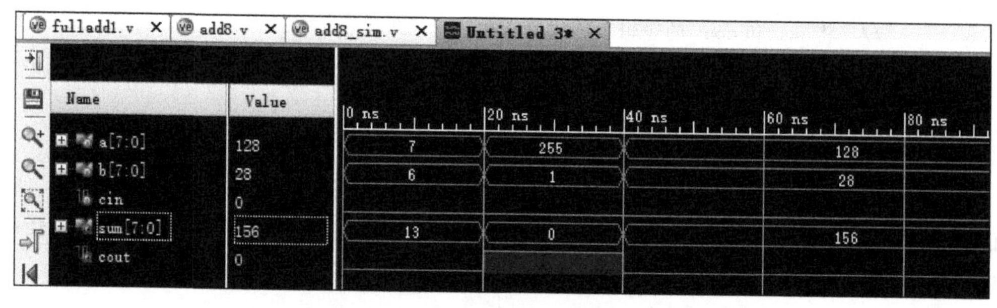

图 4-107　8 位加法器的仿真波形图

5. 思考与拓展

（1）可以进一步扩展成 32 位全加器。

（2）如何用更简捷的方法进行设计？

4.5　锁存器和触发器的设计

锁存器和触发器是数字系统中最基本的存储部件，本节实验实现最基本的同步 RS 触发器和异步清零和置 1 的 D 触发器。本节所有实验的初始文档均在 C:\sysclassfiles\digit\Ex_5 中。

4.5.1　同步 RS 触发器设计

1. 实验目的

掌握同步 RS 触发器的原理和设计。

2. 实验内容

采用 Verilog HDL 语言设计一个 RS 触发器 rsff，clk 上升沿触发，用仿真验证，并下载到 Minisys 实验板上。

3. 实验预习

图 4-108 是同步 RS 触发器的内部结构图。

同步 RS 触发器的真值表如表 4-18。

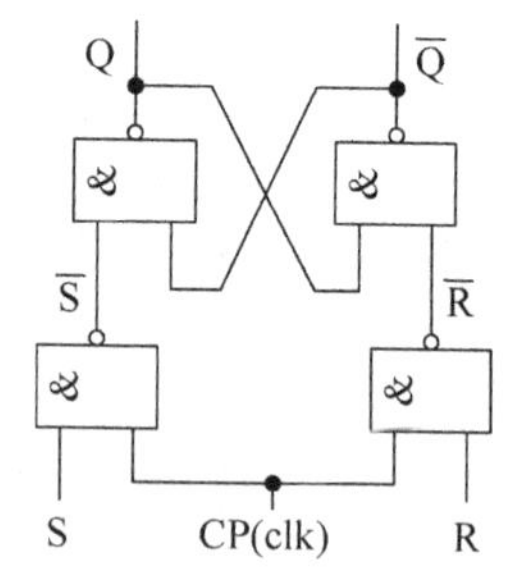

图 4-108　同步 RS 触发器的内部结构图

表 4-18　RS 触发器的真值表

时钟信号	输入		输出	功能说明
clk	r	s	Q^{n+1}	
1	0	0	Q^n	保持
1	0	1	1	置 1
1	1	0	0	清 0
1	1	1	X	不允许
0	X	X	Q^n	保持

请读者自行写出同步 RS 触发器的特性方程和激励表。

4. 实验步骤

本实验的资源包在 C:\sysclassfiles\digit\Ex_5\rsff 中给出了初始设计文件 rsff. v、仿真文件 rsff_sim. v 和约束文件 rsff. xdc，供读者完善和使用。

创建 rsff 项目，设计文件中模块名为 rsff。

读者可以通过完善资源包中如下的初始设计来实现 rsff。

```
1.  module rsff(
2.       input clk,
3.       input r,
4.       input s,
5.       output reg q,
6.       output qn
7.       );
8.       assign qn = ~q;
9.       always @(posedge clk)
10.      begin
11.        // 添加自己的代码
12.        …
13.      end
14. endmodule
```

仿真阶段可以采用资源包中如下的仿真程序进行验证，能得到如图 4-109 所示的仿真波形，对照真值表，可以看到功能是对的。

```
1.  `timescale 1ns / 1ps
2.  module rsff_sim(    );
3.    //input
4.    reg clk = 0, r = 0, s = 1;
5.    // output
6.    wire q,qn;
7.    rsff U (.clk(clk),.r(r),.s(s),.q(q),.qn(qn));
8.    initial begin
9.      #50 s = 0;
10.     #50 r = 1;
11.   end
12.   always #10 clk = ~clk;
13. endmodule
```

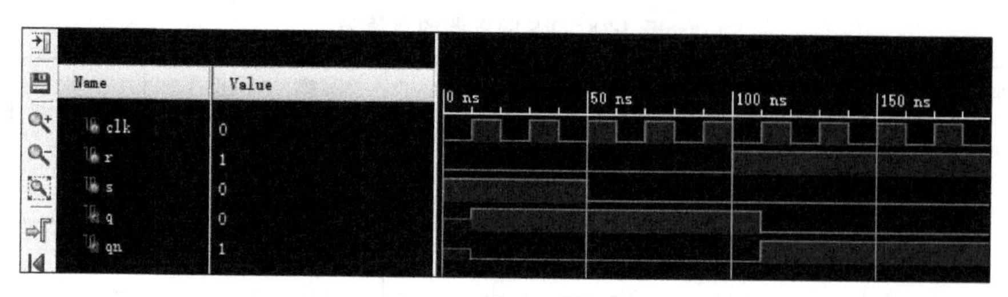

图 4-109 同步 RS 触发器的仿真波形图

下载到实验板上进行验证。引脚分配如表 4-19 所示。特别注意，当把非时钟引脚作为时钟线时，需要在 xdc 文件中加入 set_property CLOCK_DEDICATED_ROUTE FALSE [get_nets 信号名_IBUF]。如本例中，因为将按键 BTNC 当作时钟信号 clk，所以在 xdc 中需要加入 set_property CLOCK_DEDICATED_ROUTE FALSE [get_nets clk_IBUF]这一句。

表 4-19 RS 触发器的引脚分配

信　号	部　件	引　脚	信　号	部　件	引　脚
clk	BTNC	P4	q	GLD0	A21
r	SW1	R4	qn	GLD1	E22
s	SW0	W4			

5. 思考与拓展

通常基础 RS 触发器会用来消除按键抖动，查看资料，了解这方面的原理。

4.5.2 异步清零和置 1 的 D 触发器设计

1. 实验目的

掌握异步清零和置 1 的 D 触发器的原理与设计。

2. 实验内容

设计一个带有异步清零和置 1 的 D 触发器 dff1，用仿真验证并下载到 Minisys 实验板上。

3. 实验预习

复习 D 触发器的原理，根据表 4-20 所示的输入输出和真值表，写出其功能描述。

表 4-20 dff1 的真值表

输　入				输　出	
clk	set	reset	d	q	qn
x	1	x	x	1	0
x	0	1	x	0	1
上升沿	0	0	x	d	～d

4. 实验步骤

本实验的资源包在 C:\sysclassfiles\digit\Ex_5\dff1 中给出了初始设计文件 dff1. v、仿真文件 dff1_sim. v 和约束文件 dff1. xdc，供读者完善和使用。

创建 dff1 项目，设计文件中模块名为 dff1。

读者可以通过完善资源包中如下的初始设计来实现 dff1。

```
1.  module dff1(
2.       input clk,
3.       input set,          //置 1 端
4.       input reset,        //清 0 端
5.       input d,            //数据端
6.       output reg q,
7.       output qn
8.       );
9.       assign qn = ~q;
10. // 添加自己的代码
11.      …
12. endmodule
```

仿真阶段可以采用资源包中如下的仿真程序进行验证，能得到如图 4-110 所示的仿真波形。

```
1.  `timescale 1ns / 1ps
2.  module dff1_sim(     );
3.     //input
4.     reg clk = 0,reset = 1,set = 0, d = 1;            // 初始化,清 0
5.     //output
6.     wire q,qn;
7.     dff1 U(.clk(clk),.set(set),.reset(reset),.d(d),
8.   .q(q),.qn(qn));
9.     initial begin
10.       #50 begin reset = 0; set = 1; d = 0; end      //隔 50ns 后置 1
11.       #50 begin reset = 0; set = 0; end             // Q = D = 0
12.       #50 d = 1;                                     // Q = D = 1
13.    end
14.    always #10 clk = ~clk;
15.  endmodule
```

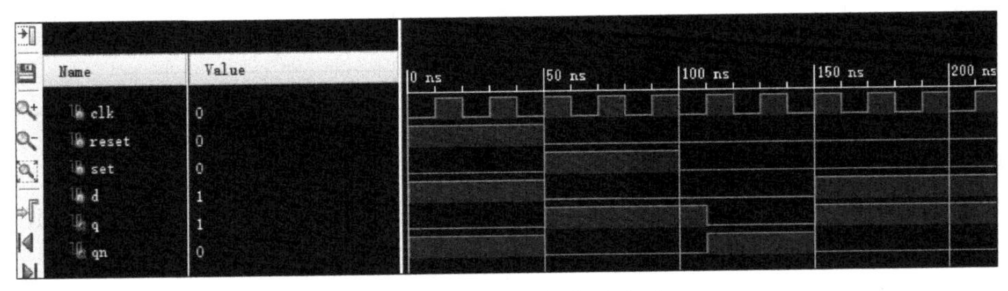

图 4-110　dff1 的仿真波形图

下载到实验板上进行验证。引脚分配如表 4-21 所示。

表 4-21　D 触发器的引脚分配

信　号	部　件	引　脚	信　号	部　件	引　脚
clk	BTNC	P4	q	GLD0	A21
set	BTNR	R1	qn	GLD1	E22
reset	BTND	P2	d	SW0	W4

5. 思考与拓展

注意在图4-110的100ns时set已经撤销，但Q却在110ns时才和D一样，请考虑一下，为什么会延迟这10ns。

4.6 寄存器文件的设计

寄存器是在计算机中能够暂存数据的部件，广泛存在于CPU和接口电路中。寄存器是由触发器组成，而多个寄存器组成寄存器文件（也称为寄存器组，寄存器堆）。本节通过3个实验，从最基本的触发器开始搭建起一个寄存器文件。本节所有实验的初始文档均在C:\sysclassfiles\digit\Ex_6中。

4.6.1 带有异步清零和wen使能端的D触发器的设计

1. 实验目的

学会对寄存器最基本单元带有异步清零和wen使能端的D触发器的设计。

2. 实验内容

使用Verilog HDL语言，设计一个带有异步清零和wen写使能端的D触发器dffe，下载到Minisys实验板上进行验证。

3. 实验预习

复习4.5.2节中的D触发器，考虑如何加入写使能端，给出一个自己的方案。其输入输出和真值表如表4-22所示。

表4-22 dffe的真值表

输入				输出
clk	clrn	wen	d	q
x	0	x	x	0
上升沿	1	0	x	d
上升沿	1	1	x	q

4. 实验步骤

本实验的资源包在C:\sysclassfiles\digit\Ex_6\dffe中给出了初始设计文件dffe.v和约束文件dffe.xdc，供读者完善和使用。

创建dffe项目，设计文件中模块名为dffe。

读者可以通过完善资源包中如下的初始设计来实现dffe。

```
1.  `timescale 1ns / 1ps
2.  module dffe(
3.          input clk,
4.          input clrn,
5.          input wen,
6.          input d,
7.          output reg q
8.          );
```

```
9.          // 添加自己的代码
10. …
11.  endmodule
```

下载到实验板上进行验证。dffe 的引脚分配如表 4-23 所示。

表 4-23 dffe 的引脚分配

信 号	部 件	引 脚	信 号	部 件	引 脚
clk	BTNC	P4	q	GLD0	A21
clrn	SW22	W9	d	SW0	W4
wen	SW23	Y9			

5. 思考与拓展

(1) 请读者在综合前,自行设计仿真文件,对自己的设计进行仿真验证。

(2) 自己设计一下在实验板上进行验证的步骤。

4.6.2 8 位寄存器的设计

1. 实验目的

学会 8 位寄存器的设计。

2. 实验内容

利用 Verilog HDL 语言的结构描述法,使用 4.6.1 节设计的带有异步清零和 wen 使能端的 D 触发器组成 8 位寄存器 reg8,下载到 Minisys 实验板上进行验证。

3. 实验预习

复习元件例化的方法,以及 Verilog HDL 结构化描述的方法。

4. 实验步骤

本实验的资源包在 C:\sysclassfiles\digit\Ex_6\reg8 中给出了初始设计文件 reg8.v 和约束文件 reg8.xdc,供读者完善和使用。

创建 dffe 项目,设计文件中模块名为 reg8。

将上一个实验设计的带有异步清零和 wen 使能端的 D 触发器模块引入到本项目中(可以将上个模块封装成 IP 核,这里导入,也可以直接将上个模块的源程序导入到项目中)。

读者可以通过完善资源包中如下的初始设计来实现 reg8。

```
1.  `timescale 1ns / 1ps
2.  module reg8(
3.       input clk,
4.       input clrn,
5.       input wen,
6.       input [7:0] d,
7.       output [7:0] q
8.       );
9.        // 添加自己的代码
10.      …
11. Endmodule
```

下载到实验板上进行验证。reg8 的引脚分配如表 4-24 所示。

表 4-24 reg8 的引脚分配

信　号	部　件	引　脚	信　号	部　件	引　脚
d[7]	SW7	U6	q[7]	GLD7	F21
d[6]	SW6	W5	q[6]	GLD6	G22
d[5]	SW5	W6	q[5]	GLD5	G21
d[4]	SW4	U5	q[4]	GLD4	D21
d[3]	SW3	T5	q[3]	GLD3	E21
d[2]	SW2	T4	q[2]	GLD2	D22
d[1]	SW1	R4	q[1]	GLD1	E22
d[0]	SW0	W4	q[0]	GLD0	A21
clk	BTNC	P4	clrn	SW22	W9
wen	SW23	Y9			

5. 思考与拓展

(1) 请读者在综合前,自行设计仿真文件,对所做的设计进行仿真。

(2) 自己设计一下在实验板上进行验证的步骤。

(3) 考虑设计 32 位寄存器并封装成 IP 核。

4.6.3 寄存器文件的设计

1. 实验目的

寄存器文件也称为寄存器组或寄存器堆,通过实验,学会寄存器文件的设计。

2. 实验内容

使用 4.6.2 节做的 8 位寄存器,增加译码器和多路选择器,完成 8 个 8 位寄存器组成的寄存器文件 reg8file 的设计。其中多路选择器可以用前面实验设计的 IP 核,也可自行重新设计。将设计好的寄存器文件下载到 Minisys 实验板上进行验证。

3. 实验预习

了解寄存器文件的组成和原理。

图 4-111 是 8 个 8 位寄存器组成的寄存器文件示意图。

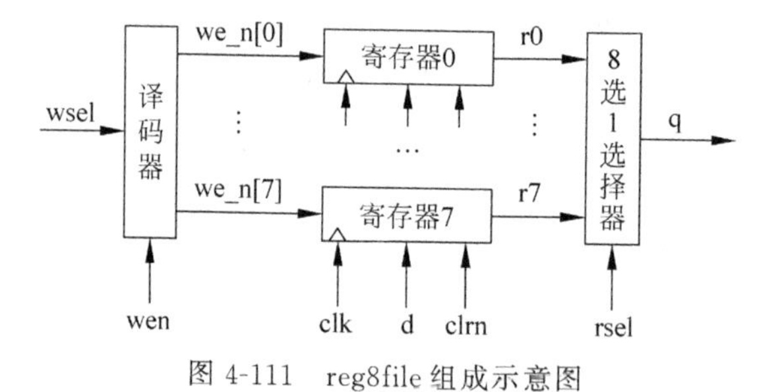

图 4-111 reg8file 组成示意图

图中,clk 是时钟信号;clrn 是异步清零信号;d 是写数据端;q 是读数据输出端;wsel 是写选择端,此处输入写地址;rsel 是读选择端,此处输入读地址;wen 是低电平有效的写使能端;we_n 是内部信号,连接各寄存器的写使能端;r_i 是内部信号,为寄存器 i 的输出。

寄存器文件通过写地址 wsel[2:0]、写使能 wen 信号来实现寄存器的写入控制,通过读地址 rsel[2:0]信号来控制寄存器的数据输出选择。

4. 实验步骤

本实验的资源包在 C:\sysclassfiles\digit\Ex_6\reg8file 中给出了初始设计文件 reg8file.v 和约束文件 reg8file.xdc,供读者完善和使用。

创建 reg8file 项目,设计文件中模块名为 reg8file。

将上面两个实验做的带有异步清零和 wen 使能端的 D 触发器模块以及 8 位寄存器模块引入到本项目中(可以将上面两个模块封装成 IP 核,这里导入,也可以直接将上面两个模块的源程序导入到项目中)。

读者可以通过完善资源包中如下的初始设计来实现 reg8file。

```
1.  `timescale 1ns / 1ps
2.  module reg8file(
3.        input clk,
4.        input clrn,
5.        input wen,
6.        input [7:0] d,
7.        input [2:0] wsel,
8.        input [2:0] rsel,
9.        output reg [7:0] q
10.       );
11.        //  添加自己的代码
12.       …
13. endmodule
```

下载到实验板上进行验证。reg8file 的引脚分配如表 4-25 所示。

表 4-25 reg8file 的引脚分配

信　号	部　件	引　脚	信　号	部　件	引　脚
d[7]	SW7	U6	q[7]	GLD7	F21
d[6]	SW6	W5	q[6]	GLD6	G22
d[5]	SW5	W6	q[5]	GLD5	G21
d[4]	SW4	U5	q[4]	GLD4	D21
d[3]	SW3	T5	q[3]	GLD3	E21
d[2]	SW2	T4	q[2]	GLD2	D22
d[1]	SW1	R4	q[1]	GLD1	E22
d[0]	SW0	W4	q[0]	GLD0	A21
clk	BTNC	P4	clrn	SW22	W9
wen	SW23	Y9			
wsel2	SW21	Y7	rsel2	SW18	AA8
wsel1	SW20	Y8	rsel1	SW17	V8
wsel0	SW19	AB8	rsel0	SW16	V9

5. 思考与拓展

(1) 请读者在综合前自行设计仿真文件,对所做的设计进行仿真。

(2) 自己设计一下在实验板上进行验证的步骤。

(3) 在后续 CPU 设计中,真正需要的是一个由 32 个 32 位寄存器组成的单输入、双输出端口寄存器文件。所谓双输出端口是指该寄存器文件只有一个输入口,一次只能写一个寄存器,但是有两个输出端口,一次可以选择两个寄存器的数据同时读出。请读者考虑如何在图 4-111 的基础上修改设计,满足双输出端口要求,并实际实现该寄存器文件。

4.7 分频器、计数器和脉冲宽度调制器的设计

分频器将高频脉冲(方波)降频为中、低频脉冲(方波);计数器在数字系统中主要是对脉冲的个数进行计数,以实现测量、计数和控制的功能,计算机系统中常用作定时;脉冲宽度调制器(PWM)是利用微处理器的数字输出来对模拟电路进行控制的一种非常有效的技术,广泛应用在从测量、通信到功率控制与变换的许多领域中。由于 3 个部件的实质都是计数器,所以统一放在本节作为 3 个实验进行设计。在本节所有实验的初始文档均在 C:\sysclassfiles\digit\Ex_7 中。

4.7.1 分频器的设计

1. 实验目的

(1) 进一步领会分频器的原理。

(2) 学会设计分频器。

2. 实验内容

使用 Verilog HDL 实现一个分频器 clock_div,要求输入的是系统提供的 100MHz 频率,输出的是 1Hz 频率,占空比是 1∶2,下载到 Minisys 实验板上进行验证。

3. 实验预习

请弄懂下面的分频器设计原理。

实际上可以用一个加 1 或者减 1 计数器来实现降频,输入一个 100MHz 频率的方波,对这个方波计数 1 亿次刚好到 1s(1Hz),题目要求输出频率占空比是 1∶2,也就是这个 1Hz 的方波高电平和低电平各 500ms,可以采用计数到中间值的时候输出电平翻转。请读者考虑具体实现方法。

4. 实验步骤

本实验的资源包在 C:\sysclassfiles\digit\Ex_7\clock_div 中给出了初始设计文件 clock_div.v 和约束文件 clock_div.xdc,供读者完善和使用。

创建 clock_div 项目,设计文件中模块名为 clock_div。

读者可以通过完善资源包中如下的初始设计来实现 clock_div。

```
1.  `timescale 1ns / 1ps
2.  module clock_div(
3.      input clk,                        //原始时钟
4.      input reset,                      //复位信号
5.      output reg clkout                 //降频后的时钟
6.      );
7.      reg [25:0] div_counter = 0;       //根据加 1 还是减 1 计数器,该值会有所不同
8.      always @(posedge clk, posedge reset) begin
```

```
9.          //添加自己的代码
10.         …
11.         end
12.  endmodule
```

下载到实验板上进行验证。分频器引脚分配如表 4-26 所示。

表 4-26　分频器的引脚分配

信　号	部　件	引　脚	信　号	部　件	引　脚
clk	时钟源	Y18	clkout	GLD0	A21
reset	复位按键	P20			

5. 思考与拓展

了解一下采用 Xilinx 公司在 Vivado 中提供的 PPL 时钟 IP 核进行分频的方法。PPL 时钟 IP 核在 IP Catalog→FPGA Features and Design→Clocking→Clocking Wizard 中。

4.7.2　计数器的设计

1. 实验目的

学会设计计数器。

2. 实验内容

使用 Verilog HDL 实现一个 16 位的减 1 循环计数器 count16，要求每 1s 减一次 1(利用 4.7.1 节的分频器)，rst 有效时清 0，下载到 Minisys 实验板上进行验证。

3. 实验预习

复习计数器的相关内容以及参考第 3 章的有关内容，写出同步减 1 循环计数器的功能描述。

4. 实验步骤

本实验的资源包在 C:\sysclassfiles\digit\Ex_7\count16 中给出了初始设计文件 count16.v 和约束文件 count16.xdc，供读者完善和使用。

创建 count16 项目，设计文件中模块名为 count16。

将 4.7.1 节的分频器导入到项目中。读者可以通过完善资源包中如下的初始设计来实现 count16。

```
1.  `timescale 1ns / 1ps
2.  module count16(
3.          input clk,                          //外部 100MHz 时钟信号
4.          input rst,                          //清 0 信号
5.          output reg [15:0] count             //减 1 计数器
6.          );
7.          wire clk1hz;                        //分频后的 1s 时钟信号
8.          // 实例化分频器
9.  …
10. //实现计数器的代码
11.         always @(posedge clk1hz or posedge rst)
12.         begin
13. // 添加自己的代码
```

```
14.         …
15.       end
16. endmodule
```

下载到实验板上进行验证。注意,板上时钟是100MHz的。计数器引脚分配如表4-27所示。

表4-27 计数器的引脚分配

信　号	部　件	引　脚	信　号	部　件	引　脚
count [15]	YLD7	M17	count [7]	GLD7	F21
count [14]	YLD6	M16	count [6]	GLD6	G22
count [13]	YLD5	M15	count [5]	GLD5	G21
count [12]	YLD4	K16	count [4]	GLD4	D21
count [11]	YLD3	L16	count [3]	GLD3	E21
count [10]	YLD2	L15	count [2]	GLD2	D22
count [9]	YLD1	L14	count [1]	GLD1	E22
count [8]	YLD0	J17	count [0]	GLD0	A21
clk	时钟源	Y18	rst	复位按键	P20

5. 思考与拓展

再增加一个输出信号,平时为高电平,当计数到1时发出一个时钟的低脉冲,也就是从1到0的这个时钟输出低电平。

4.7.3 带模计数器的设计

1. 实验目的

生活中经常要用到带模计数,比如时钟、秒和分分别是模60计数,24小时制的小时是模24计数。通过本实验,学会设计带模计数器。

2. 实验内容

使用Verilog HDL实现一个3位的模8加1计数器triled,要求每1s加一次1,下载到Minisys实验板上进行验证。

3. 实验预习

复习带模计数器的相关内容,写出模8加1计数器的功能描述。

4. 实验步骤

本实验的资源包在C:\sysclassfiles\digit\Ex_7\triled中给出了初始设计文件triled.v和约束文件triled.xdc,供读者完善和使用。

创建triled项目,设计文件中模块名为triled。

将4.7.1节的分频器导入到项目中。

读者可以通过完善资源包中如下的初始设计来实现triled。

```
1.  `timescale 1ns / 1ps
2.  module triled(
3.        input clk,                  //外部100MHz时钟信号
4.        input rst,                  //清0信号
```

```
5.        output reg [2:0] c1,              //模 8 计数器
6.        output [2:0] c2                   // ～C1
7.        );
8.        wire clk1hz;                      //降频后的 1s 时钟信号
9.        assign c2 = ～c1;
10. // 实例化分频器
11. …
12. //实现带模计数器的代码
13.       always @(posedge clk1hz or posedge rst)
14.       begin
15. //添加自己的代码
16. …
17.       end
18. endmodule
```

该计数器计数值 c1[2]～c1[0]分别接到 YLD2～YLD0，让 C2=～C1，c2[2]～c2[0]分别接到 GLD2～GLD0，clk 接 Y18，rst 接 P20。观察计数器值的变化。带模计数器引脚分配如表 4-28 所示。

表 4-28 带模计数器引脚分配

信　号	部　件	引　脚	信　号	部　件	引　脚
c1[2]	YLD2	L15	c2[2]	GLD2	D22
c1[1]	YLD1	L14	c2[1]	GLD1	E22
c1[0]	YLD0	J17	c2[0]	GLD0	A21
clk	时钟源	Y18	rst	复位按键	P20

5. 思考与扩展

考虑一下如何做一个日时钟计数器，其中秒和分是模 60 计数器，小时是模 24 计数器。

4.7.4 脉冲宽度调制器的设计

1. 实验目的

学会设计脉冲宽度调制器。

2. 实验内容

使用 Verilog HDL 实现一个简单的脉冲宽度调制器 pwm16，功能如下。

(1) 调制器有一个 16 位的循环计数器 count，由 Minisys 实验板上的 100MHz 系统时钟驱动计数。

(2) 另外有一个 16 位的比较值 mid[15]～mid[0]分别接实验板上的 SW15～SW0。

(3) 一个 1 位的输出值 pwm，当 mid < count 时，pwm 输出高电平，否则输出低电平。将 pwm 接到实验板上 GLD0，观察变化。

3. 实验预习

复习计数器的相关内容，根据 PWM 的功能，给出其程序描述。

4. 实验步骤

本实验的资源包在 C:\sysclassfiles\digit\Ex_7\pwm16 中给出了初始设计文件 pwm16.v 和约束文件 pwm16.xdc，供读者完善和使用。

创建pwm16项目，设计文件中模块名为pwm16。

读者可以通过完善资源包中如下的初始设计来实现pwm16。

```
1.  `timescale 1ns / 1ps
2.  module pwm16(
3.      input clk,                    //外部 100MHz 时钟信号
4.      input [15:0] mid,             //中间值
5.      output  pwm                   //输出
6.      );
7.  // 添加自己的代码
8.  …
9.  endmodule
```

脉冲宽度调制器引脚分配如表4-29所示。

表 4-29 脉冲宽度调制器的引脚分配

信　号	部　件	引　脚	信　号	部　件	引　脚
mid [15]	SW15	AB6	mid [7]	SW7	U6
mid [14]	SW14	AB7	mid [6]	SW6	W5
mid [13]	SW13	V7	mid [5]	SW5	W6
mid [12]	SW12	AA6	mid [4]	SW4	U5
mid [11]	SW11	Y6	mid [3]	SW3	T5
mid [10]	SW10	T6	mid [2]	SW2	T4
mid [9]	SW9	R6	mid [1]	SW1	R4
mid [8]	SW8	V5	mid [0]	SW0	W4
clk	时钟源	Y18	pwm	GLD0	A21

5. 思考与拓展

自行考虑一下如何对PWM进行仿真验证。另外，你认为PWM可以用到哪些应用中？

4.8 8位7段数码管控制的设计

7段数码管是工业仪器仪表上比较常用的一个输出器件，本节实验主要完成对数码管的控制。本节所有实验的初始文档均在C:\sysclassfiles\digit\Ex_8中。

4.8.1 1位7段数码管控制器的设计

1. 实验目的

学会控制1位7段数码管的显示。

2. 实验内容

使用Verilog HDL实现一个1位7段数码管的编码控制器hexseg，可以在Minisys实验板的数码管上显示1位十六进制数。

3. 实验预习

请根据2.4.4节自行列出各个数字的7段数码管真值表，并按照真值表设计7段数码管编码器。需要注意，数码管哪一段亮，该段对应的信号则为低电平。

4. 实验步骤

本实验的资源包在C:\sysclassfiles\digit\Ex_8\hexseg中给出了初始设计文件hexseg.v和约束文件hexseg.xdc，供读者完善和使用。

创建hexseg项目，设计文件中模块名为hexseg。

读者可以通过完善资源包中如下的初始设计来实现hexseg。

```
1.  `timescale 1ns / 1ps
2.  module hexseg(
3.        input [3:0] hex,
4.        input en,
5.        output an,
6.        output reg [6:0] segs
7.        );
8.        assign an = en;
9.          always @( * )
10.         case(hex)
11.             // abc_defg
12.           4'h0: segs = 7'b000_0001;
13.             // 添加自己的代码
14. …
15.           default:
16.                  segs = 7'b111_1111;
17.         endcase
18. endmodule
```

下载到实验板上进行验证。信号对应如下：输入hex[3]～hex[0]对应SW3～SW0，表明输入的4位二进制数，输出segs[6]～segs[0]分别对应数码管的CA～CG段，输入en接SW23，输出an接板上数码管使能引脚A0，an始终等于en来控制第一个数码管的显示和不显示。数码管引脚分配如表4-30所示。

表4-30　数码管的引脚分配

信　号	部　件	引　脚	信　号	部　件	引　脚
hex [3]	SW3	T5	segs [6]	CA	F15
hex [2]	SW2	T4	segs [5]	CB	F13
hex [1]	SW1	R4	segs [4]	CC	F14
hex [0]	SW0	W4	segs [3]	CD	F16
an	A0	C19	segs [2]	CE	E17
en	SW23	Y9	segs [1]	CF	C14
			segs [0]	CG	C15

5. 思考与拓展

可以自行设计几个除了十六进制显示之外的字形的显示。

4.8.2　8位7段数码管控制器的设计

1. 实验目的

(1) 学会控制8位7段数码管的显示。

(2) 巩固计数器的设计。

2. 实验内容

使用 Verilog HDL 和 4.8.1 节设计的 hexseg 的改造版本，实现一个 8 位十六进制数显示的数码管显示控制模块 hexseg8。要求能同时稳定地显示各个位的数字，并能定义 8 位数码管哪些位需要显示，哪些位不需要显示（例如要显示十六进制数 0x87A6D，就只需要图 2-8 中 A4～A0 这 5 位数码管显示，而 A7～A5 这 3 位不显示）。

3. 实验预习

仔细阅读和领会 2.4.4 节的有关内容，注意选择哪一位数码管亮的控制信号也是低电平有效。

4. 实验步骤

本实验的资源包在 C:\sysclassfiles\digit\Ex_8\hexseg8 中给出了初始设计文件 hexseg8.v 和约束文件 hexseg8.xdc，供读者完善和使用。

创建 hexseg8 项目，设计文件中模块名为 hexseg8。

将 4.8.1 节设计的 hexseg 导入到本项目中，并对 hexseg 模块进行改造。将 hexseg 中的 en 和 an 信号去掉，把它们移到新模块中。

读者可以通过完善资源包中如下的初始设计来实现 hexseg8。

```
1.  `timescale 1ns / 1ps
2.  module hexseg8(
3.      input clk,
4.      input reset,
5.      input [7:0] en,
6.      input [3:0] hex0,          // 以下分别是 8 位数码管每位应该显示的十六进制数
7.      input [3:0] hex1,
8.      input [3:0] hex2,
9.      input [3:0] hex3,
10.     input [3:0] hex4,
11.     input [3:0] hex5,
12.     input [3:0] hex6,
13.     input [3:0] hex7,
14.     output [7:0] an,           // 要输出的 8 个位选码对应图 2-8 中的 A7～A0
15.     output [6:0] segs          // 要输出的一位数码管的 CA～CG 段
16.     );
17.     wire [17:0] cnt18;         // 分频器的输出
18.     wire [2:0] cntSel;
19.     wire [7:0] en0, en1, en2, en3, en4, en5, en6, en7;
20.     wire [3:0] numout;
21.     assign en0 = (en|8'hfe);   //设置数码管 0 是否显示
22.     assign en1 = (en|8'hfd);   //设置数码管 1 是否显示
23.     …                          //请自行完善
24.     //实例化改造后的 hexseg
25.     hexseg sevensegdec(.hex(numout), .segs(segs));
26.     counter #(18) counter18(clk, reset, cnt18);  //分频器
27.     counter #(3)  counterSel(cnt18[17], reset, cntSel);   //每 2ms 换一个数码管位
28.     mux8 #(8) mux8_7segen(en0, en1, en2, en3, en4, en5, en6, en7,
29.                           cntSel, an);                  //8 个位选码中选 1 个
30.     mux8 #(4) mux8_7segval(hex0, hex1, hex2, hex3, hex4, hex5,hex6,
```

```
31. hex7, cntSel, numout);                    // 8 个数码管输入数据中选 1 个
32.   endmodule
33.     module counter                        // 分频器
34.     #(parameter WIDTH = 8)
35.     (       input                  clk,
36.             input                  reset,
37.            output reg [(WIDTH - 1):0] cnt);
38.     always @(posedge clk, posedge reset)
39.       …                                  // 请完善
40.   endmodule
41.   module mux8                            //8 选 1 选择器
42. #(parameter WIDTH = 8)                   //定义数据位宽
43.           (input  [WIDTH - 1:0]     d0, d1, d2, d3, d4, d5, d6, d7,//8 个数据
44.            input  [2:0]            s,  //选择控制
45.            output reg [WIDTH - 1:0] y); //输出被选择的数据
46.         always @(*)
47. // 添加自己的代码
48.       …
49. endmodule
```

该模块有8个4位的输入hex0[3:0],hex1[3:0],hex2[3:0],hex3[3:0],hex4[3:0],hex5[3:0],hex6[3:0],hex7[3:0]分别输入8个4位二进制数,一个8位的输入en[7:0]表明哪一位数码管需要显示(低电平有效,例如只需要低4位显示,高4位不用,这时en=11110000B),1个7位的输出数码管段码的segs[6:0]和一个8位的数码管使能端an[7:0](低电平有效),另外,因为需要一个计数器产生2ms一次的数码管切换触发信号,因此输入还需要有clk和reset。

将设计下载到实验板上进行验证,由于引脚数目不够,其中将hex0[3:0]接实验板上SW3～SW0,hex1[3:0]接板上SW7:SW4,hex2[3:0]接板上SW11:SW8,hex3[3:0]接实验板上SW15:SW12,hex4[3:0]～hex7[3:0]赋给任意值。数码管i显示hexi[3:0]的十六进制值,将an[7:0]接实验板上数码管使能引脚A7～A0。其中en[7]～en[0]中的en[i]为1,则数码管i不显示。将segs[6]～segs[0]分别对应数码管的CA～CG段。clk接实验板上的Y18,reset接实验板上的P20。

为了适合下载,需要一个顶层模块对hexseg8模块进行封装,顶层模块如下:

```
1.  `timescale 1ns / 1ps
2.  module topdigit(
3.       input [3:0] hex0,
4.       input [3:0] hex1,
5.       input [3:0] hex2,
6.       input [3:0] hex3,
7.       output [7:0] an,
8.       output [6:0] segs,
9.       input clk,
10.      input reset
11.      );
12.    hexseg8 uut(.clk(clk),.reset(reset),.en(8'b10101010),
13.      .hex0(hex0),.hex1(4'b0000),.hex2(hex1),.hex3(4'b0000),
```

```
14.        .hex4(hex2),.hex5(4'b0000),.hex6(hex3),.hex7(4'b0000),
15.        .an(an),.segs(segs));
16. endmodule
```

8 位 7 段数码管引脚分配如表 4-31 所示。

表 4-31　8 位 7 段数码管的引脚分配

信　号	部　件	引　脚	信　号	部　件	引　脚
hex3 [3]	SW15	AB6	segs [6]	CA	F15
hex3 [2]	SW14	AB7	segs [5]	CB	F13
hex3 [1]	SW13	V7	segs [4]	CC	F14
hex3 [0]	SW12	AA6	segs [3]	CD	F16
hex2 [3]	SW11	Y6	segs [2]	CE	E17
hex2 [2]	SW10	T6	segs [1]	CF	C14
hex2 [1]	SW9	R6	segs [0]	CG	C15
hex2 [0]	SW8	V5	an [7]	A7	A18
hex1 [3]	SW7	U6	an [6]	A6	A20
hex1 [2]	SW6	W5	an [5]	A5	B20
hex1 [1]	SW5	W6	an [4]	A4	E18
hex1 [0]	SW4	U5	an [3]	A3	F18
hex0 [3]	SW3	T5	an [2]	A2	D19
hex0 [2]	SW2	T4	an [1]	A1	E19
hex0 [1]	SW1	R4	an [0]	A0	C19
hex0 [0]	SW0	W4			
clk	时钟源	Y18	reset	复位按键	P20

5. 思考与拓展

(1) 认真分析初始设计文件,领会其分层设计的方法。

(2) 不采用初始设计文件的方法,自行设计一个 8 位 7 段数码管控制器。

4.8.3　六十进制数字时钟的设计

1. 实验目的

(1) 巩固对 8 位 7 段数码管显示的控制。

(2) 巩固带模计数器的设计。

2. 实验内容

使用 Verilog HDL,结合 4.8.1 节和 4.8.2 节设计的 hexseg 与 hexseg8 实现一个数字时钟 clock60,要求能有秒、分和时的计数与输出,其中用数码管 A1、A0 显示秒值,数码管 A2、A3 显示分值,数码管 A4、A5 显示时值,数码管 A6、A7 不显示。

3. 实验预习

请复习前面章节中有关分频器、1 位 7 段数码管控制和 8 位数码管控制的各节,以及有关 8 位 7 段数码管的相关知识。

4. 实验步骤

本实验的资源包在 C:\sysclassfiles\digit\Ex_8\clock60 中给出了初始设计文件

clock60.v 和约束文件 clock60.xdc，供读者完善和使用。

创建 clock60 项目，设计文件中模块名为 clock60。

请首先将 100MHz 的时钟分频为 1Hz（可以实例化 4.7.1 节设计的 clock_div 模块），用 1Hz 的信号触发秒加 1，秒到 60 则归零重加，同时让分加 1，分加到 60 归零重加，并让小时加 1，小时加到 24 归零重加。

读者可以通过完善资源包中如下的初始设计来实现 clock60。

```
1.  `timescale 1ns / 1ps
2.  module clock60(
3.      input clk,
4.      input reset,
5.      output [6:0] segs,
6.      output [7:0] an
7.      );
8.      wire clk1s;
9.      reg [7:0] sec,min,hour;           //秒,分,时计数
10.     wire [3:0] hex0,hex1,hex2,hex3,hex4,hex5;
11.
12.     assign hex0 = sec % 10;           //秒的个位
13.     assign hex1 = sec / 10;           //秒的十位
14.     //  请完善分、时
15.     …
16.     //实例化 100MHz 到 1 秒的分频器
17. clock_div U(.clk(clk),.reset(reset),.clkout(clk1s));
18. //实例化 8 位数码管显示模块
19.     hexseg8  uut(.clk(clk),.reset(reset),.en(8'b11000000),
20.         .hex0(hex0),.hex1(hex1),.hex2(hex2),.hex3(hex3),
21.         .hex4(hex4),.hex5(hex5),.hex6(4'b0000),.hex7(4'b0000),
22.                 .an(an),.segs(segs));
23.   //六十进制计数
24. always @(posedge clk1s or posedge reset)
25.     begin
26. // 添加自己的代码,完成六十进制计数
27.         …
28.     end
29. endmodule
```

将设计下载到实验板上进行验证，输出信号 an[7:0]分别接 A7～A0，将 segs[6]～segs[0]分别对应数码管的 CA～CG 段。clk 接实验板上的 Y18，reset 接实验板上的 P20。六十进制数字时钟的引脚分配如表 4-32 所示。

表 4-32　六十进制数字时钟的引脚分配

信　号	部　件	引　脚	信　号	部　件	引　脚
segs [6]	CA	F15	an [7]	A7	A18
segs [5]	CB	F13	an [6]	A6	A20
segs [4]	CC	F14	an [5]	A5	B20
segs [3]	CD	F16	an [4]	A4	E18

续表

信　号	部　件	引　脚	信　号	部　件	引　脚
segs [2]	CE	E17	an [3]	A3	F18
segs [1]	CF	C14	an [2]	A2	D19
segs [0]	CG	C15	an [1]	A1	E19
clk	时钟源	Y18	an [0]	A0	C19
reset	复位按键	P20			

5. 思考与拓展

4.1 节设计了一个 8 位的加法器，考虑将该加法器的运算结果输出到数码管上。

4.9 移位寄存器的设计

在计算机系统中，会用到很多类型的移位寄存器，主要有并转串和串转并中所带的移位寄存器，以及在运算器中采用的桶形移位器。本节的实验重点就是各类移位寄存器的设计。本节所有实验的初始文档均在 C:\sysclassfiles\digit\Ex_9 中。

4.9.1 4 位移位器的设计

1. 实验目的

学会用电路实现移位寄存器的设计。

2. 实验内容

先使用 Verilog HDL 语言设计一个带异步清 0 的 D 触发器 dff，然后使用 Verilog HDL 结构描述方式，参考或利用 4.5.2 节设计的 D 触发器 dff1 或刚设计的 dff 组成一个 4 位的移位寄存器 shiftreg4。通过仿真验证设计的正确性，并下载到 Minisys 实验板上。

3. 实验预习

4 位移位寄存器由 4 个 D 触发器组成，如图 4-112 所示。

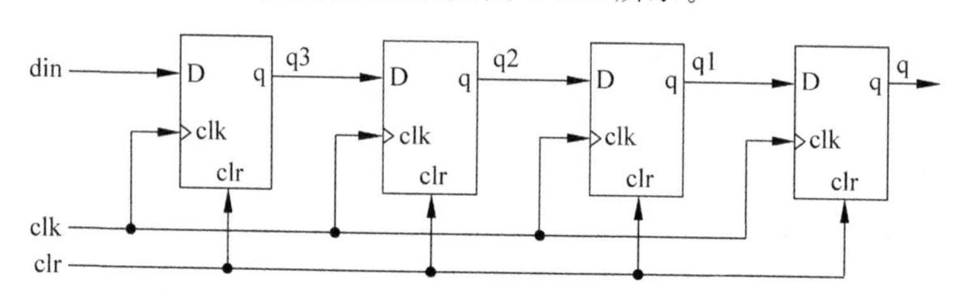

图 4-112　4 位移位寄存器

复习 D 触发器的相关知识，结合图 4-112，用文字解释移位的原理。

4. 实验步骤

本实验的资源包在 C:\sysclassfiles\digit\Ex_9\shiftreg4 中给出了初始设计文件 shiftreg4.v、仿真文件 shiftreg4_sim.v 和约束文件 shiftreg4.xdc，供读者完善和使用。

创建 shiftreg4 项目，设计文件中模块名为 shiftreg4。

读者可以通过完善资源包中如下的初始设计来实现 shiftreg4。

```
1.  `timescale 1ns / 1ps
2.  module shiftreg4(
3.      input clk,
4.      input din,
5.      input clr,
6.      output q
7.      );
8.   wire q1,q2,q3;
9.   dff u1(clk,clr,din,q3);              // D 触发器的实例化
10. …                                      //请读者自行完善另外三个触发器的实例化
11. endmodule
12. module dff(
13.     input clk,
14.     input clr,
15.     input d,
16.     output reg q
17.     );
18.     always @(posedge clk or posedge clr)
19.     begin
20.       // 完成带有清 0 端的 D 触发器的设计
21.     …
22.     end
23. endmodule
```

用资源包中所带的如下仿真文件进行测试，可以得到如图 4-113 所示的仿真波形图。

```
1.  `timescale 1ns / 1ps
2.  module shiftreg4_sim(    );
3.    //input
4.    reg clk = 0, din = 0,clr = 1;          //初始化的时候清 0
5.    //output
6.    wire q;
7.    shiftreg4 U(.clk(clk),.din(din),.clr(clr),.q(q));  // 实例化 4 位移位寄存器
8.    initial begin
9.      #35 begin clr = 0;din = 1;end        // 35ns 时开始置输入为 1
10.     #10 din = 0;                         // 45ns 时将输入改为 0
11.     end
12.     always #5 clk = ~clk;                // 产生 10ns 为周期的时钟信号
13. endmodule
```

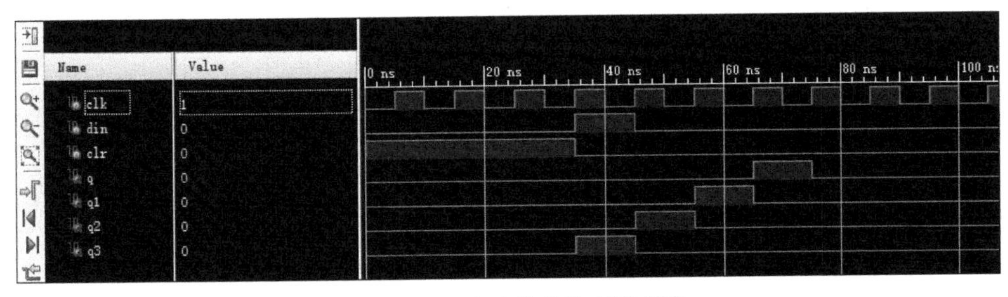

图 4-113　4 位移位器仿真波形图

从图4-113中可以看出，35ns开始移位以后，每隔一个时钟，输入的数向下一个触发器传递，移植到最终输出，形成移位。

下载到实验板上进行验证，4位移位器引脚分配如表4-33所示。

表4-33 4位移位器的引脚分配

信号	部件	引脚	信号	部件	引脚
clk	BTNL	P1	din	SW0	W4
clrn	BTNR	R1	q	GLD0	A21

5. 思考与拓展

(1) 请按照本实验的思路，完成一个32位移位寄存器的设计。

(2) 结合4位移位寄存器和32位移位寄存器的设计，分析移位寄存器的最大特点。

4.9.2 并转串输出模块的设计

1. 实验目的

并转串是计算机中常用的一种操作，计算机内部采用的是并行数据，比如32位数据在一个时钟内同时传送，但与外设进行数据传输的时候，多数情况下采用的是串行传输，也就是一个时钟只传送一位，32位数据需要32个时钟传送，这时就需要有一个并转串的部件，将并行的数据转换成串行的，一个时钟一个时钟地向外传送。通过本实验，使学生学会用并转串输出模块的设计。

2. 实验内容

使用Verilog HDL语言行为描述方式设计一个8位并转串输出模块par2ser。该器件有8位输入d[7:0]，1位输出q，另外有一个clk端，一个set端。set端上升沿将8位输入锁存到逻辑右移移位寄存器中。

3. 实验预习

通过查找资料弄清楚并转串的原理，给出一个设计的思路。

4. 实验步骤

本实验的资源包在C:\sysclassfiles\digit\Ex_9\par2ser中给出了初始设计文件par2ser.v、仿真文件par2ser_sim.v和约束文件par2ser.xdc，供读者完善和使用。

创建par2ser项目，设计文件中模块名为par2ser。

读者可以通过完善资源包中如下的初始设计来实现par2ser。

```
1.  `timescale 1ns / 1ps
2.  module par2ser(
3.      input [7:0] d,
4.      input clk,
5.      input set,
6.      output reg q
7.      );
8.      reg [7:0] rshifter;
9.      always @(posedge clk or posedge set)
10.     begin
11.       …
```

```
12.        end
13.  endmodule
```

如果采用资源包中所带的如下仿真文件进行测试，可以得到如图 4-114 所示的仿真波形图。

```
1.  `timescale 1ns / 1ps
2.  module par2ser_sim(   );
3.  // input
4.     reg [7:0]d = 8'b00000000;
5.     reg  clk = 0;
6.     reg set = 0;
7.    //output
8.     wire q;
9.       par2ser ut(d,clk,set,q);
10.      initial begin
11.         #5 d = 8'b11010101;              //给出输入数据
12.         #5 set = 1;                      //锁存输入数据
13.         #5 set = 0;
14.      end
15.  always  #20  clk = ~clk;               // 产生 40ns 周期的时钟
16.  endmodule
```

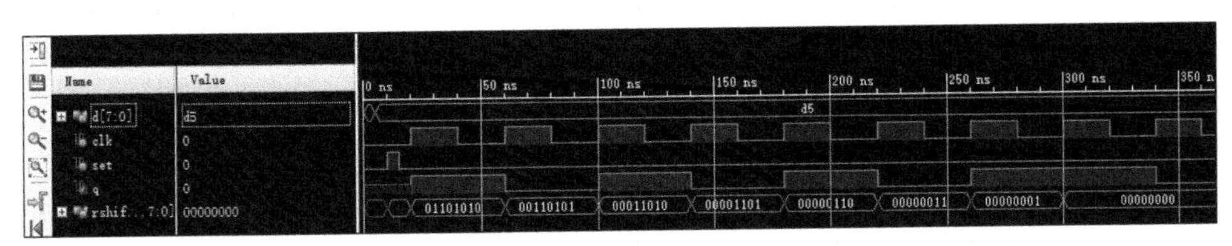

图 4-114　并转串的仿真波形图

下载到实验板上进行验证。信号与引脚的对应关系如表 4-34 所示。

表 4-34　并转串输出模块的引脚分配

信　号	部　件	引　脚	信　号	部　件	引　脚
d [7]	SW7	U6	clk	BTNL	P1
d [6]	SW6	W5	set	BTNR	R1
d [5]	SW5	W6	q	GLD0	A21
d [4]	SW4	U5			
d [3]	SW3	T5			
d [2]	SW2	T4			
d [1]	SW1	R4			
d [0]	SW0	W4			

5. 思考与拓展

(1) 考虑能否用结构化描述来完成该设计。提示：整体结构参考图 4-112，但需要用到带清 0 和置 1 功能的 8 个 D 触发器，还要考虑 set 这个信号如何引入到设计中，以及最左端的输入始终要为 0。

(2) 和并转串相反的是串转并，考虑如何实现串转并输入模块。

4.9.3 8位桶形移位器的设计

1. 实验目的

桶形移位器是一种组合逻辑电路，通常作为微处理器 CPU 的一部分，它能在一个时钟内完成多位的移位。它具有 n 个数据输入和 n 个数据输出，以及指定如何移动数据的控制输入，指定移位方向、移位类型(循环、算术还是逻辑移位)及移动的位数等。通过实验，使学生学会用结构化描述方式完成桶形移位器的设计。

2. 实验内容

使用 Verilog HDL 语言结构化描述方式设计一个 8 位桶形移位器 barrelshifter8，可进行算数左移、逻辑左移、算术右移和逻辑右移，可移动的位数是 0～7(左移请读者自行设计电路)。该 8 位桶形移位器封装成 IP 核，并通过增加一个顶层文件，利用这个 IP 核设计一个可以下板运行的 8 位桶形移位器。

3. 实验预习

图 4-115 是 8 位右移桶形移位器的电路图，请认真理解该图的原理。

了解逻辑左移、逻辑右移、算数左移和算术右移的具体操作。

逻辑左移和算数左移是一样的，但是逻辑右移和算术右移是有区别的，区别就在符号位，逻辑右移符号位右移后补 0，而算数右移符号位除了右移，还会在原位置保留符号值。如 8 位数 10001011B 逻辑右移 1 位后是 01000101B，但算数右移 1 位后是 11000101B。

4. 实验步骤

下面给出 8 位桶形移位器的设计步骤。

(1) 首先设计 1 位数据的 2 选 1 模块，该模块有 3 个输入，分别是 2 个输入数据端 d0、d1 和 1 个输入选通端 s，该模块还有一个输出端 q。

(2) 设计右移模块 rshifter8。将图 4-115 中的 24 个 2 选 1 模块分别编号，其中左上角是 u_{00}，第一行 3 个从左向右编号为 u_{00}、u_{01}、u_{02}，第二行 3 个从左到右分别是 u_{10}、u_{11}、u_{12}，右下角为 u_{72}。然后实例化这个 2 选 1 模块。其中，u_{ij}(i=0,1,…,7; j=0,1)的输出分别命名为 tq_{ij}，比如 u_{00} 的输出命名为 tq_{00}；u_{i2}(i=0,1,…7)的输出为 q[i]。注意图 4-115 中 sar 为 1 表示算术右移，为 0 表示逻辑右移。

下面是根据图 4-115 写的 barrelshifter8 模块的一部分，请读者将它补充完整。

```
1.  module rshifter8(
2.       input [7:0] d,
3.       input [2:0] s,
4.       input sar,                              // 0—逻辑右移,1—算术右移
5.       output [7:0] q
6.       );
7.       wire sign;
8.       wire tq00,tq10,tq20,tq30,tq40,tq50,tq60,tq70;
9.       wire tq01,tq11,tq21,tq31,tq41,tq51,tq61,tq71;
10.      assign sign = d[7] & sar;
11.      mux2 u00(d[0],d[1],s[0],tq00);
12.      mux2 u10(d[1],d[2],s[0],tq10);
13.      mux2 u20(d[2],d[3],s[0],tq20);
14.      …
15. endmodule
```

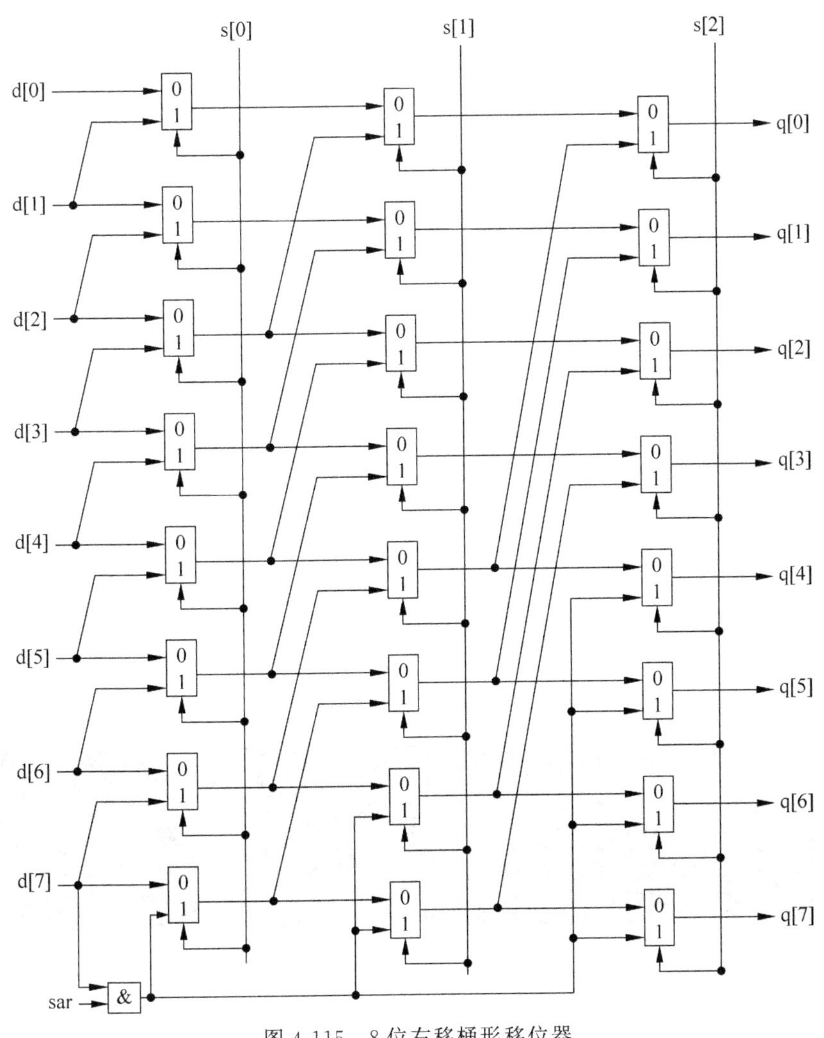

图 4-115　8 位右移桶形移位器

其中，mux2 是 1 位的 2 选 1 多路开关，读者可以自己做这个模块，也可以用 4.2.1 节中封装的 IP 核来实现。

(3) 设计左移模块 lshifter8。根据图 4-115 所示，设计左移的电路，并使用 Verilog HDL 语言结构化描述方式设计左移模块。

(4) 将左移模块和右移模块整合起来，形成 8 位桶形移位器 barrelshifter8，顶层文件定义如下：

```
1.  module barrelshifter8(
2.      input [7:0] d,
3.      input [2:0] s,                    //  移动位数
4.      input [1:0] t,                    //  1X—左移,00—逻辑右移,01—算术右移
5.      output [7:0] q
6.      );
7.      wire [7:0] rq,lq;
8.      rshifter8 u1(d,s,t[0],rq);        // 右移
9.      lshifter8 u2(d,s,lq);             // 左移
```

```
10.      assign q = (t[1] == 1) ? lq : rq;
11.  endmodule
```

（5）采用下面的仿真程序进行仿真。

```
1.  `timescale 1ns / 1ps
2.  module barrelshifter8_sim(     );
3.      // input
4.      reg [7:0] d = 8'h00;
5.      reg [2:0] s = 3'b000;
6.      reg [1:0] t = 2'b00;                //逻辑右移
7.      //output
8.      wire [7:0] q;
9.      barrelshifter8 ut(d,s,t,q);
10.     initial begin
11.         #50 d = 8'h87;                  //原始数据
12.         #50 s = 3'b100;                 //移动 4 位
13.         #50 t = 2'b10;                  //左移
14.         #100 t = 2'b00;                 //逻辑右移
15.         #100 t = 2'b01;                 //算术右移
16.     end;
17. endmodule
```

可以得到如图 4-116 所示的仿真波形图。

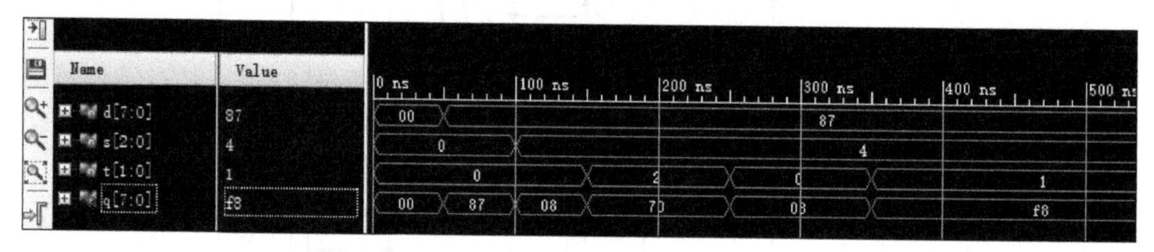

图 4-116　8 位桶形移位器仿真波形图

（6）下板验证。

信号与引脚的对应关系为：原始数据 d[7:0]，输出 q[7:0]，s[2:0]表示移动的位数，t[1:0]表示移动类型(00—逻辑右移，01—算术右移，1X—左移)。引脚分配如表 4-35 所示。

表 4-35　8 位桶形移位器的引脚分配

信　　号	部　　件	引　　脚	信　　号	部　　件	引　　脚
d [7]	SW7	U6	q [7]	GLD7	F21
d [6]	SW6	W5	q [6]	GLD6	G22
d [5]	SW5	W6	q [5]	GLD5	G21
d [4]	SW4	U5	q [4]	GLD4	D21
d [3]	SW3	T5	q [3]	GLD3	E21
d [2]	SW2	T4	q [2]	GLD2	D22
d [1]	SW1	R4	q [1]	GLD1	E22
d [0]	SW0	W4	q [0]	GLD0	A21
s [2]	SW23	Y9	t [1]	SW20	Y8
s [1]	SW22	W9	t [0]	SW19	AB8
s [0]	SW21	Y7			

在C:\sysclassfiles\digit\Ex_9\barrelshifter8中给出了所有的初始设计文件、仿真文件和约束文件，供读者完善和使用。

5. 思考与拓展

考虑采用结构化描述的方式，将本实验扩展到32位桶形移位器。

4.9.4　32位桶形移位器的设计

1. 实验目的

学会用行为描述方式完成32位桶形移位器的设计。

2. 实验内容

上一个实验的思考与拓展中提出用结构化描述方式完成32位桶形移位器的设计，实际上可以采用更为简单的办法来实现，本实验就要求读者使用Verilog HDL语言行为描述方式设计一个32位桶形移位器shifter32，可进行算数左移、逻辑左移、算术右移和逻辑右移，可移动的位数是0～31。在Vivado中的XSIM中仿真验证。

shifter32的输入输出端口参考barrelshifter8的输入输出定义。

3. 实验预习

认真复习Verilog语言中的左移(<<)、算术右移(>>>)和逻辑右移(>>)运算等相关的运算符，给出实现本实验的方案。

注意做算数右移的时候，数据应该是有符号数，可以用$signed(d)将输入d强制转换为有符号数。

4. 实验步骤

本实验的资源包在C:\sysclassfiles\digit\Ex_9\shifter32中给出了初始设计文件shifter32.v和仿真文件shifter32_sim.v，供读者完善和使用。

创建shifter32项目，设计文件中模块名为shifter32。

读者可以通过完善资源包中如下的初始设计来实现shifter32。

```
1.  module shifter32(
2.      input [31:0] d,
3.      input [4:0] s,                  //  移动位数
4.      input [1:0] t,                  //  1X—左移,00—逻辑右移,01—算术右移
5.      output reg [31:0] q
6.      );
7.      always @ *
8.      begin
9.        …
10.     end
11. endmodule
```

采用资源包中如下的仿真文件仿真能得到如图4-117所示的仿真波形图。

```
1.  `timescale 1ns / 1ps
2.  module shifter32_sim(  );
3.      // input
4.      reg [31:0] d = 32'h00000000;
5.      reg [4:0] s = 5'b00000;
6.      reg [1:0] t = 2'b00;
```

```
7.        //output
8.        wire [31:0] q;
9.        shifter32 ut(d,s,t,q);
10.       initial begin
11.         #50 d = 32'h87654321;          // 原始数据
12.         #50 s = 5'b00100;              //移动 4 位
13.         #50 t = 2'b10;                 //左移
14.         #100 t = 2'b00;                //逻辑右移
15.         #100 t = 2'b01;                //算术右移
16.       end;
17. endmodule
```

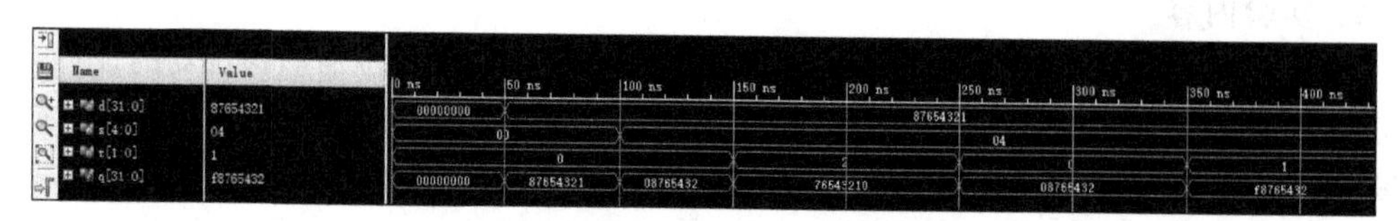

图 4-117　32 位桶形移位器的仿真波形图

5. 思考与拓展

比较行为描述方法和结构化描述方法设计之间的区别。

4.10　状态机的设计

状态机由状态寄存器和组合逻辑电路构成，能够根据控制信号按照预先设定的状态进行状态转移，是协调相关信号动作、完成特定操作的控制中心。在设计多周期或流水 CPU 以及一些接口电路的时候，经常会用到状态机。图 4-118 是一个经典状态机的模型。

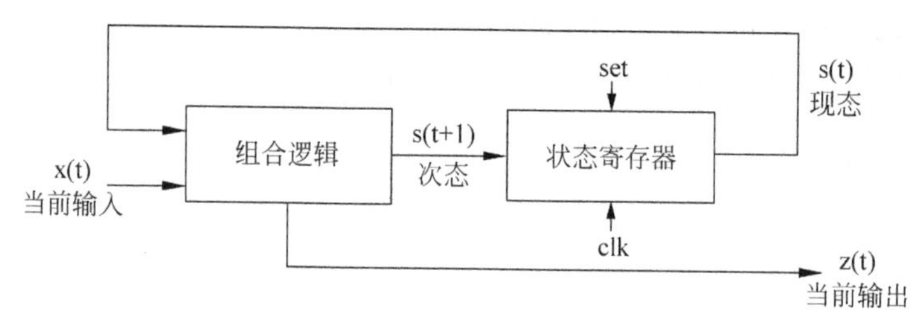

图 4-118　经典状态机示意图

状态机主要分为两大类。

第一类：输出只和现态有关而与当前输入无关，则称为摩尔(Moore)状态机。

第二类：输出不仅和现态有关而且和当前输入有关，则称为米里(Mealy)状态机。

本节的实验就是设计这两种状态机来检测一个特定的二进制序列。本节所有实验的初始文档均在 C:\sysclassfiles\digit\Ex_10 中。

4.10.1　摩尔状态机检测"1101"序列

1. 实验目的

掌握摩尔状态机检测特定序列的方法。

2. 实验内容

使用 Verilog HDL 语言的行为描述方式和 4.9.2 节设计的 8 位并转串模块 par2ser 实现一个摩尔状态机 moore1101，来检测一个 8 位的二进制数据中从低位到高位是否有二进制的“1101”序列。

3. 实验预习

复习并转串模块，深入理解摩尔状态机，了解摩尔状态机的结构。

所谓摩尔状态机就是输出只和现态有关而与当前输入无关。通过对图 4-118 进行改造，不难画出如图 4-119 所示的摩尔状态机示意图。

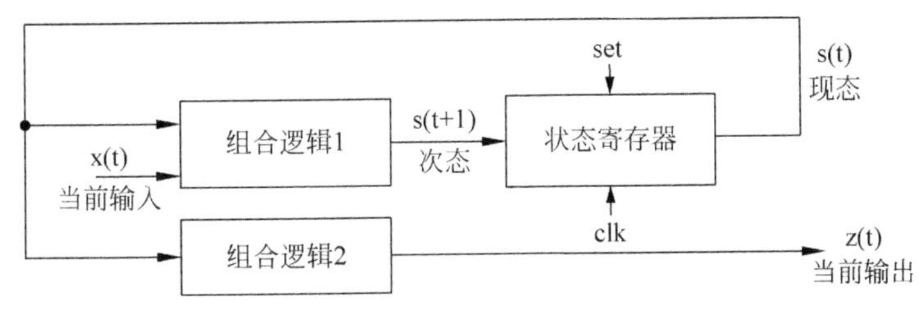

图 4-119　摩尔状态机示意图

比较图 4-118 和图 4-119，不难看出，组合逻辑在图 4-119 中分成了两块，其中与状态转换有关的组合逻辑放在了“组合逻辑 1”中，输出有关的部分划分成“组合逻辑 2”，由图 4-119 可看到摩尔状态机的输出与当前输入无关。

4. 实验步骤

（1）画出检测二进制序列“1101”的摩尔状态转换图。

定义 s0 为初始状态，当输入为 0 的时候，状态会停留在 s0，但当输入为 1 的时候，则转到状态 s1，表明已经接收了一个“1”。

在 s1 状态下，如果输入为 0，显然需要从头开始，于是转到 s0，但如果这个时候输入为 1，则需要转到 s2 状态，说明已经接收到了“11”。

在 s2 状态下，如果输入为 1，就需要停在 s2 状态，因为此时的状态是接收到了两个以上连续的“1”，但因检测的需要，只关心最后两个连续的“1”，也就是只认为接收到了“11”，但如果这个时候输入为 0，则需要转到 s3 状态，说明已经接收到了“110”。

在 s3 状态下，如果输入为 0，显然需要从头开始，于是转到 s0，但如果这个时候输入为 1，则需要转到 s4 状态，说明已经成功接收到了“1101”。

在 s4 状态下，首先要输出 1，表明已经检测到了“1101”序列，此时如果输入为 0，显然需要从头开始，于是转到 s0，但如果这个时候输入为 1，则需要转到 s2 状态，因为此时依然认为接收到了“11”（1101 的最后一个 1 和刚输入的一个 1）。

图 4-120 给出了检测二进制序列“1101”的摩尔状态机状态转换图。图中，状态后面的 /0 或/1 表示输出 0 或者 1。

（2）根据摩尔状态机结构和转换图进行设计。

本实验的资源包在 C:\sysclassfiles\digit\Ex_10\moore1101 中给出了初始设计文件 moore1101.v、仿真文件 moore1101_sim.v 和约束文件 moore1101.xdc，供读者完善和使用。

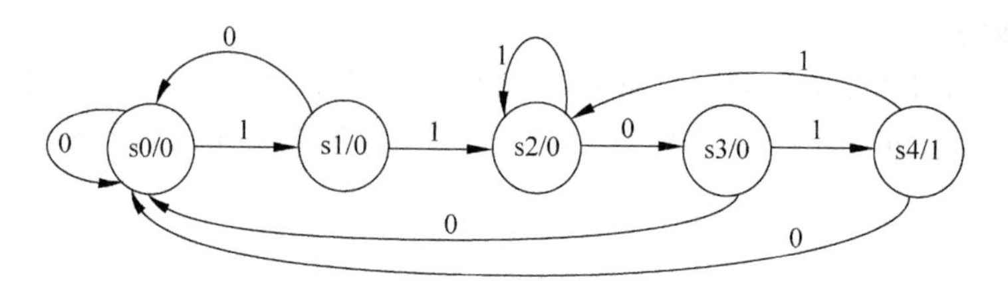

图 4-120 检测序列“1101”的摩尔状态转换图

创建 moore1101 项目，设计文件中模块名为 moore1101。

读者可以通过完善资源包中如下的初始设计来实现 moore1101。

```
1.  module moore1101(
2.      input [7:0] d,
3.      input clk,
4.      input set,
5.      output reg q
6.      );
7.      reg[2:0] present_state,next_state,count;
8.      parameter s0 = 3'b000, s1 = 3'b001, s2 = 3'b010; // 状态
9.      parameter s3 = 3'b011, s4 = 3'b100;   // 状态
10.     wire q0;
11.     par2ser u(d,clk,set,q0);  //实例化并转串右移模块,见 4.9.2 节
12.     // 状态寄存器
13.     always @(posedge clk or posedge set)
14.     begin
15.       if(set)                          //初始化
16.       begin
17.         present_state <= s0;
18.         count = 0;                     //用于计数,最多检测 8 个二进制位
19.       end
20.       else
21.       begin
22.         present_state <= next_state;   //次态转为现态
23.         if(count < 8) count = count + 1;
24.       end
25.     end
26.     // 组合逻辑 1,状态变化
27.     always @( * )
28.     begin
29.       if(count < 8)
30.       begin
31.         case(present_state)
32.          s0:if(q0 == 1) next_state <= s1; else next_state <= s0;
33.          ...                           // 状态转换代码
34.         endcase
35.       end
36.     end
37.     //组合逻辑 2,输出
38.     always @( * )
```

```
39.        begin
40.          …                                  //输出
41.        end
42.  endmodule
```

(3) 仿真。

如果采用资源包中如下的仿真文件仿真,可以得到如图 4-121 所示的仿真波形图。

```
1.  `timescale 1ns / 1ps
2.  module moore1101_sim(     );
3.       reg [7:0]d = 8'b11011011;
4.       reg  clk = 0;
5.       reg set = 0;
6.       //output
7.       wire q;
8.        moore1101 ut(d,clk,set,q);
9.        initial begin
10.          #5 set = 1;                       //初始到状态 0
11.          #5 set = 0;
12.       end
13.    always  #20  clk = ~clk;
14.  endmodule
```

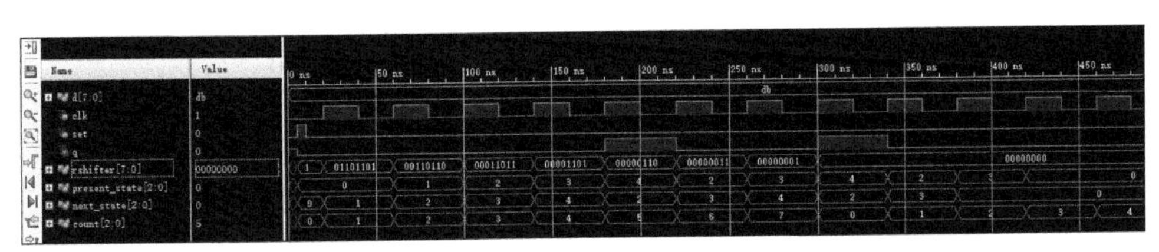

图 4-121　检测“11011011”中“1101”序列的摩尔状态机仿真波形图

从图 4-121 可以看到状态的变化,确实在该序列中发现了两次“11011”。

(4) 综合、引脚分配、实现、比特流生成,下载到实验板上。

下载到实验板上进行验证。信号与引脚的对应关系为: d[7:0]—SW7～SW0,输出 q—YLD0,clk—BTNL, set—BTNR。如果有该序列,q=1,否则 q=0。摩尔状态机引脚分配如表 4-36 所示。

表 4-36　摩尔状态机的引脚分配

信　　号	部　　件	引　　脚	信　　号	部　　件	引　　脚
d [7]	SW7	U6	clk	BTNL	P1
d [6]	SW6	W5	set	BTNR	R1
d [5]	SW5	W6	q	GLD0	A21
d [4]	SW4	U5			
d [3]	SW3	T5			
d [2]	SW2	T4			
d [1]	SW1	R4			
d [0]	SW0	W4			

5. 思考与拓展

根据图 4-120 不难看出，这个检测方案允许使用重叠位。当检测到一个“1101”的时候，最后的 1 还可以成为下一个“1101”序列开始的“1”。请读者考虑一下，如果不允许重叠位，状态转换图将做什么修改？又该怎么实现呢？

4.10.2 米里状态机检测“1101”序列

1. 实验目的

掌握米里状态机检测的方法。

2. 实验内容

使用 Verilog HDL 语言的行为描述方式和 4.9.2 节设计的 8 位并转串模块 par2ser 实现一个米里状态机 mealy1101，来检测一个 8 位的二进制数据中从低位到高位是否有二进制的“1101”序列。

3. 实验预习

复习并转串模块，深入理解米里状态机，了解米里状态机的结构。

米里状态机就是输出不仅和现态有关而且和当前输入有关。通过对图 4-118 进行改造，不难画出图 4-122 所示的米里状态机示意图。

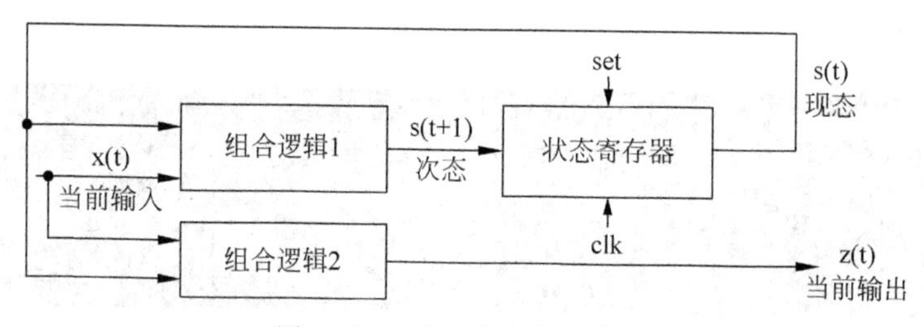

图 4-122　米里状态机示意图

比较图 4-122 和图 4-119，不难看出，摩尔状态机的“组合逻辑 2”与当前输入无关。但米里状态机的“组合逻辑 2”与现态和当前输入都有关系。

4. 实验步骤

(1) 画出检测二进制序列“1101”的米里状态转换图。

定义 s0 为初始状态，图 4-123 给出了检测二进制序列“1101”的米里状态机状态转换图。图中箭头上的标注为“当前输入/当前输出”对。

根据图 4-123 不难看出，检测“1101”的米里状态机只有 4 个状态(摩尔状态机是 5 个状态)，当进入到状态 s3 的时候，再输入一个 1，其输出为 1，其他情况下输出为 0。

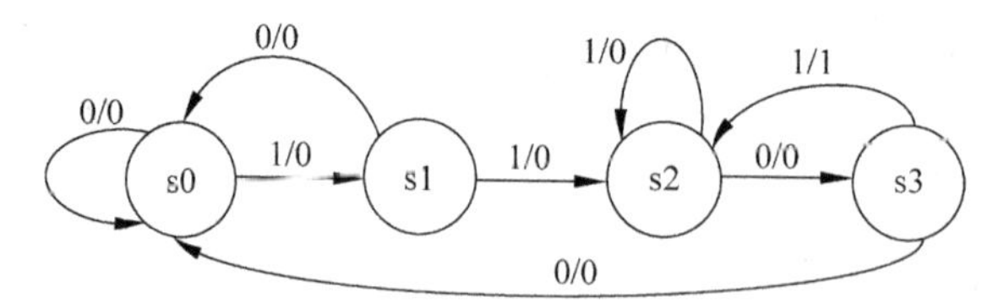

图 4-123　检测序列“1101”的米里状态转换图

(2) 根据米里状态机结构和转换图进行设计。

本实验的资源包在 C:\sysclassfiles\digit\Ex_10\mealy1101 中给出了初始设计文件 mealy1101.v、仿真文件 mealy1101_sim.v 和约束文件 mealy1101.xdc，供读者完善和使用。

创建 mealy1101 项目，设计文件中模块名为 mealy1101。

读者可以通过完善资源包中如下的初始设计来实现 mealy1101。

```
1.  module mealy1101(
2.      input [7:0] d,
3.      input clk,
4.      input set,
5.      output reg q
6.      );
7.      reg[1:0] present_state,next_state,count;
8.      parameter s0 = 2'b00, s1 = 2'b01;      // 状态
9.  parameter s2 = 2'b10, s3 = 2'b11;          // 状态
10.     wire q0;
11.     par2ser u(d,clk,set,q0); //实例化并转串右移模块,见 4.9.2 节
12.
13.     // 状态寄存器
14.     always @(posedge clk or posedge set)
15.     begin
16.        …
17.     end
18.     // 组合逻辑 1,状态变化
19.     always @(*)
20.     begin
21.       if(count < 8)
22.       begin
23.         case(present_state)
24.          s0:if(q0 == 1) next_state <= s1; else next_state <= s0;
25.          …
26.         endcase
27.       end
28.     end
29.     //组合逻辑 2,输出
30.     always @(posedge clk or posedge set)
31.     begin
32.       …                                   // 输出
33.     end
34. endmodule
```

(3) 仿真。

如果采用资源包中如下的仿真文件仿真，可以得到如图 4-124 所示的仿真波形图。

```
1.  `timescale 1ns / 1ps
2.  module mealy1101_sim(    );
3.      reg [7:0]d = 8'b11011011;
4.      reg   clk = 0;
5.      reg set = 0;
6.      //output
```

```
7.      wire q;
8.       mealy1101 ut(d,clk,set,q);
9.       initial begin
10.         #5 set = 1;                    // 初始化到 0 状态
11.         #5 set = 0;
12.      end
13.    always  #20  clk = ~clk;
14. endmodule
```

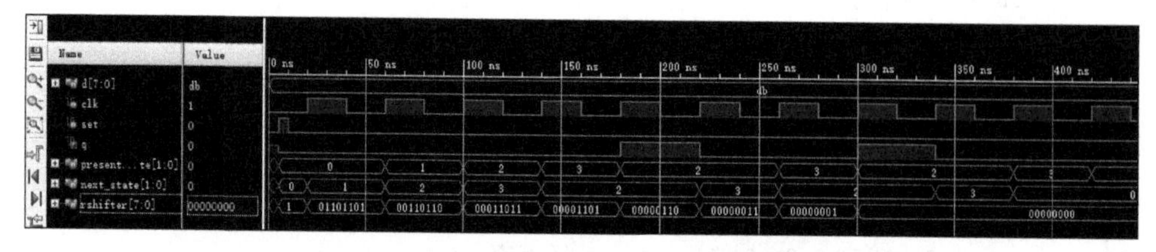

图 4-124　检测"11011011"中"1101"序列的米里状态机仿真波形图

(4) 综合、引脚分配、实现、比特流生成，下载到实验板上。

下载到实验板上进行验证。信号与引脚的对应关系为：d[7:0]—SW7～SW0，输出q—YLD0，clk—BTNL，set—BTNR。如果有该序列，q=1，否则 q=0。米里状态机的引脚分配如表 4-37 所示。

表 4-37　米里状态机的引脚分配

信　号	部　件	引　脚	信　号	部　件	引　脚
d [7]	SW7	U6	clk	BTNL	P1
d [6]	SW6	W5	set	BTNR	R1
d [5]	SW5	W6	q	GLD0	A21
d [4]	SW4	U5			
d [3]	SW3	T5			
d [2]	SW2	T4			
d [1]	SW1	R4			
d [0]	SW0	W4			

5. 思考与拓展

这个检测方案同样也是允许使用重叠位。请读者考虑一下，如果不允许重叠位，状态转换图将做什么修改？又该如何实现呢？

4.11　综合实验：一个逻辑电路小系统的设计

本节只有一个实验，把前面多个实验综合起来。本节实验的初始文档在 C:\sysclassfiles\digit\Ex_11 中。

1. 实验目的

能够用上面所设计的各种电路组合成一个小的系统，掌握复杂电路的设计方法。

2. 实验内容

用 Verilog HDL 语言设计一个小的系统 led_lights，并在 Minisys 实验平台上实现。小系统包含如下内容。

(1) 一个时钟分频器，将系统提供的 100MHz 时钟降频到 1Hz。

(2) 一个在 0～7 之间反复循环的模 8 计数器，将当前计数值输出。

(3) 一个 3-8 译码器，C/B/A 端接计数器输出，Y0～Y7 接板上 LEDs 的低 8 位。

(4) 一个数据宽度为 4 的 4 选 1 多路选择器。

(5) 一个 8 位的 7 段数码管控制器。

要求同时做到：

(1) 利用分频器、计数器和 3-8 译码器，让实验板上 LEDs 的低 8 位(GLD7～GLD0)以 1s 为周期做跑马灯，每次亮一个 LED 灯，下一个周期亮下一个 LED 灯，始终循环左移。

(2) 利用多路选择器完成下列功能。

用 slide switch 的 SW19～SW4 这 16 位每 4 位一组，形成 4 组输入数据，利用 slide switch 的最低 2 位作为选择输入，在 LEDs 的高 4 位(RLD7～RLD4)上做如下显示。

① SW1～SW0＝00，RLD7～RLD4＝SW7～SW4。

② SW1～SW0＝01，RLD7～RLD4＝SW11～SW8。

③ SW1～SW0＝10，RLD7～RLD4＝SW15～SW12。

④ SW1～SW0＝11，RLD7～RLD4＝SW19～SW16。

(3) 利用多路选择器、分频器和数码管开关完成下列功能。

用 SW2 作为开关，SW2 拨下去关闭数码管显示，拨上去后，8 个数码管以 1s 为周期做跑马灯运动，每次亮一个(从右到左循环显示)显示如下。

① SW1～SW0＝00，数码管显示 SW7～SW4 的十六进制值和小数点。

② SW1～SW0＝01，数码管显示 SW11～SW8 的十六进制值和小数点。

③ SW1～SW0＝10，数码管显示 SW15～SW12 的十六进制值和小数点。

④ SW1～SW0＝11，数码管显示 SW19～SW16 的十六进制值和小数点。

3. 实验预习

复习本实验需要用到的部件的设计过程，用语言描述本实验需要达到的功能。

4. 实验步骤

在 C:\sysclassfiles\digit\Ex_11\led_lights 中给出了约束文件，供读者使用。

按照前面实验的大致步骤，创建相应的部件模块，规划好项目各模块之间的层次关系，设计顶层文件将各个模块连接起来。

设计好仿真文件进行仿真验证，然后综合、实现、生成比特流文件并下载。

5. 思考与拓展

自己设计一个相对综合的应用。

第5章

计算机组成部件实验

本章共设计了5个实验，大部分实验由几个小实验组成。

为了方便学生实验，与本书配套的资源包中有大部分实验的相关文件，包括初始设计文件、仿真文件和约束文件。本章的资源默认下载后解压到 C:\sysclassfiles\orgnization 的相关文件夹中。

如果开设了专门的计算机组成课程设计，则本章内容只作为计算机组成原理课内小实验。第6章作为计算机组成课程设计内容。如果没有专门开设计算机组成课程设计，则本章内容可以和第6章内容合并，作为计算机组成原理实验内容。

5.1 加减法器的设计

在4.4节设计了一个加法器，计算机组成原理课程中引入了补码的概念后，实际上可以用加法器来做减法，而无须专门设计减法器。本节所有实验的初始文档均在 C:\sysclassfiles\orgnization\Ex_1 中。

5.1.1 可变位宽的加减法器 IP 核的设计

1. 实验目的

(1) 进一步理解原码、补码的概念。

(2) 学会用加法器做减法的方法。

(3) 进一步理解无符号数进位与借位、有符号数溢出的判断方法以及符号位和结果为0标志赋值方法。

2. 实验内容

使用 Verilog HDL 语言实现一个可适应从4～32位数据运算的加减法器，其中被操作数为a，操作数为b，加减法控制信号为sub，当sub为1时做减法，为0时做加法。另外输出为运算结果sum，进位/借位标志cf，有符号数溢出标志ovf，符号标志sf以及结果为0标志zf。将该加减法器封装成 IP 核 addsub。

3. 实验预习

复习 IP 核封装的方法，同时复习原码、补码的概念，有符号数溢出的判断方法等。理解下面的基本原理。

1) 关于无符号数的进位 CF

如果是加法，则 CF 就是二进制运算的进位位。

由于减法是将减数取反加1(求补)后(假设减数b求补后为subb)与被减数a相加，因此，当够减的时候反而有进位，不够减的时候反而无进位(其实是无符号数溢出)，因此，CF需要在进位位基础上取反才能表示借位(实际上是让 CF=1 表示被减数 a 小于减数 b，CF=0 表示被减数 a 大于减数 b)。

因此 CF 在做加法时不将加法进位取反，做减法时要将加法进位取反。

2) 关于有符号数的溢出问题(OF)

在计算机组成原理中对于有符号数溢出有一个规则就是两数相加最高位和次高位都进位或者都不进位的时候没有溢出，否则就有溢出。但这必须看最高位和次高位是不是有进位。下面换一个简单的方法来判断。

(1) 对于加法。有符号数加法溢出的规则其实很简单，就是两个正数相加得到负数，或者两个负数相加得到正数的时候，有符号数加法就溢出了。

(2) 对于减法。有符号数减法溢出的规则也很简单：一个正数减去一个负数得到一个负数或者一个负数减去一个正数得到一个正数的时候，就产生了溢出。

考虑一下：要用加法器做减法，因此会将减数 b 取补后的 subb 作为加数和被加数 a 相加，因此，最终，判断溢出应该是判断 a 和 subb 相加的溢出规则。

如果在做加法时让 subb=b，在做减法时用 subb=b 的补数，那么最终无论加法或减法，都化作了 sum=a+subb，因此只需要判断 a 和 subb 相加的溢出规则。

请读者按照加法溢出规则，请给出 OF 的逻辑表达式。

4. 实验步骤

本实验的资源包在 C:\sysclassfiles\orgnization\Ex_1\addsub 中给出了初始设计文件 addsub.v 和仿真文件 addsub_sim.v，供读者完善和使用。

(1) 创建项目，完成设计。

创建 addsub 项目，设计文件中模块名为 addsub。

读者可以通过完善资源包中如下的初始设计来实现 addsub 模块。

```
1.  `timescale 1ns / 1ps
2.  module addsub
3.  #(parameter WIDTH = 8)                   //指定数据宽度参数，默认值是 8
4.  (
5.      input [(WIDTH - 1):0] a,             // 被操作数，位宽由参数 WIDTH 决定
6.      input [(WIDTH - 1):0] b,             // 操作数，位宽由参数 WIDTH 决定
7.      input  sub,                          // = 1 为减法
8.      output [(WIDTH - 1):0] sum,          //结果
9.      output cf,                           // 进位标志
10.     output ovf,                          // 溢出标志
11.     output sf,                           // 符号标志
12.     output zf                            // 为 0 标志
13.     );
14.     wire [(WIDTH - 1):0] subb, subb1;
15.     wire cf2;                            // 进位
16.     assign subb1 = b ^{WIDTH{sub}};     // 对于减法是取反
17.     assign subb  =  subb1 + sub;         // 对于减法是加 1(对于减法，subb 就是 b 的补)
18. // 添加自己的代码
19.       …
20. endmodule
```

（2）仿真验证。

加减法器设计好后，用资源包中如下的仿真程序进行仿真。

```
1.  `timescale 1ns / 1ps
2.  module addsub_sim(   );
3.       // input
4.       reg [31:0] a = 32'd16;                                      //0x10 + 0x0c
5.       reg [31:0] b = 32'd12;
6.       reg sub = 0;
7.       //output
8.       wire [31:0] sum;
9.       wire cf;
10.      wire ovf;
11.      wire sf;
12.      wire zf;
13.      // initial
14.      addsub #(32) U (a,b,sub,sum,cf,ovf,sf,zf);                 // 实例化成32位
15.      initial begin
16.      #200 sub = 1;                                              //0x10 - 0x0c
17.      #200 begin a = 32'h7f; b = 32'h2; sub = 0; end             //0x7f + 2
18.      #200 begin a = 32'hff; b = 32'h2; sub = 0; end             //0xff + 2
19.      #200 begin a = 32'h7fffffff; b = 32'h2; sub = 0; end       //0x7fffffff + 2
20.      #200 begin a = 32'h16; b = 32'h17; sub = 1; end            //0x16 - 0x17
21.      #200 begin a = 32'hffff; b = 32'h1; sub = 0; end           //0xffff + 1
22.      #200 begin a = 32'hffffffff; b = 32'h1; sub = 0; end       //0xffffffff + 1
23.      end
24. endmodule
```

图5-1是仿真后的波形图，读者可以对照一下。注意计算的结果和标志信号是否正确。

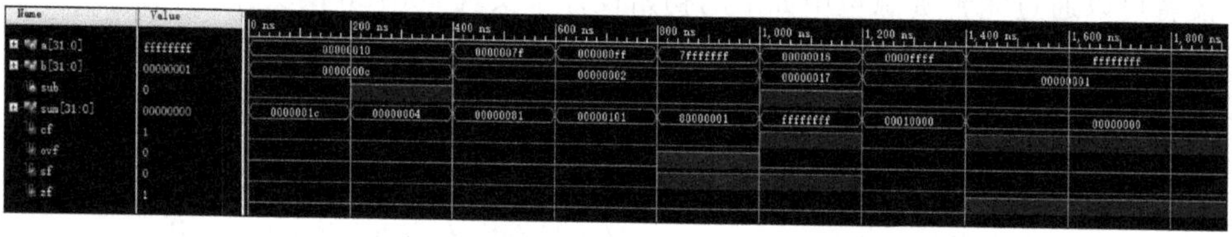

图5-1 addsub仿真图

（3）封装成IP核。

5. 思考与拓展

为什么初始设计文档中对于数b求补要采用异或的办法取反呢？

5.1.2 8位加减法器的设计

1. 实验目的

通过实验，加深对IP核使用的熟练程度，同时在实验板上体验加减法器。

2. 实验内容

使用Verilog HDL语言以及5.1.1节中实现的加减法器IP核，实现一个8位的加减法器addsub8。

3. 实验预习

认真复习 IP 核的调用方法。

4. 实验步骤

本实验的资源包在 C:\sysclassfiles\orgnization\Ex_1\addsub8 中给出了初始设计文件 addsub8.v、仿真文件 addsub8_sim.v 和约束文件 addsub8.xdc，供读者完善和使用。

（1）创建项目，完成设计。

创建 addsub8 项目，设计文件中模块名为 addsub8。

将 addsub 核导入到项目中，在设计文件中定义好端口，并实例化该 IP 核。

（2）仿真验证。

用资源包中如下的仿真程序进行仿真，可以获得如图 5-2 所示的仿真波形图，读者对照一下。

```
1.  `timescale 1ns / 1ps
2.  module addsub_sim(    );
3.       // input
4.       reg [7:0] a = 8'h16;                                  //0x16 + 0x12
5.       reg [7:0] b = 8'h12;
6.       reg sub = 0;
7.       //output
8.       wire [7:0] sum;
9.       wire cf;
10.      wire ovf;
11.      wire sf;
12.      wire zf;
13.      // initial
14.      addsub8 U (a,b,sub,sum,cf,ovf,sf,zf);
15.      initial begin
16.      #200 sub = 1;                                         //0x16 - 0x12
17.      #200 begin a = 8'h7f; b = 8'h2; sub = 0; end          //0x7f + 2
18.      #200 begin a = 8'hff; b = 8'h2; sub = 0; end          //0xff + 2
19.      #200 begin a = 8'h16; b = 8'h17; sub = 1; end         //0x16 = 0x17
20.      #200 begin a = 8'hfe; b = 8'hff; sub = 1; end         //0xfe - 0xff
21.      end
22.  endmodule
```

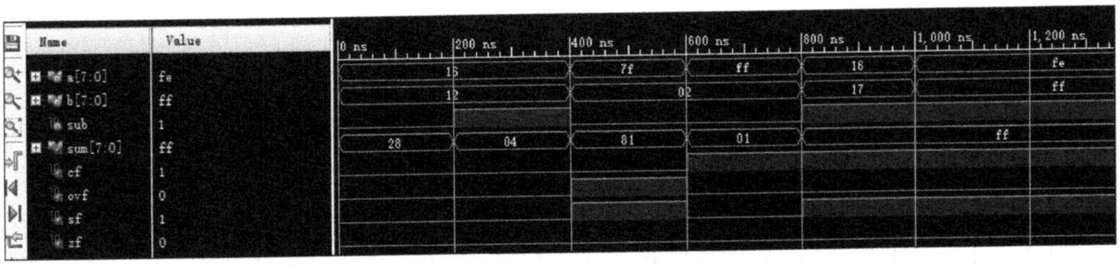

图 5-2　addsub8 的仿真波形

（3）下载到实验板上进行验证。

其中输入 a[7]～a[0]分别接 SW15～SW8，b[7]～b[0]分别接 SW7～SW0，sub 接 SW23，sum[7]～sum[0]分别接 GLD7～GLD0。ovf 接 YLD7，cf 接 YLD6，sf 接 YLD5，zf

接 GLD4，详见表 5-1。

表 5-1　addsub8 的引脚分配

信　号	器　件	引　脚	信　号	器　件	引　脚
a[7]	SW15	AB6	b[7]	SW7	U6
a[6]	SW14	AB7	b[6]	SW6	W5
a[5]	SW13	V7	b[5]	SW5	W6
a[4]	SW12	AA6	b[4]	SW4	U5
a[3]	SW11	Y6	b[3]	SW3	T5
a[2]	SW10	T6	b[2]	SW2	T4
a[1]	SW9	R6	b[1]	SW1	R4
a[0]	SW8	V5	b[0]	SW0	W4
sum[7]	GLD7	F21	ovf	YLD7	M17
sum[6]	GLD6	G22	cf	YLD6	M16
sum[5]	GLD5	G21	sf	YLD5	M15
sum[4]	GLD4	D21	zf	YLD4	K16
sum[3]	GLD3	E21	sub	SW23	Y9
sum[2]	GLD2	D22			
sum[1]	GLD1	E22			
sum[0]	GLD0	A21			

5. 思考与拓展

自行设计其他的仿真文件，对 addsub8 进行更多的验证。

5.2　乘法器的设计

乘法器是 CPU 中基本的运算部件之一，下面将用不同的方法设计乘法器。本节所有实验在资源包中提供的初始文档均在 C:\sysclassfiles\orgnization\Ex_2 中。

5.2.1　无符号数乘法器的设计

1. 实验目的

(1) 掌握原码一位乘法的原理。

(2) 学会用迭代算法实际设计与实现一个数据宽度可变的无符号乘法器 IP 核。

2. 实验内容

使用 Verilog HDL 语言行为级描述方法，根据原码一位乘法的原理，实现乘数和被乘数数据宽度在 4～32 位之间可变的无符号数乘法器 mulu，并请通过 mulu_sim.v 文件，仿真验证无符号数乘法器。最后，请将无符号数乘法器封装成 IP 核。

3. 实验预习

理解下面的原码一位乘法原理。

1）从手算乘法到原码一位乘法

二进制乘法的手算算法和十进制乘法一样，下面假设计算 X×Y=1010×1101。

```
      1010
     ×1101
  ----------
      1010
      0000
     1010
    1010
   ---------
   10000010
```

从手算乘法不难看到两个二进制无符号数相乘的算法可以描述如下。

（1）令 X=被乘数，位宽为 N，Y=乘数，位宽为 N，且 $Y=y_{N-1}\times 2^{N-1}+\cdots+y_2\times 2^2+y_1\times 2^1+y_0\times 2^0$。

（2）设置 CNT=位宽 N，设置积 P=0，P 的位宽是 2N，将 X 的位宽高位 0 扩展到 2N 位。

（3）判断当前乘数最低位 y_0 是否为 1，如果为 1，则令 P=P+X，否则转步骤（4）。

（4）X=X 左移一位，Y=Y 逻辑右移 1 位。

（5）CNT=CNT−1，判断 CNT 是否为 0，如果不为 0，则转到（3），否则结束。

根据这个算法很容易得到手算算法的 Verilog 语言描述的电路如下：

```
1.  module mulu_hand
2.  #(parameter WIDTH = 8)
3.  (
4.      input [WIDTH - 1:0] a,
5.      input [WIDTH - 1:0] b,
6.      output reg [WIDTH * 2 - 1:0] c
7.      );
8.      integer cnt;
9.      reg [WIDTH - 1:0] y,t;
10.     reg [WIDTH * 2 - 1:0] x,p;
11.     always @( * )
12.     begin
13.       t = {WIDTH{1'b0}};
14.       x = {t,a};                                    // 扩展被乘数到 2N 位
15.       p = {WIDTH * 2{1'b0}};                        // 积初始化为 0
16.       y = b;
17.       for(cnt = 0; cnt < WIDTH; cnt = cnt + 1)      // 循环迭代
18.       begin
19.         if(y[0] == 1)
20.           p = p  +  x;                              // 部分积 + 被乘数
21.         x = x << 1;                                 // 被乘数左移
22.         y = y >> 1;                                 // 乘数右移
23.       end
24.       c = p;
```

```
25.        end
26.  endmodule
```

请读者在 Vivado 中实现该模块并仿真看其结果是否正确。

2) 算法的改进

上面的方法功能上是正确的，但由于乘积的位数是被乘数和乘数位数的 2 倍，因此需要一个位宽是 2N 的加法器，另外，这个方法需要用到左移和右移两种移位寄存器。

为了提高效率，计算机中对上述乘法进行了改进。考察一下两个 4 位无符号数 X×Y 的计算过程的推导。假设 $Y=y_3\times2^3+y_2\times2^2+y_1\times2^1+y_0\times2^0$，则

$$X\times Y=X\times y_3\times2^3+X\times y_2\times2^2+X\times y_1\times2^1+X\times y_0\times2^0$$
$$=2^4\times\underline{(X\times y_3\times2^{-1}+X\times y_2\times2^{-2}+X\times y_1\times2^{-3}+X\times y_0\times2^{-4})}$$

注意，上述推导式中把一个 4 位整数分成了两个部分，其中下画线部分已经成了一个纯小数。而 $2^4\times$ 的作用就是把这个纯小数再还原成整型数。因为 $2^4\times$ 只改变了小数点的位置，因此在考察乘法算法的操作过程中不考虑这个部分，因为算法操作过程本身也不考虑小数点的位置。

将 $X\times y_3\times2^{-1}+X\times y_2\times2^{-2}+X\times y_1\times2^{-3}+X\times y_0\times2^{-4}$ 这部分再进行推导，得

$$X\times y_3\times2^{-1}+X\times y_2\times2^{-2}+X\times y_1\times2^{-3}+X\times y_0\times2^{-4}$$
$$=2^{-1}\times(X\times y_0\times2^{-3}+X\times y_1\times2^{-2}+X\times y_2\times2^{-1}+X\times y_3)$$
$$=2^{-1}\times(2^{-1}\times(X\times y_0\times2^{-2}+X\times y_1\times2^{-1}+X\times y_2)+X\times y_3)$$
$$=2^{-1}\times(2^{-1}\times(2^{-1}\times(X\times y_0\times2^{-1}+X\times y_1)+X\times y_2)+X\times y_3)$$
$$=2^{-1}\times(2^{-1}\times(2^{-1}\times(2^{-1}\times(0+X\times y_0)+X\times y_1)+X\times y_2)+X\times y_3)$$

假设 $P_0=0$，则可以得出以下推导过程

$$P_1=2^{-1}\times(P_0+X\times y_0)$$
$$P_2=2^{-1}\times(P_1+X\times y_1)$$
$$P_3=2^{-1}\times(P_2+X\times y_2)$$
$$P_4=2^{-1}\times(P_3+X\times y_3)$$

不失一般性，不难得出部分积 P_i 的推导公式为

$$P_{i+1}=2^{-1}\times(P_i+X\times y_i),\quad i=0,1,2,\cdots,N-1$$

在二进制中，$\times2^{-1}$ 就是右移一位。因此，可以得出无符号数原码一位乘法的操作步骤。

(1) 令 X=被乘数，位宽为 N，Y=乘数，位宽为 N，且 $Y=y_{N-1}\times2^{N-1}+\cdots+y_2\times2^2+y_1\times2^1+y_0\times2^0$。

(2) 设置 CNT=位宽 N，设置部分积 P=0，P 的位宽是 N，设置加法进位位为 CY=0。

(3) 判断当前乘数最低位 y_0 是否为 1，如果为 1，则令{CY,P}=P+X，否则转步骤(4)。

(4) {CY,P,Y}联合右移一位，CNT=CNT−1。

(5) 判断 CNT 是否为 0，如果不为 0，则转到(3)，否则结束。P 是积的高 N 位，Y 中是积的低 N 位。

用 X×Y=1010×1101 来举例如下：

CNT	C	P	Y	说明
4	0	0000	1101	$P_0=0$
		+1010		$Y_0=1$，+X
	0	1010		{CY,P,Y}联合右移一位
	0	0101	0110	得 P_1
3	0	0101	0110	$Y_1=1$，{CY,P,Y}联合右移一位
	0	0010	1011	得 P_2
2		+1010		$Y_2=1$，+X
	0	1100		{CY,P,Y}联合右移一位
	0	0110	0101	得 P_3
1		+1010		$Y_3=1$，+X
	1	0000		{CY,P,Y}联合右移一位
	0	1000	0010	得 P_4
0				结束，结果是 10000010

4. 实验步骤

本实验的资源包在 C:\sysclassfiles\orgnization\Ex_2\mulu 中给出了初始设计文件 mulu.v 和仿真文件 mulu_sim.v，供读者完善和使用。

(1) 创建项目，完成设计。

创建 mulu 项目，设计文件中模块名为 mulu。

读者可以通过利用上面改进的算法完善资源包中如下的初始设计来实现 mulu 模块。

```
1.  `timescale 1ns / 1ps
2.  module mulu
3.   #(parameter WIDTH = 8)
4.  (
5.       input [WIDTH - 1:0] a,
6.       input [WIDTH - 1:0] b,
7.       output reg [WIDTH * 2 - 1:0] c
8.       );
9.
10.      integer cnt;
11.      reg [WIDTH - 1:0] x,y,p;
12.      reg cy;
13.
14.      always @( * )
15.      begin
16.      //添加自己的代码
17.
18.      end
19. endmodule
```

请读者根据上面的原码一位乘法算法自行完善设计的其他部分。

(2) 仿真验证。

下面给出一个 mulu_sim.v 文件，作为仿真程序的一个案例，文件代码如下：

```
1.  `timescale 1ns / 1ps
2.  module mulu_sim(  );
3.      // input
4.      reg [31:0] a = 32'd9;
5.      reg [31:0] b = 32'd12;          //9×12
6.      // output
7.      wire [63:0] c;
8.      mulu #(32) u(a,b,c);
9.      initial begin
10.         #400 a = 32'd6;            //6×12
11.         #400 b = 32'd5;            //6×5
12.     end
13. endmodule
```

图 5-3 是上述仿真文件仿真出来的波形图。图中数字的显示采用的是十进制(这只需要右击信号名，然后在弹出的菜单中选择显示的进制数为十进制即可)。

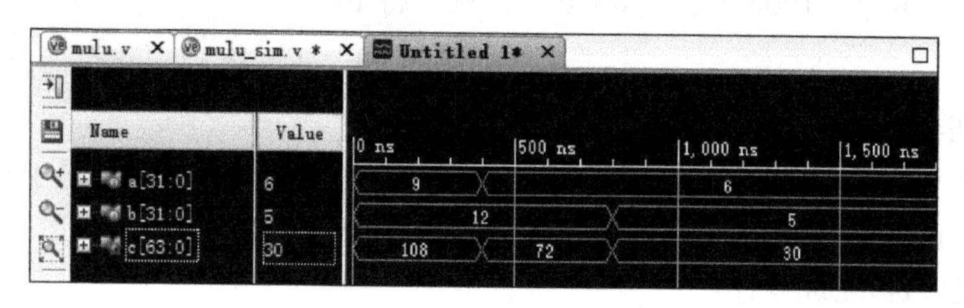

图 5-3　mulu 模块仿真波形

(3) 封装 IP 核。

将 mulu 模块封装成 IP 核，封装 IP 核的方法读者可以参考前面章节。

5. 思考与拓展

利用上面封装的数据宽度可变的无符号数乘法器 IP 核，采用元件例化的方法实现一个 8 位无符号乘法器 mulux8，并下载到 Minisys 实验板上进行验证。被乘数 a[7:0]接 SW15～SW8，乘数 b[7:0]接 SW7～SW0。乘积 c[15:0]接 YLD7～YLD0，GLD7～GLD0，如表 5-2 所示。

表 5-2　mulux8 的引脚分配

信　号	器　件	引　脚	信　号	器　件	引　脚
a[7]	SW15	AB6	c[15]	YLD7	M17
a[6]	SW14	AB7	c[13]	YLD6	M16
a[5]	SW13	V7	c[11]	YLD5	M15
a[4]	SW12	AA6	c[9]	YLD4	K16
a[3]	SW11	Y6	c[7]	YLD3	L16
a[2]	SW10	T6	c[5]	YLD2	L15
a[1]	SW9	R6	c[3]	YLD1	L14
a[0]	SW8	V5	c[1]	YLD0	J17

续表

信　号	器　件	引　脚	信　号	器　件	引　脚
b[7]	SW7	U6	c[14]	GLD7	F21
b[6]	SW6	W5	c[12]	GLD6	G22
b[5]	SW5	W6	c[10]	GLD5	G21
b[4]	SW4	U5	c[8]	GLD4	D21
b[3]	SW3	T5	c[6]	GLD3	E21
b[2]	SW2	T4	c[4]	GLD2	D22
b[1]	SW1	R4	c[2]	GLD1	E22
b[0]	SW0	W4	c[0]	GLD0	A21

在 C:\sysclassfiles\orgnization\Ex_2\mulux8 中给出了初始设计文件和约束文件，供读者完善和使用。

5.2.2 有符号数乘法器的设计

1. 实验目的

(1) 掌握利用原码乘法器完成有符号数乘法的原理。

(2) 学会迭代算法实际设计与实现一个数据宽度可变的有符号乘法器。

2. 实验内容

使用 Verilog HDL 语言行为级描述方法，根据原码乘法的原理，实现乘数和被乘数数据宽度在 4～32 位之间可变的有符号数乘法器 mul，并请通过编写 mul_sim 文件，仿真验证有符号数乘法器。最后，请将有符号乘法器封装成 IP 核。

3. 实验预习

mul 和 mulu 的最大区别是操作数和结果都是有符号数，由于机器内负数都是用补码表示的，因此要分别判断被乘数和乘数，如果是负数，要对它们求补，得到原码，再将数值位进行原码一位乘法运算。运算出来结果后，还要根据被乘数和乘数的符号位特点判断结果是否为负数，如果是负数，需要对结果求一次补。在做原码一位乘的时候，依然要注意进位位要参与到右移运算中。

请思考，乘法器分为有符号乘法器和无符号乘法器，有没有必要为加减法运算也设计有符号和无符号两种加减法器?

4. 实验步骤

本实验的资源包在 C:\sysclassfiles\orgnization\Ex_2\mul 中给出了初始设计文件 mul.v 和仿真文件 mul_sim.v，供读者完善和使用。

(1) 创建项目，完成设计。

创建 mul 项目，设计文件中模块名为 mul。

读者可以通过完善资源包中如下的初始设计来实现 mul 模块。

```
1.  module mul
2.  #(parameter WIDTH = 8)
3.  (
4.      input [WIDTH - 1:0] a,              // 被乘数
```

```
5.        input [WIDTH - 1:0] b,             // 乘数
6.        output reg [WIDTH * 2 - 1:0] c     // 乘积
7.        );
8.
9.        integer cnt;                        // 循环变量
10.       reg [WIDTH - 1:0] x,y,p;            // 存放被乘数、乘数和部分积
11.       reg sign,cy;                        // 进位位
12.
13.       always @( * )
14.       begin
15.         cy = 0;
16.         x = a;
17.         y = b;
18.         p = {WIDTH{1'b0}};
19.         if(a[WIDTH - 1] == 1)             // 被乘数是负数的处理
20.         begin
21.           x = ~x;
22.           x = x + 1'b1;
23.         end
24.         …                                 // 乘数是负数的处理、原码一位乘、结果符号的处理
25.       end
26. endmodule
```

(2) 仿真验证。

下面给出一个 mul_sim.v 文件，作为仿真程序的一个案例，文件代码如下：

```
1.  `timescale 1ns / 1ps
2.  module mul_sim( );
3.      // input
4.      reg [31:0] a = 32'd9;
5.      reg [31:0] b = 32'd12;
6.      // output
7.      wire [63:0] c;
8.      mul #(32) u(a,b,c);
9.      initial begin
10.     #400 a = 32'hfffffffe;          // - 2
11.     #400 b = 32'hfffffffe;          // - 2
12.     end
13. endmodule
```

仿真后得到如图 5-4 所示的波形，图中数据的显示已经设置为有符号十进制数。

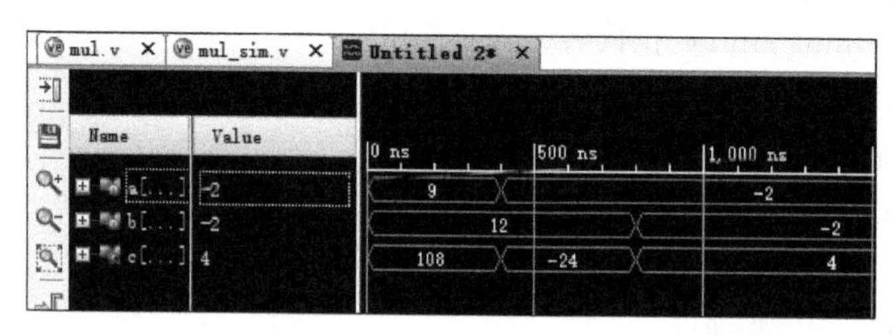

图 5-4　mul 的仿真波形图

在 C:\sysclassfiles\orgnization\Ex_6\mul 中给出了初始设计文件和仿真文件，供读者完善和使用。

(3) 封装 IP 核。

将 mul 模块封装成 IP 核。

5. 思考与拓展

利用上面封装的数据宽度可变的有符号数乘法器 IP 核，采用元件例化的方法实现一个 8 位有符号数乘法器 mulx8，并下载的 Minisys 实验板上进行验证。被乘数 a[7:0]接 SW15～SW8，乘数 b[7:0]接 SW7～SW0，乘积 c[15:0]接 GLD7～GLD0，YLD7～YLD0。mulx8 的引脚分配如表 5-3 所示。

表 5-3 mulx8 的引脚分配

信　号	器　件	引　脚	信　号	器　件	引　脚
a[7]	SW15	AB6	b[7]	SW7	U6
a[6]	SW14	AB7	b[6]	SW6	W5
a[5]	SW13	V7	b[5]	SW5	W6
a[4]	SW12	AA6	b[4]	SW4	U5
a[3]	SW11	Y6	b[3]	SW3	T5
a[2]	SW10	T6	b[2]	SW2	T4
a[1]	SW9	R6	b[1]	SW1	R4
a[0]	SW8	V5	b[0]	SW0	W4
c[15]	GLD7	F21	c[14]	YLD7	M17
c[13]	GLD6	G22	c[12]	YLD6	M16
c[11]	GLD5	G21	c[10]	YLD5	M15
c[9]	GLD4	D21	c[8]	YLD4	K16
c[7]	GLD3	E21	c[6]	YLD3	L16
c[5]	GLD2	D22	c[4]	YLD2	L15
c[3]	GLD1	E22	c[2]	YLD1	L14
c[1]	GLD0	A21	c[0]	YLD0	J17

在 C:\sysclassfiles\orgnization\Ex_2\mulx8 中给出了初始设计文件和约束文件，供读者完善和使用。

5.2.3 利用 Vivado 自带的乘法器 IP 核进行乘法器的设计

1. 实验目的

(1) 能够利用 Vivado 自带的乘法器 IP 核设计所需的乘法器。

(2) 对几种实现方法进行比较。

2. 实验内容

使用 Verilog HDL 语言的元件例化方法，运用 Vivado 自带的乘法器 IP 核实现一个 8 位的无符号数乘法器 xmulux8。

3. 实验预习

认真阅读乘法器 IP 核的相关文档。该文档可以在 IP Catalog 中找到 Multiplier，双击弹出如图 5-5 所示的窗口，单击左上角的 Documentation ，就可打开相关文档。

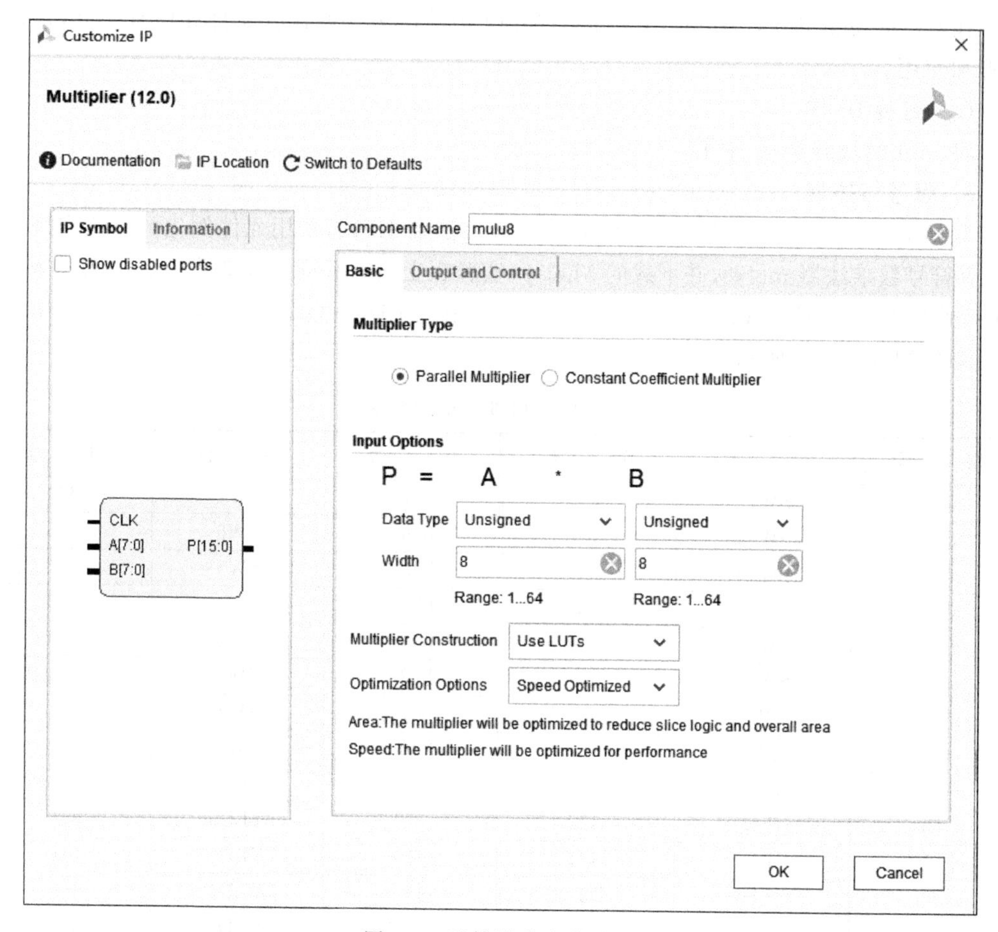

图 5-5 无符号乘法器设置

4. 实验步骤

本实验的资源包在 C:\sysclassfiles\orgnization\Ex_2\xmulux8 中给出了初始设计文件 xmulux8. v、仿真文件 xmulux8_sim. v 和约束文件 xmulux8. xdc，供读者完善和使用。

1）创建一个新的项目

创建 xmulux8 项目，设计文件中模块名为 xmulux8。

2）调入和设置 IP 核

（1）双击 IP Catalog，并在打开的 IP 核库中选择 Vivado Repository→Math Functions→Multipliers→Multiplier 命令，如图 5-6 所示。

（2）在打开的乘法器 IP 核配置的 Basic 选项卡，如图 5-5 所示，设置为 8 位无符号数乘法器。

（3）在打开的乘法器 IP 核配置的 Output and Control 选项卡，如图 5-7 所示，设置流水级为 0（不采用流水乘法器）。

（4）单击 OK 按钮，生成 IP 核。

3）实例化 IP 核

在初始设计文件 xmulux8. v 中实例化 mulux8。

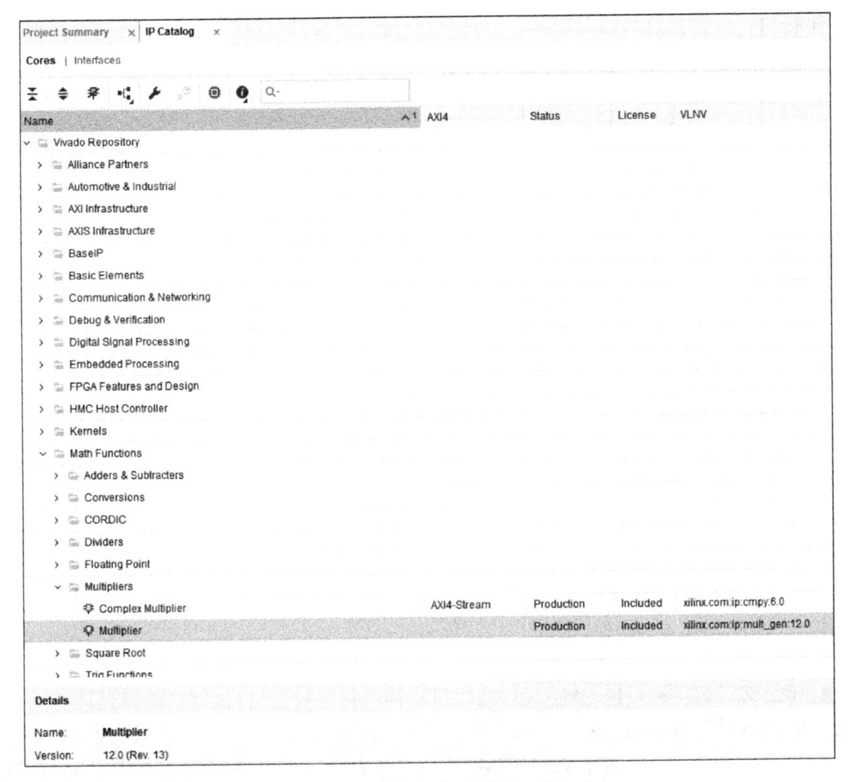

图 5-6　导入乘法器 IP 核

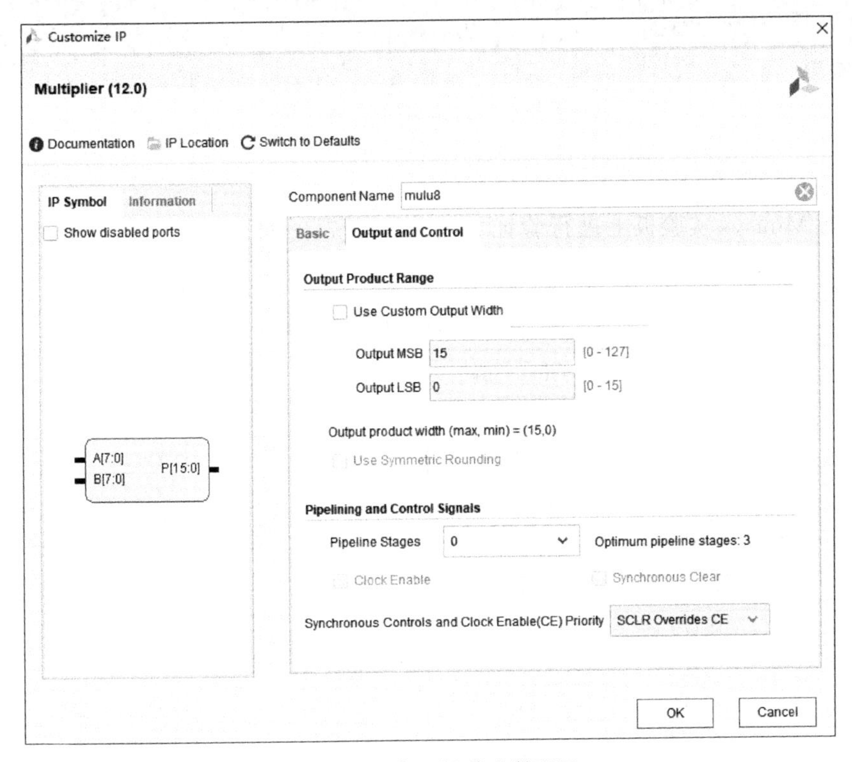

图 5-7　组合逻辑乘法器配置

4）仿真验证

采用资源包中如下的仿真程序进行仿真。

```
1.  `timescale 1ns / 1ps
2.  module xmulux8_sim( );
3.      // input
4.      reg [7:0] a = 8'd9;                          //9 × 12
5.      reg [7:0] b = 8'd12;
6.      // output
7.      wire [15:0] c;
8.      xmulux8 u(a,b,c);
9.      initial begin
10.     #400 a = 8'd6;                               //6 × 12
11.     #400 b = 8'd5;                               //6 × 5
12.     #400 begin a = 8'd125; b = 8'd8; end         //125 × 8
13.     end
14. endmodule
```

仿真后得到如图 5-8 所示的波形。

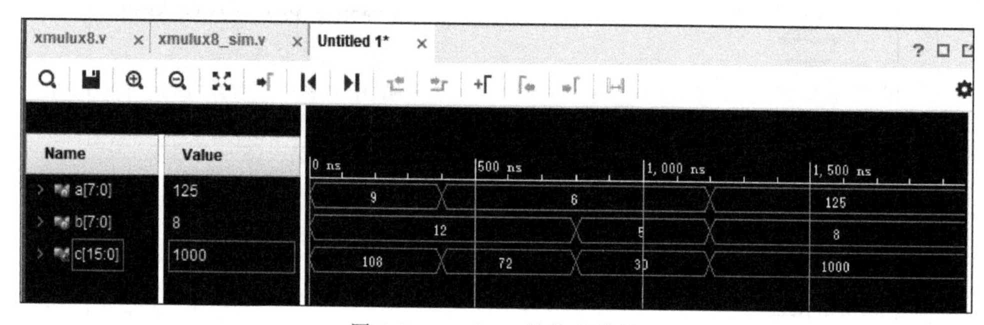

图 5-8　xmulux8 的仿真结果

5）综合、实现、生成比特流、下载

下载到 Minisys 实验板上进行验证。被乘数 a[7:0]接 SW15～SW8，乘数 b[7:0]接 SW7～SW0，乘积 c[15:0]接 YLD7～YLD0，GLD7～GLD0，如表 5-4 所示。

表 5-4　xmulux8 的引脚分配

信　　号	器　　件	引　　脚	信　　号	器　　件	引　　脚
a[7]	SW15	AB6	b[7]	SW7	U6
a[6]	SW14	AB7	b[6]	SW6	W5
a[5]	SW13	V7	b[5]	SW5	W6
a[4]	SW12	AA6	b[4]	SW4	U5
a[3]	SW11	Y6	b[3]	SW3	T5
a[2]	SW10	T6	b[2]	SW2	T4
a[1]	SW9	R6	b[1]	SW1	R4
a[0]	SW8	V5	b[0]	SW0	W4
c[15]	GLD7	F21	c[14]	YLD7	M17
c[13]	GLD6	G22	c[12]	YLD6	M16
c[11]	GLD5	G21	c[10]	YLD5	M15

续表

信　　号	器　　件	引　　脚	信　　号	器　　件	引　　脚
c[9]	GLD4	D21	c[8]	YLD4	K16
c[7]	GLD3	E21	c[6]	YLD3	L16
c[5]	GLD2	D22	c[4]	YLD2	L15
c[3]	GLD1	E22	c[2]	YLD1	L14
c[1]	GLD0	A21	c[0]	YLD0	J17

5. 思考与拓展

(1) 设计一个非流水的 8 位有符号数乘法器。

使用 Verilog HDL 语言的元件例化方法，运用 Vivado 自带的乘法器 IP 核实现一个 8 位的有符号数乘法器 xmulx8，并下载的 Minisys 实验板上进行验证。被乘数 a[7:0]接 SW15～SW8，乘数 b[7:0]接 SW7～SW0，乘积 c[15:0]接 YLD7～YLD0，GLD7～GLD0。mulx8 的引脚分配如表 5-5 所示。

表 5-5　xmulx8 的引脚分配

信　　号	器　　件	引　　脚	信　　号	器　　件	引　　脚
a[7]	SW15	AB6	b[7]	SW7	U6
a[6]	SW14	AB7	b[6]	SW6	W5
a[5]	SW13	V7	b[5]	SW5	W6
a[4]	SW12	AA6	b[4]	SW4	U5
a[3]	SW11	Y6	b[3]	SW3	T5
a[2]	SW10	T6	b[2]	SW2	T4
a[1]	SW9	R6	b[1]	SW1	R4
a[0]	SW8	V5	b[0]	SW0	W4
c[15]	GLD7	F21	c[14]	YLD7	M17
c[13]	GLD6	G22	c[12]	YLD6	M16
c[11]	GLD5	G21	c[10]	YLD5	M15
c[9]	GLD4	D21	c[8]	YLD4	K16
c[7]	GLD3	E21	c[6]	YLD3	L16
c[5]	GLD2	D22	c[4]	YLD2	L15
c[3]	GLD1	E22	c[2]	YLD1	L14
c[1]	GLD0	A21	c[0]	YLD0	J17

在 C:\sysclassfiles\orgnization\Ex_6\xmulx8 中给出了初始设计文件、仿真文件和约束文件，供读者完善和使用。

(2) 流水型乘法器设计。

学有余力的同学可以使用 Verilog HDL 语言的元件例化方法，运用 Vivado 自带的乘法器 IP 核实现流水型的乘法器，并进行一些分析。

5.3 除法器的设计

除法器也是 CPU 中基本的运算部件之一，下面将用不同的方法设计除法器。本节所有实验在资源包中提供的初始文档均在 C:\sysclassfiles\orgnization\Ex_3 中。

5.3.1 无符号数除法器的设计

1. 实验目的

(1) 掌握不恢复余数除法的原理。

(2) 学会用 Vivado 的 IP 核,用 PLL 方法设计所需时钟。

(3) 设计不恢复余数的无符号数除法器。

2. 实验内容

使用 Verilog HDL 语言行为级描述方法,根据不恢复余数除法的原理,实现被除数数据宽度在 8、16、32 位之间可变的无符号数除法器 divu,并请通过编写 divu_sim 文件,仿真验证无符号数除法器。最后,请将无符号数除法器封装成 IP 核。

3. 实验预习

理解不恢复余数除法的原理和步骤。

假设$[A]_原=A_S.A_1A_2A_3\cdots A_n$,$[B]_原=B_S.B_1B_2B_3\cdots B_{n/2}$,Q 是 A/B 的商($[Q]_原=Q_S.Q_1Q_2Q_3\cdots Q_n$),R 是 A/B 的余数($[R]_原=R_S.R_1R_2R_3\cdots R_{n/2}$)。其中 A_S、B_S、Q_S 和 R_S 分别是被除数、除数、商和余数的符号位,无符号数除法求商的步骤如下。

(1) 设 3 个寄存器 regq、regb 和 regr 分别放部分商(以及部分被除数)、除数和部分余数。开始的时候令 regq=被除数,regb=除数,regr=0。

(2) 将余数 regr 左移 1 位,最低位用被除数 regq 的最高位补上的数减去除数 regb 得到新余数。

(3) 如果新余数为正(符号位为 0),则上商 1,部分被除数 regq 左移 1 位,最低位放入商 1,同时将新余数左移 1 位,最低位用部分被除数 regq 的最高位补上的数减去除数 regb 得到新的新余数,跳转到(4);如果新余数为负(符号位为 1),则上商 0,部分被除数 regq 左移 1 位,最低位放入商 0,同时将新余数左移 1 位,最低位用被除数 regq 的最高位补上的数加上除数 regb 得到新的新余数,跳转到(4)。

(4) 用新的新余数作为余数,如果循环次数没到结束的时候,则转(3);否则转(5)。

(5) 部分商 regq 就是商,如果最后的新余数为正数,则新余数 reqr 就是余数,否则 reqr 加上除数 reqb 的值作为余数。

注意:这里的 regq 最开始放的是被除数,随着步骤的循环,被除数逐渐左移出 regq,而低位不断被新的商补上,新的商也跟着被除数左移而左移,指导循环结束时被除数被彻底移除 regq,而商完整的占据 regq,因此 regq 既叫作部分被除数,也叫作部分商。

这里的循环次数是被除数的位宽。

4. 实验步骤

本实验的资源包在 C:\sysclassfiles\orgnization\Ex_3\divu 中给出了初始设计文件 divu.v 和仿真文件 divu_sim.v,供读者完善和使用。

(1) 创建项目,完成设计。

创建 divu 项目,设计文件中模块名为 divu。

读者可以利用不恢复余数除法算法完善资源包中如下的初始设计来实现 divu 模块。

```
1.  `timescale 1ns / 1ps
2.  module divu
```

```
3.   #(parameter WIDTH = 8)
4.      (
5.      input [WIDTH - 1:0] a,           // 被除数
6.      input [WIDTH/2 - 1:0] b,         // 除数
7.      input clk,
8.      input start,                     // 启动除法操作(只保持一个时钟,启动后就变为无效)
9.      input resetn,
10.     output [WIDTH - 1:0] q,          // 商
11.     output [WIDTH/2 - 1:0] r,        // 余数
12.     output reg busy                  // 正在做除法
13.     );
14.
15. reg [WIDTH - 1:0] regq;              // 放过程中的部分商和部分被除数
16.     reg [WIDTH/2 - 1:0] regb;        // 放除数
17.     reg [WIDTH/2 - 1:0] regr;        // 放过程中的余数
18.     reg [WIDTH - 2:0] count;         // 循环计数器
19.     reg r_sign;
20.     wire [WIDTH/2:0] suboradd;       // 加或减去余数
21.     //  添加自己的代码
22.   …
23. endmodule
```

其中,被除数为a,除数为b,商为q,余数为r(b和r的宽度是被除数的一半,商的数据宽度同被除数)。作为辅助信号,有时钟信号clk,启动除法操作的信号start,复位信号resetn,另外,除法器应该有一个输出信号busy,当除法运算开始时,该信号为高电平,除法运算结束后,busy转为低电平。

(2) 仿真验证。

下面的代码是仿真文件的一个案例,读者可以在divu_sim.v中找到它。仿真后得到如图5-9所示的波形。

```
1.  `timescale 1ns / 1ps
2.  module divu_sim(   );
3.    // input
4.    reg [31:0] a = 32'd16;
5.    reg [15:0] b = 16'd4;
6.    reg clk = 0;
7.    reg start = 0;
8.    reg resetn = 0;
9.    // output
10.   wire [31:0] q;
11.   wire [15:0] r;
12.   wire busy;
13.   divu #(32) u(a,b,clk,start,resetn,q,r,busy);
14.   initial begin
15.    #30 begin resetn = 1;start = 1;end
16.    #50 start = 0;
17.    #1400 begin start = 1; a = 32'd18;b = 16'd5;end
18.    #50 start = 0;
19.   end
```

```
20.    always   #20   clk = ~clk;
21. endmodule
```

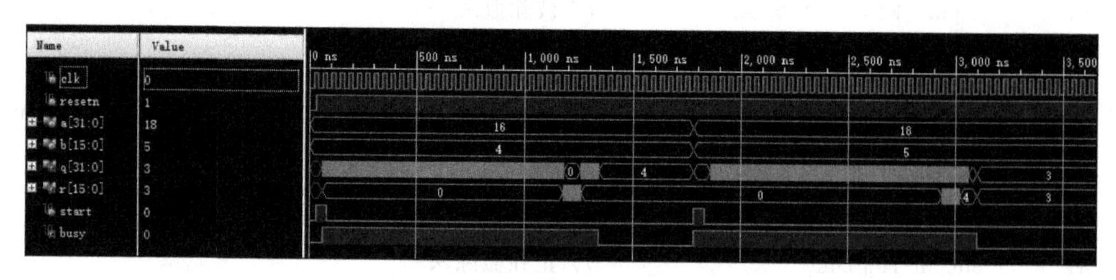

图 5-9　divu 的仿真波形

图 5-9 中的数据都已经以无符号十进制数来表示，除法的结果在 busy 信号无效时出现在总线上。

(3) 封装 IP 核。

将 divu 模块封装成 IP 核。封装 IP 核的方法读者可以参考前面章节，这里数据宽度不是一个范围，而是 3 个具体值，这种参数的设置方法如图 5-10 所示。

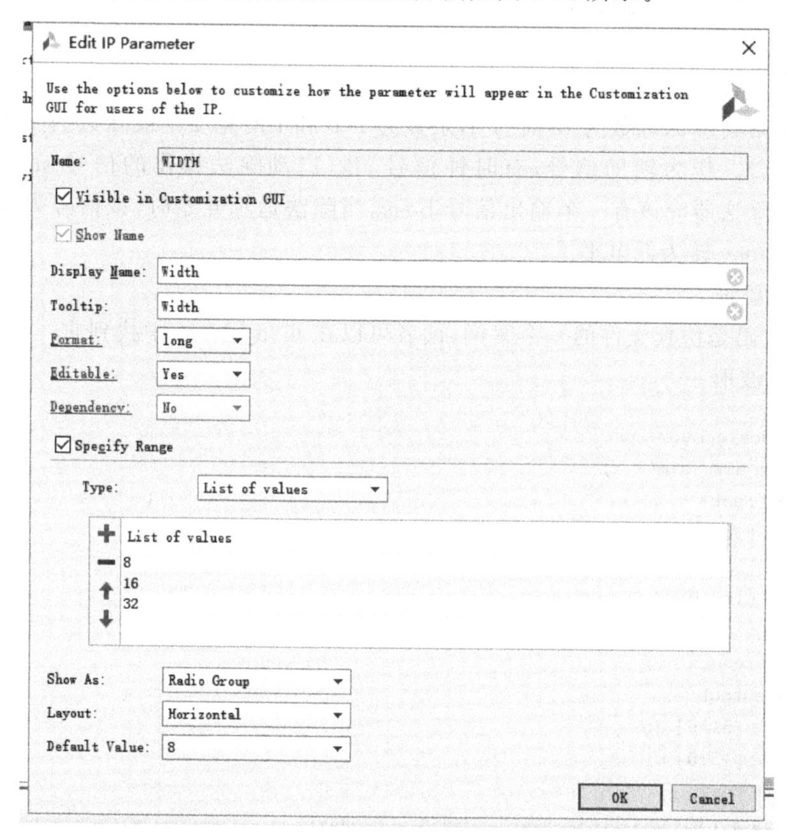

图 5-10　参数值是几个固定值的设置方法

5. 思考与拓展

利用上面封装的数据宽度可变的无符号数除法器 IP 核 divu，采用元件例化的方法实现一个 16 位无符号数除法器 divux16，并下载到 Minisys 实验板上进行验证。被除数 a[15:0]

接 SW23～SW8，除数 b[7:0]接 SW7～SW0，商 q[15:0]接 YLD7～YLD0，GLD7～GLD0，余数 r[7:0] 接 RLD7～RLD0，clk 接 Y18，resetn 接 P20，start 接 S4 按键开关。具体的引脚分配如表 5-6 所示。

表 5-6 divux16 的引脚分配

信　号	器　件	引　脚	信　号	器　件	引　脚
a[15]	SW23	Y9	q[15]	YLD7	M17
a[14]	SW22	W9	q[14]	YLD6	M16
a[13]	SW21	Y7	q[13]	YLD5	M15
a[12]	SW20	Y8	q[12]	YLD4	K16
a[11]	SW19	AB8	q[11]	YLD3	L16
a[10]	SW18	AA8	q[10]	YLD2	L15
a[9]	SW17	V8	q[9]	YLD1	L14
a[8]	SW16	V9	q[8]	YLD0	J17
a[7]	SW15	AB6	q[7]	GLD7	F21
a[6]	SW14	AB7	q[6]	GLD6	G22
a[5]	SW13	V7	q[5]	GLD5	G21
a[4]	SW12	AA6	q[4]	GLD4	D21
a[3]	SW11	Y6	q[3]	GLD3	E21
a[2]	SW10	T6	q[2]	GLD2	D22
a[1]	SW9	R6	q[1]	GLD1	E22
a[0]	SW8	V5	q[0]	GLD0	A21
b[7]	SW7	U6	r[7]	RLD7	K17
b[6]	SW6	W5	r[6]	RLD6	L13
b[5]	SW5	W6	r[5]	RLD5	M13
b[4]	SW4	U5	r[4]	RLD4	K14
b[3]	SW3	T5	r[3]	RLD3	K13
b[2]	SW2	T4	r[2]	RLD2	M20
b[1]	SW1	R4	r[1]	RLD1	N20
b[0]	SW0	W4	r[0]	RLD0	N19
clk	时钟源	Y18	resetn	S6	P20
start	S4	P4			

由于 Minisys 板上的时钟是 100MHz，本设计需要降频至 50MHz，为了获得一个稳定的降频时钟，本实验采用 Vivado 自带的 PLL 时钟来做降频。单击 IP Catalog，并在打开的 IP 核库中双击 Vivado Repository→FPGA Features and Design→Clocking→Clocking Wizard 命令，如图 5-11 所示。

设置时钟 IP 核的时候，在 Clocking Options 选项卡中的 Primitive 选择 PLL，Clocking Features 选择 Frequency Synthesis 和 Phase Alignment，Jitter Optimization 中选择 Balanced，如图 5-12 所示。

在 Output Clocks 选项卡，clk_out1 行的 Requested 中改为 50，Clocking Feedback 的 Source 中选择 Automatic Control On-Chip，在 Enable Optional Input 中去掉 reset 和 locked 前面的勾，如图 5-13 所示。

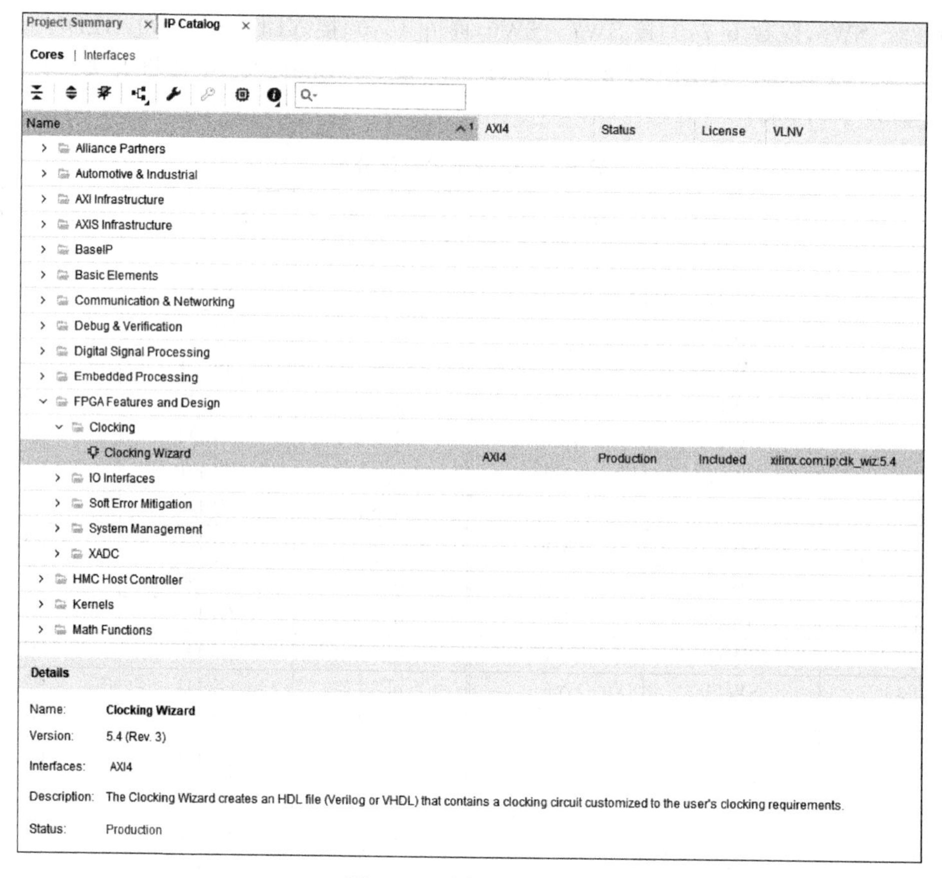

图 5-11 选择时钟 IP 核

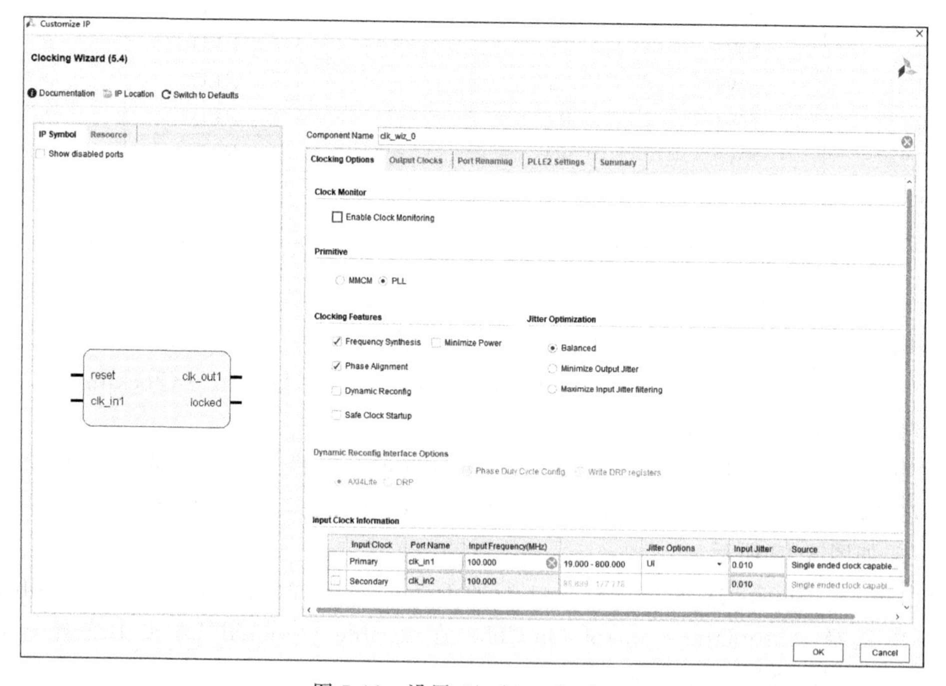

图 5-12 设置 Clocking Options

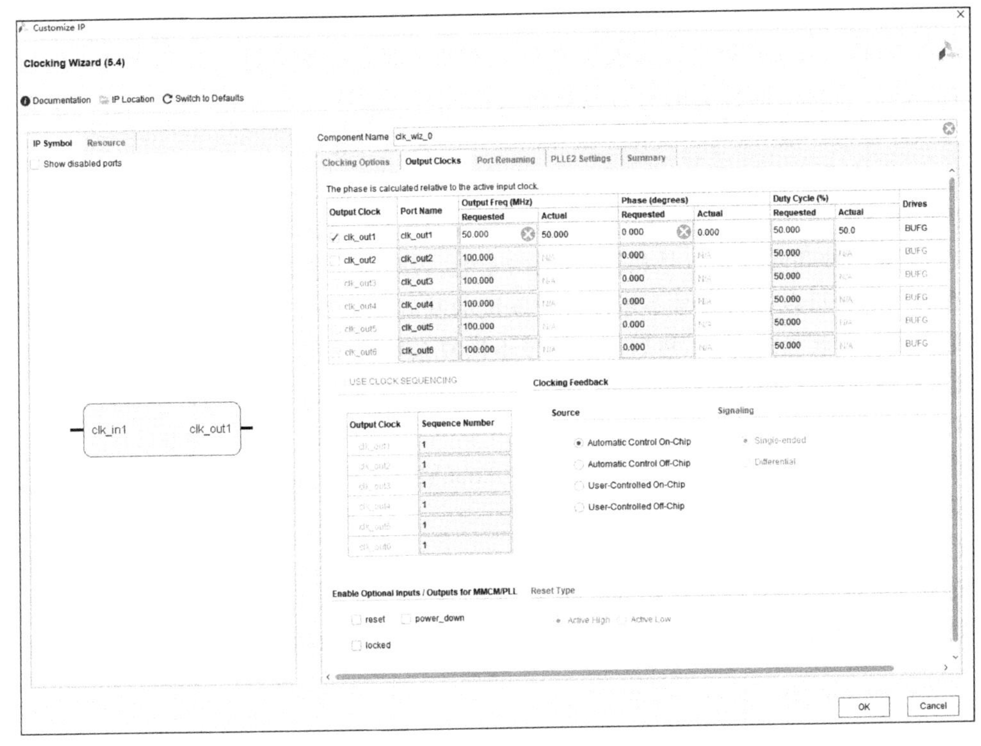

图 5-13　设置 Output Clocks

将前面做好的 divu IP 核调进来，在 divux16.v 中实例化这两个 IP 核，注意判断除数为 0 的情况，另外还要注意启动除法器需要 start 信号有效而 busy 信号无效时才行。

divux16 模块的端口定义如下：

```
1.  module divux16(
2.      input [15:0] a,
3.      input [7:0] b,
4.      input clk,
5.      input start,
6.      input reset,
7.      output [15:0] q,
8.      output [7:0] r
9.      );
10. …
```

在 C:\sysclassfiles\orgnization\Ex_3\divux16 中给出了初始设计文件和约束文件，供读者完善和使用。

5.3.2　有符号数除法器的设计

1. 实验目的

(1) 掌握不恢复余数除法的原理。

(2) 巩固负数补码的表示方法。

(3) 理解不恢复余数的有符号数除法器的原理。

2. 实验内容

使用 Verilog HDL 语言行为级描述方法，根据不恢复余数除法的原理实现被除数数据宽度在 8、16、32 位之间可变的有符号数除法器 div，并请通过编写 div_sim 文件，仿真验证有符号数除法器。最后，请将有符号数除法器封装成 IP 核。

3. 实验预习

巩固不恢复余数除法的算法。有符号数除法与无符号数除法的最大区别是要考虑商的符号，如果被除数和除数的符号相同，则商为正数，否则商为负数。

有符号除法可以在无符号不恢复余数除法的基础上做改进，最简单的办法是将被除数和除数中的负数转换成负数，然后用无符号不恢复余数除法算出结果。这样算出的结果都是正数，然后在根据商的符号做调整，如果商的符号位是 1(负数)，则对商求补即可。

4. 实验步骤

本实验的资源包在 C:\sysclassfiles\orgnization\Ex_3\div 中给出了初始设计文件 div. v 和仿真文件 div_sim. v，供读者完善和使用。

(1) 创建项目，完成设计。

创建 div 项目，设计文件中模块名为 div。

读者可以利用不恢复余数除法算法完善资源包中如下的初始设计来实现 div 模块。

```
1.  `timescale 1ns / 1ps
2.  module div
3.    #(parameter WIDTH = 8)
4.        (
5.        input [WIDTH - 1:0] a,
6.        input [WIDTH/2 - 1:0] b,
7.        input clk,
8.        input start,
9.        input resetn,
10.       output [WIDTH - 1:0] q,          // 商
11.       output [WIDTH/2 - 1:0] r,        // 余数
12.       output reg busy                  // 正在做除法
13.       );
14.
15.       //添加自己的代码
16.       …
17. endmodule
```

其中，被除数为 a，除数为 b(宽度是被除数的一半)，商为 q，余数为 r(b 和 r 的宽度是被除数的一半，商的数据宽度同被除数)。作为辅助信号，有时钟信号 clk，启动除法操作的信号 start，复位信号 resetn。另外，除法器应该有一个输出信号 busy，当除法运算开始时，该信号为高电平，除法运算结束后，busy 转为低电平。商和余数的符号规则是，被除数和除数符号相同，商的符号为正，否则商的符号为负。余数的符号同被除数。

(2) 仿真验证。

下面的代码是仿真文件的一个案例，读者可以在 div_sim. v 中找到它。

```
1.  module div_sim(  );
2.        // input
```

```
3.      reg [31:0] a = 32'd16;
4.      reg [15:0] b = 16'd4;
5.      reg clk = 0;
6.      reg start = 0;
7.      reg resetn = 0;
8.      // output
9.      wire [31:0] q;
10.     wire [15:0] r;
11.     wire busy;
12.     div #(32) u(a,b,clk,start,resetn,q,r,busy);
13.     initial begin
14.      #30 begin resetn = 1;start = 1;end
15.      #50 start = 0;
16.      #1400 begin start = 1; a = 32'd18;b = 16'd5;end
17.      #50 start = 0;
18.      #1400 begin start = 1; a = 32'hffffffee;b = 16'd5;end
19.      #50 start = 0;
20.      #1400 begin start = 1; a = 32'd18;b = 16'hfffb;end
21.      #50 start = 0;
22.     end
23.     always  #20  clk = ~clk;
24. endmodule
```

(3) 封装 IP 核。

将 div 模块封装成 IP 核,封装 IP 核的方法读者可以参考前面章节。

5. 思考与拓展

利用上一个实验中封装的数据宽度可变的有符号数除法器 IP 核 div,采用元件例化的方法实现一个 16 位有符号数除法器 divx16,并下载到 Minisys 实验板上进行验证。被除数 a[15:0]接 SW23～SW8,除数 b[7:0]接 SW7～SW0,商 q[15:0]接 GLD7～GLD0,YLD7～YLD0,余数 r[7:0]接 RLD7～RLD0,clk 接 Y18,resetn 接 P20,start 接到 S4 按键开关。具体的引脚分配如表 5-7 所示。

表 5-7　16 位有符号数除法器的引脚分配

信　号	器　件	引　脚	信　号	器　件	引　脚
a[15]	SW23	Y9	q[15]	YLD7	M17
a[14]	SW22	W9	q[14]	YLD6	M16
a[13]	SW21	Y7	q[13]	YLD5	M15
a[12]	SW20	Y8	q[12]	YLD4	K16
a[11]	SW19	AB8	q[11]	YLD3	L16
a[10]	SW18	AA8	q[10]	YLD2	L15
a[9]	SW17	V8	q[9]	YLD1	L14
a[8]	SW16	V9	q[8]	YLD0	J17
a[7]	SW15	AB6	q[7]	GLD7	F21
a[6]	SW14	AB7	q[6]	GLD6	G22
a[5]	SW13	V7	q[5]	GLD5	G21
a[4]	SW12	AA6	q[4]	GLD4	D21

续表

信　　号	器　　件	引　　脚	信　　号	器　　件	引　　脚
a[3]	SW11	Y6	q[3]	GLD3	E21
a[2]	SW10	T6	q[2]	GLD2	D22
a[1]	SW9	R6	q[1]	GLD1	E22
a[0]	SW8	V5	q[0]	GLD0	A21
b[7]	SW7	U6	r[7]	RLD7	K17
b[6]	SW6	W5	r[6]	RLD6	L13
b[5]	SW5	W6	r[5]	RLD5	M13
b[4]	SW4	U5	r[4]	RLD4	K14
b[3]	SW3	T5	r[3]	RLD3	K13
b[2]	SW2	T4	r[2]	RLD2	M20
b[1]	SW1	R4	r[1]	RLD1	N20
b[0]	SW0	W4	r[0]	RLD0	N19
clk	时钟源	Y18	resetn	S6	P20
start	S4	P4			

divx16 模块的端口定义如下：

```
1.  module divx16(
2.      input [15:0] a,
3.      input [7:0] b,
4.      input clk,
5.      input start,
6.      input reset,
7.      output [15:0] q,
8.      output [7:0] r
9.      );
10. …
```

在 C:\sysclassfiles\orgnization\Ex_3\divx16 中给出了初始设计文件和约束文件，供读者完善和使用。

5.4　运算器的设计

运算器是微处理器中的一个重要部件，负责完成算数运算、逻辑运算、移位运算等功能。本节的主要任务就是用不同的方法设计能进行多种运算的运算器。本节所有实验在资源包中提供的初始文档均在 C:\sysclassfiles\orgnization\Ex_4 中。

5.4.1　8 位运算器的设计

1. 实验目的

（1）前面设计的 IP 核进行综合应用。

（2）初步理解指令格式。

（3）学会设计运算器的控制逻辑。

2. 实验内容

利用前面章节设计好的可变数据位数的加减法器 IP 核、可配置输入端数目和数据位宽的与、或、非、异或门 IP 核、多路选择器 IP 核以及 8 位桶形移位器 IP 核作为基本元件，利用 Verilog HDL 的结构化描述方法与数据流描述方法完成一个 8 位的运算器 alu8_verilog，其功能如表 5-8 所示。其中 op[3:0]是操作码，输入的 8 位操作数分别是 a[7:0]和 b[7:0]，运算结果是 res[7:0]，另外输出还有进位标志 cf，有符号数溢出标志 of，结果为 0 标志 zf 以及有符号数符号标志 sf。

表 5-8 8 位运算器的功能定义

op[3]	op[2]	op[1]	op[0]	功 能
0	0	×	0	res=a+b，输出有 cf，of，zf，sf
0	0	×	1	res=a−b，输出有 cf，of，zf，sf
0	1	0	0	res=a and b，输出有 cf=0，of=0，zf，sf
0	1	0	1	res=a or b，输出有 cf=0，of=0，zf，sf
0	1	1	0	res=～a，输出有 cf=0，of=0，zf，sf
0	1	1	1	res=a xor b，输出有 cf=0，of=0，zf，sf
1	×	0	0	res=a 逻辑右移 b[2:0]位，cf=0，of=0，zf，sf
1	×	0	1	res=a 算数右移 b[2:0]位，cf=0，of=0，zf，sf
1	×	1	×	res=a 左移 b[2:0]位，cf=0，of=0，zf，sf

3. 实验预习

认真复习可变数据位数的加减法器 IP 核、可配置输入端数目和数据位宽的与、或、非、异或门 IP 核、多路选择器 IP 核以及 8 位桶形移位器 IP 核的实现方法，尤其是它们的端口定义，以便实例化的时候能进行正确的连接。

4. 实验步骤

本实验的资源包在 C:\sysclassfiles\orgnization\Ex_4\alu8_verilog 中给出了初始设计文件 alu8_verilog.v、仿真文件 alu8_verilog_sim.v 和约束文件 alu8_verilog.xdc，供读者完善和使用。

1）创建项目

创建 alu8_verilog 项目，设计文件中模块名为 alu8_verilog。

2）导入 IP 核

(1) 将以前做过的 IP 核调入到项目的 IP 核库中。

(2) 通过 IP Catalog 将需要使用的 IP 核以 8 位数据宽度，两输入形式添加到 project 中。

3）设计好 8 选 1 的选择端的逻辑电路

8 选 1 的选择端只有 3 位，因此，要将 4 位的 op 转换成 3 位的选择端 SEL[2:0]。表 5-9 中定义了 SEL[2:0]各种取值的含义。请读者自行设计 SEL 各位的逻辑表达式，然后用数据流方式描述。表中 SEL 为 010 和 011 两个码没有操作，可以将其中一个 SEL 码分给桶形移位器，注意桶形移位器的端口定义，它自己能够选择是哪种移位。

表 5-9　SEL[2:0]的含义

SEL[2:0]	含　义	SEL[2:0]	含　义
000	选加减法运算	100	选与运算结果
001	选移位运算结果	101	选或运算结果
010	—	110	选非运算结果
011	—	111	选异或运算结果

4）利用结构化描述方式，将各个 IP 模块的信号进行连接。

读者可以在如下的初始设计文件 alu8_verilog. v 的基础上加以完善。

```
1.  `timescale 1ns / 1ps
2.  module alu8_verilog(
3.          input [7:0] a,
4.          input [7:0] b,
5.          input [3:0] op,
6.          output [7:0] res,
7.          output cf,
8.          output ovf,
9.          output zf,
10.         output sf
11.         );
12.         wire [7:0] res1,res2,res3,res4,res5,res6;
13.         wire cf1,of1,sf1,zf1;
14.         wire [2:0] sel;
15.         //sel[2:0]
16.         //000    addsub
17.         //001    shift
18.         //010    --
19.         //011    --
20.         //100    and
21.         //101    or
22.         //110    not
23.         //111    xor
24.         //添加自己的代码
25.         …
26.
27. endmodule
```

5）进行仿真

用下面的仿真文件，可以得到如图 5-14 所示的波形。

```
1.  module alu8_verilog_sim(    );
2.          // input
3.          reg [7:0] a = 8'h16;
4.          reg [7:0] b = 8'h12;
5.          reg [3:0] op = 4'b0000;           // 加法
6.          //output
7.          wire [7:0] res;
8.          wire cf;
```

```
9.      wire ovf;
10.     wire sf;
11.     wire zf;
12.     // initial
13.     alu8_verilog U (.a(a),.b(b),.op(op),.res(res),.cf(cf),
14.  .ovf(ovf),.sf(sf),.zf(zf));
15.     initial begin
16.     #200 op = 4'b0001;                                          // 减法
17.     #200 begin a = 8'h7f; b = 8'h2; op = 4'b0000; end
18.     #200 begin a = 8'hff; b = 8'h2; op = 4'b0000; end
19.     #200 begin a = 8'h16; b = 8'h17; op = 4'b0001; end
20.     #200 begin a = 8'hf0; b = 8'h0f; op = 4'b0100; end          // 与
21.     #200 begin a = 8'hf0; b = 8'h0f; op = 4'b0101; end          // 或
22.     #200 begin a = 8'hf0; b = 8'h0f; op = 4'b0110; end          // 非
23.     #200 begin a = 8'hff; b = 8'hff; op = 4'b0111; end          // 异或
24.     #200 begin a = 8'hff; b = 8'h03; op = 4'b1000; end          //逻辑右移
25.     #200 begin a = 8'hff; b = 8'h03; op = 4'b1001; end          //算数右移
26.     #200 begin a = 8'hff; b = 8'h03; op = 4'b1010; end          // 左移
27.     end
28. endmodule
```

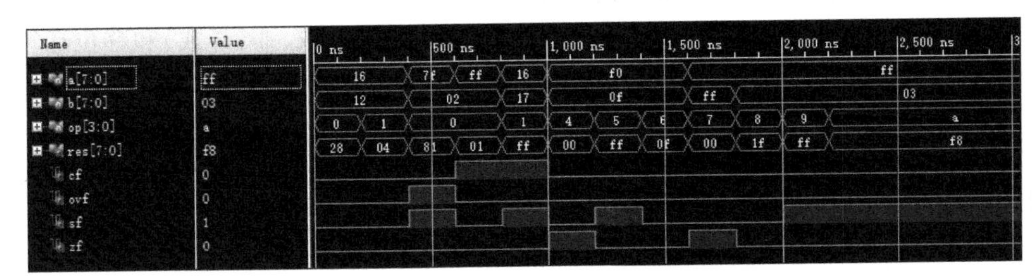

图 5-14 8 位运算器仿真波形图

6) 综合、实现、并下载到 Minisys 实验板上

信号与引脚的对应关系是：a[7:0]接 SW15～SW8，b[7:0]接 SW7～SW0，op[3:0]接 SW23～SW20，res[7:0]接 GLD7～GLD0，cf 接 RLD4，of 接 RLD5，zf 接 RLD6，sf 接 RLD7。各信号对应的板上器件及其引脚如表 5-10 所示。

表 5-10 运算器 alu8_verilog 的引脚分配

信　号	器　件	引　脚	信　号	器　件	引　脚
a[7]	SW15	AB6	b[7]	SW7	U6
a[6]	SW14	AB7	b[6]	SW6	W5
a[5]	SW13	V7	b[5]	SW5	W6
a[4]	SW12	AA6	b[4]	SW4	U5
a[3]	SW11	Y6	b[3]	SW3	T5
a[2]	SW10	T6	b[2]	SW2	T4
a[1]	SW9	R6	b[1]	SW1	R4
a[0]	SW8	V5	b[0]	SW0	W4
res[7]	GLD7	F21	op[3]	SW23	Y9

续表

信　　号	器　　件	引　　脚	信　　号	器　　件	引　　脚
res[6]	GLD6	G22	op[2]	SW22	W9
res[5]	GLD5	G21	op[1]	SW21	Y7
res[4]	GLD4	D21	op[0]	SW20	Y8
res[3]	GLD3	E21	sf	RLD7	K17
res[2]	GLD2	D22	zf	RLD6	L13
res[1]	GLD1	E22	of	RLD5	M13
res[0]	GLD0	A21	cf	RLD4	K14

5. 思考与拓展

读者尝试自己定义操作码，让运算器除了能做上述运算外，还能做乘法和除法（可能需要改变乘积和被除数的位宽）。

5.4.2 用 Block Design 设计 8 位运算器

1. 实验目的

（1）进一步熟悉 Block Design 的设计方法。

（2）设计一个能进行算术运算（加、减法）、逻辑运算（与、或、非、异或）和移位运算（左移、逻辑右移、算术右移）的 8 位运算器。

2. 实验内容

利用前面章节设计好的可变数据位数的加减法器 IP 核、与、或、非、异或门 IP 核、8 位桶形移位器 IP 核以及 8 选 1 多路选择器 IP 核作为基本元件，利用 Vivado 的 Block Design 完成一个 8 位的运算器 alu8_bk。相关的功能、引脚对应等参见 5.4.1 节。

3. 实验预习

认真复习 Block Design 的设计方法。

认真复习可变数据位数的加减法器 IP 核、可配置输入端数目和数据位宽的与、或、非、异或门 IP 核、多路选择器 IP 核以及 8 位桶形移位器 IP 核的实现方法，尤其是它们的端口定义。

4. 实验步骤

本实验的资源包在 C:\sysclassfiles\orgnization\Ex_4\alu8_blk 中给出了仿真文件 alu8_bk_sim.v 和约束文件 alu8_bk_wrapper.xdc，供读者使用。

（1）创建项目。

创建 alu8_blk 项目。

（2）导入 IP 核。

将以前做过的 IP 核调入到项目的 IP 核库中。

（3）设计好 8 选 1 的选择端的逻辑电路。

根据表 5-9 中的设计好逻辑表达式，并调用基本门电路的 IP 核，实现这些逻辑表达式。

（4）用线将各个 IP 模块的信号连接起来。

（5）进行仿真、综合、实现和下载。

注意：在使用 Block Design 时可能需要将一个总线拆分成单独的一根根信号线，这时需要用到 Vivado Repository→Basic Elements→Slice IP 核；有时需要将几个信号线组合成一个总线，此时需要用到 Vivado Repository→Basic Elements→Concat IP 核。

5. 思考与拓展

认真比较一下用 Verilog HDL 语言和用 Block Design 设计电路的各自优缺点。

5.5　存储器的扩展

存储器是计算机系统中非常重要的存放数据的器件，在计算机系统中，存储器主要有 RAM 和 ROM(外存除外)，本节主要利用 Vivado 自带的存储器 IP 核来做存储器的扩展实验。本节所有实验在资源包中提供的初始文档均在 C:\sysclassfiles\orgnization\Ex_5 中。

5.5.1　使用 IP 核和存储器位扩展技术设计存储器

1. 实验目的

(1) 掌握利用 Vivado 的 IP 核设计和实现 RAM 存储器的方法。

(2) 掌握存储器位扩展的方法。

(3) 学会初始化存储器。

(4) 熟悉存储器的存取方法。

2. 实验内容

(1) 通过 Vivado 工具，利用它的 IP 核，构建 4 个 16×2 位的存储器。

(2) 利用位扩展技术将上述 4 个存储器组成 1 个 16×8 位的存储器。

(3) 通过仿真验证。

(4) 将设计封装成 IP 核。

3. 实验预习

认真复习计算机组成原理中关于存储器操作的相关内容以及存储器的位扩展技术。由于 FPGA 芯片内部是有 Block RAM 的，为了充分利用芯片资源，所以实验中采用了 Vivado 的 IP 核来组成基础存储单元，其访问方法大致和常用存储芯片类似。但也希望读者能够阅读 Vivado 存储器 IP 核的相关文档。

4. 实验步骤

本实验的资源包在 C:\sysclassfiles\orgnization\Ex_5\ram16x8 中给出了初始设计文件 ram16x8. v、仿真文件 ram16x8_sim. v 和约束文件 ram16x8. xdc，供读者完善和使用。

1) 创建一个项目 ram16x8

根据 4.1 节的实验步骤创建项目 ram16x8。

2) 创建 RAM 初始化文件

在 ram16x8 文件夹下，用记事本创建 4 个文件，分别是 ram16x2-1. coe、ram16x2-2. coe、ram16x2-3. coe 和 ram16x2-4. coe。内容相同，均如下：

```
memory_initialization_radix = 2;
memory_initialization_vector =
00,
00,
00,
00,
```

```
00,
00,
00,
00,
00,
00,
00,
00,
00,
00,
00,
00,
```

该文件中，“memory_initialization_radix＝2”表明数据是按照二进制方式给出的，“memory_initialization_vector＝ 00……”给出具体的数据(16个2位的数据组成16×2的存储体)。

3) 利用IP核创建16×2位的存储器

(1) 在图5-15中双击IP Catalog。

(2) 在打开的IP Catalog窗口中双击图5-16中高亮部分(Block Memory Generator)。

(3) 按照图5-17所示设置Basic选项卡，注意，Component Name为ram16x2_1，选择单端口RAM，采用最小面积算法。

(4) 按照图5-18所示设置Port A Options选项卡，数据位宽是2，共16个数据，形成16×2的存储单元，操作模式是写优先，端口具有允许端的使能信号，还有一个写允许信号，去掉Primitives Output Register前面的勾。

(5) 按照图5-19所示设置Other Options选项卡。主要是要设置初始化文件，这里初始化文件指向刚刚建立的ram16x2-1.coe。

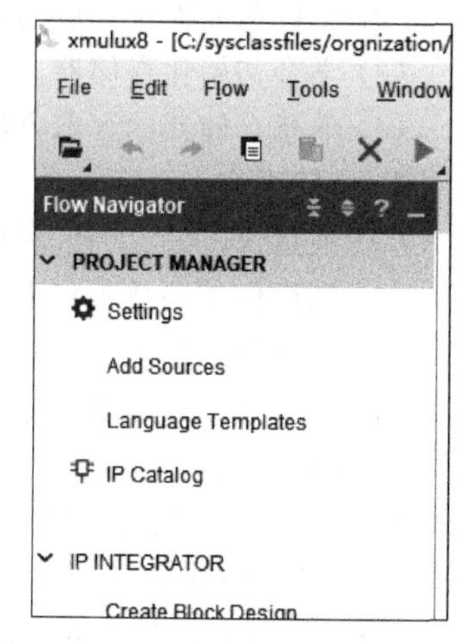

图5-15　Project Manager

(6) 单击OK按钮，在图5-20中单击Generate，生成IP核后(可能需要的时间比较长)，在图5-21中单击OK按钮。

(7) 按照上述方法分别生成ram16x2_2、ram16x2_3和ram16x2_4这3个存储器，初始化文件分别是ram16x2-2.coe、ram16x2-3.coe和ram16x2-4.coe。

4) 完善Verilog文件ram16X8.v

其端口定义如下：

```
1.  module ram16x8(
2.      input clk,                //时钟信号
3.      input we,                 //写使能
4.      input en,                 //使能信号
5.      input [3:0] addr,         //地址线(16个存储单元,因此只要4根地址线)
6.      input [7:0] datain,       // 输入数据线
7.      output [7:0] dataout      // 输出数据线
8.      );
```

图 5-16　IP Catalog 窗口

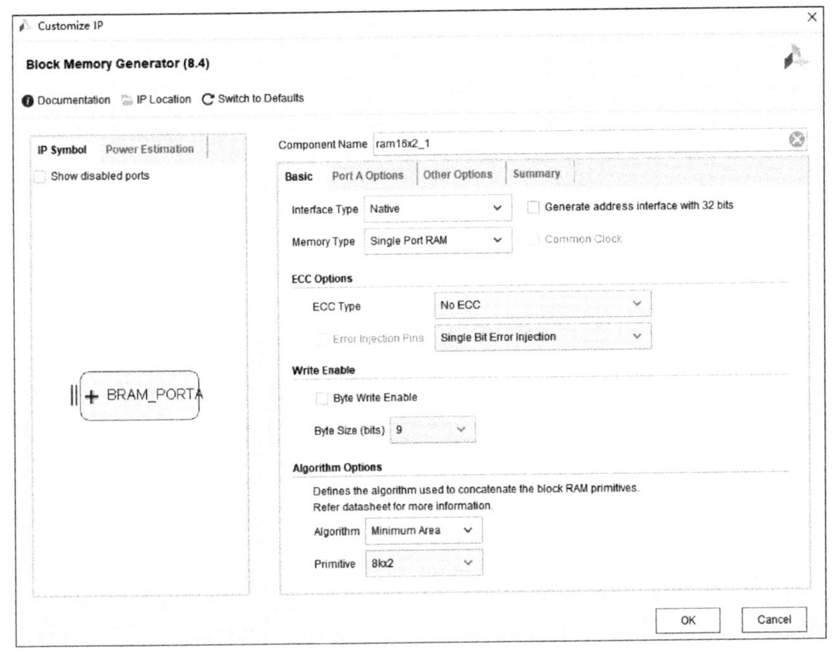

图 5-17　Basic 选项卡

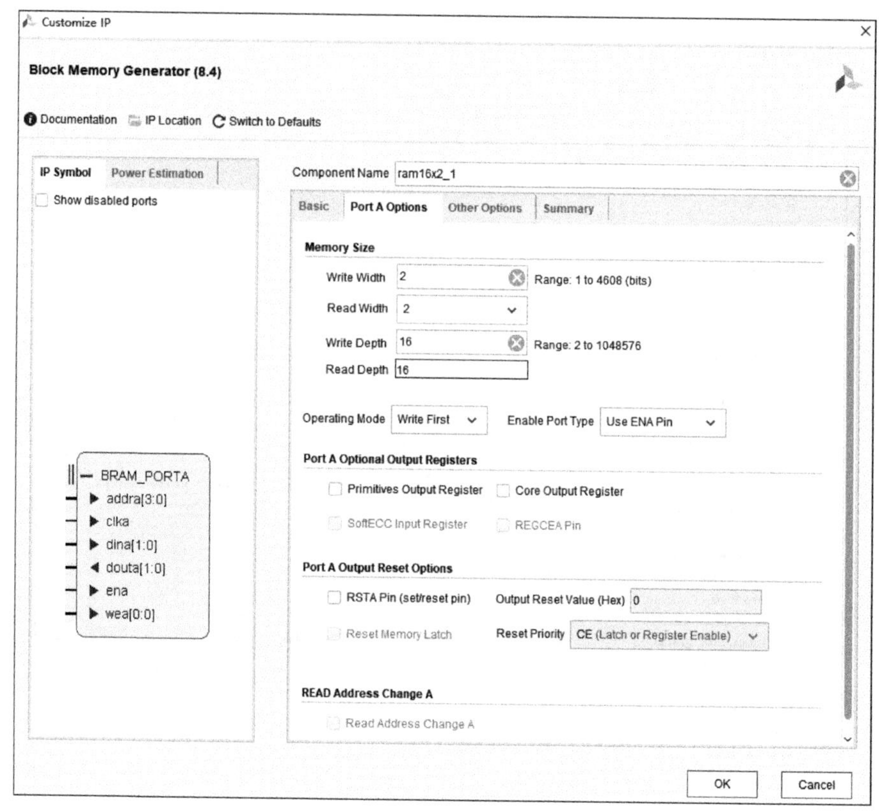

图 5-18 Port A Options 选项卡

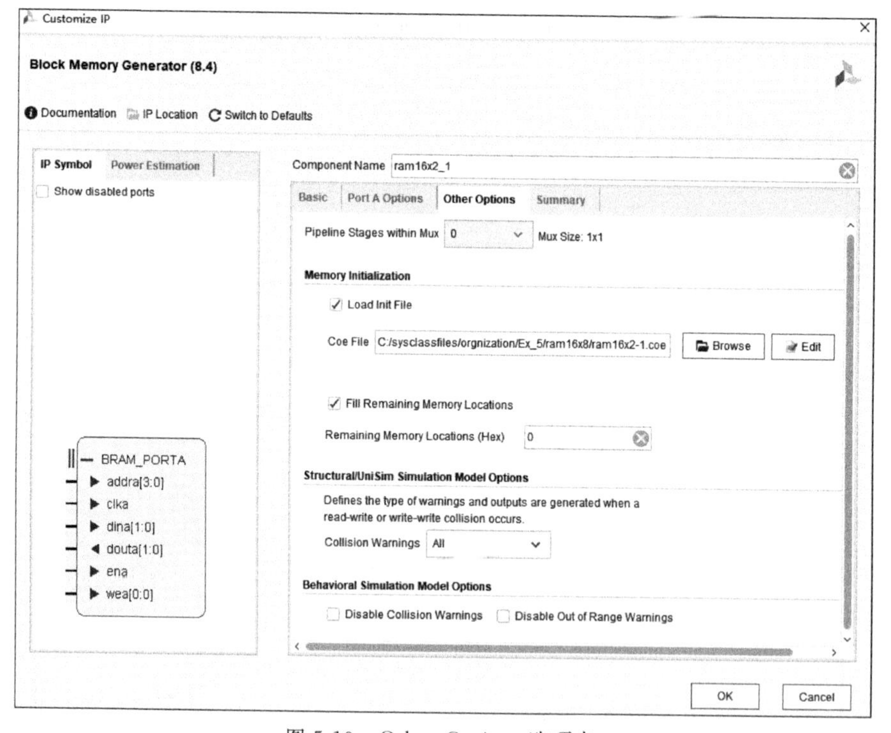

图 5-19 Other Options 选项卡

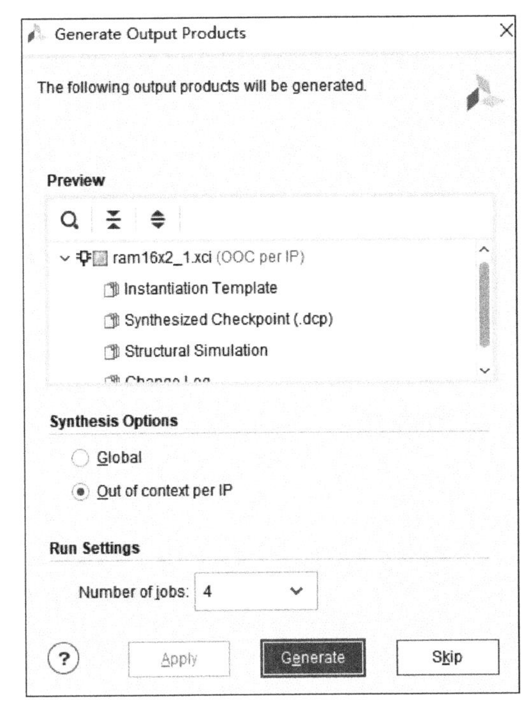

图 5-20　产生 IP 核

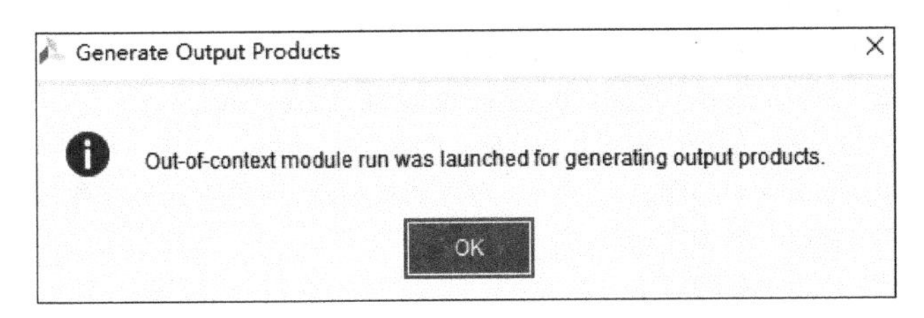

图 5-21　产生 IP 核后的对话框

在该文件中元件例化 4 个 16×2 位模块，利用计算机组成原理课程中学到的存储器位扩展的方法扩展出一个 16×8 位的存储器。所谓存储器位扩展，就是将若干片位数较少的存储芯片通过并联增加位数，从而得到给定位宽的存储器。图 5-22 是位扩展结构示意图。

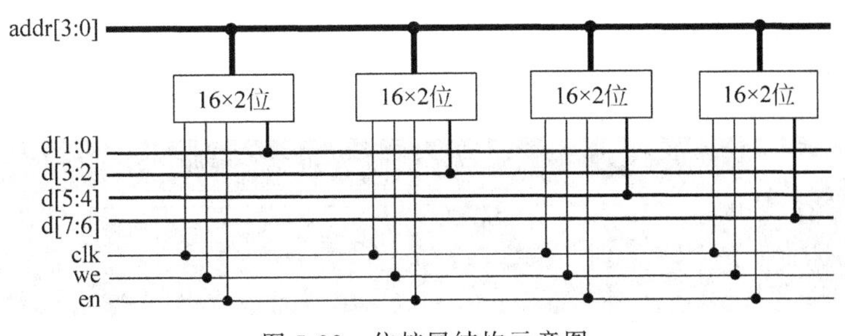

图 5-22　位扩展结构示意图

5）设计仿真文件，对 16×8 位的存储器进行仿真测试

采用下面的 ram16x8_sim. v 仿真程序就可以得到图 5-23 所示的仿真波形。

```
1.  module ram16x8_sim(      );
2.          //input
3.  reg clk = 0;
4.  reg en = 0;
5.  reg we = 0;
6.  reg [3:0] addr = 4'b0000;
7.  reg [7:0] din = 8'h00;
8.  //output
9.  wire [7:0] dout;
10. //instantiate the Unit under test
11. ram16x8 ut(
12.       .clk(clk),
13.       .we(we),
14.       .en(en),
15.       .addr(addr),
16.       .datain(din),
17.       .dataout(dout)
18.       );
19. initial begin
20. #100  begin we = 1;en = 1; addr = 4'b0011; din = 8'b10101010; end;  //写地址 3
21.          #100  begin addr = 4'b0100; din = 8'b01010101; end;         //写地址 4
22.          #100 begin addr = 4'b0101; din = 8'b10100101; end;          //写地址 5
23.          #100  begin addr = 4'b0110; din = 8'b01011010; end;         //写地址 6
24.          #100  begin we = 0; en = 0; addr = 4'b0011; end;            //不允许操作
25.          #100  addr = 4'b0100;          //下面换地址，因为不允许操作，所以读出数据不变
26.          #100  addr = 4'b0101;
27.          #100  addr = 4'b0110;
28.          #100  en = 1;                            //允许操作
29.          #100  addr = 4'b0011;                    //读地址 3
30.          #100  addr = 4'b0100;                    //读地址 4
31.          #100  addr = 4'b0101;                    //读地址 5
32.          #100  addr = 4'b0110;                    //读地址 6
33.          #100  addr = 4'b0000;                    //读地址 0
34.          #100  begin en = 0; addr = 4'b0100; end; //不允许操作
35. end
36. always  #5  clk = ~clk;
37. endmodule
```

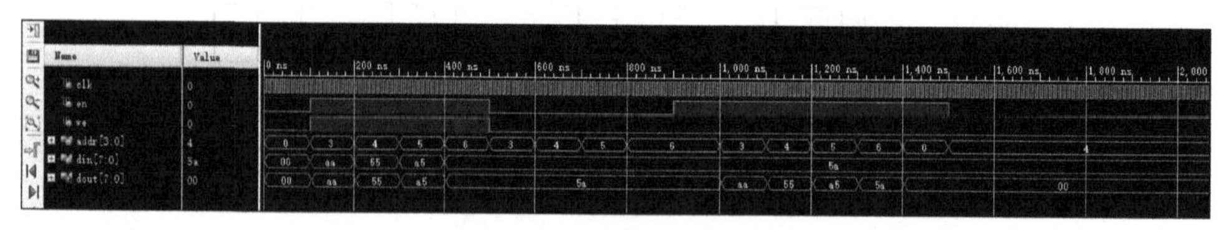

图 5-23　16×8 存储器仿真波形

5. 思考与拓展

如果不用 Vivado 提供的 IP 核，采用 REG 型两维数组也可以做存储器，用这种方式实现一个 16×8 位的存储器，与本实验的方法相比，资源利用上有什么不同?

5.5.2　使用 IP 核和存储器字扩展技术设计存储器

1. 实验目的

(1) 掌握存储器字扩展的方法。

(2) 学会初始化存储器。

(3) 熟悉存储器的存取方法。

2. 实验内容

(1) 通过 Vivado 工具，利用它的 IP 核，构建 4 个 16×8 位的存储器。

(2) 利用字扩展技术将上述 4 个存储器组成 1 个 64×8 位的存储器。

(3) 通过仿真、下板验证。

3. 实验预习

认真复习计算机组成原理中关于存储器操作的相关内容以及存储器的字扩展技术。由于 FPGA 芯片内部是有 Block RAM 的，为了充分利用芯片资源，所以实验中采用了 Vivado 的 IP 核来组成基础存储单元，其访问方法大致和常用存储芯片类似。但也希望读者能够阅读 Vivado 存储器 IP 核的相关文档。

4. 实验步骤

本实验的资源包在 C:\sysclassfiles\orgnization\Ex_5\ram64x8 中给出了初始设计文件 ram64x8. v、仿真文件 ram64x8_sim. v 和约束文件 ram64x8. xdc，供读者完善和使用。

(1) 创建一个项目 ram64×8。

根据 4.1 节的实验步骤创建项目 ram64x8。

(2) 创建 RAM 初始化文件。

在 ram64x8 文件夹下，用记事本创建 4 个文件，分别是 ram16x8-1. coe、ram16x8-2. coe、ram16x8-3. coe 和 ram16x8-4. coe。内容相同，均为:

```
memory_initialization_radix = 16;
memory_initialization_vector =
00,00,00,00,00,00,00,00,00,00,00,00,00,00,00,00;
```

该文件中，memory_initialization_radix＝16; 表明数据是按照十六进制给出的，memory_initialization_vector＝00……给出具体的数据。

(3) 利用 IP 核创建 16×8 位的存储器。

(4) 完善 Verilog HDL 文件 ram64x8. v。

其端口定义如下:

```
1.  module ram64x8(
2.        input clk,              //时钟信号
3.        input en,               //使能信号
4.        input we,               //写信号
5.        input [5:0] addr,       //地址信号
```

```
6.        input [7:0] din,          //输入信号
7.        output reg [7:0] dout     //输出信号
8.        );
```

所谓字扩展技术是指位数不变,容量扩充。图 5-24 是字扩展结构的示意图。

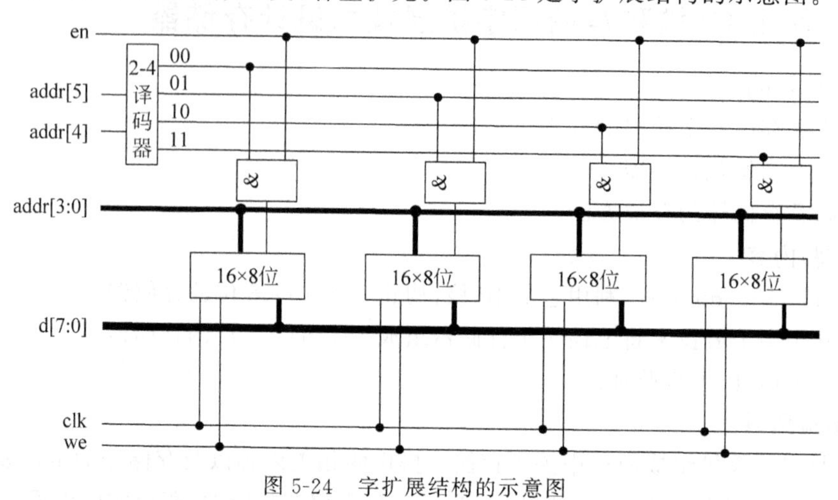

图 5-24　字扩展结构的示意图

(5) 设计仿真文件,对 64×8 位的存储器进行仿真测试。

采用以下仿真程序进仿真:

```
1.  module ram64x8_sim(  );
2.          //input
3.  reg clk = 0;
4.  reg en = 0;
5.  reg we = 0;
6.  reg [5:0] addr = 6'd0;
7.  reg [7:0] din = 8'h00;
8.  //output
9.  wire [7:0] dout;
10. //instantiate the Unit under test
11. ram64x8 ut(
12.       .clk(clk),
13.       .we(we),
14.       .en(en),
15.       .addr(addr),
16.       .din(din),
17.       .dout(dout)
18.       );
19. initial begin
20.       #100  begin we = 1;en = 1; addr = 6'd10; din = 8'b10101010; end;
21.       #100  begin addr = 6'd20; din = 8'b01010101; end;
22.       #100  begin addr = 6'd40; din = 8'b10100101; end;
23.       #100  begin addr = 6'd60; din = 8'b01011010; end;
24.       #100  begin we = 0; en = 0; addr = 6'd10; end;
25.       #100  addr = 6'd20;
26.       #100  addr = 6'd40;
```

```
27.        #100  addr = 6'd60;
28.        #100  en = 1;
29.        #100  addr = 6'd10;
30.        #100  addr = 6'd20;
31.        #100  addr = 6'd40;
32.        #100  addr = 6'd60;
33.        #100  addr = 6'd0;
34.        #100  begin en = 0; addr = 6'd20; end;
35. end
36. always   #5  clk = ~clk;
37. endmodule
```

上面的仿真文件可以得到如图 5-25 所示的波形图。

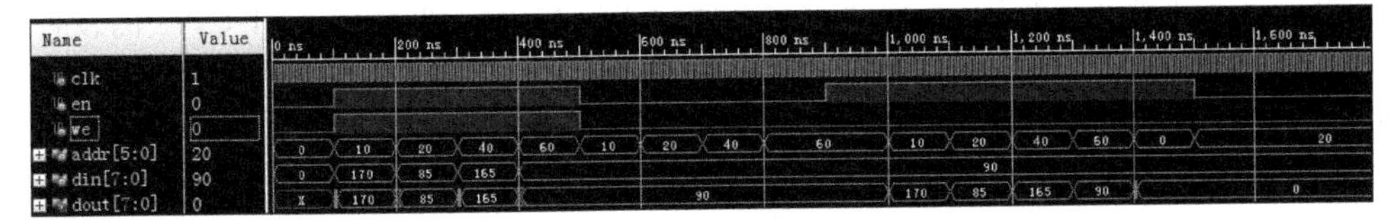

图 5-25　64×8RAM 仿真波形图

(6) 下板验证。

请按照表 5-11 所示分配引脚，然后实现、生成 bit 文件并下载到实验板上进行验证。

表 5-11　RAM 64×8 的引脚分配

信　号	器　件	引　脚	信　号	器　件	引　脚
datain[7]	SW7	U6	dataout[7]	GLD7	F21
datain[6]	SW6	W5	dataout[6]	GLD6	G22
datain[5]	SW5	W6	dataout[5]	GLD5	G21
datain[4]	SW4	U5	dataout[4]	GLD4	D21
datain[3]	SW3	T5	dataout[3]	GLD3	E21
datain[2]	SW2	T4	dataout[2]	GLD2	D22
datain[1]	SW1	R4	dataout[1]	GLD1	E22
datain[0]	SW0	W4	dataout[0]	GLD0	A21
addr[6]	SW20	Y8	clk	SW23	Y9
addr[5]	SW19	AB8	en	SW22	W9
addr[4]	SW18	AA8	we	SW21	Y7
addr[3]	SW17	V8			
addr[2]	SW16	V9			
addr[1]	SW15	AB6			
addr[0]	SW14	AB7			

5. 思考与拓展

考虑用很小规模的存储模块通过位扩展和字扩展获得更大规模存储器的方法。

第6章

Minisys-1 单周期 CPU 的设计

本章重点介绍 Minisys-1 单周期 CPU 的设计。首先介绍 CPU 的结构、工作原理和 CPU 设计的大致流程，接着介绍本章的目标系统 Minisys-1 CPU。在介绍完 Minisys-1 CPU 的寄存器和指令系统后，开始通过多个实验来完成单周期 Minisys-1 CPU 的设计和简单接口及对外总线的设计。最后对所有部件进行顶层封装、综合、实现、BIT 流文件生成和下板验证。本章的资源默认下载后解压到 C:\sysclassfiles\orgnizationtrain\的相关文件夹中。

本章内容可作为本科计算机专业计算机组成课程设计的基础实验内容。

6.1 CPU 的结构与工作原理

本节将描述 CPU 的结构、工作原理和设计流程。由于本书只进行无中断和异常处理的单周期和多周期 CPU 设计，不涉及虚拟存储等，因此本节的部分内容不属于本书中的实践考查范围，而是为了全面讲解常规 CPU 结构而进行介绍。

6.1.1 CPU 的功能与结构

在冯·诺依曼模型计算机中，CPU 的基本功能是循环地执行指令，指令执行时实现指令所约定的功能，指令执行顺序为程序的逻辑顺序。可见，CPU 的基本任务就是实现冯·诺依曼模型及指令系统。

指令执行过程通常由多个步骤及相应操作组成，如划分为取指令、分析指令、取操作数、运算、写结果等步骤，不同指令执行的步骤数及操作有所不同。指令执行顺序控制通过在指令执行过程中计算下条指令地址来完成，该功能可安排在取指令、运算步骤中实现，如顺序型指令安排在取指令阶段，转移型指令安排在运算阶段。指令在执行过程中可能会遇到一些异常情况，如非法操作码、除零等，需要进行相应处理。

具体来说，CPU 有指令控制、操作控制、时序控制、数据加工、外部访问、中断处理 6 个功能。

(1) 指令控制指 CPU 能够按照程序逻辑顺序产生下条指令地址，CPU 中应包含指令指针寄存器(PC)和地址计算单元。

(2) 操作控制指 CPU 能够产生指令执行过程要求的、指令功能约定的 μOP 控制信号，CPU 中应包含指令译码单元、μOP 控制信号形成电路。

(3) 时序控制指 CPU 能够提供对所有操作控制信号的定时控制，CPU 中应包含时序信号产生电路。

(4) 数据加工指 CPU 能够完成所有指令约定的功能，CPU 中应包含实现所有指令功能的运算单元。

(5) 外部访问指 CPU 能够进行存储器和 I/O 访问，CPU 中应包含总线接口单元(BIU)、存储器管理单元(MMU)等。

(6) 中断处理指 CPU 能够处理外部的中断和内部的异常，CPU 中应包含中断机构等部件。

因此，完整的 CPU 应包括运算单元、寄存器组、状态寄存器等功能部件，还包括指令指针寄存器、地址计算单元、指令译码单元、时序信号形成电路、μOP 控制信号形成电路等控制部件，及 BIU、MMU、中断结构等 I/O 部件。这些部件通过一定的通路结构进行互连，以实现数据传送及操作控制，其基本结构如图 6-1 所示。

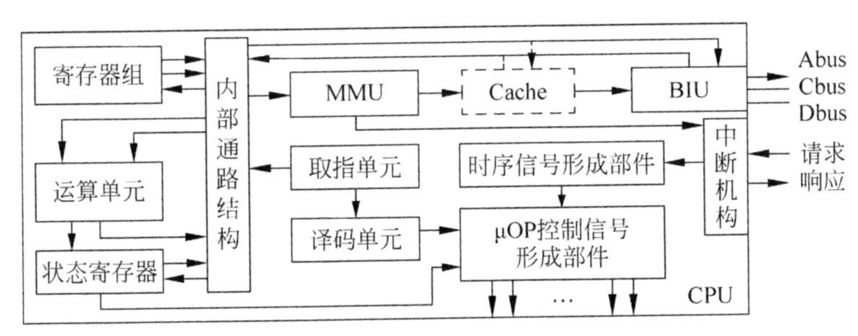

图 6-1　完整 CPU 的基本结构图

图 6-1 中，时序信号形成部件、控制信号形成部件常合称为控制单元。通常将指令执行过程中数据所经过的路径及路径上的部件统称为数据通路(Data Path)，其余部分统称为控制器。

取指单元中包含指令指针寄存器 PC、地址计算单元，地址计算单元有两种指令地址产生方式：PC←(PC)+"1"、PC←对指令地址码运算的结果，可以将地址计算单元的部分或全部功能合并到运算单元中。注意这里的"1"是指当前这一条指令的字节数。

MMU 负责存储管理的地址转换、存储保护功能。地址转换功能将程序的逻辑地址转换成主存的物理地址，转换失败时会产生一个异常，由中断机构触发异常处理程序来实现主存与辅存间的数据传输，然后重新执行当前指令即可。

现代 CPU 中常在主存和 CPU 之间设置有 Cache，以提高 CPU 的访存速度；且 Cache 常采用哈佛结构，以实现取指令、访问数据的并行。

BIU 负责 CPU 内部与外部的操作及时序转换，通常会设置缓冲寄存器 MAR(存储地址寄存器)、MDR(存储数据寄存器)，以分离 CPU 的内部操作和外部操作，从而实现内部操作和外部操作的重叠。中断机构负责接收并处理外部中断和内部异常，通过改变时序信号来产生所需的 μOP 控制信号。

本书设计的 Minisys-1 处理器不包括中断、MMU、Cache 等部件。

6.1.2　CPU 的工作原理

由于 CPU 的基本功能是循环地执行指令，并处理中断和异常，因此，CPU 的工作流程是一个循环过程，每次循环执行一条指令，有中断或异常请求时进行相应处理。可见，CPU

的工作周期由指令周期与中断周期之和组成，或者仅由指令周期组成。

指令周期指 CPU 取出并执行一条指令所需的全部时间，因操作类型、寻址方式的差异，不同指令的指令周期长度可能不同。中断周期指 CPU 响应中断或异常所需的时间，并不包括处理中断或异常的时间，因为处理是通过软件(中断或异常服务程序)实现的，占用的是指令周期。

1. 指令执行过程

程序中指令按顺序存放在主存的连续单元中，指令在 CPU 中执行，指令的操作数可存放在寄存器、指令寄存器、主存单元、I/O 端口中，因此，指令执行过程通常有取指令、指令译码、取操作数、数据运算、写结果、计算下条指令地址 6 个基本步骤，其中计算下一条指令地址步骤通常与其他步骤并行，如图 6-2 所示，循环的指令执行过程就实现了程序执行过程。

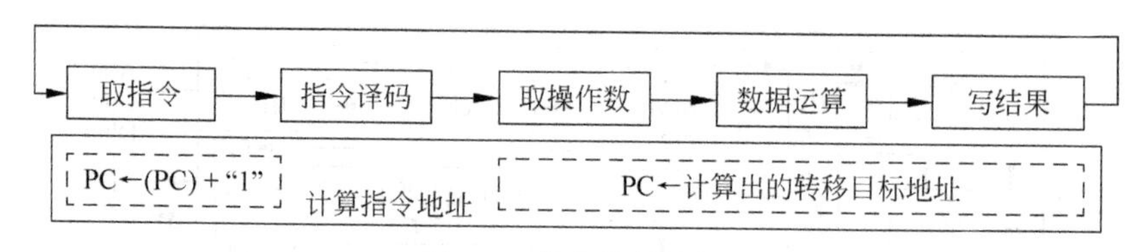

图 6-2　指令执行过程

(1) 取指令。用(PC)作为访存地址读存储器，访存结果为当前指令内容。对于变长指令字格式，可能需要多次访存才能取到完整的指令字。

(2) 指令译码。对当前指令内容进行译码，输出当前指令的操作码、各个地址码的寻址方式及其参数。操作码及寻址方式可用作控制单元的输入信号，以产生 μOP 控制信号；地址码参数可作为寄存器组、存储器、运算单元的输入，以便取操作数或写结果。

(3) 取操作数。根据寻址方式确定如何取操作数，若为寄存器数据，直接从寄存器组中读取；若为立即数，直接从指令寄存器中读取；若为存储器数据，按照寻址方式的要求先计算操作数地址，然后访存读取；若为 I/O 数据，按照寻址方式从 I/O 接口中读取。

(4) 数据运算。在 ALU 等运算单元中进行数据运算。

(5) 写结果。根据寻址方式确定如何存操作数，方法与取操作数相同，只是操作类型由读改为写。

(6) 计算下一条指令地址。若当前指令为顺序型指令，则 PC←(PC)+“1”；若当前指令为转移型指令，且指令发生转移时，PC←计算出的转移目标地址，计算方法由指令操作码、寻址方式决定，否则，如果不发生转移，则 PC←(PC)+“1”。注意，这里的“1”是指一条指令的长度。比如 MIPS 指令是定长指令，每条指令都是 4 字节，因此，对于 MIPS 指令来说这里的“1”就是 4。

可见，指令执行过程可分为取指令、分析指令、执行指令三个阶段。任何指令的执行过程都由若干个有序的操作组成，前两个阶段的操作对所有指令而言都是相同的，执行指令阶段的操作受当前指令的操作码、操作数寻址方式等因素的影响。

2. CPU 的基本操作

结合图 6-2，分析指令执行过程的具体操作可以发现，通常 CPU 内部的基本操作只有寄存器间的数据传送、存储器读、存储器写、算术逻辑运算 4 种类型，通过一个或几个时钟周期的微操作(μOP)实现。

寄存器间数据传送的 μOP 为 $R_{目} \leftarrow R_{源}$，μOP 控制信号为 $R_{源out}$、$R_{目in}$，操作部件有寄存器组、状态寄存器、PC、IR、BIU 中 MAR 和 MDR。

存储器读的 μOP 为 MDR←MEM(R)←MAR，μOP 控制信号为 read、WMFC，操作部件有 Cache、BIU。MEM 的 μOP 控制信号的定时可采用同步、联合控制方式，若采用同步方式，则无须 WMFC 控制信号。

存储器写的 μOP 为 MAR 及 MEM(W) ←MDR，μOP 控制信号为 write、WMFC，操作部件有 Cache、BIU。MEM 的 μOP 控制信号的定时可采用同步、联合控制方式，若采用同步方式，则无须 WMFC 控制信号。

算术逻辑运算的 μOP 有 $ALU_A \leftarrow R_{源1}$、$ALU_B \leftarrow R_{源2}$、$ALU_{OP} \leftarrow OP$、$R_{目} \leftarrow ALU_F$，μOP 控制信号为 $R_{源1out}$、$R_{源2out}$、OP、$R_{目in}$，由于 ALU 是组合逻辑部件，必须与寄存器连接，以保持信号稳定，算术逻辑运算实现所需的时钟周期数与数据通路的结构相关，操作部件有运算单元、地址计算单元。

以上给出的是通常 CPU 的基本操作，具体设计和实现的时候，不同的 CPU 会有自己的基本操作。本书目标系统 Minisys-1 CPU 的基本操作将在 6.5 节详细叙述。

3. CPU 的数据通路结构

指令执行过程由若干个有序的 μOP 组成，其中，部分 μOP 间存在数据传递，部分 μOP 可以并行完成(如算术逻辑运算中的 $ALU_A \leftarrow R_{源1}$ 与 $ALU_B \leftarrow R_{源2}$)。通常，将能够并行执行的 μOP 称为微操作步(μOPs)，指令执行过程可看作由 μOPs 序列组成。

指令的执行时间等于 μOPs 序列的执行时间，执行一个 μOPs 通常需要一个时钟周期，因此，指令周期受限于 μOPs 序列的步数。而 CPU 中可同时传送数据的物理链路个数、功能部件的数量都将影响 μOPs 中 μOP 的个数，进而影响 μOPs 序列的步数。

根据 CPU 中部件间是否可同时传送多个数据，数据通路有总线结构、专用结构两种类型。总线结构数据通路指 CPU 中各部件采用总线方式互连，可组织成单总线、多总线等形式，同时传送一个或几个数据。专用结构数据通路指 CPU 中需要传送数据的部件间都有一条物理链路，可同时传送所有数据，物理链路的具体组织由指令系统的需求来确定。可见，总线结构数据通路的特点是成本低、性能差，而专用结构数据通路的特点刚好相反。

数据通路的结构不仅影响指令的执行时间，还影响 CPU 中算术逻辑运算操作的实现方法，即运算单元、地址计算单元的组织方法。如单总线结构数据通路中，运算单元内需增设锁存器 Y 和 Z，解决单总线同时仅传送一个数据与 ALU 的 3 个端口数据稳定需求的冲突。

本书目标系统 Minisys-1 的数据通路及设计将在 6.5.2 节中展开叙述。

6.2 CPU 的设计流程

如前文所述，从结构上说，CPU 包含两部分。

1. 数据通路

数据通路为处理器的一部分，包含了完成处理器所要求的操作所必需的硬件，包括运算单元、寄存器组、状态寄存器等。这一部分相当于处理器的“肉体”(the brawn)。

2. 控制部分

控制部分为处理器硬件的一部分,用以告诉数据通路需要做什么,由取指单元(PC及地址计算单元)、译码单元、控制单元(时序信号形成电路及μOP控制信号形成电路)、MMU、BIU、中断机构等组成。这一部分相当于处理器的"大脑"(the brain)。

CPU的设计步骤主要包括分析指令系统、确定CPU结构参数、设计数据通路、设计译码单元及控制单元、设计其余部件。其中,CPU结构参数主要包括数据通路结构、存储系统结构、时序系统类型三方面的参数。

由于所有部件的功能及参数都依赖于指令系统,如运算单元的操作功能、数据位数等,因此,设计指令系统或分析已有指令系统是CPU设计的首要任务。由于数据通路、控制单元的组织和设计与CPU结构参数有很大关系,因此,确定CPU结构参数应先于所有的电路设计。

下面简述各个设计步骤所包含的主要内容、影响因素及常见设计方法。针对Minisys-1的具体设计详见6.4节与6.5节。

6.2.1 分析指令系统

由于本书设计的CPU采用了MIPS指令集中常见的31条指令,因此本书不涉及设计指令,只需要分析已有指令。

指令系统是所有指令的集合,指令的指令格式实现了操作命令及操作功能的约定。

分析指令系统主要是分析每条指令的操作功能、操作数类型、操作数寻址方式,以及各种数据类型的表示方法。可得到如下结果:所支持操作的功能、输入输出数据位数,所支持寻址方式的地址计算方法、输入输出数据位数,所支持数据类型的数据表示,寄存器、MEM、I/O的编址单位、地址空间参数等。

这些结果决定了数据通路、MEM、I/O等硬件的功能及参数,是所有硬件的设计基础和设计目标。例如,数据表示种类决定了功能部件的种类(如定点数与浮点数),数据表示的所有操作类型决定了功能部件的功能,寻址方式中地址计算方法扩展了功能部件的功能,或增加了功能部件的个数;整型数据表示的数码长度决定了ALU位数、寄存器宽度,寄存器寻址方式的地址码位数决定了寄存器的个数,MEM的地址位数决定了MMU的入端宽度;各条指令的操作功能决定了功能部件的互连路径。

6.2.2 确定CPU结构的参数

CPU结构的参数主要包括数据通路结构、MEM结构、时序系统类型3方面的参数,它们反映了CPU的总体框架,将影响CPU的后续设计。

1. 确定数据通路结构

数据通路结构有总线结构、专用结构两种类型。总线结构又有单总线、双总线、多总线等子类型。单总线结构的每个μOP中只允许传送一个数据,指令对应μOPs序列的步数较多,但只需一条物理链路。专用结构中,指令对应μOPs序列的步数较少,受限于指令使用时序部件的次数,但需要较多的物理链路及多路选择器来实现并行数据传送。数据通路结构还将影响组合逻辑部件外围电路的组织,如单总线结构中ALU须增设锁存器Y和Z。

确定数据通路结构时,主要依据是性能、成本的倾向性,本书所设计的CPU采用专用结构数据通路。

2. 确定存储系统结构

存储系统通常为层次结构，参数主要有 MEM 层数、每层的 MEM 结构两个方面。MEM 层数通常有两层（主存-辅存）、三层（Cache-主存-辅存）两种；MEM 结构有冯·诺依曼结构、哈佛结构两种。Cache 通常都安排在 CPU 中，本书不讨论 Cache 和辅存的设计。

冯·诺依曼结构指令和数据放在一个 MEM 中，而哈佛结构用两个 MEM 分别存放指令和数据，相对于冯·诺依曼 MEM 结构，性能好（可同时访问）、成本高、BIU 控制复杂。层次结构中每层 MEM 的结构都可以单独选择。

3. 确定时序系统类型

时序系统有单周期、多周期两种类型。单周期时序系统只有一个时标信号，信号长度为最复杂指令的操作延时，故单周期 CPU 的控制简单、性能较差。多周期时序系统包含多个时标信号，信号长度为最复杂 μOP 的操作延时，故多周期 CPU 的指令周期可以变长，性能较好。

确定时序系统类型时，主要依据是 CPU 的性价比，通常采用多周期时序系统，仅教学时会出现单周期时序系统。

6.2.3 设计数据通路

数据通路设计主要包括功能部件和部件互连两个方面。功能部件主要有运算单元、地址计算单元、寄存器组。部件互连根据指令执行过程的数据路径进行设计。

设计过程分为功能组织和逻辑实现两个阶段。功能组织指规划好每个部件的功能、端口；逻辑实现指使用芯片或电路实现规划的功能。功能组织需要基于指令系统的分析结果、确定的 CPU 结构参数进行。逻辑实现很简单，下面主要讨论功能组织。

1. 功能部件的设计与配置

运算单元中，部件的种类、功能基于所有指令的操作功能、操作数类型、操作数寻址方式进行组织，不兼容的操作或操作数位数需用不同类型部件实现。如包含 ALU、EXT 两个部件，EXT 的功能有零扩展、符号扩展（扩展立即寻址等参数的位数），ALU、EXT 的功能、端口不能兼容；部件的端口根据对应的数据表示来设置。

地址计算单元中，部件功能仅为指令寻址方式所需功能，如(PC)+“1”、相对寻址。

寄存器组中，寄存器个数取决于寄存器寻址方式的地址码位数，寄存器宽度取决于整型数据表示。寄存器组的读写端口数取决于数据通路结构、指令功能要求，专用结构可采用多个读写端口，如 MIPS 设置 2 个读端口、1 个写端口。

数据通路中，功能部件的个数配置与时序系统类型、部件复用方案密切相关。指令功能实现时可能包含多个相同部件的操作，单周期 CPU 中的部件不能复用，需配置多个部件，如 (PC)+“1”+disp 需要两个加法器；多周期 CPU 中的部件可以复用，配置的部件个数取决于指令操作的部件复用方案，如地址计算单元与运算单元合并（可降低成本），但是否复用还要根据具体设计进行多方面的考虑。

部件复用方案会改变指令的操作实现时序，如两个算术运算可用 ALU 及加法器同时完成（可提高性能），也可以仅用 ALU 分时完成（节约成本）。部件复用方案的组织原则是：尽量复用、尽早复用，以降低成本、缩短指令周期。

2. 部件互连的设计

部件互连的设计包括部件的连接需求、互连方法两个方面。连接需求基于指令功能的实现方法(如部件复用方案),互连方式受限于数据通路结构。

部件的连接需求基于已配置功能部件的种类及个数进行组织,具体流程为:分析所有指令功能的实现流程,得到每条指令的数据路径;基于部件进行统计,得到每个部件的数据入端所需连接的部件。例如,支持寄存器寻址、立即寻址方式时,ALU需连接寄存器组、EXT。

部件的互连方法取决于数据通路结构。采用总线结构数据通路时,每个部件的入端直接连接总线、出端通过三态门连接到总线;组合逻辑部件的端口数大于总线条数时,需设置锁存器解决信号冲突。采用专用结构数据通路时,每个部件的输入端通过一个多路选择器实现其连接需求,输出端直接连接到目标部件。

6.2.4 设计译码单元和控制单元

1. 译码单元设计

译码单元设计时,根据指令格式的约定分解指令字,输出指令的操作码、寻址方式、各种寻址方式的形式地址;输出通过译码器及(或)相关门电路实现。

根据控制单元的需要,其输出可以为编码方式或离散信号方式。

2. 控制单元设计

控制单元由时序信号形成电路、μOP控制信号形成电路组成,相应地,设计分为两个阶段。根据μOP控制信号的产生方式,控制单元类型有硬布线、微程序两种,RISC通常采用硬布线方式,CISC通常采用微程序方式。由于本书所设计的CPU属于RISC架构,所以本书只讨论硬布线方式。

6.3 目标系统 Minisys-1 概述

作为一个实践类课程的教材,本书后续章节将以实验手册的形式逐步展开对Minisys-1 CPU的设计。其中,第6章介绍以单周期Minisys-1 CPU为核心的带有两个接口部件的SoC设计,第7章介绍Minisys-1汇编程序设计,第8章介绍多周期Minisys-1 CPU的设计。

Minisys-1 SoC是一个以32位RISC型Minisys-1 CPU为核心,自带两个外围部件和程序下载单元的SoC芯片,其功能结构如图6-3所示。

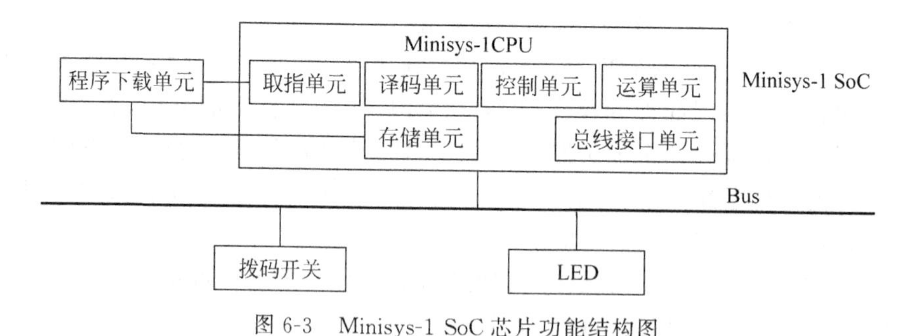

图6-3 Minisys-1 SoC芯片功能结构图

Minisys-1 CPU 采用了 32 位 MIPS CPU 的 31 条常用指令，CPU 大致采用 MIPS 的体系结构，只是在部分细节上做了一些调整。

Minisys-1 CPU 有 32 个 32 位寄存器，除了几个寄存器被固定功能外，其余的都可以做通用寄存器。

Minisys-1 CPU 有 32 位数据线（对 I/O 只有 16 位数据线）和 16 位地址线。外围部件包括 24 个拨码开关和 24 个 LED 灯。

系统的存储结构采用哈佛结构，在 Minisys-1 CPU 中包含片内的 64KB ROM 和 64KB RAM，它们都采用字节编址，但以 32 位（4 字节）为一个存储单元，即它们和 CPU 之间的数据交换都以 32 位为单位进行。

Minisys-1 的 I/O 空间编址采用与存储器统一编址方式，即将整个地址空间分为两部分：一部分作为访问 RAM 的存储空间；另一部分作为访问 I/O 部件的 I/O 空间。因此，对 I/O 部件的访问采用与存储器访问相同的指令。

系统提供用于堆栈操作的 SP 寄存器，但没有提供压栈和退栈指令，因此对于堆栈的操作需要用软件实现。同样，由于系统没有提供乘除指令和浮点运算单元，因此有关这些方面的功能也需要编译器利用库文件的形式提供软件仿真。

程序下载单元是一个独立于 Minisys-1 CPU 的，用于将用户编写的可执行程序和初始数据下载到片内 ROM 和 RAM 的部件。程序下载单元的工作波特率为 128000bps，每个字符含有 1 个开始位、8 个数据位、1 个停止位和 0 个校验位。该部件不作为实验的内容，因此在资源包的工程中会直接给出其 IP 核。

本书中，系统硬件采用 Xilinx 公司的 Vivado 软件进行设计和仿真，并下载到 Minisys 实验板中。该实验板以 Xilinx 公司的 Artix-7 XC7A100T 芯片为主芯片，详见第 2 章介绍。

在资源包下载网站，有两个版本的资源包，分别是计算机组成课程设计 2.0 和 orgnizationtrain 3.0。其区别是：2.0 版本没有程序下载单元。本书以 3.0 版本为主，并以提示的方式告知 2.0 版与 3.0 版的区别。

6.4 Minisys-1 的寄存器和指令系统

Minisys-1 的指令系统采用了 32 位 MIPS 指令集中常用的 31 条指令，其寄存器组织、指令格式等均采用 MIPS 指令系统基本相同的格式。

(1) 32 位定长指令格式。

(2) 5 种寻址方式。

(3) Minisys-1 在执行环境上共有 32 个 32 位寄存器。

虽然 Minisys-1 有 32 根地址线，但实际存储容量只有 64KB ROM 和 64KB RAM，另外，为了尽量简化设计，对部分指令的功能做了一些调整，具体指令功能在本节将给出详细解释。

6.4.1 Minisys-1 的寄存器组

参照 MIPS CPU 的设计，Minisys-1 CPU 也设计了 32 个 32 位的通用寄存器，1 个 32 位的指令指针寄存器 PC。Minisys-1 CPU 的指令采用等长的 32 位（4 字节）指令，所以在没有执行转移指令的情况下，PC会在每个指令获取之后被加4，如果执行转移指令且需要转移，则根据转移的目的地址修改PC。PC寄存器对用户是透明的。

通常设计寄存器组时都会对每个通用寄存器规定一些约定用途，以方便使用。Minisys-1 CPU的32个通用寄存器基本按照MIPS寄存器组的组织方式和约定，根据设计的需要，稍做了调整，如表6-1所示。

表6-1 Minisys-1 CPU的32个通用寄存器及其约定

寄存器名	寄存器号	约定用途
$zero	0	常数0，该寄存器永远只返回0
$at	1	用作汇编器的暂时变量和合成指令
$v0，$v1	2，3	用来存放一个子程序（函数）的非浮点运算的结果或返回值
$a0～$a3	4～7	存放子程序（函数）调用时的非浮点参数
$t0～$t7	8～15	暂时变量，子程序（函数）使用时不保存这些寄存器的值，因此调用后它们的值会被破坏
$s0～$s7	16～23	8个子程序用寄存器，子程序（函数）必须在返回之前恢复这些寄存器的值，以保证其没有变化
$t8，$t9	24，25	暂时变量，子程序（函数）使用时不保存这些寄存器的值，因此调用后它们的值会被破坏
$i0，$i1	26，27	留给OS的异常或中断处理程序使用
$gp	28	全局指针
$sp	29	堆栈指针，对它的调整必须显式地通过指令来实现，硬件不支持堆栈指针的调整
$s8/$fp	30	第9个子程序用寄存器/帧寄存器
$ra	31	存放调用子程序（函数）时的返回地址

对寄存器的使用既可以使用其寄存器名，如$zero、$t0等，也可以使用寄存器号，如$0、$8等。在这32个寄存器中，$0、$1、$26、$27、$28、$29和$31的用法比较固定，平时最好不作为其他用途使用，尤其是$0始终只返回数据0，因此对其进行写操作没有任何作用。

其他寄存器在不做约定用途时均可作为通用寄存器使用，作为约定用途使用时需要注意下面几个问题。

（1）$v0和$v1作为子程序非浮点返回值的存放寄存器，而$a0～$a3存放子程序的非浮点调用参数，如果这些寄存器不够，则要设法利用内存来传递参数。

（2）$t0～$t9这10个寄存器在子程序中如果被使用，则它们原来的值会被破坏而不被保存，因此它们只能用来存放临时变量。必须注意的是，当调用一个子程序时，这些寄存器中的值如果有用，需要自己设法保存它们。

（3）$s0～$s9这10个寄存器也可以在子程序中存放变量，但子程序必须保证返回前恢复其原来的值，因此子程序需要设法保存它们的原始值，这可以利用堆栈操作来实现。

$sp是堆栈指针寄存器，但由于Minisys-1 CPU没有堆栈操作指令，因此对$sp的操作不由硬件实现，它必须由软件显式地操作。实际上，Minisys-1的堆栈功能完全由软件来实现。

6.4.2 Minisys-1 的指令系统概述

1. 指令寻址方式

Minisys-1 的指令共有 5 种寻址方式。

(1) 立即数寻址。指令中第 3 操作数可以使用 16 位立即数寻址方式,即直接将 16 位二进制数作为操作数,实际应用中可以采用十进制或十六进制数,如"addi $1,$2,100"。需要注意的是,尽管 Minisys-1 CPU 是 32 位处理器,但其立即数最多为 16 位。在移位指令中,如果移位的位数用立即数表示,则该立即数只有 5 位二进制位。

(2) 寄存器寻址。即操作数是存放在寄存器中,指令里放的是寄存器号,如"add $1,$2,$3"。

(3) 基址寻址。操作数存放在数据存储器中,其有效地址由两部分组成,基地址放在一个寄存器中,偏移部分为一个 16 位的立即数,如"lw $1,10($2)"。

(4) PC 相对寻址。操作数是下一条指令的 PC 值(PC+4)加上一个 16 位偏移量地址左移两位的值,如 beq $1, $2, 10。

(5) 伪直接寻址。将指令中的 26 位偏移地址左移两位,形成 32 位地址中的低 28 位,然后将 PC 的高 4 位赋给 32 位地址的高 4 位(Minisys-1 中将 32 位地址中的高 4 位直接赋 0),如 j 2500。

2. 指令类型与指令格式

参考 MIPS CPU 的指令集设计原则,Minisys-1 所有指令的执行都在寄存器中完成,如果要和存储器交换数据只能使用 LW 或 SW 指令。按照功能划分,31 条指令被分成以下 5 类。

(1) 算术运算指令。完成两个操作数的算术运算,如 add、addu、addi、addiu、sub、subu。

(2) 逻辑运算指令。完成两个操作数的逻辑运算和移位,如 and、andi、or、ori、xor、xori、nor、sll、srl、sra、sllv、srlv、srav。

(3) 数据传送指令。完成对数据存储器的读写或将立即数传到一个寄存器,如 lw、sw、lui。

(4) 条件转移指令。完成对操作数的分支条件进行判断,满足条件则转移到目标地址运行或对目的操作数赋某特定值,否则顺序运行下一地址指令或对目的操作数赋另一特定值,如 beq、bne、slt、slti、sltu、sltiu。

(5) 无条件转移指令。转移到目标地址执行,通常跳转范围比条件转移指令大,如 j、jr、jal。

从指令格式上分,Minisys-1 的指令被划分为 3 类: R 类型、I 类型和 J 类型,分别对应寄存器操作数、含立即数操作数和含转移地址的 3 种类型指令。表 6-2 给出了这 3 类指令的具体格式。从表中可以看到,无论哪种类型的指令,均是 32 位等长指令。

R 类型指令的操作码为全 0,各指令功能靠指令的最低 6 位的功能码(func)来区别。这种类型的指令大部分都将两个源操作数放到 rs、rt 寄存器中,而计算后的数据放在 rd 寄存器中。也有部分移位指令将移位次数放在 shamt 中。jr 指令是 R 类型指令中的特例,它只有 rs 寄存器有效,存放转移的地址。

表 6-2 Minisys-1 指令格式

	31 26	25 21	20 16	15 11	10 6	5 0
R 类型	op(6 位)	rs(5 位)	rt(5 位)	rd(5 位)	shamt(5 位)	funct(6 位)
I 类型	op(6 位)	rs(5 位)	rt(5 位)	immediate(16 位)		
J 类型	op(6 位)	address				

op——操作码；rs、rt、rd——寄存器操作数；shamt——移位的位数；funct——功能码；immediate——立即数；address——转移的目标地址。

I 类型指令的操作数中有一个是 16 位的立即数，由于 Minisys-1 的数据都是 32 位的，所以 16 位的立即数将做 32 位扩展，如果是无符号数，则采用高 16 位全填 0 来扩展。如果是有符号数，则高 16 位做符号扩展，即将 16 位有符号立即数的符号位填满高 16 位。例如，16 位数 0x8085 如果是无符号数，则扩展为 32 位数是 0x00008085，如果是有符号数，则做符号扩展后，成为 0xFFFF8085。

J 类型指令除了 6 位操作码外，剩下的 26 位全部是转移的目标地址。要注意的是，存放在指令中的地址是实际地址除以 4(右移 2 位)以后的值。

6.4.3 Minisys-1 指令集详解

Minisys-1 共有 31 条与 MIPS 指令兼容的指令，下面对每条指令的格式、功能等给出详细解释，其中用到一些符号约定。另外，赋值算式右边的 PC 中存放的是当前指令的地址。

(1) rs、rt、rd：表示 32 位通用寄存器号(rs 是源操作数，rt 为源/目的操作数，rd 为目的操作数)。

(2) shamt：表示 5 位移位位数。

(3) immediate：表示 16 位立即数。

(4) offset：表示 16 位偏移量。

(5) address：表示 26 位地址。

1. 加法指令(add)

指令格式：

31 26	25 21	20 16	15 11	10 6	5 0
000000	rs	rt	rd	00000	100000

汇编格式：add rd, rs, rt

指令类型：R 类型

功能描述：(rd)←(rs) + (rt)

32 位整数加法，源操作数分别在 rs、rt 两个通用寄存器中，结果放在 rd 寄存器。由于 Minisys-1 无溢出检测，因此该指令功能同 addu。

汇编举例：add $4, $2, $3

2. 有符号立即数加法指令(addi)

指令格式：

31 26	25 21	20 16	15 0
001000	rs	rt	immediate

汇编格式：addi　rt，rs，immediate

指令类型：I 类型

功能描述：(rt)←(rs)+(sign-extend)immediate

首先将 16 位有符号立即数扩展到 32 位，然后加上 rs 中的数，结果给 rt 寄存器。如果结果溢出会产生内部异常中断（但 Minisys-1 不支持异常处理）。

汇编举例：addi　$4，$2，-100

3. 无符号立即数加法指令（addiu）

指令格式：

31　　26	25　　21	20　　16	15　　0
001001	rs	rt	immediate

汇编格式：addiu　rt，rs，immediate

指令类型：I 类型

功能描述：(rt)←(rs)+(sign-extend)immediate

首先将 16 位有符号立即数扩展到 32 位，然后加上 rs 中的数，结果给 rt 寄存器。与 addi 的不同是不会因溢出而产生内部异常中断（Minisys-1 CPU 中未实现内部异常处理，因此次指令与 addi 相同）。

指令名称中的“无符号”来源于 MIPS 32 指令集描述的原文，但这一表述并不准确；实际上此操作是 32 位模运算，不会陷入溢出。该指令适用于无符号运算，如地址算术运算或忽略溢出的整数运算环境。如 C 语言中的地址算术运算。

汇编举例：addiu　$4，$2，100

4. 无符号数加法指令（addu）

指令格式：

31　　26	25　　21	20　　16	15　　11	10　　6	5　　0
000000	rs	rt	rd	00000	100001

汇编格式：addu　rd，rs，rt

指令类型：R 类型

功能描述：(rd)←(rs) + (rt)

32 位无符号整数加，源操作数分别在 rs、rt 两个通用寄存器中，结果放在 rd 寄存器。

指令名称中的“无符号”也来源于 MIPS 32 指令集描述的原文。由于 Minisys-1 无异常处理，因此该指令等同于 add 指令。

汇编举例：addu　$4，$2，$3

5. 逻辑与指令（and）

指令格式：

31　　26	25　　21	20　　16	15　　11	10　　6	5　　0
000000	rs	rt	rd	00000	100100

汇编格式：and　rd，rs，rt

指令类型：R类型

功能描述：(rd)←(rs) and (rt)

32位数按位逻辑与，源操作数分别在rs、rt中，结果放在rd寄存器。

汇编举例：and　$1，$2，$3

6. 立即数逻辑与指令(andi)

指令格式：

31　26	25　21	20　16	15　0
001100	rs	rt	immediate

汇编格式：andi　rt，rs，immediate

指令类型：I类型

功能描述：(rt)←(rs) and (zero-extend)immediate

首先将16位立即数零扩展到32位，然后同rs中的数按位逻辑与，结果给rt寄存器。

汇编举例：andi　$1，$2，1

7. 相等则转移指令(beq)

指令格式：

31　26	25　21	20　16	15　0
000100	rs	rt	offset(offset=immediate/4)

汇编格式：beq　rt，rs，immediate

指令类型：I类型

功能描述：if ((rt)=(rs)) then (PC)←(PC)+4+((sign-extend) offset << 2)

如果rt和rs的值相等，则转移到新的地址。新地址是当前指令的下一条指令地址(PC+4)加上一个32位偏移量。该32位偏移量是将16位offset符号扩展到32位，然后左移2位(即乘4)后取低32位所得。实际系统中只用了低16位地址线。

汇编举例：beq　$1，$2，100

8. 不相等则转移指令(bne)

指令格式：

31　26	25　21	20　16	15　0
000101	rs	rt	offset(offset=immediate/4)

汇编格式：bne　rt，rs，immediate

指令类型：I类型

功能描述：if ((rt)≠(rs)) then (PC)←(PC)+4+((sign-extend) offset << 2)

如果rt和rs的值不等，则转移到新的地址。新地址是当前指令的下一条指令地址(PC+4)加上一个32位偏移量。该32位偏移量是将16位offset符号扩展到32位，然后左移2位(即乘4)后取低32位所得。实际系统中只用了低16位地址线。

汇编举例：bne　$1，$2，100

9. 无条件转移指令(j)

指令格式：

31　　26	25　　　　0
000010	address(address=target/4)

汇编格式：j　target

指令类型：J 类型

功能描述：(PC)←((Zero-Extend) address << 2)

无条件转移到新的地址。新地址是 26 位 address 零扩展到 32 位，然后左移 2 位(即乘 4)后取低 32 位得到。实际系统中只用了低 16 位地址线(Minisys-1 只有 64KB 的程序 ROM)。要注意指令中的 address 是汇编语句中操作数 target 除以 4 的结果。在做 CPU 设计或汇编(编译)器设计时都要注意这一点。还要注意，本条指令和 MIPS 中的 J 指令不同，MIPS 中的 J 指令是将 address 左移两位后，形成 28 位地址去替换 PC 的低 28 位，PC 的高 4 位保留。

汇编举例：j　1000

10. 过程调用指令(jal)

指令格式：

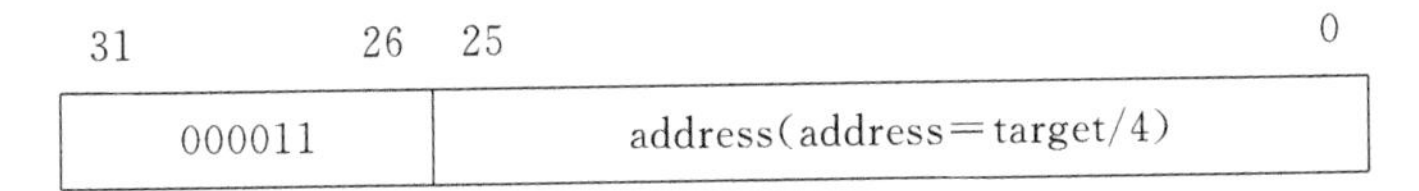

31　　26	25　　　　0
000011	address(address=target/4)

汇编格式：jal　target

指令类型：J 类型

功能描述：

(1) ($31)←(PC)+4

(2) (PC)←((zero-extend)address << 2)

先将下一条指令的地址((PC)+4)保存在 $31($ra)作为过程的返回地址，然后无条件转移到新的地址。新地址是 26 位 address 零扩展到 32 位，然后左移 2 位(即乘 4)后取低 32 位得到。实际系统中只用了低 16 位地址线(Minisys-1 只有 64KB 的程序 ROM)。要注意指令中的 address 是汇编语句中操作数 target 除以 4 的结果。在做 CPU 设计或汇编(编译)器设计时都要注意这一点。

汇编举例：jal　1000

11. 按寄存器内容转移指令(jr)

指令格式：

31　　26	25　　21	20　　16	15　　11	10　　6	5　　0
000000	rs	00000	00000	00000	001000

汇编格式：jr　rs

指令类型：R类型

功能描述：(PC)←(rs)

将rs寄存器的内容当地址赋给PC，从而完成转移，通常可做过程返回语句。实际系统中只用了低16位地址线(Minisys-1只有64KB的程序ROM)。

汇编举例：jr　$31

12. 立即数赋值指令(lui)

指令格式：

31～26	25～21	20～16	15～0
001111	00000	rt	immediate

汇编格式：lui　rt，immediate

指令类型：I类型

功能描述：(rt)←immediate << 16 & 0FFFF0000H　即(rt)←immediate×65536

首先将16位立即数赋给rt寄存器的高16位，低16位用0填充。也就是将16位立即数乘以65 536后赋值给rt寄存器。

汇编举例：lui　$5，200

13. 存储器读(字操作)指令(lw)

指令格式：

31～26	25～21	20～16	15～0
100011	rs	rt	offset

汇编格式：lw　rt，offset(rs)

指令类型：I类型

功能描述：(rt)←memory[(rs)+(sign_extend)offset]

以rs寄存器的内容为基地址，offset通过符号扩展后形成32位的偏移，将基地址加上偏移形成一个32位的地址，以此地址从RAM中读出一个字(4字节)赋给rt寄存器。本系统中只使用了低16位地址，汇编中，offset可以是变量名。

汇编举例：lw　$3，12($2)　或　lw　$3，buff($2)

14. 逻辑或非指令(nor)

指令格式：

31～26	25～21	20～16	15～11	10～6	5～0
000000	rs	rt	rd	00000	100111

汇编格式：nor　rd，rs，rt

指令类型：R类型

功能描述：(rd)←(rs) NOR (rt)

32位数按位逻辑或非，源操作数分别在rs、rt中，结果放在rd寄存器。

汇编举例：nor　$1，$2，$3

15. 逻辑或指令(or)

指令格式：

31　26	25　21	20　16	15　11	10　6	5　0
000000	rs	rt	rd	00000	100101

汇编格式：or　rd，rs，rt

指令类型：R 类型

功能描述：(rd)←(rs) OR (rt)

32 位数按位逻辑或，源操作数分别在 rs、rt 中，结果放在 rd 寄存器。

汇编举例：or　$1，$2，$3

16. 立即数逻辑或指令(ori)

指令格式：

31　26	25　21	20　16	15　0
001101	rs	rt	immediate

汇编格式：ori　rt，rs，immediate

指令类型：I 类型

功能描述：(rt)←(rs) OR (zero-extend)immediate

首先将 16 位立即数零扩展到 32 位，然后同 rs 中的数按位逻辑或，结果给 rt 寄存器。

汇编举例：ori　$1，$2，5

17. 逻辑左移指令(sll)

指令格式：

31　26	25　21	20　16	15　11	10　6	5　0
000000	00000	rt	rd	shamt	000000

汇编格式：sll　rd，rt，shamt

指令类型：R 类型

功能描述：(rd)←(rt)<< shamt

将 rt 寄存器中的 32 位数逻辑左移后赋给 rd，低位用 0 填充，移位的位数是 shamt。

汇编举例：sll　$1，$2，10

18. 按寄存器值逻辑左移指令(sllv)

指令格式：

31　26	25　21	20　16	15　11	10　6	5　0
000000	rs	rt	rd	shamt	000100

汇编格式：sllv　rd，rt，rs

指令类型：R 类型

功能描述：(rd)←(rt)<<(rs)

将 rt 寄存器中的 32 位数逻辑左移后赋给 rd，低位用 0 填充，移位的位数在 rs 寄存器中。

汇编举例：sllv　$1，$2，$3

19. 小于则设置指令(slt)

指令格式：

31　　26	25　　21	20　　16	15　　11	10　　6	5　　0
000000	rs	rt	rd	00000	101010

汇编格式：slt　rd，rs，rt

指令类型：R 类型

功能描述：if ((rs)<(rt)) then (rd)←1；else (rd)←0；

如果 rs 的值小于 rt 值，则设置 rd 为 1，否则 rd 为 0。

汇编举例：slt　$1，$2，$3

20. 小于立即数则设置指令(slti)

指令格式：

31　　26	25　　21	20　　16	15　　0
001010	rs	rt	immediate

汇编格式：slti　rt，rs，immediate

指令类型：I 类型

功能描述：if ((rs)<(sign-extend)immediate) then (rt)←1；else (rt)←0；

如果 rs 的值小于立即数 immediate 值，则设置 rt 为 1，否则 rt 为 0。

汇编举例：slt　$1，$2，10

21. 小于无符号立即数则设置指令(sltiu)

指令格式：

31　　26	25　　21	20　　16	15　　0
001011	rs	rt	immediate

汇编格式：sltiu　rt，rs，immediate

指令类型：I 类型

功能描述：if ((rs)<(zero-extend)immediate) then (rt)←1；else (rt)←0；

如果 rs 的值小于立即数 immediate 值，则设置 rt 为 1，否则 rt 为 0。

汇编举例：sltiu　$1，$2，10

22. 无符号小于则设置指令(sltu)

指令格式：

31　　26	25　　21	20　　16	15　　11	10　　6	5　　0
000000	rs	rt	rd	00000	101011

汇编格式：sltu rd, rs, rt

指令类型：R 类型

功能描述：if ((rs)<(rt)) then (rd)←1; else (rd)←0;

如果 rs 的值小于 rt 值，则设置 rd 为 1，否则 rd 为 0。

汇编举例：sltu $1, $2, $3

23. 算术右移指令(sra)

指令格式：

31～26	25～21	20～16	15～11	10～6	5～0
000000	00000	rt	rd	shamt	000011

汇编格式：sra rd, rt, shamt

指令类型：R 类型

功能描述：(rd)←(rt)>>>shamt(算术右移)

将 rt 寄存器中的 32 位数算术右移后赋给 rd，移位的位数是 shamt。算术右移时，符号位不仅要参与移位，还要保留，如 0x80000000 算术右移 1 位的结果是 0xC0000000。

汇编举例：sra $1, $2, 10

24. 按寄存器值算术右移指令(srav)

指令格式：

31～26	25～21	20～16	15～11	10～6	5～0
000000	rs	rt	rd	shamt	000111

汇编格式：srav rd, rt, rs

指令类型：R 类型

功能描述：(rd)←(rt)>>>(rs)(算术右移)

将 rt 寄存器中的 32 位数算术右移后赋给 rd，移位的位数在 rs 寄存器中。算术右移时，符号位不仅要参与移位，还要保留。

汇编举例：srav $1, $2, $3

25. 逻辑右移指令(srl)

指令格式：

31～26	25～21	20～16	15～11	10～6	5～0
000000	00000	rt	rd	shamt	000010

汇编格式：srl rd, rt, shamt

指令类型：R 类型

功能描述：(rd)←(rt)>>shamt

将 rt 寄存器中的 32 位数逻辑右移后赋给 rd，移位的位数是 shamt。0x80000000 逻辑右移 1 位的结果是 0x40000000。

汇编举例：srl $1, $2, 10

26. 按寄存器值逻辑右移指令(srlv)

指令格式：

31 26	25 21	20 16	15 11	10 6	5 0
000000	rs	rt	rd	shamt	000110

汇编格式：srlv　rd，rt，rs

指令类型：R 类型

功能描述：(rd)←(rt)>>(rs)

将 rt 寄存器中的 32 位数逻辑右移后赋给 rd，移位的位数在 rs 寄存器中。

汇编举例：srlv　$1，$2，$3

27. 减法指令(sub)

指令格式：

31 26	25 21	20 16	15 11	10 6	5 0
000000	rs	rt	rd	00000	100010

汇编格式：sub　rd，rs，rt

指令类型：R 类型

功能描述：(rd)←(rs)-(rt)

32 位整数减法，源操作数分别在 rs，rt 两个通用寄存器中，结果放在 rd 寄存器。由于本设计无溢出检测，因此该指令功能同 SUBU。

汇编举例：sub　$1，$2，$3

28. 无符号数减法指令(subu)

指令格式：

31 26	25 21	20 16	15 11	10 6	5 0
000000	rs	rt	rd	00000	100011

汇编格式：subu　rd，rs，rt

指令类型：R 类型

功能描述：(rd)←(rs)-(rt)

32 位无符号整数减，源操作数分别在 rs、rt 两个通用寄存器中，结果放在 rd 寄存器。

指令名称中的“无符号”也来源于 MIPS 32 指令集描述的原文。由于 Minisys-1 无异常处理，因此该指令等同于 sub 指令。

汇编举例：subu　$4，$2，$3

29. 存储器写(字操作)(sw)

指令格式：

31 26	25 21	20 16	15 0
101011	rs	rt	offset

汇编格式：sw rt，offset(rs)

指令类型：I 类型

功能描述：memory[(rs)+(sign_extend)offset]←(rt)

以 rs 寄存器的内容为基地址，offset 通过符号扩展后形成 32 位的偏移，将基地址加上偏移形成一个 32 位的地址，将 rt 寄存器的内容写入到 RAM 中该地址开始的一个字(4 字节)单元。本系统中只使用了低 16 位，汇编中，offset 可以是变量名。这是唯一一个源操作数做第一操作数的指令。

汇编举例：sw $3，12($2) 或 sw $3，buff($2)

30. 逻辑异或指令(xor)

指令格式：

31　　26	25　　21	20　　16	15　　11	10　　6	5　　0
000000	rs	rt	rd	00000	100110

汇编格式：xor rd，rs，rt

指令类型：R 类型

功能描述：(rd)←(rs) XOR (rt)

32 位数按位逻辑异或，源操作数分别在 rs、rt 中，结果放在 rd 寄存器。

汇编举例：xor $1，$2，$3

31. 立即数逻辑异或指令(xori)

指令格式：

31　　26	25　　21	20　　16	15　　0
001110	rs	rt	immediate

汇编格式：xori rt，rs，immediate

指令类型：I 类型

功能描述：(rt)←(rs) XOR (zero-extend)immediate

首先将 16 位立即数零扩展到 32 位，然后同 rs 中的数按位逻辑异或，结果给 rt 寄存器。

汇编举例：xori $1，$2，1

表 6-3 对 31 条指令进行了总结。

表 6-3 Minisys-1 的 31 条指令

助记符	指令格式						示　例	示例含义	操作及解释
BIT #	31..26	25..21	20..16	15..11	10..6	5..0			
R 类型	op	rs	rt	rd	shamt	func			
add	000000	rs	rt	rd	00000	100000	add $1,$2,$3	$1=$2+S3	(rd)←(rs)+(rt)；rs=$2,rt=$3,rd=$1
addu	000000	rs	rt	rd	00000	100001	addu $1,$2,$3	$1=$2+S3	(rd)←(rs)+(rt)；rs=$2,rt=$3,rd=$1
sub	000000	rs	rt	rd	00000	100010	sub $1,$2,$3	$1=$2−S3	(rd)←(rs)−(rt)；rs=$2,rt=$3,rd=$1

续表

助记符	指令格式						示　例	示例含义	操作及解释
BIT #	31..26	25..21	20..16	15..11	10..6	5..0			
subu	000000	rs	rt	rd	00000	100011	subu $1,$2,$3	$1=$2-S3	(rd)←(rs)-(rt); rs=$2,rt=$3,rd=$1
and	000000	rs	rt	rd	00000	100100	and $1,$2,$3	$1=$2&S3	(rd)←(rs)&(rt); rs=$2,rt=$3,rd=$1
or	000000	rs	rt	rd	00000	100101	or $1,$2,$3	$1=$2|S3	(rd)←(rs)|(rt); rs=$2,rt=$3,rd=$1
xor	000000	rs	rt	rd	00000	100110	xor $1,$2,$3	$1=$2^S3	(rd)←(rs)^(rt); rs=$2,rt=$3,rd=$1
nor	000000	rs	rt	rd	00000	100111	nor $1,$2,$3	$1=~($2|S3)	(rd)←~((rs)|(rt)); rs=$2,rt=$3,rd=$1
slt	000000	rs	rt	rd	00000	101010	slt $1,$2,$3	if($2<$3) $1=1 else $1=0	if (rs< rt) rd=1 else rd=0; rs=$2, rt=$3, rd=$1
sltu	000000	rs	rt	rd	00000	101011	sltu $1,$2,$3	if($2<$3) $1=1 else $1=0	if (rs< rt) rd=1 else rd=0; rs=$2, rt=$3,rd=$1,无符号数
sll	000000	00000	rt	rd	shamt	000000	sll $1,$2,10	$1=$2<<10	(rd)←(rt)<< shamt, rt=$2, rd=$1, shamt=10
srl	000000	00000	rt	rd	shamt	000010	srl $1,$2,10	$1=$2>>10	(rd)←(rt)>> shamt, rt=$2, rd=$1, shamt=10(逻辑右移)
sra	000000	00000	rt	rd	shamt	000011	sra $1,$2,10	$1=$2>>10	(rd)←(rt)>> shamt, rt=$2, rd=$1, shamt=10(算术右移,注意符号位保留)
sllv	000000	rs	rt	rd	00000	000100	sllv $1,$2,$3	$1=$2<<$3	(rd)←(rt)<<(rs),rs=$3,rt=$2,rd=$1
srlv	000000	rs	rt	rd	00000	000110	srlv $1,$2,$3	$1=$2>>$3	(rd)←(rt)>>(rs),rs=$3,rt=$2,rd=$1(逻辑右移)
srav	000000	rs	rt	rd	00000	000111	srav $1,$2,$3	$1=$2>>$3	(rd)←(rt)>>(rs),rs=$3,rt=$2,rd=$1(算术右移,注意符号位保留)
jr	000000	rs	00000	00000	00000	001000	jr $31	goto $31	(PC)←(rs)
I类型	op	rs	rt	immediate					
addi	001000	rs	rt	immediate			addi $1,$2,10	$1=$2+10	(rt)←(rs)+(sign-extend)immediate, rt=$1,rs=$2
addiu	001001	rs	rt	immediate			addiu $1,$2,10	$1=$2+10	(rt)←(rs)+(sign-extend)immediate, rt=$1,rs=$2
andi	001100	rs	rt	immediate			andi $1,$2,10	$1=$2&10	(rt)←(rs)&(zero-extend)immediate,rt=$1,rs=$2

续表

助记符	指令格式						示　例	示例含义	操作及解释
BIT #	31..26	25..21	20..16	15..11	10..6	5..0			
ori	001101	rs	rt	immediate			ori $1,$2,10	$1=$2|10	(rt) ← (rs) | (zero-extend)immediate, rt=$1,rs=$2
xori	001110	rs	rt	immediate			xori $1,$2,10	$1=$2^10	(rt) ← (rs) ^ (zero-extend)immediate, rt=$1,rs=$2
lui	001111	00000	rt	immediate			lui $1,10	$1=10 * 65536	(rt)←immediate<<16 & 0FFFF0000H,将16位立即数放到目的寄存器高16位,目的寄存器的低16位填0
lw	100011	rs	rt	offset			lw $1,10($2)	$1=memory [$2+10]	(rt)←memory[(rs)+(sign_extend)offset], rt=$1,rs=$2
sw	101011	rs	rt	offset			sw $1,10($2)	memory [$2+10]=$1	memory[(rs)+(sign_extend) offset]←(rt), rt=$1,rs=$2
beq	000100	rs	rt	offset			beq $1,$2,40	if($1=$2) goto PC+4+40	if ((rt) = (rs)) then (PC)← (PC) + 4 + (sign-extend) offset << 2),rs=$1,rt=$2
bne	000101	rs	rt	offset			bne $1,$2,40	if($1≠$2) goto PC+4+40	if ((rt) ≠ (rs)) then (PC) ← (PC) + 4 + ((sign-extend) offset << 2) ,rs=$1,rt=$2
slti	001010	rs	rt	immediate			slti $1,$2,10	if($2<10) $1=1 else $1=0	if ((rs)<(sign-extend) immediate) then (rt)←1; else (rt)←0, rs=$2,rt=$1
sltiu	001011	rs	rt	immediate			sltiu $1,$2,10	if($2<10) $1=1 else $1=0	if ((rs)<(zero-extend) immediate) then (rt)←1; else (rt) ← 0, rs=$2,rt=$1
J类型	op	address							
j	000010	address					j 10000	goto 10000	(PC)←((zero-extend) address<<2), address=10000/4
jal	000011	address					jal 10000	$31=PC+4 goto 10000	($31)←(PC)+4; (PC)←((zero-extend) address<<2), address=10000/4

6.5 Minisys-1 单周期 CPU 设计

本节将详细介绍单周期 Minisys-1 CPU 的设计,其中会留下一些设计练习作为读者课程设计的内容,希望读者通过完成这些设计的练习,最终完成单周期 Minisys-1 CPU 的设计。

6.5.1 预备知识

1. Minisys-1 CPU 简化的结构

Minisys-1 CPU 简化的结构如图 6-4 所示。

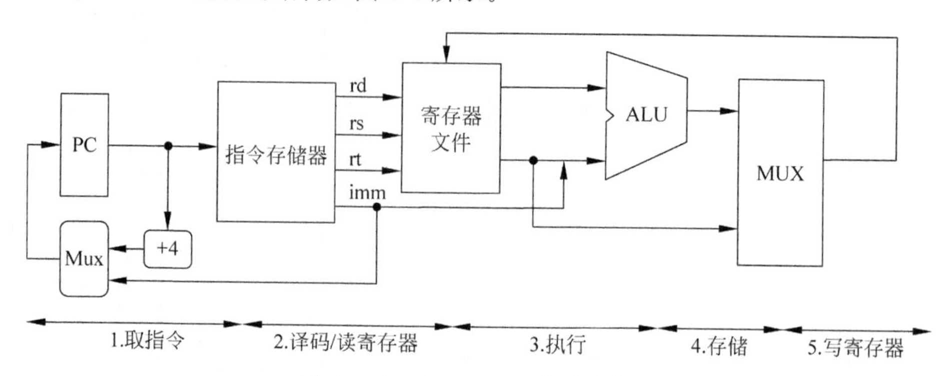

图 6-4 Minisys-1 CPU 简化结构图

从图 6-4 可以看出，Minisys-1 的整个工作可以划分为 5 个阶段。

1）第一阶段：取指令(IF)

该阶段的主要工作是从指令存储器中取出 32 位指令，并将 PC(指令指针寄存器，X86 机器中称为指令指针 IP)值递增(PC＝PC＋4)。

2）第二阶段：指令译码(ID)

这一阶段的主要工作是从指令中读取操作码和相应字段，从寄存器文件中获取所有必须的寄存器的值。

3）第三阶段：执行(EX)

这一阶段的主要工作是 ALU 执行操作，包括算数（＋，－，*，/）、移位、逻辑（&，|）、比较（slt，＝＝）等，另外，这一阶段还计算加载(LW)和存储(SW)的地址。

4）第四阶段：存储处理(MEM)

这一阶段完成对存储器的读或写。只有加载(LW)和存储(SW) 指令在这一阶段才会有事情做，其他指令在这一阶段闲置或跳过。

5）第五阶段：写寄存器(WB)

这一阶段将指令执行的结果写回到寄存器文件中，无须写寄存器的指令(如 sw、j、beq)这一阶段闲置或者跳过。

2. 单周期 CPU 设计步骤

6.2 节中给出了比较详细的 CPU 设计流程，这里给出更为简洁的设计单周期处理器的 5 个步骤。

(1) 分析指令集→数据通路的需求。

(2) 选择数据通路部件集并建立时钟方案。

(3) 按照需求整合好数据通路。

(4) 分析每条指令的执行，通过确定控制点的设定来影响寄存器传送。

(5) 整合控制逻辑构造和逻辑表达式来设计电路。

3. 形式化描述的约定

为了便于后续的描述，本书定义了以下对操作功能的形式化描述。

(1) R[r]表示寄存器 r 的内容。

(2) M[addr]表示读取主存单元 addr 的内容。

(3) 传送方向用"←"表示，传送源在右，传送目的在左。

(4) 指令指针寄存器直接用 PC 表示其内容。

(5) 用 OP[data]表示对数据 data 进行 OP 操作。

6.5.2　Minisys-1 数据通路的设计

本节将通过详细的步骤，给出 Minisys-1 数据通路的设计，得到 Minisys-1 CPU 的完整设计原理图。

1. 取指相关的数据通路

取指是指令执行的第一个阶段，也是指令集所有指令都有的公共操作。在取指阶段完成的功能为：先根据 PC 的值取出指令，再修改 PC 为下一条指令的地址，形式化的描述如下。

(1) 取指令。

```
M[PC]; 以 PC 寄存器的内容为地址从存储器中读取指令
```

(2) 更新 PC。

```
PC←PC + 4; 所有指令是 32 位等长的，所以地址加 4
```

为了实现取指，需要使用的部件包括 PC 寄存器和指令存储器。图 6-5 为取指单元的数据通路图。

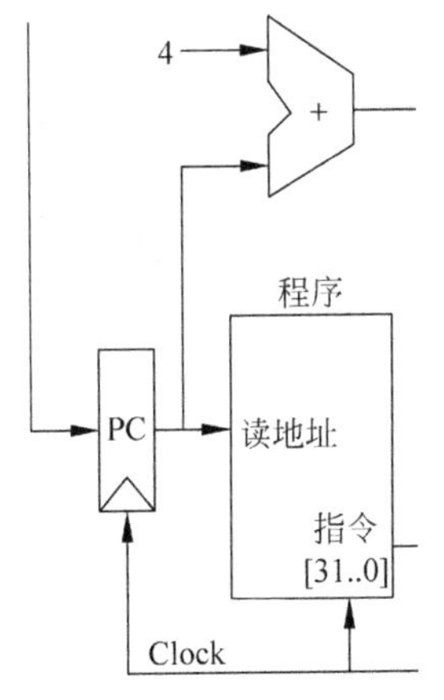

图 6-5　取指单元的数据通路图

2. R 型指令(非移位和 jr 指令)数据通路

除移位指令和 jr 指令外，其他的 R-类型指令在结构上有如下的共性：

31　　26	25　　21	20　　16	15　　11	10　　6	5　　0
op(6 位)	rs(5 位)	rt(5 位)	rd(5 位)	00000(5 位)	funct(6 位)

这类指令具有以下特点：①指令类型由 op 和 funct 决定；②R[rs]，R[rt]为 ALU 的源操作数；③rd 为目标寄存器地址，ALU 将计算结果写入目的寄存器。

指令功能的 RTL 形式化表述为：

```
(1)  M[PC],PC←PC + 4          ; 取指
(2)  R[rd]←R[rs] op R[rt]
```

这类指令都有着很相似的执行过程，它们的数据通路如图 6-6 中的黑线部分所示。

这类指令的执行首先从取指单元开始，取出的 32 位指令进入到控制单元和译码单元，同时完成 PC←PC+4 的操作。控制单元根据具体指令的功能码(func)发出相应的控制信号，这些控制信号保证图中每一个多路选择器都提供正确的数据通路。译码电路从指令中取出 rs、rt 寄存器号，并从寄存器组中获得正确的操作数，分别通过译码单元的 readD1 和

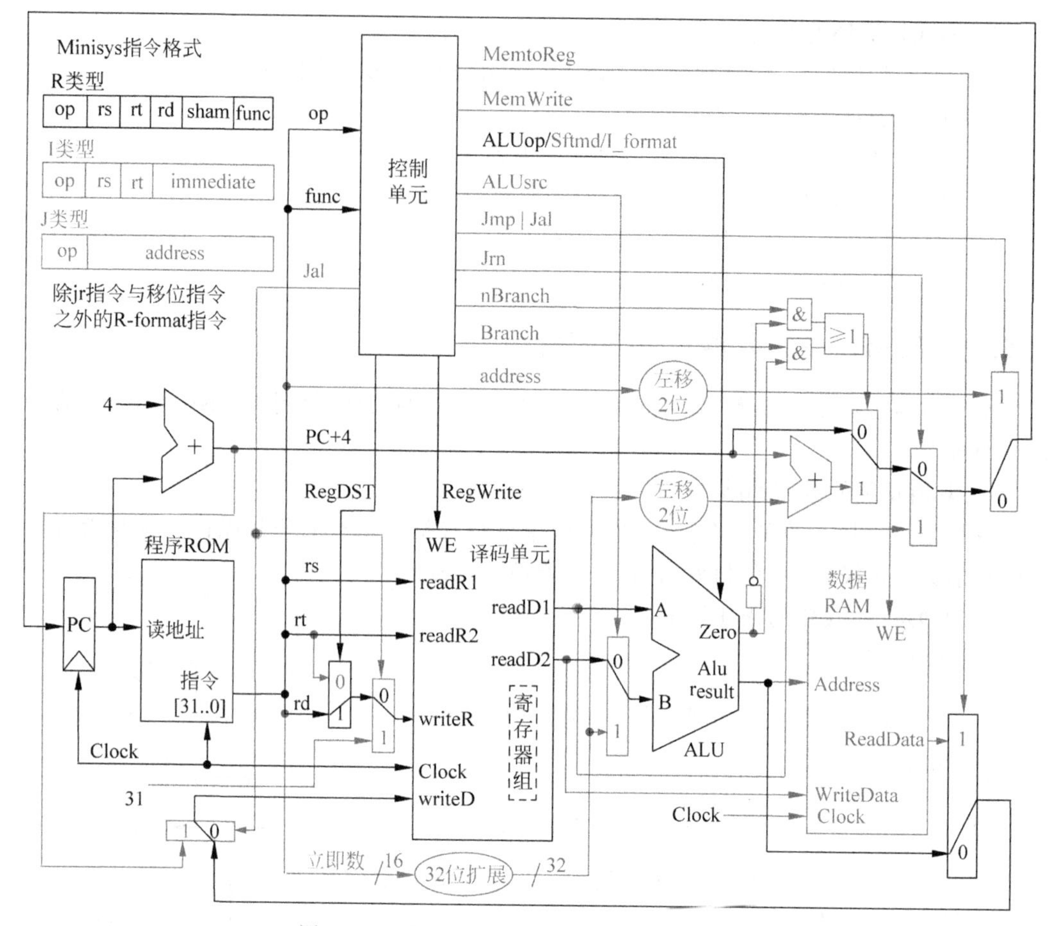

图 6-6　R 类型指令(非转移和 jr)数据通路图

readD2 传输到执行单元(ALU)的 A 端和 B 端。两个数在执行单元计算后,从 ALU_result 输出并回写到位于译码单元中的 rd 寄存器中。读者在看图时要特别注意那些多路选择器的选通方向与相关控制信号的关系。如控制信号 MemtoReg 输出为 0(图中用浅灰色表示),因此图 6-6 中右下角的多路选择器选择从 ALU 的 ALU_result 来的数据作为向译码器的回写数据,而不是选择从数据 RAM 来的数据。

通过上述分析,不难看出,实现此类指令的数据通路,需要以下的器件。

(1) **取指部件**。用于取出指令,这部分在取指相关的数据通路中已经引入了,所以不需要再次增加。

(2) **寄存器文件**。本类指令都是寄存器之间的操作,因此需要建立寄存器文件(寄存器组)实现 32 个 32 位寄存器的读写。

(3) **ALU 部件**。本类指令需要运算单元进行计算,因此需要添加 ALU 部件。

(4) **Alu_result 寄存器**。在执行单元存放计算的结果。

(5) **2 选 1 多路选择器-1**,由于 R 类型和 I 类型的目标寄存器不一样,因此需要该部件,表明究竟哪个是目标寄存器,此处选择 rd。

为了控制这些部件正常有序工作,还应新加上 3 个在译码后产生的控制信号。

(1) **ALU_ctr**(图 6-6 中的 ALUop,与之区别在后文中论述)。即 ALU 控制信号,用以完成多种运算。

(2) **RegWrite**。即寄存器组控制信号，为 1 时允许写寄存器，用于运算结果写回。

(3) **RegDST**。目标寄存器选择信号，用于在图 6-6 的 2 选 1 多路选择器中选择目标寄存器，该信号为 1 选择的是 rd 寄存器。

3. 移位指令数据通路

移位指令的结构为：

31　　26	25　　21	20　　16	15　　11	10　　6	5　　0
op(6 位)	00000(5 位)	rt(5 位)	rd(5 位)	shamt(5 位)	funct(6 位)

移位指令具有以下特点：①指令类型由 op 和 funct 决定；②R[rt]、shamt 为 ALU 的源操作数，shamt 从取指部件传入；③rd 为目标寄存器地址，ALU 将计算结果写入目的寄存器。

指令功能的 RTL 形式化描述为：

```
(1)  M[PC],PC←PC+4        ;取指
(2)  R[rd]←R[rt] op shamt
```

这类指令数据通路参见图 6-7 中的黑线部分所示。

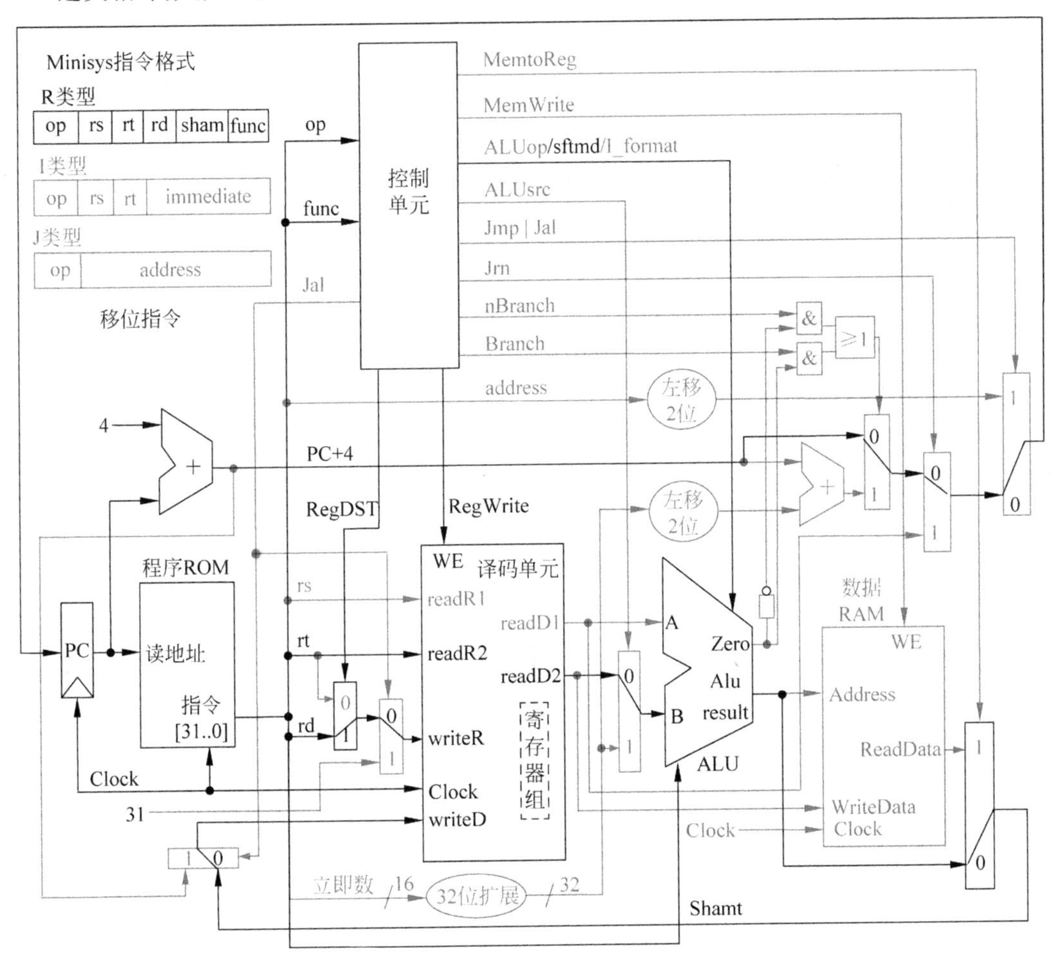

图 6-7　移位指令数据通路图

和图6-6相比较，可以看到移位指令的数据通路中没有了rs这路数据，从指令格式可以看到，rs寄存器并没有用，但图6-7中多了一路数据shamt，这是在指令中包含的5位数，用于说明移位的位数。

在完成移位指令的数据通路除了需要取指部件、寄存器组和ALU外，还需要新增一个控制信号——**sftmd**，即ALU控制信号，用以表明是移位运算。

4. jr指令数据通路

jr指令是R类型指令中的一个特例，它只有rs寄存器是有效的，内部放的是转移的地址。jr指令的结构如下：

31　　26	25　　21	20　　16	15　　11	10　　6	5　　0
op(6位)	rs(5位)	00000(5位)	00000(5位)	00000(5位)	funct(6位)

jr指令的特点为：①指令类型由op和funct决定；②R[rs]为源操作数；③将rs的值给PC，改变了PC←PC+4。

jr指令功能的RTL描述为：

```
(1)  M[PC]        ；取指
(2)  PC←R[rs]     ；改变PC
```

jr指令的数据通路参见图6-8黑线部分所示。jr指令在译码单元将rs寄存器的数据取出，该数据从译码单元的readD1端输出，由于控制单元及时根据指令中op和func部分的值输出有效的Jrn信号，使得readD1出来的数据顺利的通过多路选择器送到了取指单元的PC寄存器中，从而完成了跳转。

从图上可以看到，要完成jr指令的数据通路，需要新增以下器件和控制信号。

(1) **2选1多路选择器-2**。用于选择PC赋哪一个值，由新的控制信号jrn来控制。

(2) **jrn**(控制信号)。表明执行的是jr指令，PC按JR指令改变。

5. I型指令数据通路

addi、addiu、andi、ori、xori、lui、slti、sltiu这8条指令都属于I类型的指令。I型指令的结构如下：

	31　　26	25　　21	20　　16	15　　11　　10　　6　　5　　0
I类型	op(6位)	rs(5位)	rt(5位)	immediate(16位)

I型指令的特点包括：①指令类型由op决定；②R[rs]、immediate为ALU的源操作数(lui指令没有rs)；③目标寄存器为rt。

I型指令功能的RTL描述为：

```
(1) M[PC],PC←PC+4                    ；取指
(2) R[rt]←R[rs] op ZeroExt(imm16)    ；立即数扩展并与rs的内容作运算
```

或

```
(3) R[rt]←R[rs] op SignExt(imm16)
```

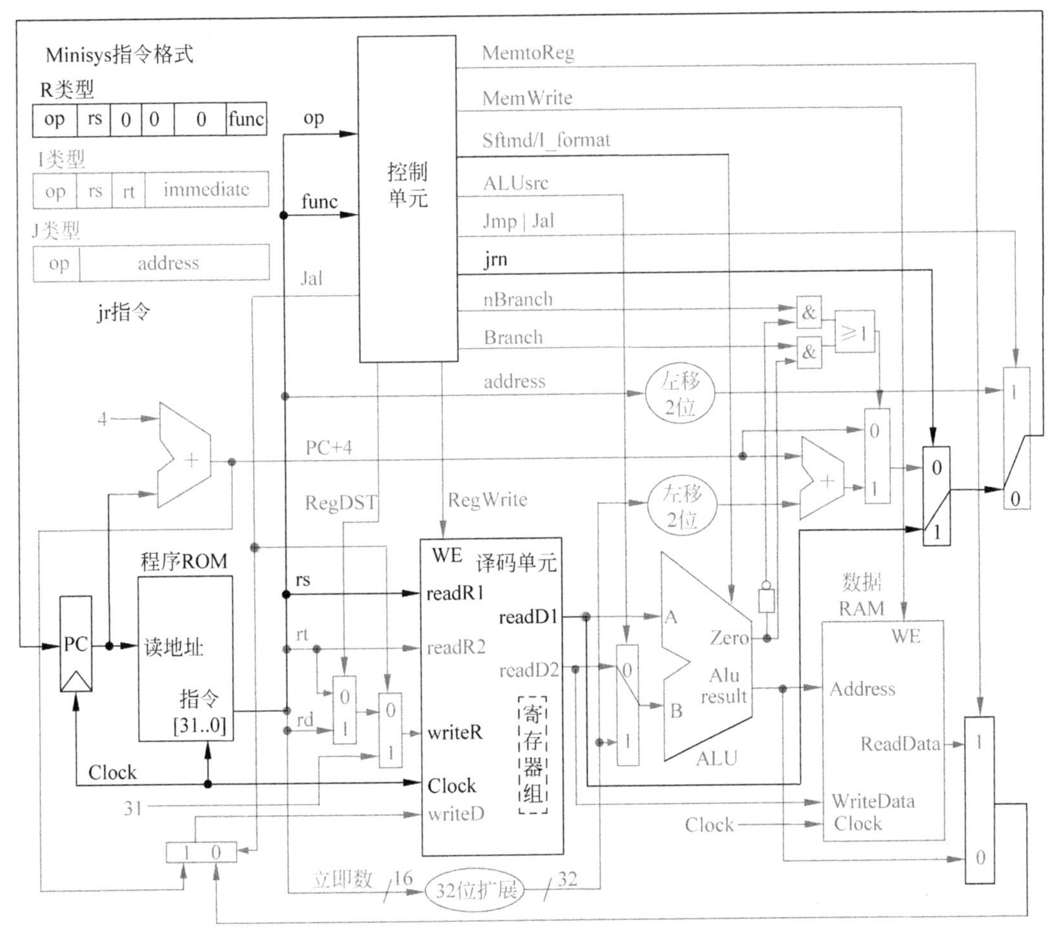

图6-8 jr指令数据通路图

I型指令数据通路参见图6-9中的黑线部分所示。

在设计这些指令执行部件时要特别注意三点，第一，它们的两个源操作数中一个在rs寄存器，而另一个作为立即数存在于指令当中。第二，目的操作数不再像R类型的指令那样存放到rd寄存器中，而是存放到rt寄存器中，因此需要有一个RegDST信号控制的多路开关，决定究竟是rd还是rt寄存器作为目的操作数所存放的寄存器。第三，由于指令中的立即数都是16位的，而参与运算的立即数应该是32位的，因此需要进行立即数扩展。需要注意的是，如果是无符号数运算指令，立即数要做0扩展，如果是有符号数运算则要做符号位扩展。唯一的一个例外就是addiu，它的立即数是按照有符号数作扩展，它与addi的区别只是在运算出现溢出时不会引起内部异常中断。

这类指令译码后，在控制信号的作用下，译码单元从rs寄存器取出第一操作数，然后将指令中的16位立即数扩展到32位，作为第二操作数，如果16位立即数是无符号数，则高16位做0扩展，否则高16位做符号扩展。两个操作数分别从A、B两个端口输入到执行单元，执行单元计算出来的结果通过ALU result端送回到译码单元，写入到rt寄存器中。在这个过程中，PC的值被加4后重新送回PC中，从而取出下一条指令。

在上述整个执行过程中，除了ALUSrc信号外，其他相关多路开关的控制信号均为0。

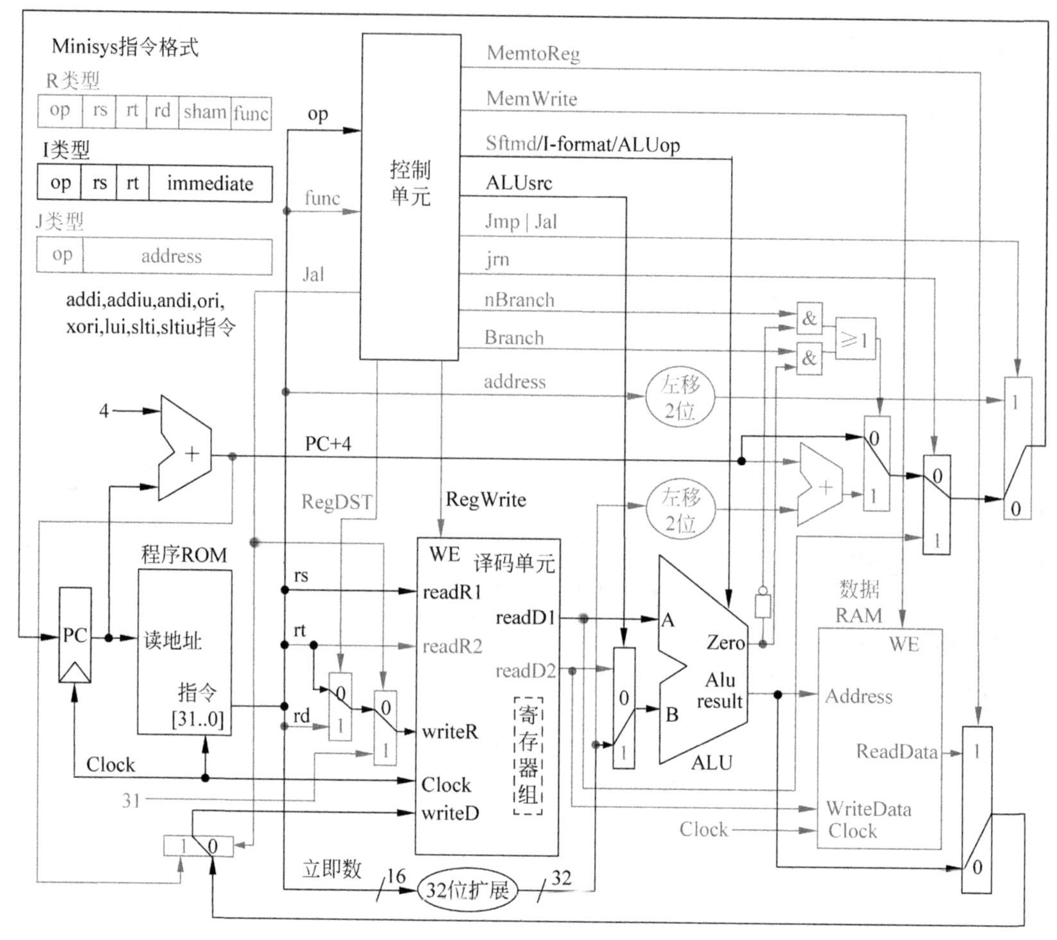

图 6-9　I 型指令执行部件图

这组指令中有一个特例，就是 lui 指令，该指令只有一个 16 位立即数作为源操作数，没有第二操作数，它的功能是将 16 位立即数赋值到目的寄存器的高 16 位。

由于 31 条指令没有给寄存器赋初始值的指令，因此可以借用 addi、ori 这样的指令，利用将 rs 寄存器指定为 $0 来间接完成对寄存器赋初值的功能。如指令 ori $2,$0,100 就可以为 $2 寄存器赋初值 100。

通过以上的叙述可以发现，I 型指令数据通路的设计需要思考 3 个问题：①R 型指令与此类指令目标寄存器不一致怎么办？②有一个源操作数也和 R 型指令不一致怎么办？③立即数扩展有无符号和有符号之分怎么办？

为了解决上面的 3 个问题，I 型指令数据通路需要增加以下器件。

(1) **2 选 1 多路选择器-3**。用于源操作数选择。

(2) **立即数扩展器**。用于将 16 位立即数扩展为 32 位。

另外还有一个必需的 2 选 1 多路选择器，用于选择不同的目标寄存器，该器件在 R 型指令数据通路中已经加过。

相对应的还需增加两个控制信号。

(1) **I_format**。用于说明进行的是以上几种 I 型指令。

（2）**ALUSrc**。该位为 1 会让 2 选 1 多路选择器-3 选择立即数作为第二源操作数。

除此之外，在 R 型指令数据通路中已经加过的 RegDst，会让 2 选 1 多路选择器-1 在该位为 1 时选择 rd 作为目标寄存器。

6. lw 指令数据通路

lw 指令的结构如下：

31　　26	25　　21	20　　16	15　　11　10　　6　5　　0
op(6 位)	rs(5 位)	rt(5 位)	offset(16 位)

lw 指令具有以下特点：①指令类型仅由 op 段来确定；②它是所有指令中唯一一条从存储器中读取数据的指令；③指令中的 16 位立即数为偏移量 offset，需符号扩展成 32 位；④rs 和符号扩展后的立即数作为 ALU 的数据输入，ALU 的计算结果为要访问的存储单元的地址。

lw 指令功能的 RTL 描述为：

```
(1) M[PC],PC ← PC + 4                 ; 取指
(2) Addr← R[rs] + SignExt(imm16)      ; 计算存储单元地址
(3) R[rt]← M [Addr]                   ; 从存储器中取出的数据送 rt
```

lw 指令数据通路参见图 6-10 中的黑线部分所示。lw 指令被取出后，经过译码单元将 rs 寄存器中的数据取出，而指令的低 16 位经过符号扩展以后成为 32 位立即数，这两个数进入到 ALU 中，经过加法器计算出来的结果作为地址送到数据 RAM 的 Address 端，从而从数据 RAM 中取出 32 位数据，并通过两个多路选择器将数据回传到译码单元。在译码单元，数据被写入 rt 寄存器中。

设计 lw 指令的数据通路需要增加以下器件。

（1）**数据存储器**。所需的信号引脚为 address、write_data、read_data、MemWrite 和 Clock。

（2）**2 选 1 多路选择器-4**。用于选择是运算结果 Alu_result 还是从存储器读出的数据写入目的寄存器的数据。

对应的新增控制信号为：

MemtoReg。为 1 时控制 2 选 1 多路选择器-4，选择将存储器读出的数据写入目标寄存器。

7. sw 指令数据通路

sw 指令的结构如下：

31　　26	25　　21	20　　16	15　　11　10　　6　5　　0
op(6 位)	rs(5 位)	rt(5 位)	offset(16 位)

与 lw 相似，sw 指令有以下特点：①指令类型仅由 op 决定；②唯一一条向存储器写数据的指令；③指令中的 16 位立即数为偏移量 offset，需符号扩展成 32 位；④rs 和符号扩展后的立即数作为 ALU 的数据输入，ALU 的计算结果为要访问的存储单元的地址。

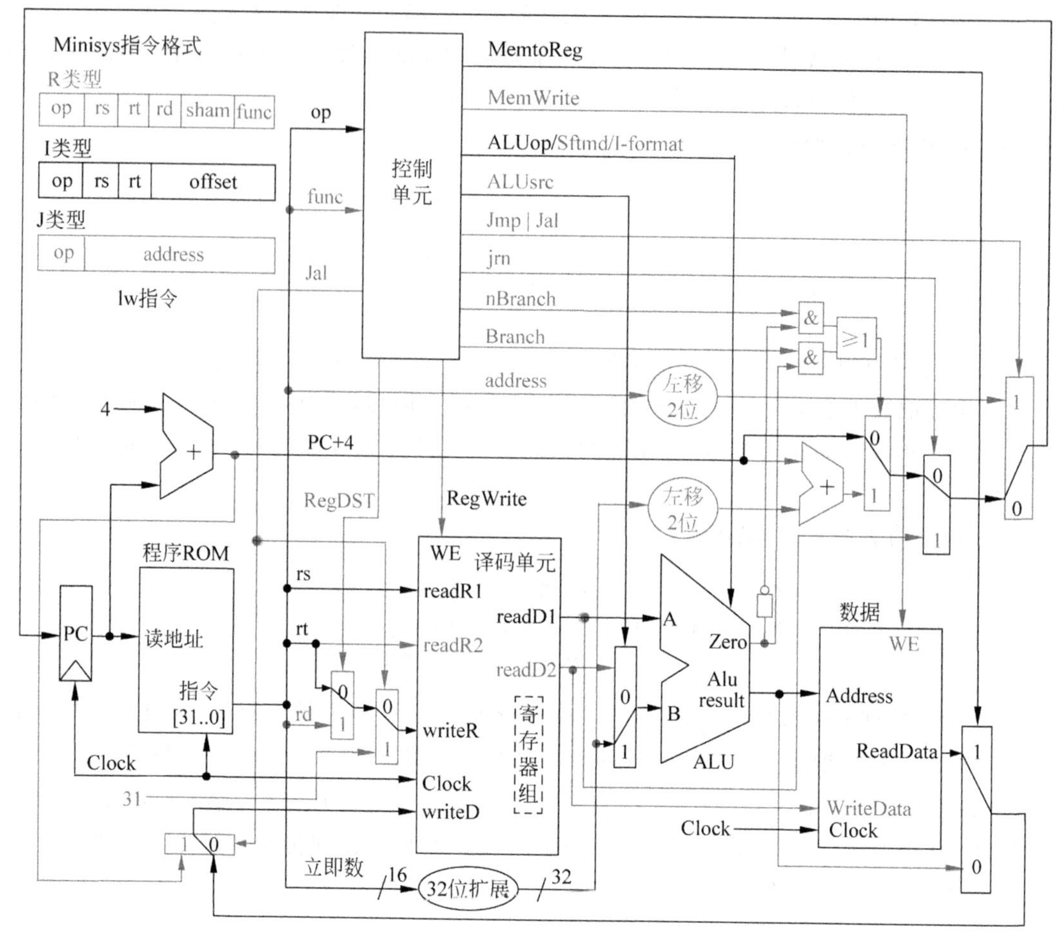

图 6-10　lw 指令执行部件图

指令功能的 RTL 描述为：

```
(1) M[PC]; PC ←PC + 4                   ; 取指
(2) Addr ← R[rs] + SignExt(imm16)       ; 计算存储单元地址
(3) M [Addr] ← R[rt]                    ; 将 rt 中的数写到存储器中
```

sw 指令数据通路参见图 6-11 中的黑线部分所示。指令取出后，在译码单元，rs 寄存器的内容作为第一操作数送到 ALU 的 A 端，指令中低 16 位通过符号扩展成 32 位数据进到 ALU 的 B 端，相加的结果作为地址送到数据 RAM 的 Address 端，要写入的数据被放在 rt 寄存器中，它通过译码单元的 readD2 出来后直接接到了数据 RAM 的数据端。由于需要写数据 RAM，因此，控制单元需要发出 MemWrite 信号给数据 RAM 的 WE 端。而 MemtoReg 信号不会发出，因为该信号是控制数据回写到寄存器，而 sw 指令无此功能。

在上述加入数据存储器及相应引脚后，为了完成 sw 指令的数据通路，还应增加控制信号 MemWrite 作为存储器写允许信号。

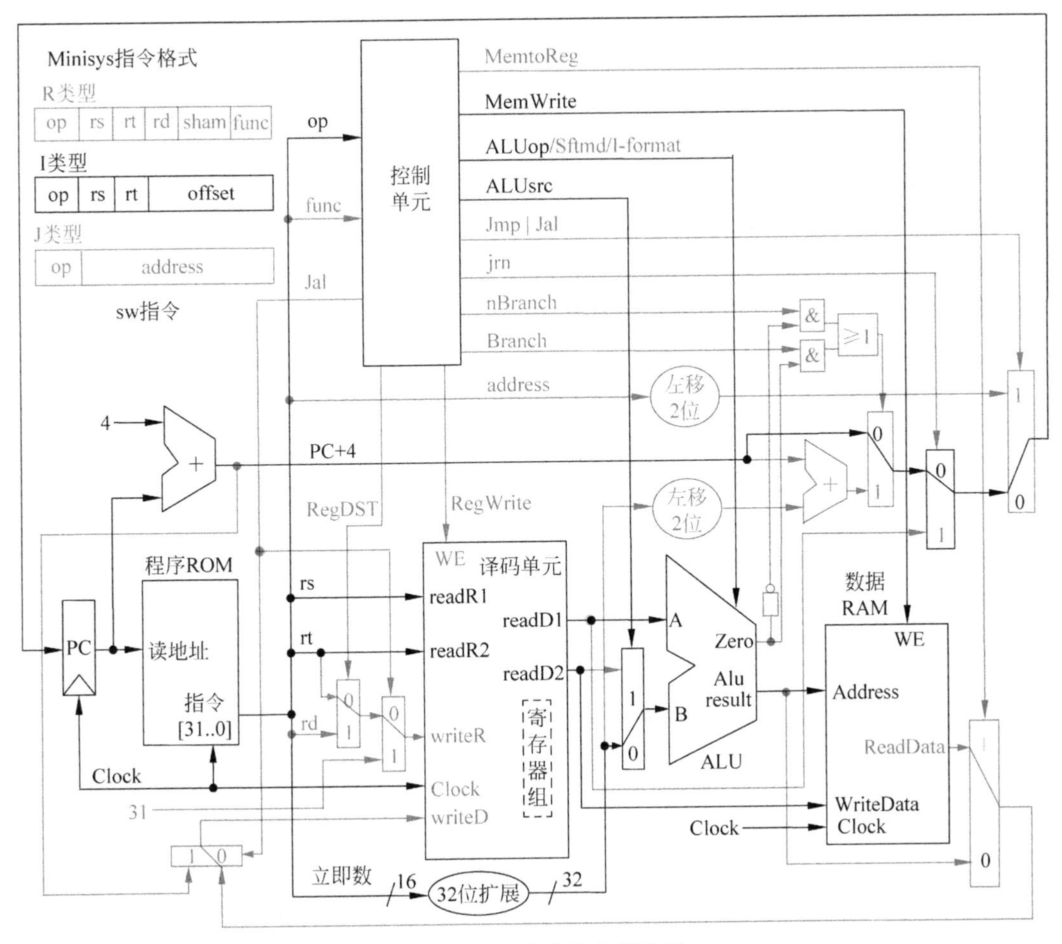

图 6-11　sw 指令执行部件图

8. beq 指令数据通路

beq 指令的结构如下：

31　　26	25　　21	20　　16	15　　11　10　　6　5　　0
op(6 位)	rs(5 位)	rt(5 位)	offset(16 位)

beq 指令具有以下特点：①仅在 R[rs]和 R[rt]两个值的差为 0 时改变 PC 值：②指令类型仅由 op 段决定；③R[rs]与 R[rt]相减，并以差不为 0 作为继续执行的条件；④指令中的偏移量 offset 为 16 位立即数，在乘以 4 后作符号扩展成 32 位，然后与 PC+4 相加作为新的 PC 值。因此，该指令在 R[rs]与 R[rt]相减差为 0 时会改变 PC 值。

beq 指令功能的 RTL 形式化表述为：

```
(1) M[PC]                                              ; 取指
(2) Zero← R[rs] - R[rt]                                ;
(3) if  Zero = 0,thenPC = PC + 4 + (SignExt)offset << 2 ; 相等则跳转
(4) else PC = PC + 4                                   ; 执行 beq 下面一条指令
```

beq指令的数据通路如图6-12中的黑线部分所示。指令取出后，存放在rs寄存器和rt寄存器中的两个32位数送到ALU中进行比较，由于设计中没有设计标志寄存器，所以直接将比较的结果从ALU的Zero端输出。当两个数相等时Zero输出1，否则输出0。

为完成beq指令的数据通路，需要增加以下器件。

(1) **加法器**。用于立即数符号扩展并左移2位后的地址计算。

(2) **2选1多路选择器-5**。用于根据是否是beq指令来选择PC+4还是label给PC。

(3) **与门-1**。通过将Zero和Branch信号相与来控制2选1多路选择器-5。

相应地，还要增加以下信号。

(1) **Branch控制信号**。为1用于表明是执行的beq指令。

(2) **Zero标志信号**。为1说明(rs)−(rt)=0(即(rt)=(rs))，也就是beq指令跳转条件满足。

另外，为了计算分支的地址，取指单元还要将PC+4的值传送到执行单元。算出的分支地址还要回送到取指单元。

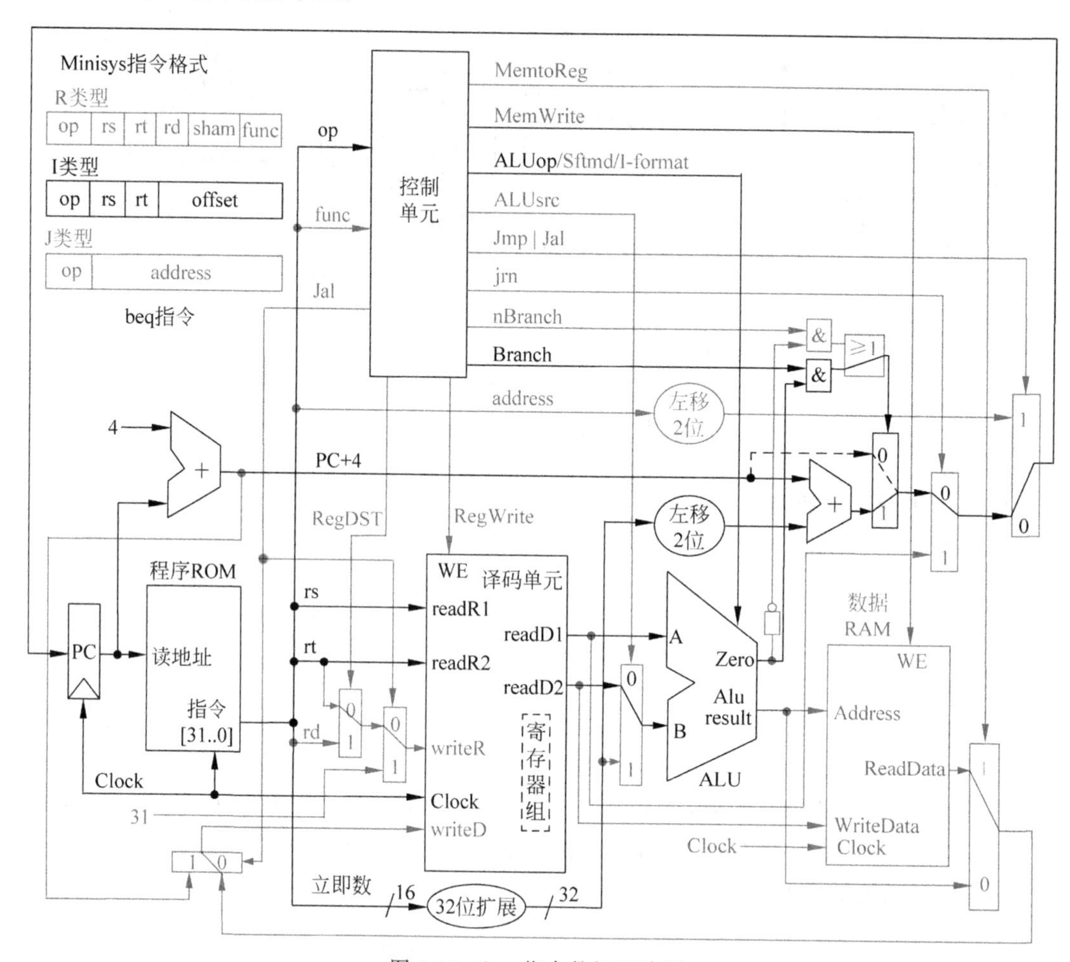

图6-12 beq指令数据通路图

9. bne 指令数据通路

bne 指令与 beq 基本一致，区别在于，bne 指令以 R[rs]和 R[rt]的差值为 0 为继续执行的条件，即在差不为 0 时改变 PC 值。bne 指令的特点为：①指令类型仅由 op 决定；②R[rs]与 R[rt]相减，并以差为 0 作为继续执行的条件；③指令中的 16 位立即数为偏移量 offset，需乘以 4 后做符号扩展成 32 位；然后和 PC＋4 相加作为新的 PC 值。该指令在 R[rs]和 R[rt]的差不为 0 的时候会改变 PC 值。

用 RTL 形式化的语言描述 bne 指令功能为：

```
(1)  M[PC]                                                  ; 取指
(2)  Zero ← R[rs] - R[rt],
(3)  if  Zero != 0,  then PC = PC + 4 + (SignExt)offset << 2    ; 不等则跳转
         else  PC = PC + 4                                  ; 执行 beq 下面一条指令
```

bne 指令的数据通路如图 6-13 中的黑线部分所示。由于 beq 指令和 bne 指令很相似，而且关系密切，所以图 6-13 同时给出了 beq 指令的数据通路。注意图 6-13 中 Zero 输出分成两路，其中一路反相输出。这两路和从控制单元出来的 nBranch 和 Branch 信号构成一个组合逻辑(见图 6-13 中虚框部分)，该组合逻辑决定了 PC 的下一个值。

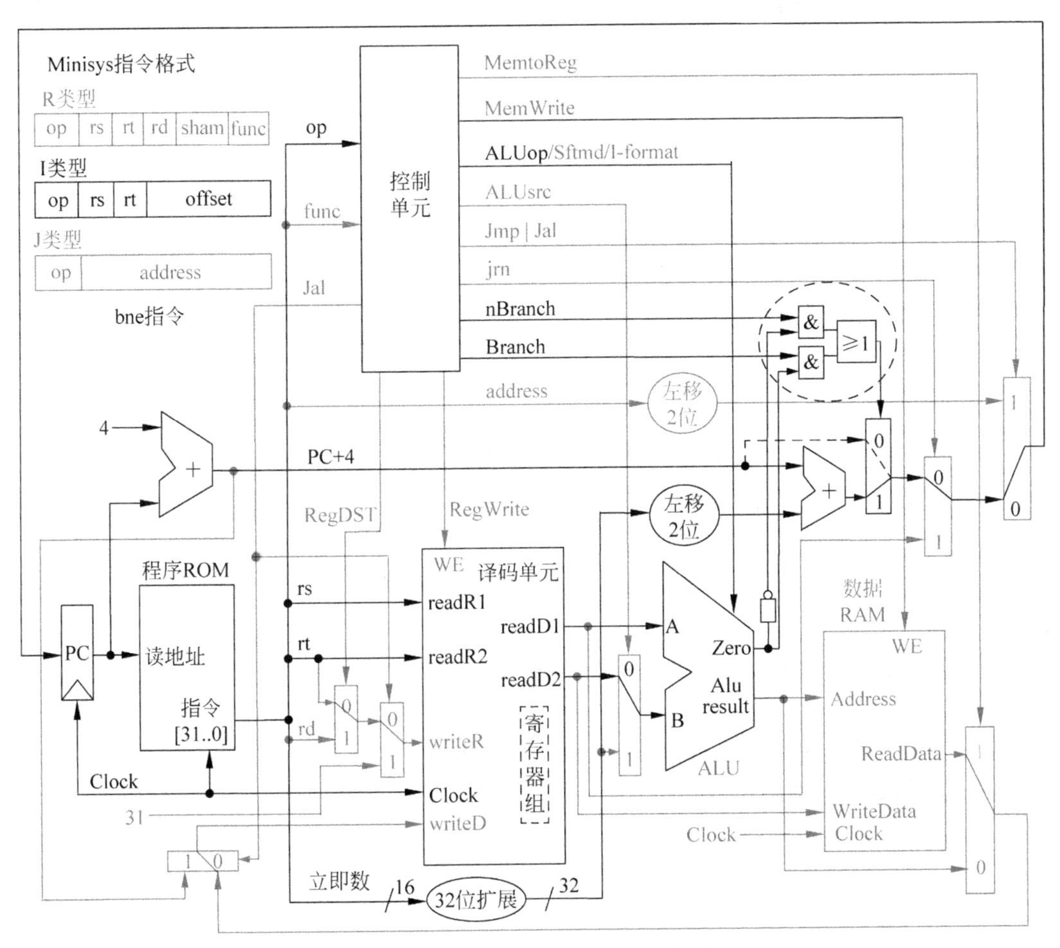

图 6-13　beq、bne 指令数据通路图

当指令是 bne 时，则 nBranch 信号为 1，Branch 信号为 0。此时如果两个数比较不相等，虚框内的组合逻辑输出为 1，使得它所控制的多路开关选择将 32 位立即数左移 2 位后与 PC+4 的值相加的结果送到 PC 寄存器，从而实现跳转；如果两个数比较相等，则虚框内的组合逻辑输出为 0，此时 2 选 1 多路选择器选择将 PC+4 的值赋给 PC。

当指令是 beq 时，则 nBranch 信号为 0，Branch 信号为 1，此时如果两个数比较相等，虚框内的组合逻辑输出为 1，使得它所控制的 2 选 1 多路选择器选择将 32 位立即数左移 2 位与 PC+4 的值相加的结果送到 PC 寄存器，从而实现跳转；如果两个数比较不相等，则组合逻辑输出为 0，此时 2 选 1 多路选择器选择将 PC+4 的值赋给 PC。

对照图 6-12，可以发现 bne 指令的数据通路需要增加以下器件。

（1）**反相器**。用于将 Zero 信号反相，使得“不为 0”条件为真。

（2）**与门-2**。通过将 Zero 反向信号和 nBranch 信号相与来作为控制 2 选 1 多路选择器-5 的另一个信号。

（3）**或门**。将与门-1 输出和与门-2 输出组合成对 2 选 1 多路选择器-5 的控制信号。

相应地，需要增加 **nBranch** 控制信号，用于表明是执行 bne 指令。

10. j 指令数据通路

j 指令的结构如下：

31　　26	25　　21　20　　16　15　　11　10　　6　5　　0
op（6 位）	address（26 位）

j 指令的特点为：①指令类型仅由 op 段决定；②指令中的 26 位立即数为地址，在乘以 4 之后作为新的 PC 值，该指令会改变 PC 值。

j 指令功能的形式化描述为：

```
(1)  M[PC]                       ; 取指
(2)  PC←ZeroExt(address << 2)    ; 修改 PC
```

j 指令数据通路如图 6-14 中的黑线部分所示。该指令取出后，其低 26 位存放的是要跳转的地址除以 4 的值，因此要将该数乘以 4（左移 2 位）后赋给 PC 寄存器，从而完成跳转。

此时控制单元使 jmp 信号为 1，以打开图中最右边的多路选择器，使得计算出来的新地址能够被赋值给 PC。

为实现 j 指令的数据通路，需要增加 **2 选 1 多路选择器-6**，用于选择是否是 ZeroExt（address << 2）。

需要增加一个控制信号 jmp，用于表明是 j 指令。

11. jal 指令数据通路

jal 指令的结构如下：

31　　26	25　　21　20　　16　15　　11　10　　6　5　　0
op（6 位）	address（26 位）

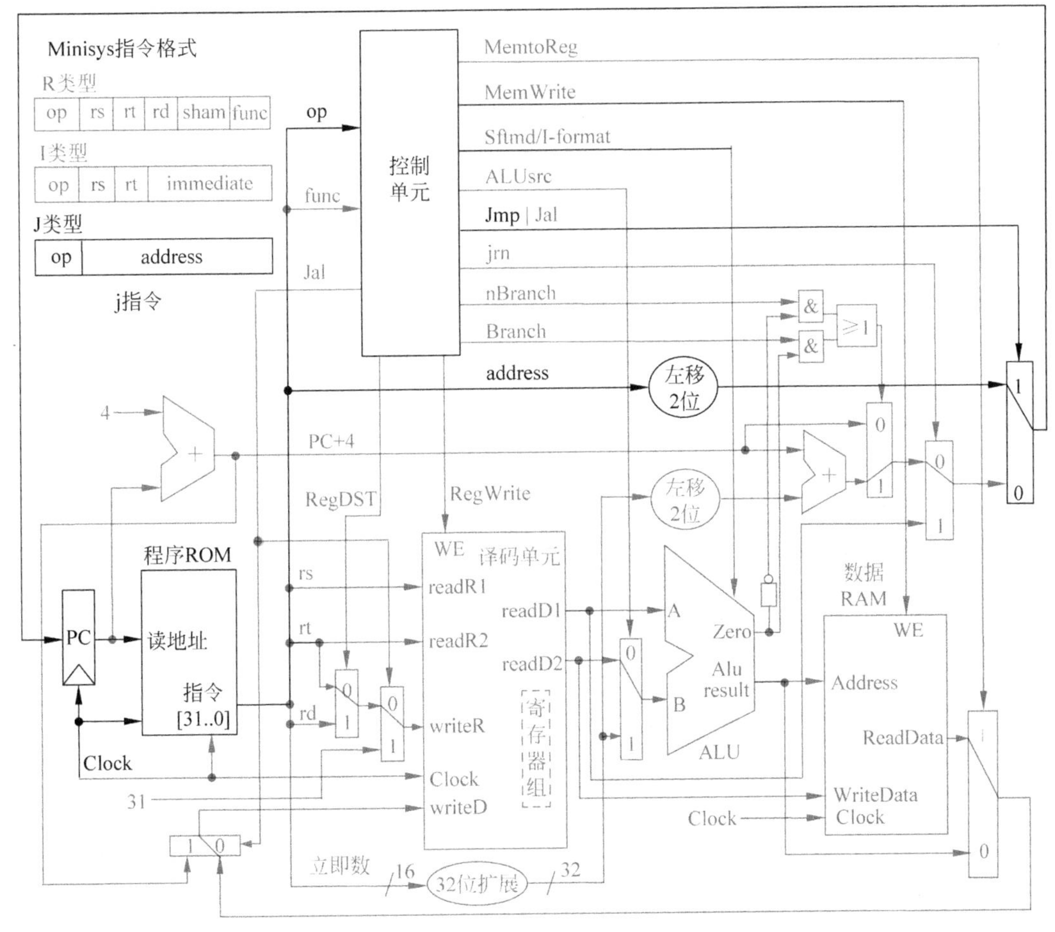

图 6-14　j 指令执行部件图

jal 指令的特点为：①指令类型仅由 op 决定；②将 PC+4 的值存放到 $ 31 中；③指令中的 26 位立即数为地址，需乘以 4 后作为新的 PC 值。该指令会改变 PC 值。

jal 指令的数据通路如图 6-15 中的黑线部分所示。**注意图中的 2 个 Jal 信号实际上是同一个信号，只是为了便于绘制才画成了 2 个。**

jal 指令也包含一个 26 位的跳转地址，该地址左移 4 位以后作为实际跳转地址赋给 PC，这一步与 j 指令是一样的。

但是与 j 指令不同的是，jal 指令在跳转到新地址之前会将下一条指令的地址（即 PC+4 的值）保存到 $ 31 寄存器中。

jal 指令是 Minisys-1 系统中的子程序调用指令，由于它将下一条指令地址保存在了 $ 31 中，因此子程序只需要执行 jr $ 31 就可以返回到调用子程序处。

设计 jal 指令的数据通路，需要增加以下器件。

(1) **2 选 1 多路选择器-7**。用以选择 PC+4 写目标寄存器，控制信号为 jal。

(2) **2 选 1 多路选择器-8**。用以选择 $ 31 是目标寄存器，控制信号为 jal。

相应的新增控制信号 **jal**，表示当前指令是 jal 指令。

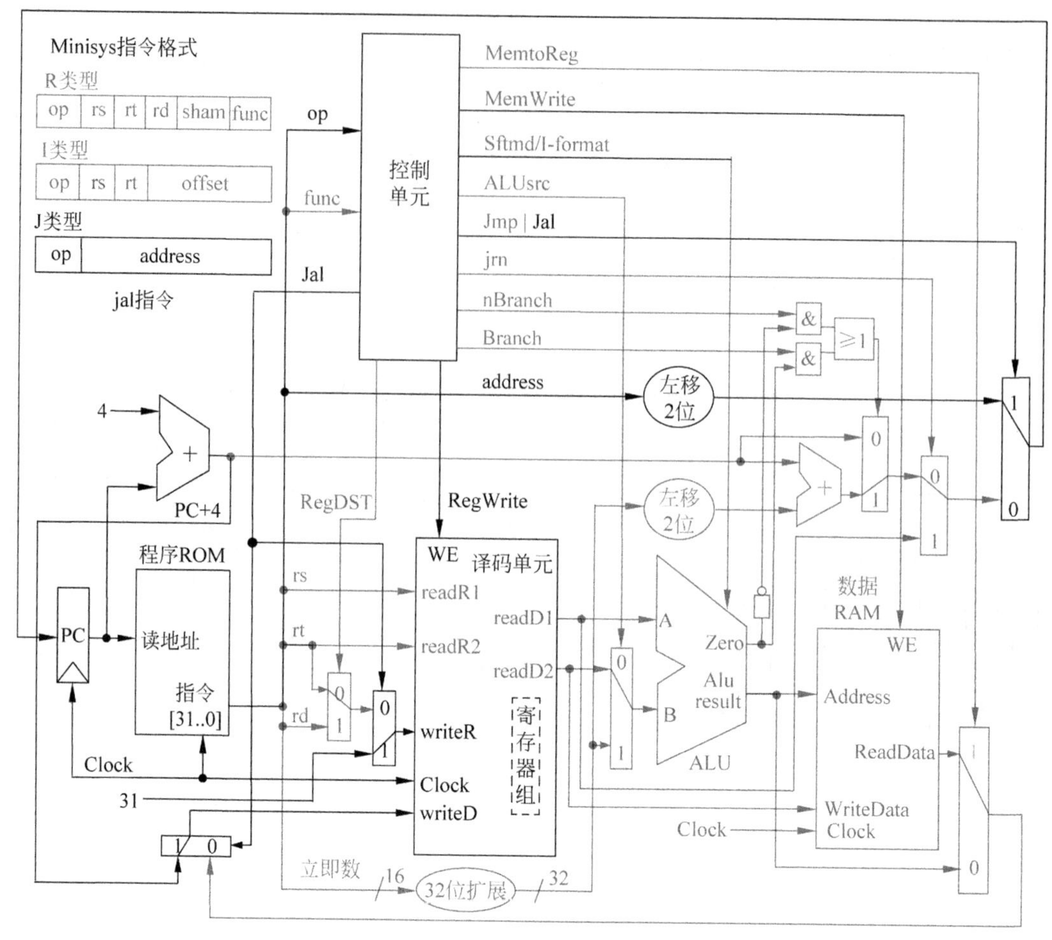

图 6-15　jal 指令执行部件图

12. Minisys-1 数据通路小结

综合以上对各种指令数据通路的分析，最终得到 Minisys-1 CPU 完整的数据通路，如图 6-16 所示。

练习 6-1：表 6-4 列出了 Minisys-1 数据通路上的部件名称和信号名称，请根据前面章节的分析，将该表完善。

表 6-4　Minisys-1 数据通路

新 增 部 件		
部 件 名 称	部 件 作 用	所 属 单 元
PC 寄存器		
指令存储器(ROM)		
2 选 1 多路选择器-1		
寄存器文件		
ALU 部件		
ALU_Result 寄存器		
2 选 1 多路选择器-2		

续表

部件名称	部件作用	所属单元
2选1多路选择器-3		
立即数扩展器		
2选1多路选择器-4		
数据存储器		
加法器		
2选1多路选择器-5		
与门-1		
反相器		
与门-2		
或门		
2选1多路选择器-6		
2选1多路选择器-7		
2选1多路选择器-8		
ALU_ctr(ALUop)		
RegWrite		
RegDST		
Sftmd		
Jrn		
I_format		
ALUSrc		
MemtoReg		
MemWrite		
Branch		
nBranch		
Jmp		
Jal		
新增状态信号		
信号名	信号作用	来源与去向
Zero		

13. 思考与拓展

在表6-4中共有8个多路选择器，2个与门，请读者在图6-16中将它们标识出来。

6.5.3 创建Minisys项目

1. 建立Minisys项目

在设计单周期CPU之前，首先创建一个新的项目。

双击Vivado图标打开Vivado，选择File→New Project命令，弹出如图6-17所示的对话框。

在打开的New Project对话框中单击Next按钮，之后在Project Name窗口按照图6-18进行设置，项目名称为minisys，路径为C:/sysclassfiles/orgnizationtrain/，然后单击Next按钮。

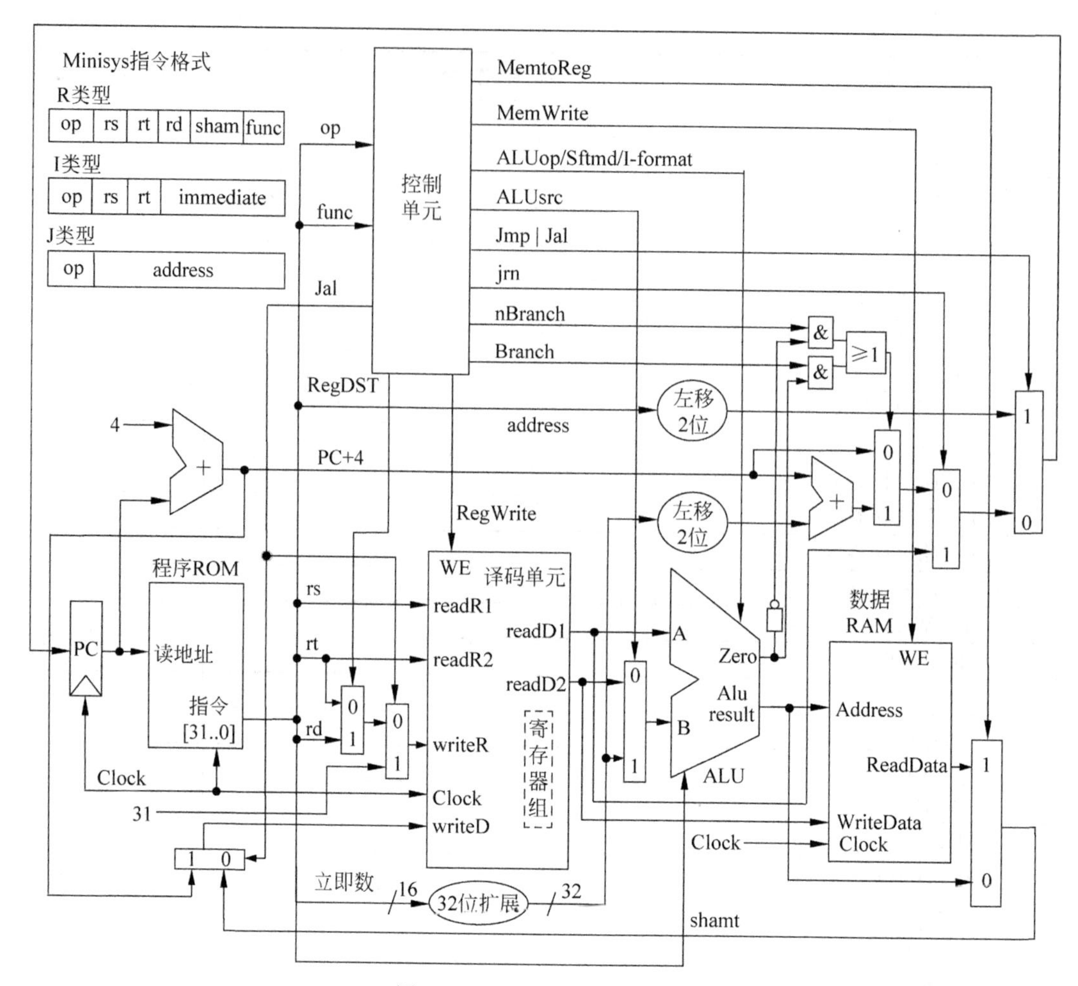

图 6-16　Minisys-1 数据通路

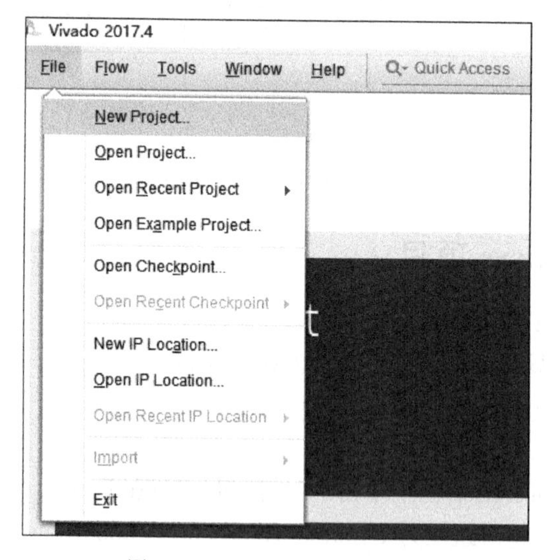

图 6-17　New Project 对话框

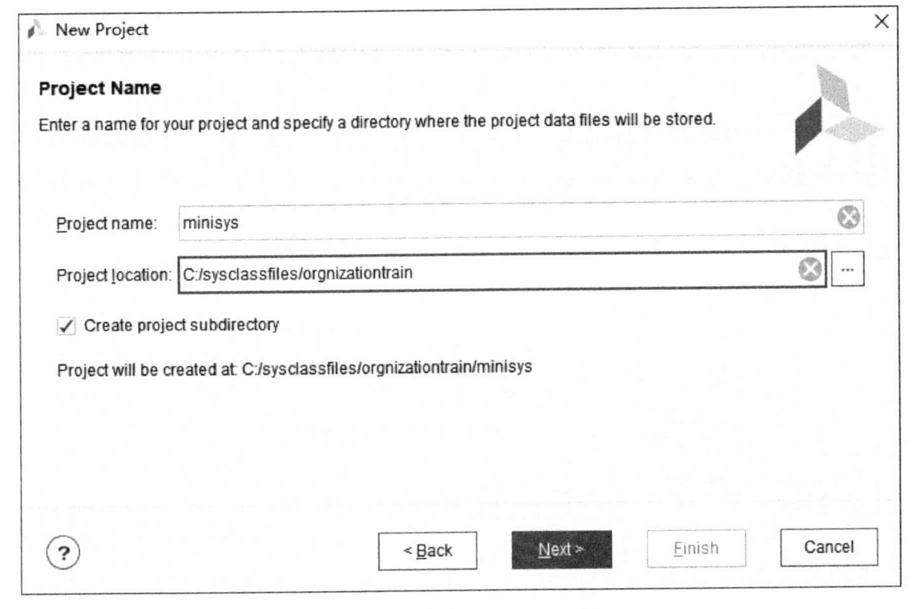

图 6-18　指定 Minisys 工程

在 Project Type 窗口按照图 6-19 进行设置，并单击 Next 按钮，进入 Add Sources 对话框。

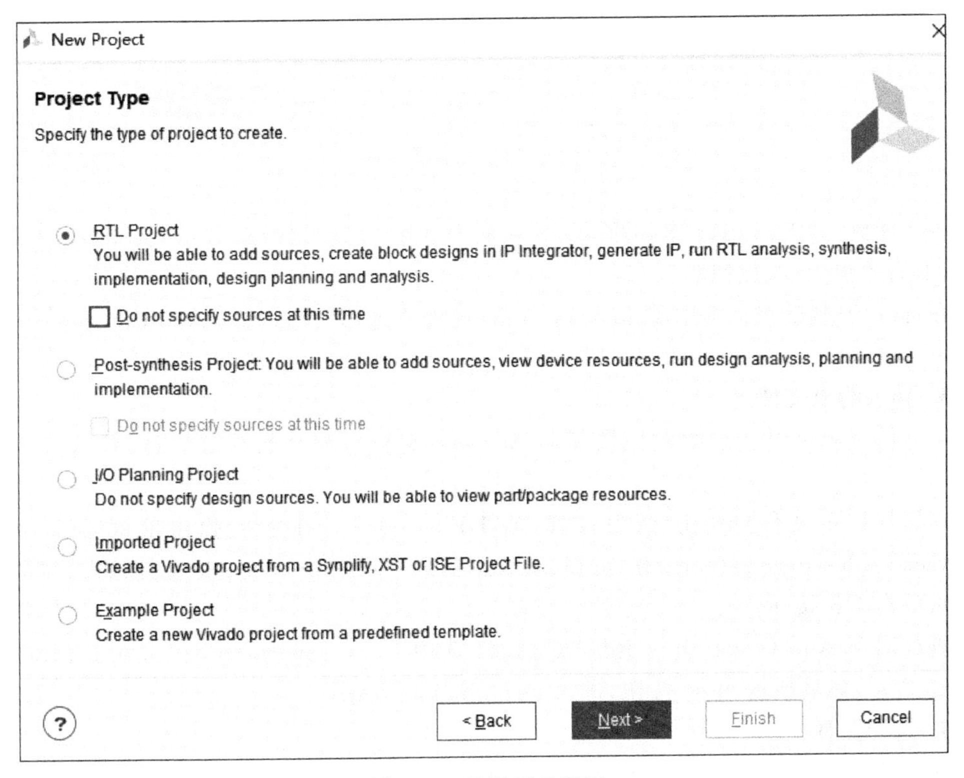

图 6-19　选择项目类型

2. 导入初始文件

本书的资源包中已给读者提供了 minisys 项目中所有设计文件的起始文件，供读者完善。

在 Add Sources 对话框选择 Add Files 命令，弹出如图 6-20 所示的 Add Source Files 对话框，在其中选择 C:/sysclassfiles/orgnizationtrain/minisys 目录，并将其中所有的.v 文件选中，单击 OK 按钮。

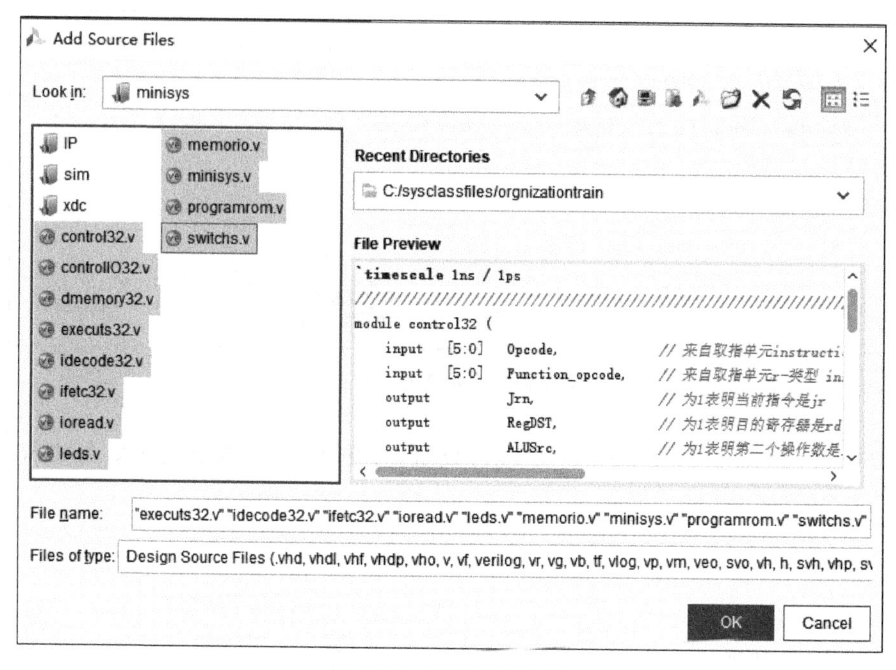


```
`timescale 1ns / 1ps
////////////////////////////////////////////////////////////
module control32 (
    input   [5:0]  Opcode,            // 来自取指单元instructi
    input   [5:0]  Function_opcode,   // 来自取指单元r-类型 in
    output         Jrn,               // 为1表明当前指令是jr
    output         RegDST,            // 为1表明目的寄存器是rd
    output         ALUSrc,            // 为1表明第二个操作数是
```

图 6-20　添加原始文件

再次回到 Add Sources 对话框，在对话框中选中 Copy sources into project，如图 6-21 所示，然后单击 Next 按钮。

在选择 IP 核的对话框中单击 Next 按钮(此处不选 IP 核)，进入 Add Constraints Files 对话框。

3. 导入约束文件

本书的资源包中已给读者提供了与 Minisys 实验板配套的约束文件，包含了引脚分配等。

在添加约束文件的对话框中选择 Add Files 命令，在之后弹出的对话框中选择 C:/sysclassfiles/orgnizationtrain/minisys/xdc 目录，并将 minisys.xdc 文件选中(如图 6-22 所示)，单击 OK 按钮。

再次回到 Add Constraints Files 对话框，选中 Copy constraints files into project，如图 6-23 所示，然后单击 Next 按钮，进入 Default Port 对话框。

4. 选择器件

在打开的 Default Port 对话框中选择 FPGA 器件为 xc7a100tfgg484-1，如图 6-24 所示，单击 Next 按钮。

图 6-21　复制源文件到项目

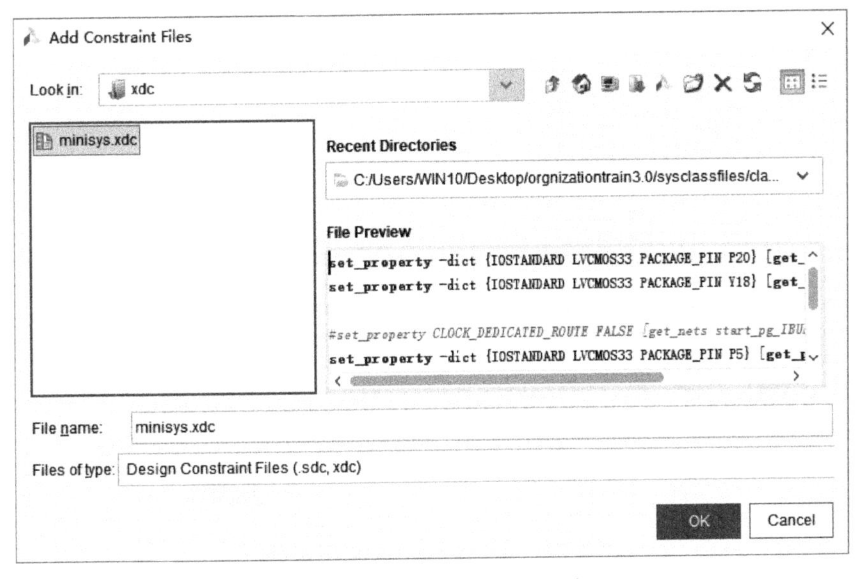

图 6-22　选择 minisys. xdc 文件

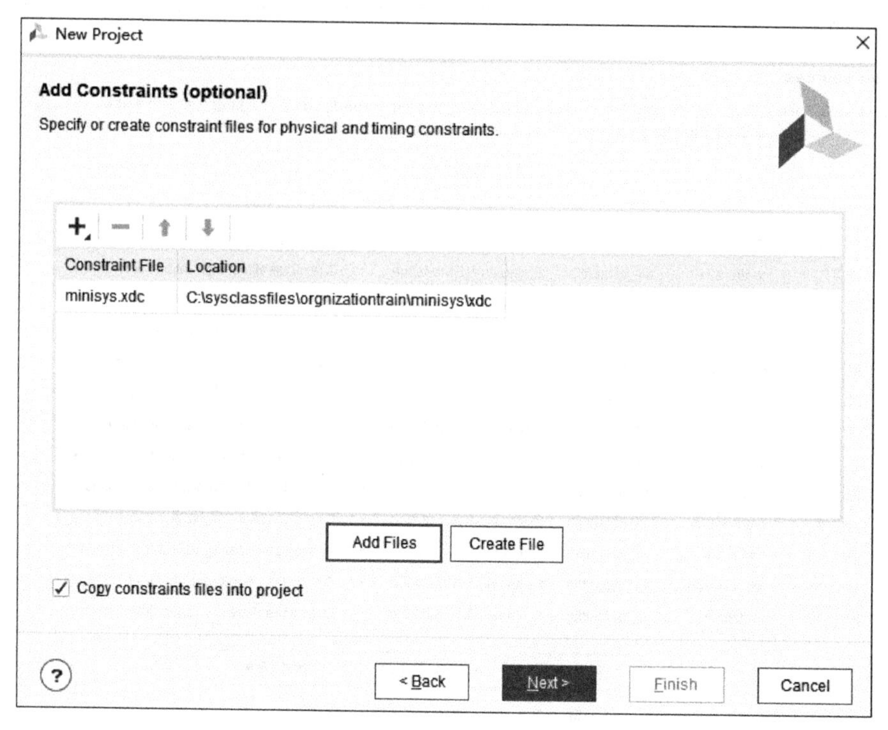

图 6-23　复制约束文件到项目中

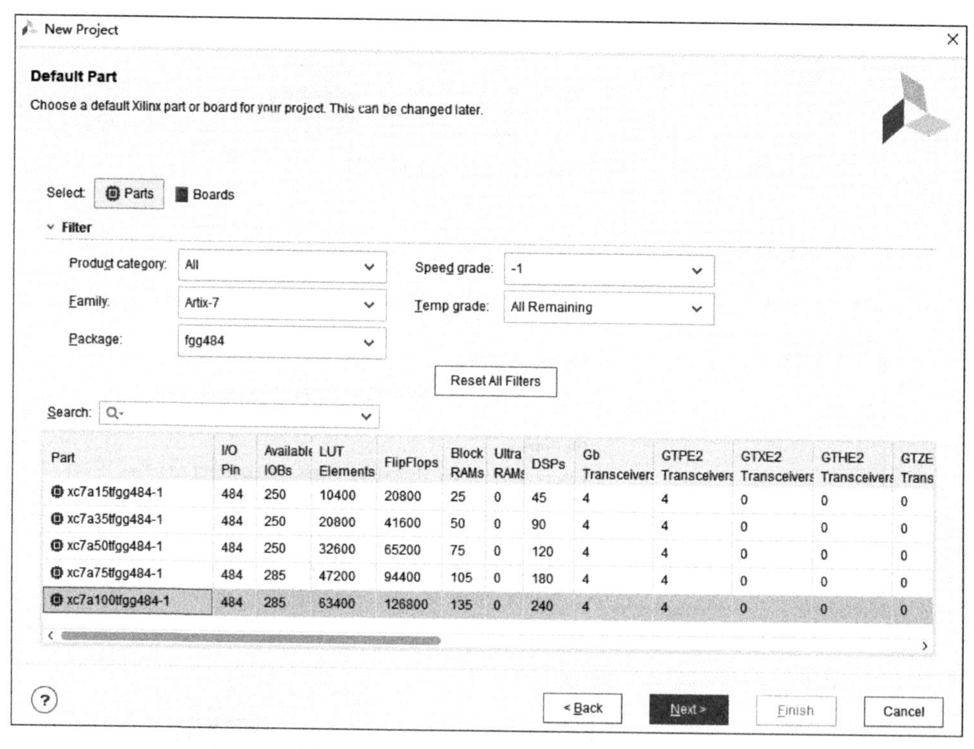

Part	I/O Pin	Available IOBs	LUT Elements	FlipFlops	Block RAMs	Ultra RAMs	DSPs	Gb Transceivers	GTPE2 Transceivers	GTXE2 Transceivers	GTHE2 Transceivers	GTZE Trans
xc7a15tfgg484-1	484	250	10400	20800	25	0	45	4	4	0	0	0
xc7a35tfgg484-1	484	250	20800	41600	50	0	90	4	4	0	0	0
xc7a50tfgg484-1	484	250	32600	65200	75	0	120	4	4	0	0	0
xc7a75tfgg484-1	484	285	47200	94400	105	0	180	4	4	0	0	0
xc7a100tfgg484-1	484	285	63400	126800	135	0	240	4	4	0	0	0

图 6-24　选择 xc7a100tfgg484-1 器件

在 New Project Summary 对话框中单击 Finish 按钮，如图 6-25 所示。

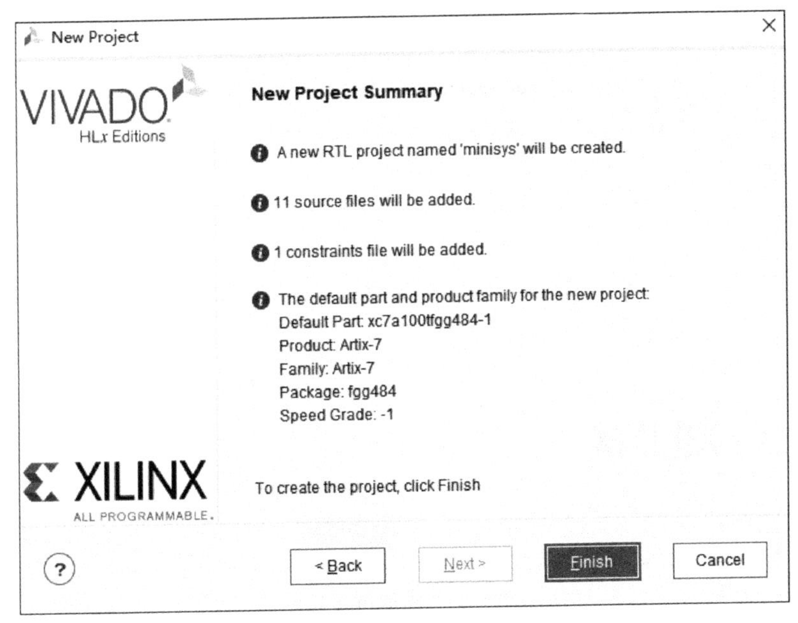

图 6-25　完成创建新项目

此时可以看到新项目生成，由于很多初始文件并不完整，所以此时项目是有错误的，如图 6-26 所示。其中 control32.v 是没有增加 I/O 部分的控制单元，controlIO32.v 是增加了 I/O 后的控制单元的端口定义文件，是为后续修改控制单元端口做参考的，为了防止模块重名，controlIO32.v 中的模块名改为 controlIO32。

5. 导入仿真文件

为了便于读者仿真验证，本书的资源包中给读者提供了大部分模块的仿真文件。

右击图 6-26 中的 Simulation Sources 选项，在弹出的菜单中选择 Add Sources 命令，打开如图 6-27 所示的 Add Sources 对话框。确保选中的是 Add or create simulation sources，并单击 Next 按钮。

在 Add or create simulation sources 对话框中选择 Add Files，在之后弹出的对话框中选择 C:/sysclassfiles/orgnizationtrain/minisys/sim/目录，并将其中所有的.v 文件选中（如图 6-28 所示），单击 OK 按钮。

再次回到 Add or create simulation sources 对话框，选中 Copy sources into project，如图 6-29 所

图 6-26　项目初始状态

示，然后单击 Finish 按钮。

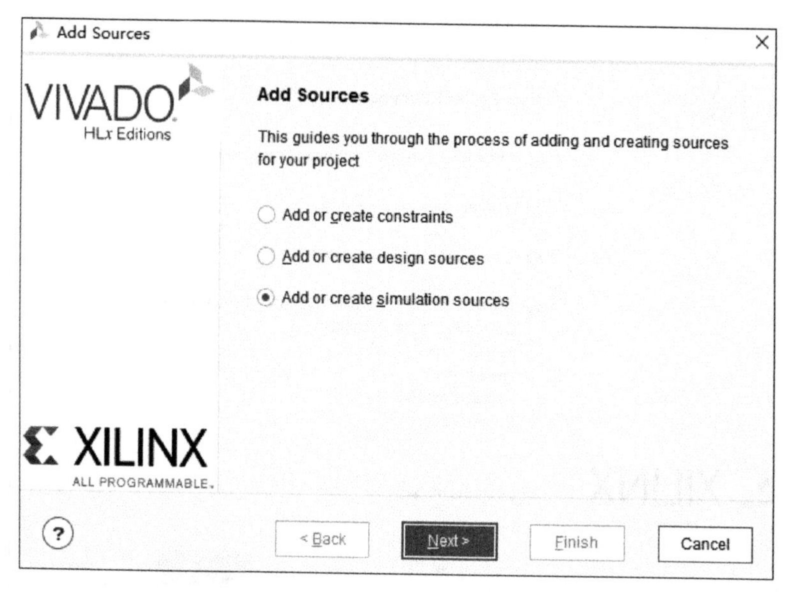

图 6-27　添加仿真文件

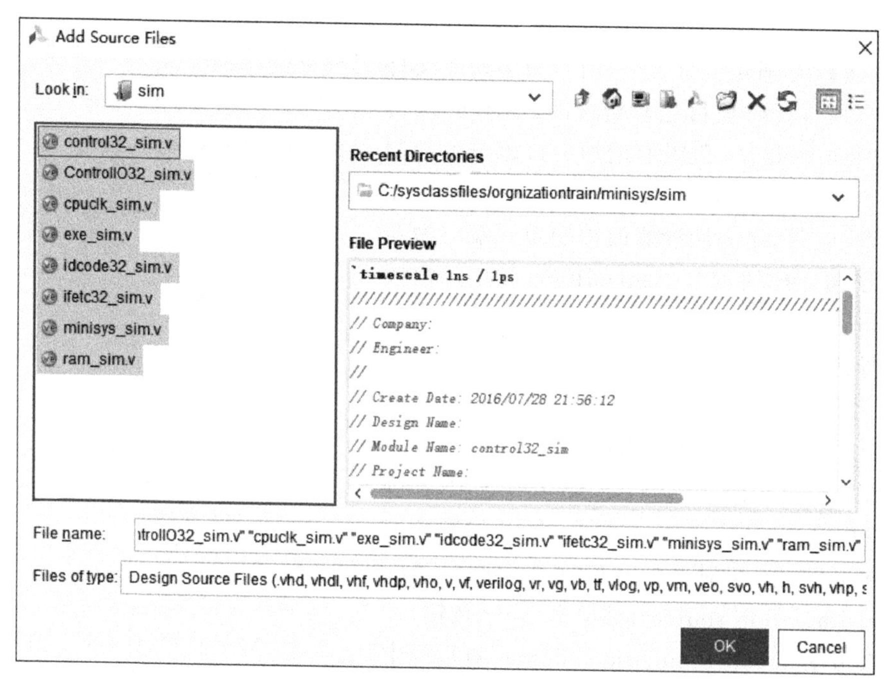

图 6-28　导入仿真文件

此时会看到仿真文件和它实例化模块的设计文件均被调入到项目中，如图 6-30 所示。注意控制器的仿真文件有两个：Control32_sim 适用于只设计了 CPU 的控制单元的仿真，ControlIO32_sim 是扩展了接口后的控制单元仿真文件，但它实例化的依然是 Control32 模块。由于设计文件并不完善，所以可以看到有错误报出。

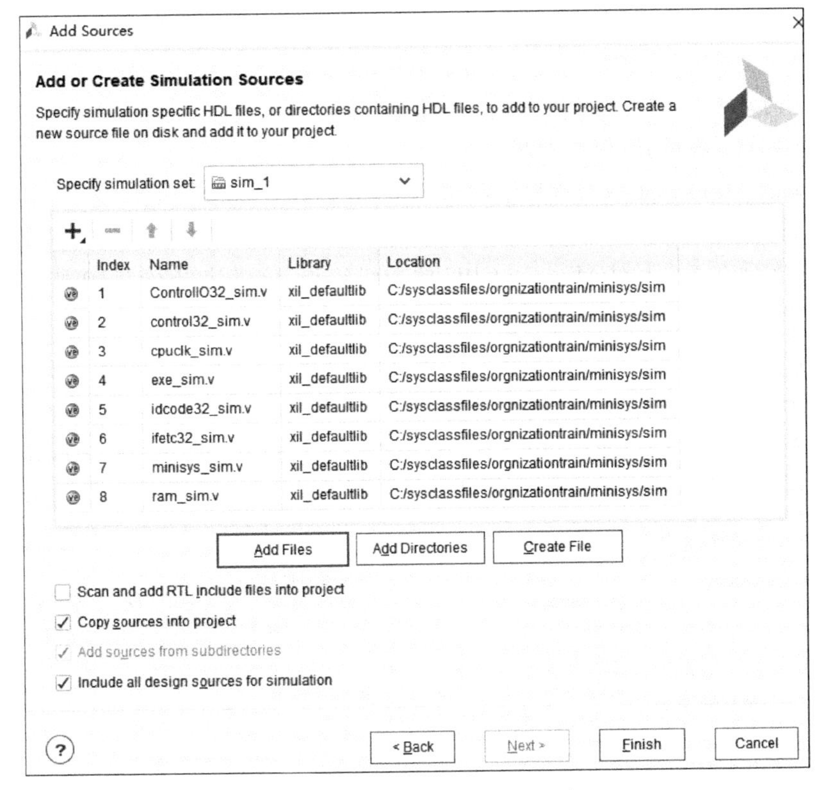

图 6-29　复制仿真文件到项目中

图 6-30　加入到项目中的仿真文件

接下来读者就通过不断完善设计文件的初始文件，最终完成 Minisys-1 的设计。

注意：2.0 版本的 CPU 不包含 programrom.v 文件，工程结构中不包含 ROM：programrom 的单元。

6. 添加程序下载单元(仅 3.0 版)

3.0 版本的 Minisys-1 就有程序下载单元，在硬件设计不改变的情况下，可以一键下载程序进行运行。本节将为 Minisys-1 3.0 版本的 CPU 添加程序下载单元。程序下载单元使用 UART 来实现在 PC 上对 Minisys CPU 的在线编程，该模块以网表 IP 核的形式提供在资源包中，无须大家设计，只需要添加到工程中即可。

首先，在 Minisys CPU 的 Vivado 工程中选择 Settings→IP→Repository 命令，再单击右侧窗口中的 **+** 按钮，添加串口 IP 核的路径为 C:\sysclassfiles\orgnizationtrain\minisys\IP\SEU_CSE_507_user_uart_bmpg_1.3，如图 6-31 所示。单击 Select 按钮，并在 IP→Repository 窗口中依次单击 Apply 按钮和 OK 按钮。

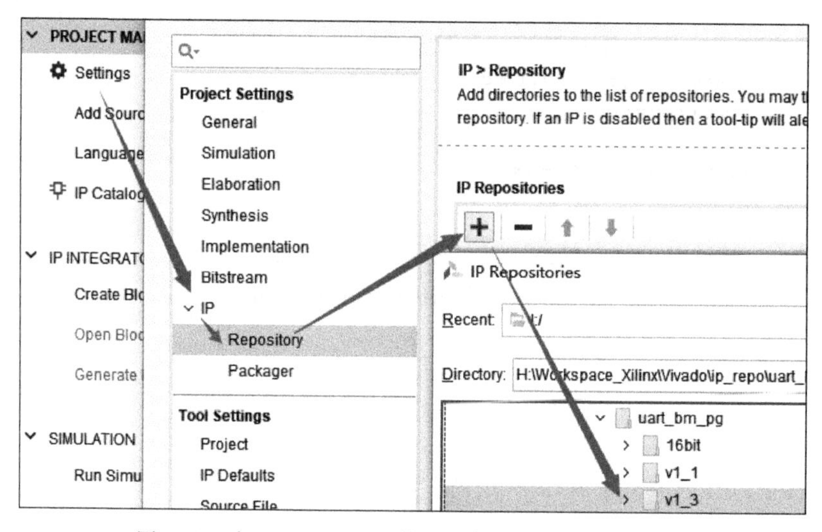

图 6-31 在 Minisys CPU 的工程中添加程序下载 IP 核

双击图 6-32 中位于 Settings 下方的 IP Catalog，在打开的面板中可以看到新添加的程序下载的 IP 核 uart_bmpg_v1_3，如图 6-32 所示。

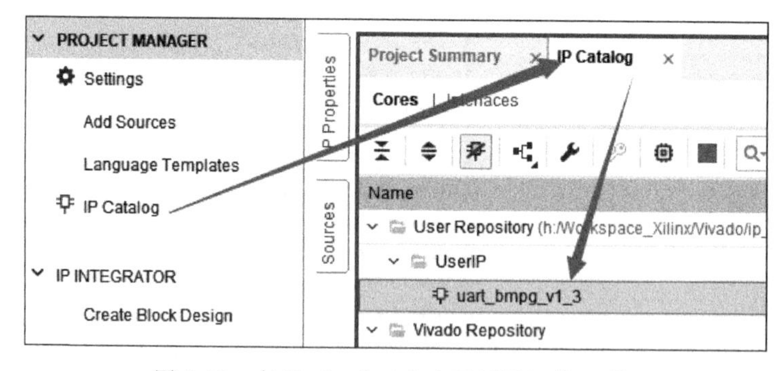

图 6-32 在 IP Catalog 中查看新添加的 IP 核

双击 uart_bmpg_v1_3 的 IP 核，如图 6-33 所示。

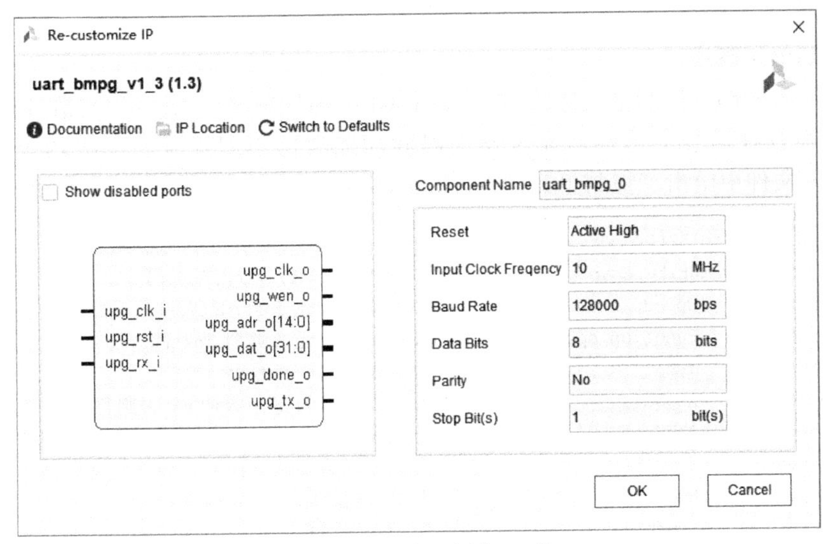

图 6-33 双击以例化 IP 核

此时可以看到程序下载 IP 核的信号引脚以及相关的参数。程序下载单元各引脚的含义如表 6-5 所示。此处不需要对 IP 核做任何修改(**但一定要确认部件名称是 uart_bmpg_0**)，直接单击 OK 按钮，在弹出的窗口中单击 Generate 按钮即可。

表 6-5 程序下载单元各引脚的含义

引脚名称	位宽(位)	含义
upg_clk_i	1	程序下载单元的输入时钟(10MHz)
upg_rst_i	1	程序下载单元的复位信号(高电平复位)
upg_clk_o	1	输出时钟信号(接 Block RAM 的输入时钟)
upg_wen_o	1	输出写使能信号(接 Block RAM 的写使能引脚)
upg_adr_o	15	输出地址信号(接 Block RAM 的地址引脚)
upg_dat_o	32	输出数据信号(接 Block RAM 的数据输入引脚)
upg_done_o	1	指示编程是否完毕的信号(为 1 时表明编程完毕)
upg_rx_i	1	UART RXD
upg_tx_o	1	UART TXD

此时，可以看到工程中串口下载的 IP 核不再是问号，如图 6-34 所示。

图 6-34 添加串口下载 IP 核后的工程

6.5.4 Minisys-1控制单元的设计

1. 控制单元概述

图6-16的上部是控制单元部分，它是整个CPU的控制核心，各种控制信号都是从这里发出来的，而各种信号的值都是通过操作码和功能码的不同组合和一些约定来决定的，control32.v文件中给出了控制单元的Verilog HDL程序中信号定义部分：

```
1.  module control32(Opcode,Jrn,Function_opcode,RegDST,ALUSrc,MemtoReg,
2.  RegWrite, MemWrite,Branch,nBranch,Jmp,Jal,I_format,Sftmd,ALUOp);
3.  input[5:0]   Opcode ;            // 来自取指单元 instruction[31..26]
4.  input[5:0]   Function_opcode;    // 来自取指单元 R 类型 instructions[5..0]
5.  output       Jrn;                // 为 1 表明当前指令是 jr
6.  output       RegDST;             // 为 1 表明目的寄存器是 rd,否则目的寄存器是 rt
7.  output       ALUSrc;             // 为 1 表明第二个操作数是立即数(beq,bne 除外)
8.  output       MemtoReg;           // 为 1 表明需要从存储器读数据到寄存器
9.  output       RegWrite;           // 为 1 表明该指令需要写寄存器
10. output       MemWrite;           // 为 1 表明该指令需要写存储器
11. output       Branch;             // 为 1 表明是 beq 指令
12. output       nBranch;            // 为 1 表明是 bne 指令
13. output       Jmp;                // 为 1 表明是 j 指令
14. output       Jal;                // 为 1 表明是 Jal 指令
15. output       I_format;           // 为 1 表明该指令是除 beq,bne,LW,SW
16.                                  // 之外的其他 I 类型指令
17. output       Sftmd;              // 为 1 表明是移位指令
18. output[1:0]  ALUOp;              // 是 R 类型或 I_format = 1 时位 1 为 1
19. // beq、bne 指令则位 0 为 1
20. wire R_format;                   // 为 1 表示是 R 类型指令
21. wire Lw;                         // 为 1 表示是 lw 指令
22. wire Sw;                         // 为 1 表示是 sw 指令
23. …………  ??…………                   // 读者自行完善
24. endmodule
```

2. RegDST的控制电路设计

Minisys-1不同类型的指令的目标寄存器可能不同，所以上面代码的第6行定义了RegDST信号，用于指明目标寄存器：RegDST=1时，表明目标由rd指明；RegDST=0，表明目标由rt指明。下面对RegDST信号的控制电路进行设计。

分析6.4.3节的指令集不难看出，jr之外的所有R型指令的目标为rd，I型指令和lw指令的目标为rt，而sw指令、分支指令(beq、bne)、跳转指令(j、jal)以及jr指令不需要回写寄存器。据此，归纳出不同类型指令对应RegDST的值如图6-35所示。

op→	001101	001001	100011	101011	000100	000010	000000
指令操作码	ori	addiu	lw	sw	beq	j	R-format
	0	0	0	x	x	x	1

图6-35 RegDST信号的分析

根据上述归纳，定义了一个R_format信号，该信号为1表示指令为R型指令，即指令的op段为6'b000000。将R_format的值赋给RegDST，用以指明目标寄存器。实现方法为：

```
assign R_format = (Opcode == 6'b000000)? 1'b1:1'b0;
assign RegDST = R_format; //说明目标是 rd,否则是 rt
```

细心的读者会注意到,以上两句已经包含在 control32.v 中。上述的规则将不需要回写寄存器的指令的目标寄存器也指定为了 rd 或 rt。例如,就将 jr 指令(op==6'b000000)对应的 RegDST 就被置为了 1。这里需要说明,RegDST 只是指明目标寄存器,但是真正决定是否回写的是控制信号 RegWrite。只有该信号为 1 时,才会回写 rt 或 rd 寄存器。

3. RegWrite 的控制电路设计

RegWrite 控制电路的设计与 RegDST 相似,需要对指令是否需要回写寄存器文件进行归纳,如图 6-36 所示。

op→	001xxx	000000	100011	101011	000011	000010	000000
指令操作码	I-format	jr	lw	sw	jal	j	R-format
	1	0	1	x	1	x	1

图 6-36 RegWrite 信号的分析

需要注意的是,jr 指令 op 和 R-format 的 op 是一样的,但 jr 指令并不写寄存器,因此要排除掉这条指令,需要读者考虑一下如何解决这个问题。根据以上归纳,请读者完善图 6-36,从而得到控制信号 RegWrite 的具体定义方式。这里,本书将这部分留作练习,请结合分析自行完成。

练习 6-2:完善上面的表,在以下提示的基础上完成控制信号 RegWrite 的定义。

```
assign I_format = ????
assign Lw = ????
assign Jal = ????
assign Jrn = ????
assign RegWrite = ?????
```

练习 6-3:请给出下列控制信号电路的 Verilog 描述。

```
output      ALUSrc;       //为 1 表明第二个操作数是立即数(beq,bne 除外)
output      MemtoReg;     //为 1 表明需要从存储器读数据到寄存器
output      MemWrite;     //为 1 表明该指令需要写存储器
output      Branch;       //为 1 表明是 beq 指令
output      nBranch;      //为 1 表明是 bne 指令
output      Jmp;          //为 1 表明是 j 指令
output      Sftmd;        //为 1 表明是移位指令

assign Sw = ?????
assign ALUSrc = ?????
assign Branch = ?????
assign nBranch = ?????
assign Jmp = ?????

assign MemWrite = ?????
assign MemtoReg = ?????
assign Sftmd = ?????
```

4. ALU 的控制电路设计

除了上面设计的控制信号外，控制器还要向 ALU 输出控制信号。在 Minisys-1 中，为了减轻控制器的负担，ALU 的控制采用分级控制法。在控制器中，实现第一级控制，只输出运算码 ALUop[1:0]信号，第二级控制将在执行单元模块中详细介绍。当指令为 R 类型或 I-format=1 时，ALUop[1]为 1；当指令为 beq、bne 时，ALUop[0]为 1。ALUop 的定义归纳如表 6-6 所示。

表 6-6 ALUop 的赋值

指令操作码	ALUop	指令操作码	ALUop
LW	00	R-format	10
SW	00	I-format	10
BEQ,BNE	01		

实现 ALUop 控制电路的 Verilog HDL 语句为：

```
assign ALUOp = {(R_format || I_format),(Branch || nBranch)};
```

5. 控制单元仿真

为了仿真控制单元，需要将 control32_sim 文件设置为顶层文件。在如图 6-37 所示的 Project Manager-Minisys 中，右击 control32_sim. v，在弹出的菜单中选择 Set as Top。

设置好后会看到 Project Manager-Minisys 中 control32_sim. v 被加粗，如图 6-38 所示。

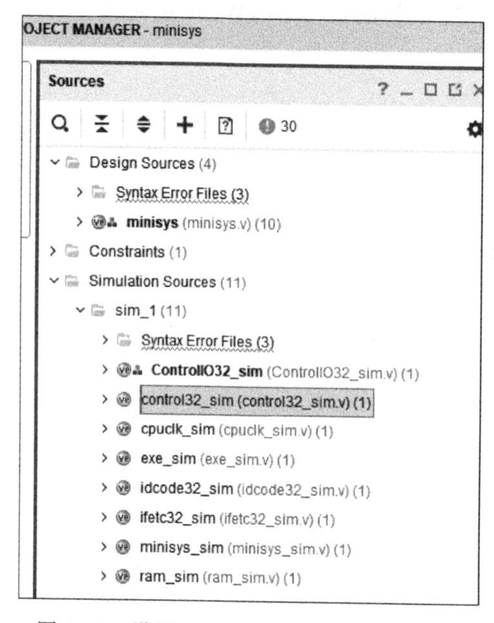

图 6-37 设置 control32_sim. v 为顶层文件

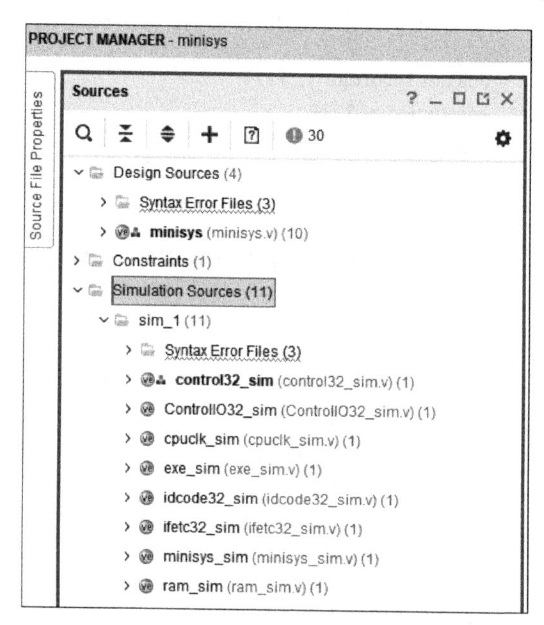

图 6-38 设置顶层文件后

双击打开 control32_sim. v，会看到如下代码：

```
1.  `timescale 1ns / 1ps
2.  module control32_sim(      );
3.  // input
```

```
4.  reg[5:0]    Opcode = 6'b000000;  // 来自取指单元 instruction[31..26]
5.  reg[5:0]    Function_opcode   = 6'b100000; // r - form
6.  //instructions[5..0],add
7.  // output
8.  wire        Jrn;
9.  wire        RegDST;
10. wire        ALUSrc;         // 决定第二个操作数是寄存器还是立即数
11. wire        MemtoReg;
12. wire        RegWrite;
13. wire        MemWrite;
14. wire        Branch;
15. wire        nBranch;
16. wire        Jmp;
17. wire        Jal;
18. wire        I_format;
19. wire        Sftmd;
20. wire[1:0]   ALUOp;
21. // 实例化控制模块
22. control32 Uctrl(Opcode,Function_opcode,Jrn,RegDST,
23. ALUSrc,MemtoReg,RegWrite, MemWrite,Branch,nBranch,
24. Jmp,Jal,I_format,Sftmd,ALUOp);
25. initial begin
26. #200    Function_opcode   = 6'b001000;        // jr
27. #200    Opcode = 6'b001000;                   //  addi
28. #200    Opcode = 6'b100011;                   //  lw
29. #200    Opcode = 6'b101011;                   //  sw
30. #200    Opcode = 6'b000100;                   //  beq
31. #200    Opcode = 6'b000101;                   //  bne
32. #200    Opcode = 6'b000010;                   //  j
33. #200    Opcode = 6'b000011;                   //  jal
34. #200    begin Opcode = 6'b000000;
35. Function_opcode = 6'b000010;end;              // srl
36. end
37. endmodule
```

第 1 行说明时间单位是 1ns，#200 就是 200 个时间单位，也就是 200ns。仿真文件每隔 200ns 会给 control32 模块不同的指令作为输入，仿真输入的指令顺序依次为 add、jr、addi、lw、sw、lw、sw、beq、bne、jmp、jal、srl。

仿真输出的波形如图 6-39 所示。

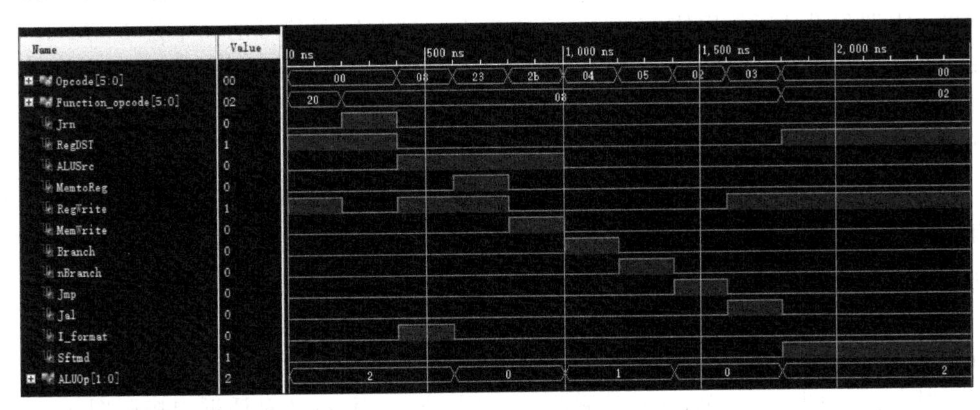

图 6-39　控制单元的仿真图

图中时间坐标每一格是 100ns,从图中可以看到控制单元的仿真结果,如表 6-7 所示。

表 6-7 控制单元的仿真结果

时刻/ns	执行指令	结　果
0	add	因为要写寄存器,因此 RegWrite 有效,目标寄存器是 rd,因此 RegDST 有效
200	jr	因为是 jr 指令,所以 Jrn 有效
400	addi	因为要写寄存器,因此 RegWrite 信号有效,因为是 I 类型指令,所以 I_format 和 Alu_src 有效
600	lw	因为要用立即数,Alu_src 有效,因为读存储器写寄存器,所以 RegWrite 和 MemtoReg 有效
800	sw	因为要用立即数,Alu_src 有效,因为写存储器,MemWrite 有效
1000	beq	Branch 有效
1200	bne	nBranch 有效
1400	j	Jmp 有效
1600	jal	Jal 有效,因为要写寄存器(返回地址写 $ 31),因此 RegWrite 有效
1800	srl	因为要写寄存器,因此 RegWrite 有效,R 类型移位指令,RegDST 和 Sftmd 有效

6. 思考与拓展

(1) 读者还可以在仿真文件中增加其他指令来仿真验证。

(2) 请读者考虑一下,如何用 Block Designe 或 Verilog HDL 的结构化描述方法设计控制器。

6.5.5 Minisys-1 时钟的设计

1. 添加 IP 核

Minisys-1 单周期 CPU 内部需要提供系统时钟信号来控制指令执行的时序。CPU 的执行速度与时钟频率成正比,即时钟频率越高,CPU 的执行速度越快。但是由于 CPU 内部部件会有一定的物理延时,如果时钟频率过高,这些部件来不及响应,从而产生不稳定的输出结果。本课程设计所使用的 Minisys 实验板平台的时钟源信号的频率是 100MHz,这对 Minisys-1 CPU 来说太快了,所以本书采用 Xilinx 公司提供的 PLL 时钟 IP 核对该时钟信号进行分频,达到能使 Minisys-1 CPU 稳定工作的时钟信号。这里,将 100MHz 的时钟降为 22MHz。

在目前的项目中,时钟模块 cpuclk 是一个带问号的文件(如图 6-40 所示),这是因为还没有调用和设置 IP 核。因此,首先,在 Flow Navigator→Project Manager 下单击 IP Catalog,如图 6-41 所示。

此时会打开 IP Catalog 对话框,按照图 6-42 展开 IP Catalog→FPGA Features and Design→Clocking,并双击 Clocking Wizard。

此时会打开 Clocking Wizard 对话框。在 Clocking Wizard 对话框中按照图 6-43 所示设置 PLL 时钟,名称为 cpuclk。

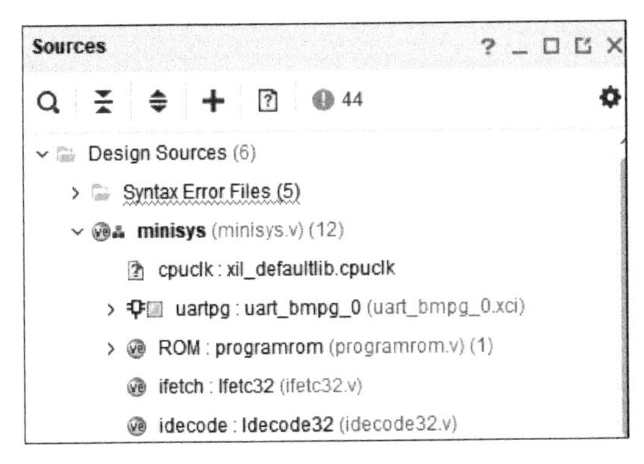

图 6-40 带问号的时钟模块

图 6-41 选择 IP Catalog

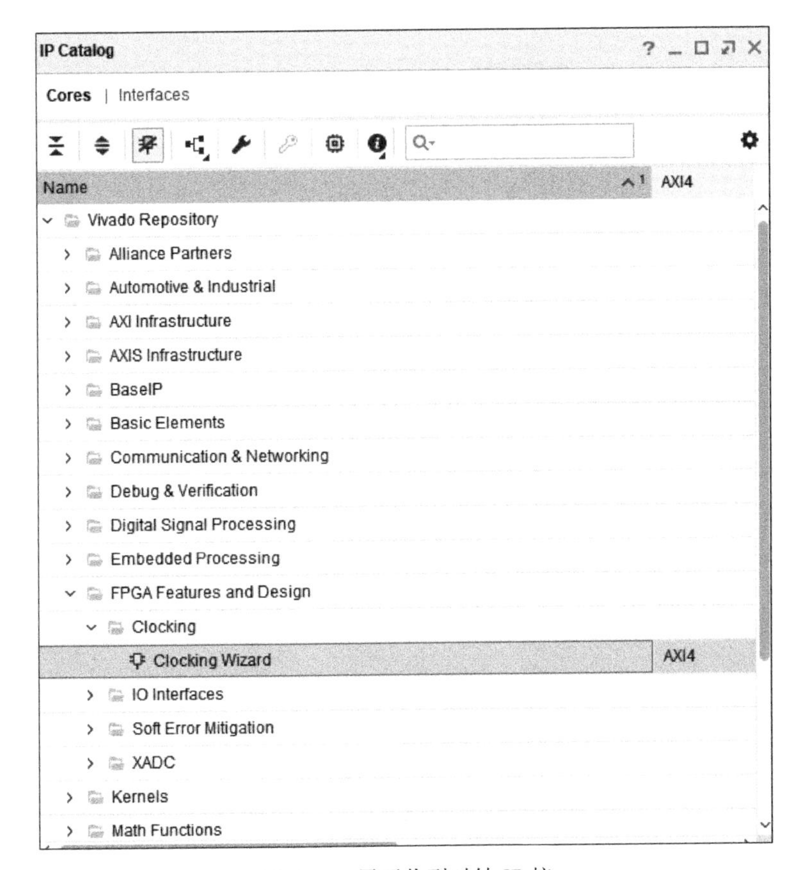

图 6-42 展开找到时钟 IP 核

按照图 6-44 所示，在 Output Clocks 选项页中增加一个频率为 22MHz 的时钟（作为 CPU 的时钟信号），并增加一个频率为 10MHz 的时钟（作为串口下载单元的时钟信号），去掉 Reset 和 Locked 前的勾，最后单击 OK 按钮。系统会提问是否生成输出产品，选择 Generate，此时可以见到图 6-40 中 cpuclk 前的问号消失了，如图 6-45 所示。

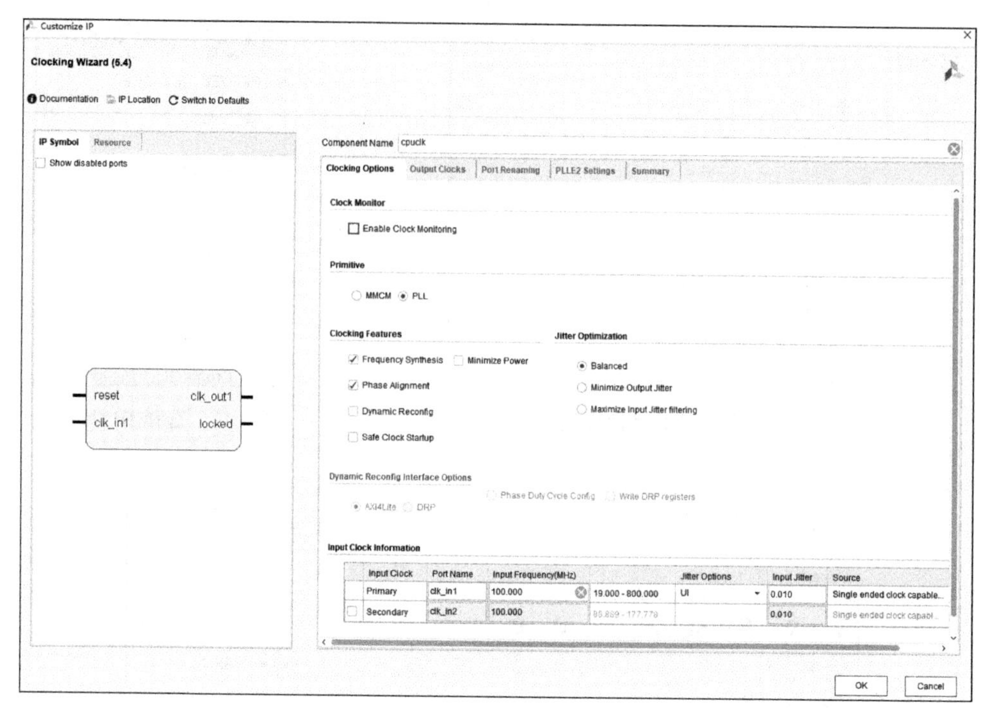

图 6-43　设置 PLL

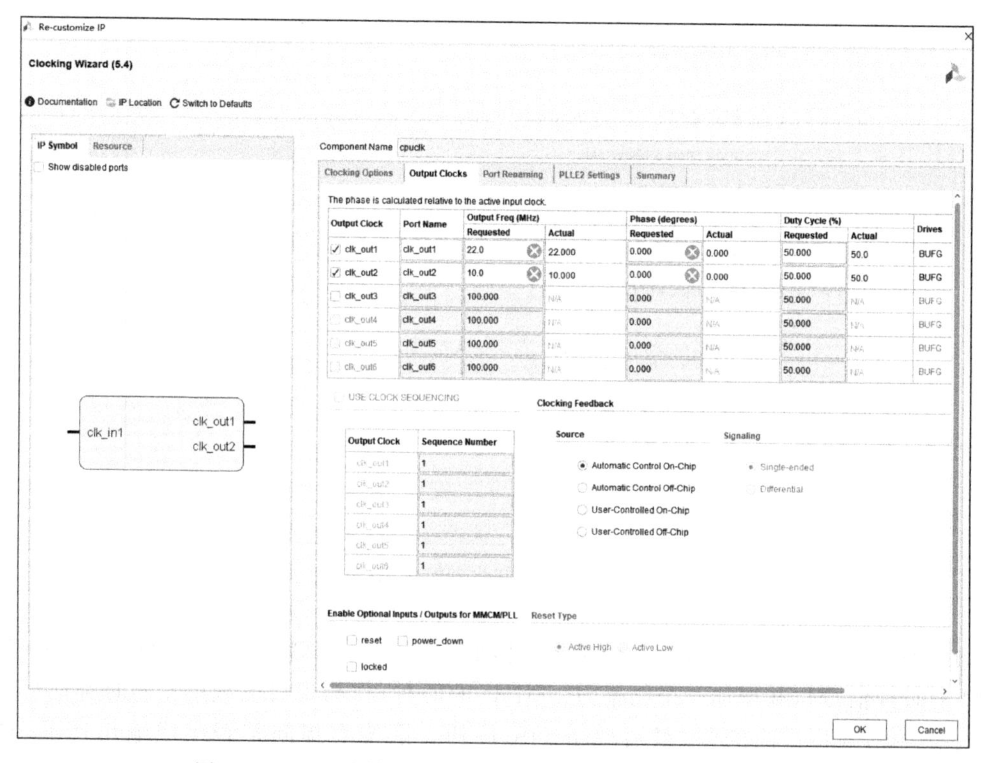

图 6-44　CPU 时钟为 22MHz，串口下载单元时钟为 10MHz

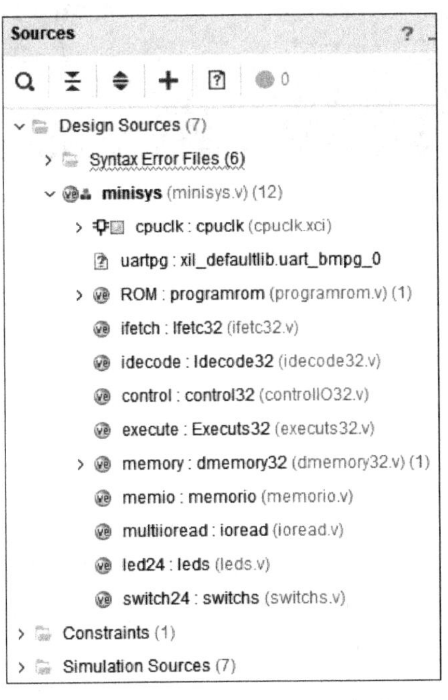

图 6-45　添加了时钟 IP 核后的项目

2. 时钟模块仿真

本书的资源包提供了仿真文件 cpuclk_sim. v。为了仿真时钟模块，需要将 cpuclk_sim 文件设置为顶层文件。在如图 6-37 所示的 Project Manager-Minisys 中，右击 cpuclk_sim. v，在弹出的菜单中选择 Set as Top，设置好后会看到 Project Manager-Minisys 中 cpuclk_sim. v 被加粗。双击 cpuclk_sim. v 可以打开该仿真文件。

```
1.  `timescale 1ns / 1ps
2.  module cpuclk_sim ();
3.      //  INPUT
4.      reg pclk = 0;
5.      //output
6.      wire clock, uclk;
7.      cpuclk Uclk (
8.              .clk_in1   (pclk),                 // 100MHz
9.              .clk_out1  (clock),                // CPU Clock
10.             .clk_out2  (uclk)                  // UART Programmer Clock
11.     );
12.
13.     always #5 pclk = ~pclk;
14.
15. endmodule
```

pclk 作为仿真输入时钟，clock 为输出的 CPU 时钟，uclk 为输出的串口下载单元的时钟。仿真输出波形如图 6-46 所示。

注意： 该 IP 核大约需要 2545ns 后才开始稳定输出。

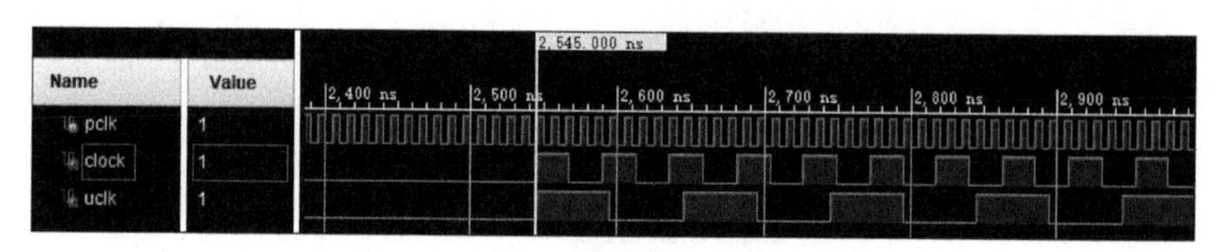

图 6-46　时钟模块的仿真

6.5.6　Minisys-1 程序 ROM 单元的设计

1. 程序 ROM 单元概述

(1) 定义程序 ROM。

(2) 到程序 ROM 中取指令。

2. 定义程序 ROM

Minisys CPU 采用哈佛存储结构，因此，需要设计存放 Minisys-1 指令的程序 ROM。由于整个设计是在 Xilinx 公司的 Vivado 环境下，所以，使用 Xilinx 公司已经设计好的存储器 IP 核 Block Memory Generator 定义程序 ROM，该 IP 核的说明文档 pay8-blk-mem-gen.pdf 可以在 Xilinx 公司官网上找到。

在目前的项目中，程序 ROM 模块 prgrom 是一个带问号的文件，这是因为还没有调用和设置 IP 核。因此，首先，在 Project Manager 下单击 IP Catalog，见图 6-41。

此时会打开 IP Catalog 对话框，展开 IP Catalog→Memories & Storage Elements→RAMs & ROMs & BRAM→Block Memory Generator（注意，不同版本的 Vivado 可能位置略有不同，但应该都在 Memories & Storage Elements 中），并双击 Block Memory Generator。

此时会打开 Block Memory Generator 对话框。在 Block Memory Generator 对话框中按照图 6-47 所示输入 ROM 部件名称 prgrom，存储器接口类型为 Native，存储器类型为 Single Port RAM，不要 ECC 校验，最小面积算法。

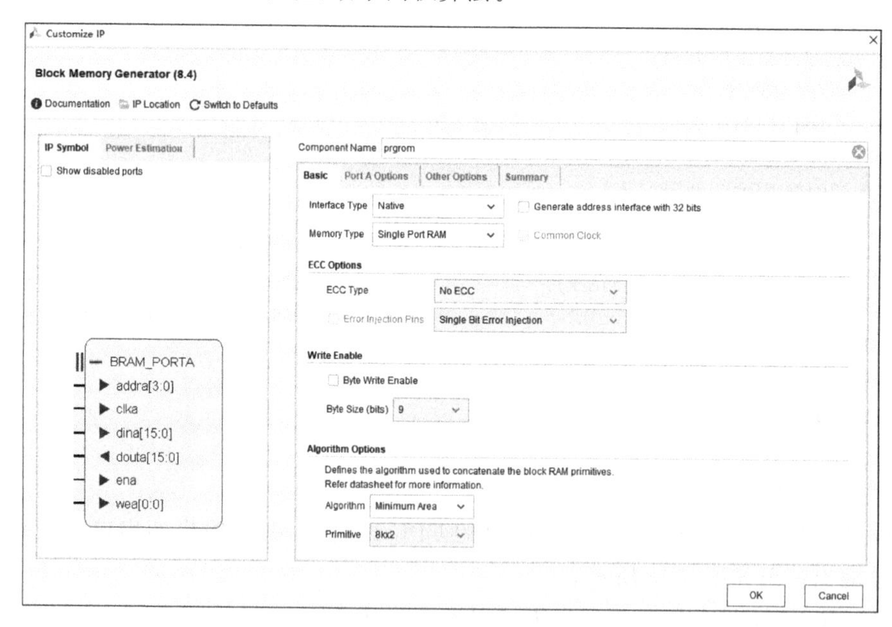

图 6-47　设置程序 ROM 的类型

需要注意的是，因为要允许从程序下载单元而来的数据能够写入到程序 ROM 中，所以在实现时采用了 RAM 器件，这并不意味着原来的程序 ROM 从此就变成了 CPU 可写的存储器。读者需要从两个视角来看待现在的程序 ROM：第一，对于程序下载单元而言，prgrom 是一块可写的存储器；第二，对于 Minisys CPU 而言，程序 ROM 仍然是只读存储器，因此后续实现的时候，在 CPU 正常运行时需要封闭对程序 ROM 写的功能。

在图 6-48 中的 Port A Options 选项中创建 64KB 的 ROM，数据宽度 32 位，要 16 384 个数据单元，14 根地址线，始终使能，写优先。

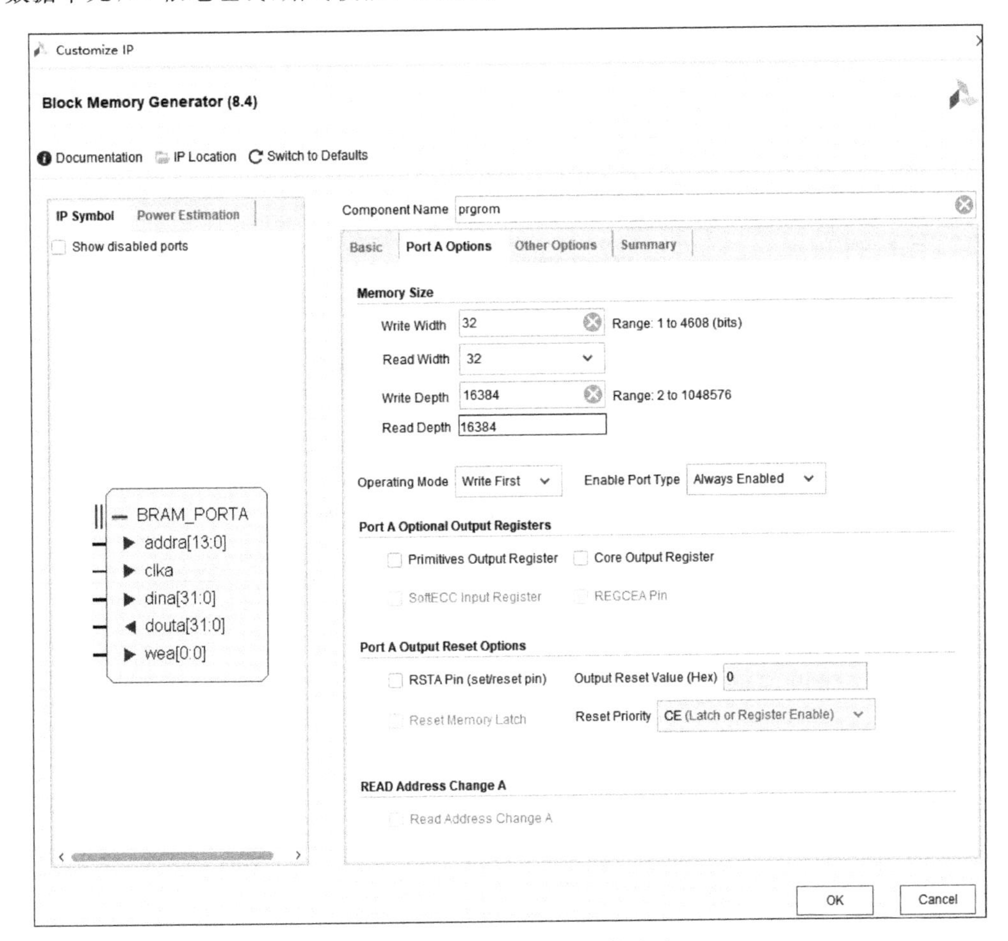

图 6-48 程序 ROM 容量和使能设置

接下来设置存储器初始化文件。这里指定文件的位置，文件名称为 prgmip32. coe。注意，刚创建的项目是没有初始文件和相应的路径的，所以在创建 prgrom 时可以先设置成没有初始文件(如图 6-49 所示)，单击 OK 按钮，并生成(Generater)IP 核。

创建好 prgrom 后，将 C:\sysclassfiles\orgnizationtrain\minisys\IP\prgrom 中的存储器初始化文件 prgmip32. coe 复制到 C:\sysclassfiles\orgnizationtrain\minisys\minisys.srcs\sources_1\ip\prgrom 中。双击刚建立的 prgrom IP 核，重新设置其为有初始化文件，并选择已经复制好的 prgmip32. coe 文件，如图 6-50 所示。

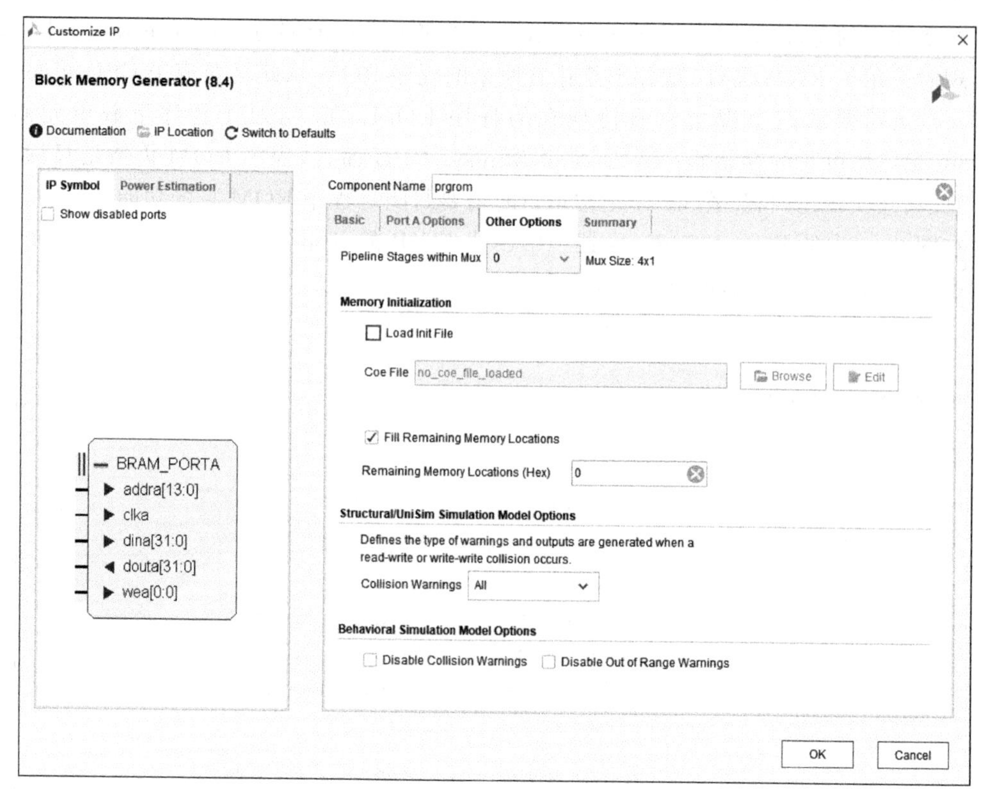

图 6-49　设置程序 ROM 初始化文件

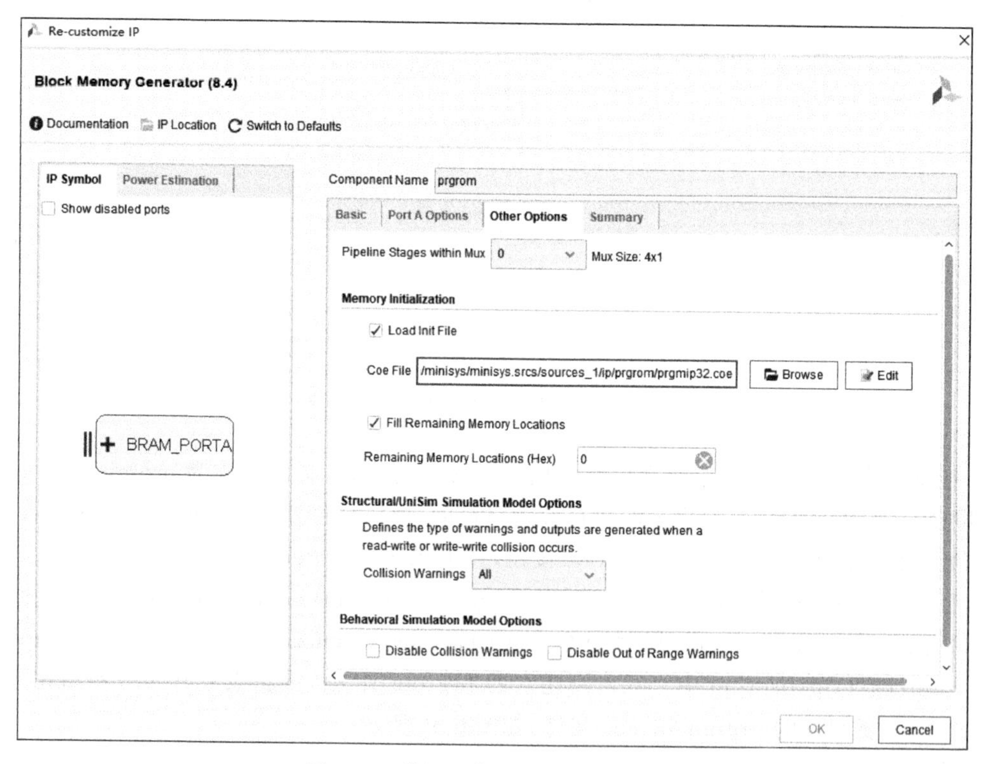

图 6-50　设置程序 ROM 初始文件后

单击 OK 按钮,并重新生成程序 ROM IP 核(如果此时 OK 按钮为灰色,通常是因为复制的 coe 文件时间早于当前时间,可以关闭 Vivado 后重新打开工程)。

coe 文件需要有一定的格式,代码如下：

```
memory_initialization_radix = 16;           // 表明是十六进制形式
memory_initialization_vector =              // 下面放数据,要放满
3c01ffff,
343cf000,
3401ff0f,
af810c04,
8c020000,
8c030004,
00000000,
…                                           // 正式文档要用数据填满
00000000,
```

注意：2.0 版本的 CPU 必须选择 prgmip32.coe 文件,这是因为 2.0 版本的 CPU 不包含串口下载单元。

3. 到程序 ROM 中取指令

配置好所用 IP 核之后,还需要在程序 ROM 单元的设计文件(programrom.v)中对 ROM 进行例化,例化的代码如下：

```
1.  module programrom (
2.      // Program ROM Pinouts
3.      input            rom_clk_i,         // ROM clock
4.      input   [13:0]   rom_adr_i,         // 来源于取指单元的取指地址(PC)
5.      output  [31:0]   Jpadr,             // 给取指单元的读出的数据(指令)
6.      // UART Programmer Pinouts,以下是串口下载用,可以不必关注
7.      input            upg_rst_i,         // UPG reset (Active High)
8.      input            upg_clk_i,         // UPG clock (10MHz)
9.      input            upg_wen_i,         // UPG write enable
10.     input   [13:0]   upg_adr_i,         // UPG write address
11.     input   [31:0]   upg_dat_i,         // UPG write data
12.     input            upg_done_i         // 1 if programming is finished
13. );
14.
15.       // kickOff = 1 的时候 CPU 正常工作,否则就是串口下载程序
16.       wire kickOff = upg_rst_i | (~upg_rst_i & upg_done_i);
17.
18.       // 分配 64KB ROM, 编译器实际只用 64KB ROM
19.      prgrom instmem (
20.          .clka    (kickOff ?  rom_clk_i     : upg_clk_i),
21.          .wea     (kickOff ?  1'b0          : upg_wen_i),
22.          .addra   (kickOff ?  rom_adr_i     : upg_adr_i),
23.          .dina    (kickOff ?  32'h00000000  : upg_dat_i),
24.          .douta   (Jpadr)                   // 取出的指令
25.       );
26. endmodule
```

上述代码中,当 kickOff 信号为 1 时,CPU 进入正常工作状态。正如前文所述,对于 Minisys

CPU而言，程序ROM仍然是只读存储器。因此，当kickOff信号为1时，prgrom的写使能信号wea必须为0，强制使得该存储器在CPU工作时成为只读存储器。

在例化中一定要将系统时钟clock带入到ROM模块中，.douta是输出信号，也就是输出ROM内32位指令的数据出口。从第20行可以看到，ROM将在时钟(rom_clk_i)的上升沿读取到指令。记住这点很重要，因为后面不断会谈到时序问题。

6.5.7 Minisys-1 取指单元的设计

1. 取指单元概述

根据取指单元的功能与作用，取指单元的设计主要完成下面的工作。

(1) 从程序ROM单元中获取指令。

(2) 对PC值进行+4处理。

(3) 完成各种跳转指令的PC修改功能。

(4) 完成PC值的最终修改。

另外该单元还要将指令中的有关部分输出到其他单元，作为这些单元的输入信号。图6-51给出了取指单元的结构图。

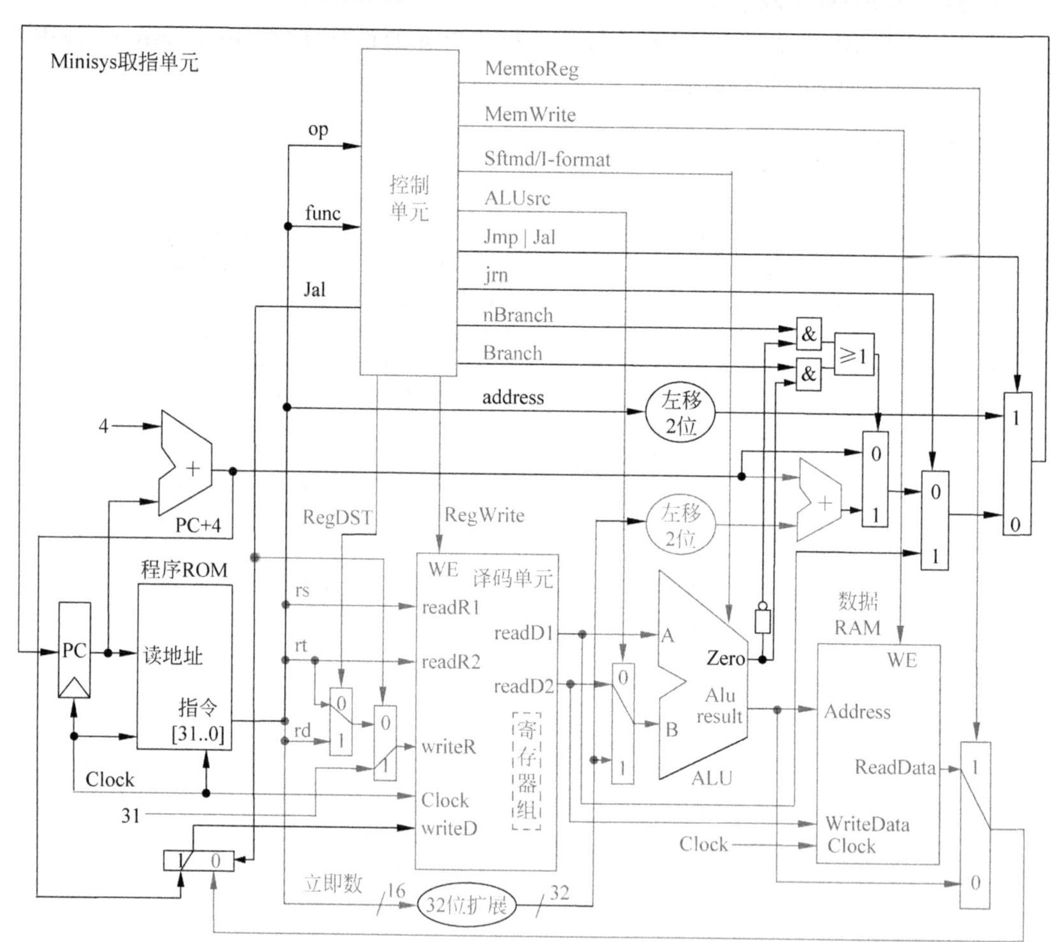

图6-51 取指单元的结构图

下面是 ifetc32. v 文件中给出的取指单元 Ifetc32 的端口定义和内部信号定义代码：

```
1.  module Ifetc32 (
2.      input               reset,            // 复位(高电平有效)
3.      input               clock,            // 时钟(22MHz)
4.      output   [31:0] Instruction,          // 输出指令到其他模块
5.      output   [31:0] PC_plus_4_out,        // (pc + 4)送执行单元
6.      input    [31:0] Add_result,           // 来自执行单元,算出的跳转地址
7.      input    [31:0] Read_data_1,          // 来自译码单元,jr 指令用的地址
8.      input           Branch,               // 来自控制单元
9.      input           nBranch,              // 来自控制单元
10.     input           Jmp,                  // 来自控制单元
11.     input           Jal,                  // 来自控制单元
12.     input           Jrn,                  // 来自控制单元
13.     input           Zero,                 // 来自执行单元
14.     output   [31:0] opcplus4,             // jal 指令专用的 PC + 4
15.     // ROM Pinouts
16.     output   [13:0] rom_adr_o,            // 给程序 ROM 单元的取指地址
17.     input   [31:0]  Jpadr                 // 从程序 ROM 单元中获取的指令
18. );
19.
20.     wire [31:0]    PC_plus_4;             // PC + 4
21.     reg  [31:0]    PC;                    // PC 为指令指针寄存器
22.     reg  [31:0]    opcplus4;
23.
24.     // ROM Pinouts
25.     assign rom_adr_o  =  PC[15:2];
26.     assign Instruction  =  Jpadr;
```

注意：2.0 版本的 CPU 的取指单元的端口定义中没有 rom_adr_o 和 Jpadr。在 2.0 版本的 CPU 中，程序 ROM 直接在取指单元中被例化，例化方法如下：

```
1.  // 分配 64KB ROM, 编译器实际只用 64KB ROM
2.      prgrom instmem (
3.          .clka     (clock),
4.          .wea      (0),
5.          .addra    (PC[15:2]),
6.          .dina     (0),
7.          .douta    (Instruction)              // 取出的指令
8.      );
```

也可以将该 Block RAM IP 核定义为 Single Port ROM，从而可以去掉第 4 行和第 6 行代码。

这里要来解释一下第 25 行 rom_adr_o 信号的赋值问题，该信号是给程序 ROM 单元的取指地址。由于 Minisys-1 的指令都是定长的 32 位指令，因此指令的地址应该是 4 的倍数，也就是地址的低 2 位始终为 0。而在将 PC 中的指令地址传给程序 ROM 单元的 rom_adr_i 输入端时做了除 4(右移 2 位)的处理，这样，低 2 位没有传递到 ROM 中，这样做的原因与 prgrom 的初始化文件格式有关。

在设置程序 ROM IP 核时指定了 ROM 的数据(指令)宽度为 32 位，也就是该 ROM 一

个数据单元是4字节,因为总容量是64KB,因此共需要64KB/4B=16K个数据单元,所以地址线的宽度是14位。Minisys-1系统只有64KB的ROM,所以没有用32位地址线是因为,只需要16位地址线,为了减少地址译码电路的复杂度和延时,高20位地址线不被使用。又由于存放ROM初始化数据的prgmip32.coe文件不是以字节编址,而是以一个数据单元(4字节)编址的,一个数据单元宽度是32位,因此,64KB的空间实际上只有16K个数据单元,只需要14根地址线就行了。和字节编址的16位地址线相比,数据单元编址的14位地址线就是16位地址线的高14位。这就是第25行为什么这样写的原因。

第26行的Instruction(来源于程序ROM单元的Jpadr信号)里放的是地址{PC[15:2],00}处开始,连续4字节的内容,共32位。显然Instruction就是取出的指令。

2. 对PC值进行+4处理

练习6-4: 完成对PC+4的处理。

下面给出了PC+4相关的信号及代码,请读者在此基础上完成PC+4操作。

```
output[31:0] PC_plus_4_out;          // (pc + 4)送执行单元
wire[31:0]   PC_plus_4;

assign PC_plus_4[31:2]  = ???
assign PC_plus_4[1:0]  = ???
assign PC_plus_4_out = PC_plus_4[31:0];
//   PC + 4 送到执行单元,以便执行单元在必要的时候算出 ADDRESULT
```

3. PC值的修改

练习6-5: 完成PC的修改(含beq、bne、jr、j、jal指令和reset的处理)。

下面给出了完成PC最终修改的相关信号和实现部分,请读者在此基础上完成。

```
input[31:0]   Add_result;          // 来自执行单元,算出的跳转地址
input[31:0]   Read_data_1;         // 来自译码单元,jr 指令用的地址
input         Branch;              // 来自控制单元
input         nBranch;             // 来自控制单元
input         Jrn;                 // 来自控制单元
input         Zero;                // 来自执行单元
input         Jmp;                 // 来自控制单元
input         Jal;                 // 来自控制单元
output[31:0] opcplus4;             // jal 指令专用的 PC + 4
reg[31:0]     opcplus4;

always @(negedge clock) begin
…………    ??…………
End
```

注意到当前指令的取出是在时钟上升沿,另外,在处理beq、bne和jr指令的PC值的时候,新的PC值都是从后续的译码单元甚至执行单元中反馈回来,这需要一定的延时,因此,真正对PC赋新值一定要在这些延时之后。为此,将该进程的敏感信号定义为时钟下降沿,即时钟下降沿触发该进程。

在这个进程中,首先处理reset信号到来时的PC初始值,注意该值将是Minisys-1系统开机第一条指令的地址,本书将该值设置为0。

在 beq、bne 指令周期，执行单元会根据控制信号计算出新的 PC 值，并通过 Add_result 信号传回到取指单元。

在 jr 指令周期，译码单元会在控制信号控制下将下一个 PC 值通过 Read_data_1 信号传回到取指单元。

在处理 jal 指令时要注意一个问题，jal 指令要先将下条指令(PC+4)的地址存到＄31，但 jal 指令却能产生另一个指令地址(跳转地址)，这个地址将是实质上的下一条指令地址，而保存在＄31 中的地址却变成了子程序的返回指令，要等到子程序执行完后才有效。由于写寄存器要在译码单元中实现，但等到了那时，原来的 PC+4 的值会因为 PC 值被改为跳转地址的值而发生变化，所以一定要在 PC 值变为跳转地址之前将原来的 PC+4 的值放到一个临时寄存器中锁存起来，并将该值输出到译码单元中，这就是 opcplus4 的作用。

jal 指令的下一个操作和 j 指令一样，从指令中取出跳转地址，左移 2 位，高位补 0 后给 PC。

其他情况下，下一个 PC 值赋值为 PC+4。

这部分实际上包含的是数据通路中 2 选 1 多路选择器-2、2 选 1 多路选择器-5、2 选 1 多路选择器-6 以及相关部分(比如与门、或门)的实现。

4. 取指单元仿真

为了仿真取指单元，需要将 ifetch32_sim 文件设置为顶层文件。在如图 6-37 所示的 Project Manager-Minisys 中，右击 ifetch32_sim. v，在弹出的菜单中选择 Set as Top。

设置好后会看到 Project Manager-Minisys 中 ifetch32_sim. v 被加粗，双击打开 ifetc32_sim. v，会看到如下代码：

```
1.  `timescale 1ns / 1ps
2.  module ifetc32_sim ();
3.      // input
4.      reg[31:0]  Add_result = 32'h00000000;
5.      reg[31:0]  Read_data_1 = 32'h00000000;
6.      reg        Branch = 1'b0;
7.      reg        nBranch = 1'b0;
8.      reg        Jmp = 1'b0;
9.      reg        Jal = 1'b0;
10.     reg        Jrn = 1'b0;
11.     reg        Zero = 1'b0;
12.     reg        clock = 1'b0,reset = 1'b1;
13.     // output
14.     wire [31:0] Instruction;                  // 输出指令
15.     wire [31:0] PC_plus_4_out;
16.     wire [31:0] opcplus4;
17.     wire [13:0] rom_adr;
18.     wire [31:0] Jpadr;
19.
20.   Ifetc32 Uif (
21.     .reset          (reset),                  // 复位(高电平有效)
22.     .clock          (clock),                  // CPU 时钟
23.     .Instruction  (Instruction),              // 输出指令到其他模块
24.     .PC_plus_4_out  (PC_plus_4_out),          // (PC + 4)送执行单元
```

```
25.         .Add_result     (Add_result),            // 来自执行单元,算出的跳转地址
26.         .Read_data_1 (Read_data_1),              // 来自译码单元,jr 指令用的地址
27.         .Branch        (Branch),                 // 来自控制单元
28.         .nBranch  (nBranch),                     // 来自控制单元
29.         .Jmp        (Jmp),                       // 来自控制单元
30.         .Jal        (Jal),                       // 来自控制单元
31.         .Jrn        (Jrn),                       // 来自控制单元
32.         .Zero          (Zero),                   // 来自执行单元
33.         .opcplus4     (opcplus4),                // jal 指令专用的 PC + 4
34.         // ROM Pinouts
35.         .rom_adr_o     (rom_adr),                // 给程序 ROM 单元的取指地址
36.         .Jpadr         (Jpadr)                   // 从程序 ROM 单元中获取的指令
37.     );
38.
39.     // 分配 64KB ROM, 编译器实际只用 64KB ROM
40.       prgrom instmem (
41.               .clka  (clock),
42.               .wea  (0),
43.               .addra  (rom_adr),
44.               .dina   (0),
45.               .douta  (Jpadr)
46.       );
47.
48.       initial begin
49.           #100   reset = 1'b0;
50.           #100   Jal = 1;
51.           #100   begin Jrn = 1;Jal = 0; Read_data_1 = 32'h0000019c;end;
52.           #100   begin Jrn = 0;Branch = 1'b1; Zero = 1'b1;
53.                  Add_result = 32'h00000020;end;
54.           #100   begin Branch = 1'b0; Zero = 1'b0; end;
55.       end
56.       always #50 clock = ~clock;
57. endmodule
```

取指模块的仿真主要是要测试跳转指令和分支指令,仿真的波形图如图 6-52 所示。

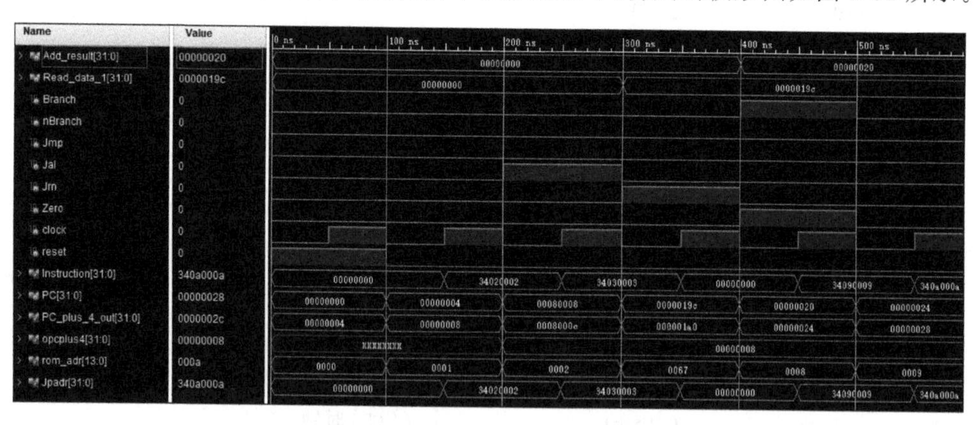

图 6-52 取指单元的仿真波形图

仿真文件每隔 100ns 会给 ifetc32 模块不同的信号作为输入，clock 每 50ns 翻转一次，形成周期为 100ns 的方波。

图上时间坐标每一格是 10ns，从图中可以看到取指单元的仿真结果，如表 6-8 所示。

表 6-8 取指单元的仿真结果

时刻/ns	输入信号	结果
0	reset=1	PC=0
100	reset=0	正常开始执行，PC=PC+4，取出下一条指令
200	jal=1	PC=PC+4，opcplus4=8，下一条指令地址送到译码单元
300	Jrn=1；Jal=0；Read_data_1=0x19c	PC 跳转到地址 0x19c 处（rom_adr=0x67=0x19c/4）
400	Jrn=0；Branch=1；Zero=1；Add_result=0x20	beq 指令跳转条件成立，PC 转到地址 0x20（rom_adr=0x8=0x20/4）
500	Branch=0；Zero=0	正常开始执行，PC=PC+4(0x24)，取出下一条指令

5. 思考与拓展

(1) 读者还可以在仿真文件中增加其他指令来仿真验证。

(2) 请读者考虑如何用 Block Design 设计取指单元。

6.5.8 Minisys-1 译码单元的设计

1. 译码单元概述

对于 Minisys-1 来说，译码模块需要完成以下工作。

(1) 定义寄存器组(register file)。

(2) 对寄存器组进行读写操作。

(3) 对 16 位立即数做 32 位扩展。

图 6-53 给出了译码单元的结构图。在文件 Idecode32.v 中给出了译码单元 Idecode32 的端口定义和内部信号定义代码。

```
1.  module Idecode32 (
2.      input               reset,
3.      input               clock,
4.      output  [31:0] read_data_1,       // 输出的第一操作数
5.      output  [31:0] read_data_2,       // 输出的第二操作数
6.      input   [31:0] Instruction,       // 取指单元来的指令
7.      input   [31:0] read_data,         // 从 DATA RAM or I/O port 取出的数据
8.      input   [31:0] ALU_result,        // 从执行单元来的运算结果,需扩展立即数到 32 位
9.      input               Jal,          // 来自控制单元,说明是 jal 指令
10.     input               RegWrite,     // 来自控制单元
11.     input               MemtoReg,     // 来自控制单元
12.     input               RegDst,       // 来自控制单元
13.     output  [31:0] Sign_extend,       // 译码单元输出的扩展后的 32 位立即数
14.     input   [31:0] opcplus4           // 来自取指单元,jal 中用
15. );
```

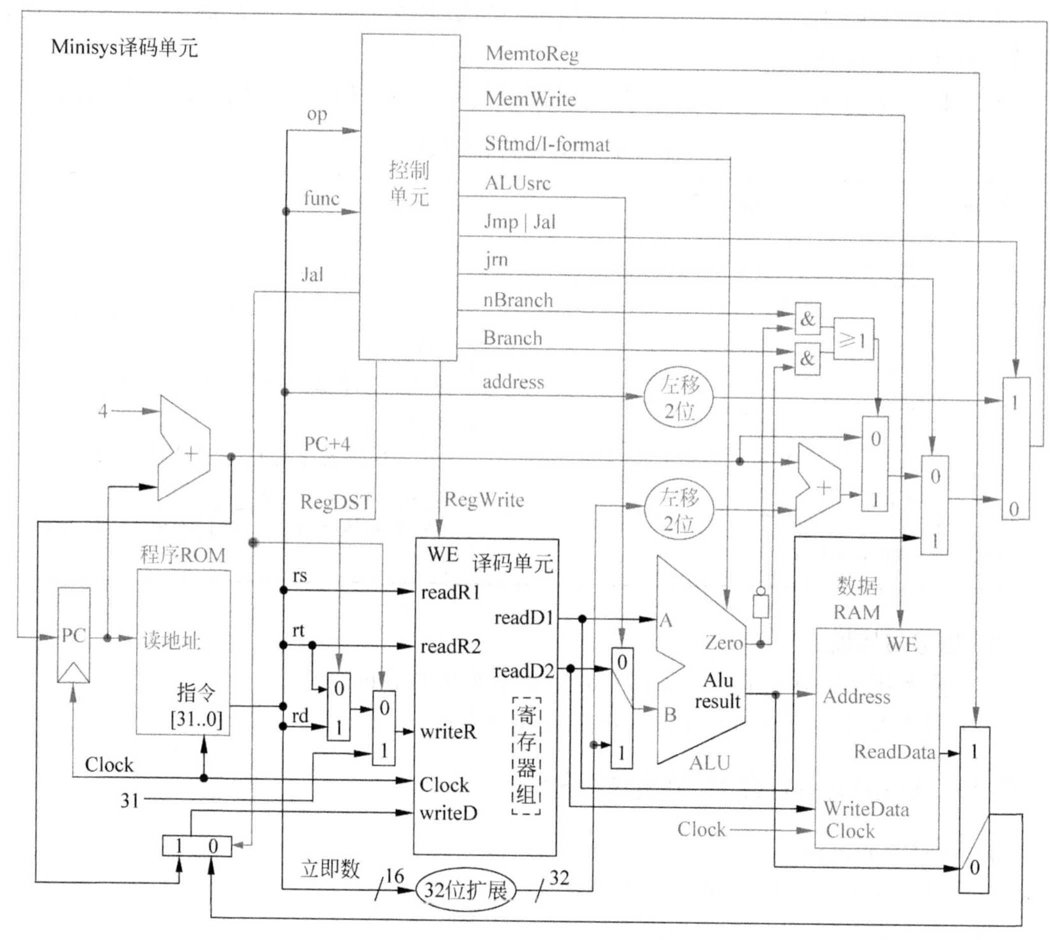

图 6-53　译码单元的结构图

```
16.     reg[31:0] register[0:31];                 //寄存器文件共 32 个 32 位寄存器
17.     reg[4:0] write_register_address;          // 要写的寄存器的号
18.     reg[31:0] write_data;                     // 要写寄存器的数据放这里
19.
20.     wire[4:0] read_register_1_address;        // 要读的第一个寄存器的号(rs)
21.     wire[4:0] read_register_2_address;        // 要读的第二个寄存器的号(rt)
22.     wire[4:0] write_register_address_1;       // r-form 指令要写的寄存器的号(rd)
23.     wire[4:0] write_register_address_0;       // i-form 指令要写的寄存器的号(rt)
24.     wire[15:0] Instruction_immediate_value;   // 指令中的立即数
25.     wire[5:0] opcode;                         // 指令码
```

2. 指令中各分量的提取

第 25～30 行代码定义了一系列的信号，用于从来自取指单元的 32 位指令 Instruction 分离出相应的分量。例如，根据 6.4.2 节指令系统的格式中，将指令的高 6 位作为指令的操作码分量，所以信号 opcode 的定义方式为：

```
assign opcode = Instruction[31:26];          //OP
```

练习 6-6：根据 opcode 分量的分离方式，完成其他指令分量的分离。

```
assign opcode = Instruction[31:26];          // OP
assign read_register_1_address = ???         // rs
assign read_register_2_address = ???         // rt
assign write_register_address_1 = ???        // rd(r - form)
assign write_register_address_0 = ???        //rt(i - form)
assign Instruction_immediate_value = ???     //data,rladr(i - form)
```

3. 定义寄存器组和对寄存器进行读写操作

Idecode32. v 中第 21 行定义了寄存器文件，它由 32 个 32 位寄存器组成：

```
reg[31:0] register[0:31];   // 寄存器组共 32 个 32 位寄存器
```

为了完成对寄存器文件的读写操作，需要思考两个问题：①寄存器是由什么构成的？②寄存器的读写有什么要求？

回忆寄存器的基本知识，寄存器的输出端上即是它当前存放的值，因此当需要读某一特定寄存器的值时，只需给出对应的寄存器号，并将其存放的值赋给对应的输出信号。

当写入寄存器时，不仅需要指明寄存器号，还需要明确寄存器回写的时序以及准备待写入的数据。图 6-54 显示了 Minisys-1 回写的时序。由于要回写的数据可能来自数据 RAM，而第一个时钟上升沿说明第一条指令在取指，因此数据 RAM 会在时钟的下降沿才能将数据准备好，这样对寄存器的回写工作就安排在下一个时钟的上升沿再开始。要注意的是，这样的时序安排，第一条指令的回写与第二条指令的取指重叠在了第二个时钟的上升沿，如果寄存器回写比第二条指令取指慢，则有可能产生错误。由于取指需要读 ROM，延时比写寄存器长，因此能保证取出第二条指令前完成第一条指令的回写。

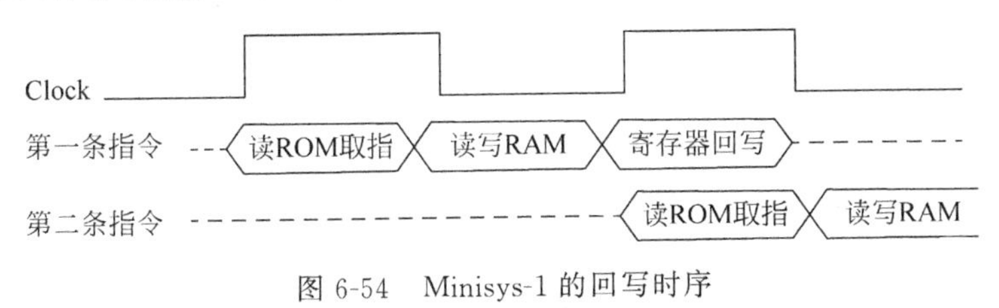

图 6-54 Minisys-1 的回写时序

练习 6-7：寄存器读的实现。

译码模块中定义了两个输出信号：read_data_1 和 read_data2，用于输出从源寄存器中读出的数据。请读者据此完成寄存器读的实现（注意寄存器组的定义和要读的寄存器的号）。

```
output[31:0] read_data_1;
output[31:0] read_data_2;
assign read_data_1 = ???
assign read_data_2 = ???
```

练习 6-8：目标寄存器的指定。

如前文所述，指令的目标寄存器可以由 rt 或 rd 指定，也可以是默认的固定目标，例如 jal 指令的目标寄存器就是 31 号寄存器。实际上就是实现数据通路中 2 选 1 多路选择器-1

和2选1多路选择器-8。请读者完成最终目标寄存器地址 write_register_address 的设计。

```
input       Jal;                    // 来自控制单元,说明是 jal 指令
input       RegDst;                 // 来自控制单元
reg[4:0] write_register_address;

always @ * begin                    // 这个进程指定不同指令下的目标寄存器
…………??……
end
```

练习 6-9：准备要写的数据。

对不同的指令而言，回写寄存器的数据来源不同：①对于各类运算指令，其数据来自于执行单元的 ALU_result 信号。②jal 指令，则其要写入到 $31 中的值来自于取指单元中专门为其锁存地址的 opcplus4。③lw 指令读数据自然来自于数据 RAM 的输出，该输出通过译码单元的 read_data 端输入进译码单元。

实际上这部分就是实现数据通路中2选1多路选择器-4和2选1多路选择器-7的相关部分。

请读者在以上分析的基础上，结合 Idecode32.v 文件中给出的以下信号，完成回写目标寄存器的数据的准备。

```
input[31:0]   read_data;            // 从 DATA RAM 取出的数据
input[31:0]   ALU_result;           // 从执行单元来的运算的结果
input[31:0]   opcplus4;             // 来自取指单元,jal 中用
input         Jal;                  //来自控制单元
input         MemtoReg;             // 来自控制单元
reg[31:0]   write_data;             // 要写寄存器的数据放这里

always @ * begin                    //这个进程基本上是准备要写入寄存器的数据
…………??……
end
```

对目的寄存器的写操作全部放在了练习 6-10 的代码中。这里应该包括两块：一块是复位时的寄存器初始化，所有寄存器全部清0；另一块就是按照目的寄存器的寄存器号将数据写到相应的寄存器中。要注意的地方就是0号寄存器，按照设计，该寄存器始终为0，因此在实现寄存器写的时候，从硬件上要确保0号寄存器不允许写入，从而要防止由于程序员的错误而将错误值写入该寄存器。

练习 6-10：完成对寄存器的写操作。

请在以上分析和 Idecode32.v 文件中给出的以下提示的基础上，完成对寄存器的回写操作。

```
input   RegWrite;                   // 来自控制单元的写寄存器信号
input   clock,reset;
integer i;

always @(posedge clock) begin       // 本进程写目标寄存器
    if(reset == 1) begin            // 初始化寄存器组
            for(i = 0;i < 32;i = i + 1)
```

```
                register[i] <= 0;
        end
        else if(RegWrite == 1) begin
          ............??......
        end
    end
```

4. 立即数的扩展

Minisys-1 的指令中，立即数都是 16 位，而参与运算的数需要 32 位，因此需要对 16 位数做 32 位扩展。为了完成 16 位立即数扩展到 32 位数的功能，需要区分是有符号数还是无符号数，有符号数须进行符号扩展，无符号数须进行 0 扩展。

练习 6-11：完成 16 位立即数的 32 位扩展。

请读者根据 Idecode32.v 文件所给的以下提示，完成 16 位立即数的 32 位扩展模块。

```
output[31:0] Sign_extend;                    // 扩展后的 32 位立即数
wire sign;                                   // 取符号位的值
assign sign = ???
assign Sign_extend[31:0] = ??
```

5. 译码单元仿真

为了仿真译码单元，需要将 Idecode32_sim 文件设置为顶层文件。在如图 6-37 所示的 Project Manager-Minisys 中，右击 Idecode32_sim.v，在弹出的菜单中选择 Set as Top。

设置好后会看到 Project Manager-Minisys 中 Idecode32_sim.v 被加粗，双击打开 Idecode32_sim.v，会看到如下代码：

```
1.  `timescale 1ns / 1ps
2.  module idcode32_sim ();
3.      // input
4.      reg[31:0] Instruction = 32'b000000_00010_00011_00111_00000_100000;
5.                                                 //add $7, $2, $3
6.      reg[31:0]  read_data  = 32'h00000000;      //从 DATA RAM or I/O port 取出的数据
7.      reg[31:0]  ALU_result  = 32'h00000005;     //需要扩展立即数到 32 位
8.      reg        Jal = 1'b0;
9.      reg        RegWrite = 1'b1;
10.     reg        MemtoReg = 1'b0;
11.     reg        RegDst = 1'b1;
12.     reg        clock = 1'b0 ,reset = 1'b1;
13.     reg[31:0]  opcplus4 = 32'h00000004;        // 来自取指单元,jal 中用
14.     // output
15.     wire[31:0] read_data_1;
16.     wire[31:0] read_data_2;
17.     wire[31:0] Sign_extend;
18.
19.   Idecode32 Uid (
20.     .reset      (reset),                       // 复位(高电平有效)
21.     .clock      (clock),                       // CPU 时钟
22.     .read_data_1   (read_data_1),              // 输出的第一操作数
23.     .read_data_2   (read_data_2),              // 输出的第二操作数
24.     .Instruction   (Instruction),              // 取指单元来的指令
```

```
25.      .read_data   (read_data),                    // 从 DATA RAM or I/O port 取出的数据
26.      .ALU_result  (ALU_result),// 从执行单元来的运算的结果,需要扩展立即数到 32 位
27.      .Jal         (Jal),                          // 来自控制单元,说明是 jal 指令
28.      .RegWrite    (RegWrite),                     // 来自控制单元
29.      .MemtoReg    (MemtoReg),                     // 来自控制单元
30.      .RegDst      (RegDst),                       // 来自控制单元
31.      .Sign_extend  (Sign_extend),                 // 扩展后的 32 位立即数
32.      .opcplus4    (opcplus4)                      // 来自取指单元,jal 中用
33.   );
34.
35.      initial begin
36.          #200    reset = 1'b0;
37.          #200    begin                            //addi $3,$7,0X8037
38.                    Instruction = 32'b001000_00111_00011_1000000000110111;
39.                      read_data = 32'h00000000;
40.                      ALU_result = 32'hFFFF803C;
41.                      Jal = 1'b0;
42.                      RegWrite = 1'b1;
43.                      MemtoReg = 1'b0;
44.                      RegDst = 1'b0;
45.                      opcplus4 = 32'h00000008;
46.                  end
47.          #200 begin                               //andi $4,$2,0X8097
48.                    Instruction = 32'b001100_00010_00100_1000000010010111;
49.                      read_data = 32'h00000000;
50.                      ALU_result = 32'h00000002;
51.                      Jal = 1'b0;
52.                      RegWrite = 1'b1;
53.                      MemtoReg = 1'b0;
54.                      RegDst = 1'b0;
55.                      opcplus4 = 32'h0000000c;
56.                  end
57.          #200    begin                            //sll $5,$1,2
58.                    Instruction = 32'b000000_00000_00001_00101_00010_000000;
59.                      read_data = 32'h00000000;
60.                      ALU_result = 32'h00000004;
61.                      Jal = 1'b0;
62.                      RegWrite = 1'b1;
63.                      MemtoReg = 1'b0;
64.                      RegDst = 1'b1;
65.                      opcplus4 = 32'h00000010;
66.                  end
67.          #200    begin                            //lw $6,0(0X100)
68.                    Instruction = 32'b100011_00000_00110_0000000100000000;
69.                      read_data = 32'h0000007B;
70.                      ALU_result = 32'h00000054;
71.                      Jal = 1'b0;
72.                      RegWrite = 1'b1;
73.                      MemtoReg = 1'b1;
74.                      RegDst = 1'b0;
75.                      opcplus4 = 32'h00000014;
```

```
76.                 end
77.            #200  begin //jal 0000
78.                   Instruction = 32'b000011_00000000000000000000000000;
79.                      read_data = 32'h00000000;
80.                      ALU_result = 32'h00000004;
81.                      Jal = 1'b1;
82.                      RegWrite = 1'b1;
83.                      MemtoReg = 1'b0;
84.                      RegDst = 1'b0;
85.                      opcplus4 = 32'h00000018;
86.                 end
87.       end
88.       always #50 clock = ~clock;
89.  endmodule
```

译码部件的仿真主要测试模块对寄存器文件的读写操作和立即数扩展功能。仿真文件每200ns换一个指令测试。

为了让仿真时寄存器开始有一个不同的初始值,请读者将练习6-10中的下面的代码

```
if(reset == 1) begin                                      // 初始化寄存器组
        for(i = 0;i < 32;i = i + 1)
          register[i] <= 0;
end
```

修改为

```
if(reset == 1) begin                                      // 初始化寄存器组
        for(i = 0;i < 32;i = i + 1)
          register[i] <= i;                               // i寄存器的值赋给值i
end
```

当运行行为仿真后,读者可能发现波形图中并没有显示Register,这是因为Register在译码单元中只是内部寄存器,没有被输出,为此需要将这个内部的信号拉出来显示。方法很简单,在仿真界面中的Scope窗口单击Uid,如图6-55所示。此时在Object窗口中就可以找到Register,用鼠标左键按住Register[0:31][31:0],并拖曳到波形窗口的Name域中,即可。然后在Name域中单击Register[0:31][31:0]边上的">"按钮,即可展开31个寄存器。

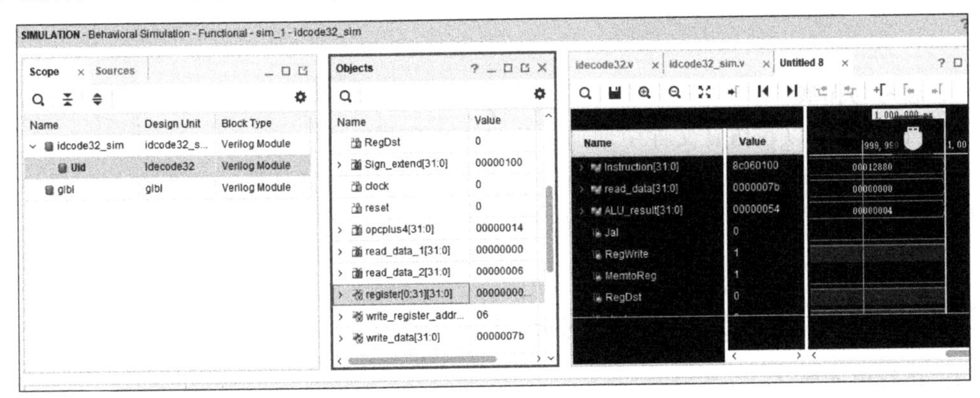

图6-55 将Register显示到仿真波形中

仿真波形如图 6-56 所示。

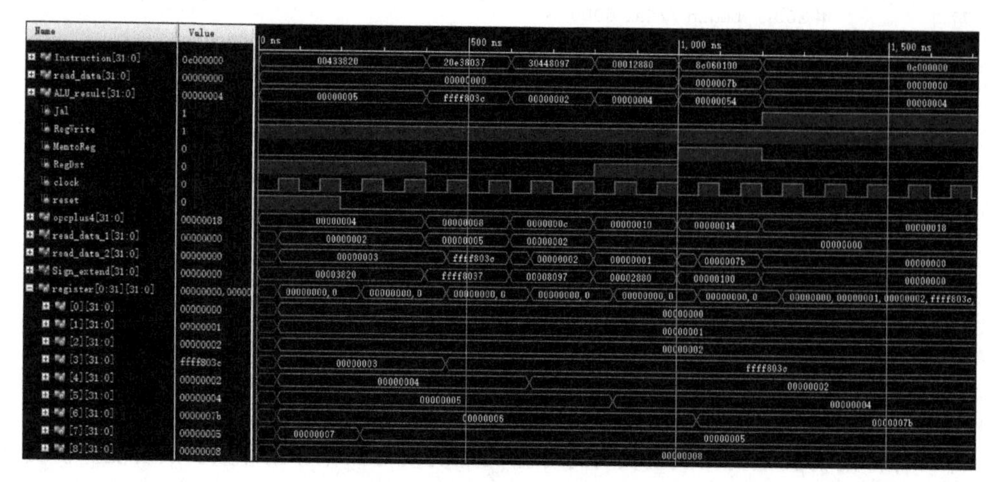

图 6-56 译码单元的仿真波形图

图 6-56 中时间坐标每一格是 100ns 从图上可以看到译码单元的仿真结果，如表 6-9 所示。

表 6-9 译码单元的仿真结果

时刻/ns	执行指令	结果(十六进制)
0	复位	i 寄存器的初始值为 i
200	add \$7,\$2,\$3	read_data_1=2；read_data_2=3；\$7=5
400	addi \$3,\$7,0X8037	read_data_1=5；Sign_extend=ffff8037(符号扩展)；\$3=ffff803c
600	andi \$4,\$2,0X8097	read_data_1=2；Sign_extend=00008097(0 扩展)；\$4=2
800	sll \$5,\$1,2	read_data_2=1；\$5=4(左移 2 位)
1000	lw \$6,0(0X100)	read_data_1=0；Sign_extend=00000100(符号扩展)；\$6=0000007b
1200	jal 0000	\$31=00000018

仿真结束请读者将练习 6-10 修改过的语句还原成如下代码：

```
if(reset == 1) begin                                    // 初始化寄存器组
        for(i = 0;i < 32;i = i + 1)
          register[i] <=  0;
end
```

6. 思考与拓展

(1) 读者还可以在仿真文件中增加其他指令来仿真验证。

(2) 读者考虑一下在 4.6.3 节中设计的寄存器文件(尤其是那一节思考与拓展中要求设计的单输入双输出寄存器文件)如何用到译码单元中。

(3) 请读者思考如何用 Block Design 设计译码单元。

6.5.9 Minisys-1 执行单元的设计

1. 执行单元概述

执行单元需要完成的工作归纳起来包括以下 6 个方面。

(1) 运算数据的选择。

(2) 完成逻辑运算。

(3) 完成算术运算。

(4) 完成移位运算。

(5) 完成比较转移的 PC 值计算。

(6) 完成运算结果输出(含比较后赋值)。

由上述功能可以看到,除了运算器外,执行单元还应该包括为 beq 和 bne 指令,计算下一个 PC 地址的计算部件。图 6-57 是执行单元的结构图。

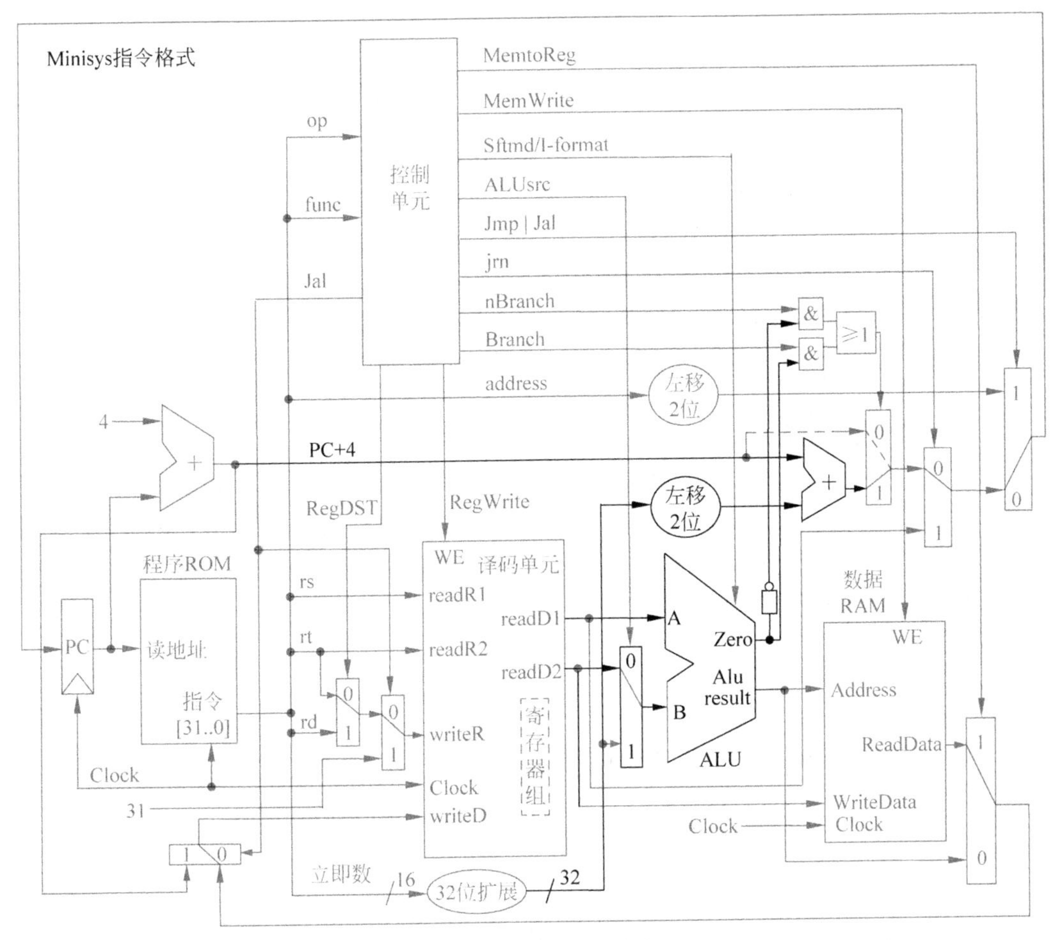

图 6-57　执行单元的结构图

Execute32.v 文件中给出了执行单元所有端口和内部信号的定义。

```
1.  module Execute32 (
2.      input [31:0]  Read_data_1,       // 从译码单元的 Read_data_1 中来
3.      input [31:0]  Read_data_2,       // 从译码单元的 Read_data_2 中来
4.      input [31:0]  Sign_extend,       // 从译码单元来的扩展后的立即数
5.      input [5:0]   Function_opcode,   // 取指单元来的 r-类型指令功能码,
6.                                       // r-form instructions[5:0]
7.      input [5:0]   Exe_opcode,        // 取指单元来的操作码
```

```
8.      input [1:0]    ALUOp,          // 来自控制单元的运算指令控制编码
9.      input [4:0]    Shamt,          // 来自取指单元的 instruction[10:6],指定移位次数
10.     input          Sftmd,          // 来自控制单元的,表明是移位指令
11.     input          ALUSrc,         // 来自控制单元,表明第二个操作数是立即数
12.                                    // (beq,bne 除外)
13.     input          I_format,       // 来自控制单元,表明是除 beq, bne, lw, sw
14.                                    // 之外的 I 类型指令
15.     input          Jrn,            // 来自控制单元,书名是 jr 指令
16.     output         Zero,           // 为 1 表明计算值为 0
17.     output [31:0] ALU_Result,      // 计算的数据结果
18.     output [31:0] Add_Result,      // 计算的地址结果
19.     input  [31:0] PC_plus_4        // 来自取指单元的 PC+4
20. );
21.     reg[31:0] ALU_Result;
22.     wire[31:0] Ainput,Binput;
23.     reg[31:0] Cinput,Dinput;
24.     reg[31:0] Einput,Finput;
25.     reg[31:0] Ginput,Hinput;
26.     reg[31:0] Sinput;
27.     reg[31:0] ALU_output_mux;
28.     wire[2:0] ALU_ctl;
29.     wire[5:0] Exe_code;
30.     wire[2:0] Sftm;
```

2. 运算数据的选择

从图 6-57 可以看出,参与运算的两个数据是从运算器的 A 端和 B 端进入,对应的信号为 Ainput 和 Binput。其中 B 端情况较复杂,除 beq、bne 以外的 I 类型指令,数据都来自扩展的立即数;R 类型及 beq、bne 指令、B 端口的数据来自译码单元的 Read_data_2。分别对 A 端口和 B 端口赋值的相关信号及代码如下:

```
input[31:0]   Read_data_1;              // 从译码单元的 Read_data_1 中来
input[31:0]   Read_data_2;              // 从译码单元的 Read_data_2 中来
input[31:0]   Sign_extend;              // 从译码单元来的扩展后的立即数
input   ALUSrc; //来自控制单元,表明第二个操作数是立即数(beq、bne 除外)

assign Ainput = Read_data_1 ;           //  为 ALU 的 A 端口赋值
assign Binput = (ALUSrc == 0) ? Read_data_2 : Sign_extend[31:0];
```

3. 完成算术逻辑运算

在控制单元设计中,为了减轻控制单元的负担,对 ALU 采用二级控制方式,并在控制单元中仅输出 ALUop 作为一级控制。这里,本文引入对 ALU 操作的二级控制。

首先定义执行码 Exe_code 如下:当 I_format=1(该指令是除 beq、bne、lw、sw 之外的其他 I 类型指令),执行码等于操作码的低 3 位做 0 扩展到 6 位;其他(R 类型、beq、bne、lw、sw 指令)执行码等于功能码。相关的信号及代码为:

```
input   I_format;                    //来自控制单元,表明是除 beq、bne、lw、sw
                                     //之外的 I 类型指令
input[5:0]   Function_opcode;        // 取指单元来的 R 类型指令功能码
input[5:0]   Exe_opcode;             // 取指单元来的操作码
```

```
wire[5:0] Exe_code;
assign Exe_code = (I_format == 0) ? Function_opcode : {3'b000,Exe_opcode[2:0]};
```

仔细研究指令系统中的指令编码,可以发现具有相同运算的指令在操作码或功能码上都有些类似的地方,可以根据其逻辑关系设计出指令的组合码 ALU_ctl[2..0]。文件 Execute32.v 中定义了组合码,其相关信号及代码如下:

```
wire[2:0] ALU_ctl;
//生成一个组合码
assign ALU_ctl[0] = (Exe_code[0] | Exe_code[3]) & ALUOp[1];
assign ALU_ctl[1] = ((!Exe_code[2]) | (!ALUOp[1]));
assign ALU_ctl[2] = (Exe_code[1] & ALUOp[1]) | ALUOp[0];
```

表 6-10 给出了执行码与指令的对应关系。

表 6-10　执行码与指令的对应关系

Exe_code[3..0]	ALUOp[1..0]	ALU_ctl[2..1]	指令助记符
0100	10	000	and,andi
0101	10	001	or,ori
0000	10	010	add,addi
xxxx	00	010	lw,sw
0001	10	011	addu,addiu
0110	10	100	xor,xori
0111	10	101	nor,lui
0010	10	110	sub,slti
xxxx	01	110	beq,bne
0011	10	111	subu,sltiu
1010	10	111	slt
1011	10	111	sltu

从表中可以看出,具有相同运算的指令具有相同的组合码。重码对于某些指令是没有问题的,因为它们的功能就是运算,而运算也完全一样,只是数据来源有所不同,比如 and 与 andi、add 与 addi 等。但并不是所有重码的指令都是功能完全相同,必须加以区别,下面给出区别重码指令的方法。

(1) add 与 addi、addu 与 addiu、and 与 andi、or 与 ori、xor 与 xori、slt、sltu 与 sltiu 这几对指令的组合码相同,数据计算功能也一样,无须区别。

(2) sub 与 slti、subu 与 sltiu 组合码相同,因为它们都要做减法,但 slti 和 sltiu 指令做完减法后的赋值不同于 sub、subu,可用 I_format 是否为 1 来区别这两类指令。

(3) subu 和 slt 以及 sltu 组合码相同,同样也是因为都需要做减法,但可以利用 slt 与 sltu 的 Function_opcode(3)='1'来识别它们。

(4) lw、sw 指令的组合码和 add 一样,但 lw 与 sw 两指令的主要功能在译码单元完成,而执行单元只是负责计算地址,所以在执行部件中,其运算功能和 add 指令等同,都是做加法。

(5) beq、bne 指令的组合码和 sub 一样,但 beq 和 bne 在执行单元做完减法后是赋值给

add_result(地址结果)而不是 alu_result(计算结果),所以不影响结果。

下面的指令也和别的指令重码,但却没有和这些指令同样的运算功能,因此一定要确定它们不会产生错误的结果。

(1) 移位指令。所有的移位指令可以用 sftmd='1'来区别。

(2) lui 指令。nor 与 lui 的组合码相同,可用 I_format 是否为 1 来区别。

(3) jr 指令。jr 指令利用 jrn='1'来区别,该指令的执行在取指单元中。

(4) j 指令。j 指令利用 jmp='1'来区别,该指令的执行在取指单元中。

(5) jal 指令。jal 指令利用 jal='1'来区别,该指令的执行在取指单元和译码单元中。

练习 6-12:运算功能的实现。

Execute32.v 文件根据组合码处理各类运算,请读者根据 ALU_ctl 编码完成运算功能的实现。

```
reg[31:0] ALU_output_mux;
always @(ALU_ctl or Ainput or Binput)  // 处理各类运算
begin
case(ALU_ctl)
    3'b000:ALU_output_mux = ???
    3'b001:ALU_output_mux = ???
    3'b010:ALU_output_mux = ???
    3'b011:ALU_output_mux = ???
    3'b100:ALU_output_mux = ???
    3'b101:ALU_output_mux = ???
    3'b110:ALU_output_mux = ???
    3'b111:ALU_output_mux = ???
    default:ALU_output_mux = 32'h00000000;
endcase
end
```

4. 完成移位运算

Execute32.v 文件中与移位运算相关的信号如下:

```
input           Sftmd;              //来自控制单元的,表明是移位指令
input[4:0]      Shamt;              //来自取指单元的 instruction[10:6],指定移位次数
input[5:0]      Function_opcode;    //r - form instructions[5:0]
wire[2:0]       Sftm;               //移位指令类型
reg[31:0]       Sinput;             //移位指令的最后结果
assign Sftm = Function_opcode[2:0];
```

在待设计的 Minisys-1 系统中共有 6 条移位指令,包括左移指令 2 条,右移指令 4 条。上面信号中的 Sinput 用于从 6 种移位操作的结果中选择相应移位指令的最后结果。6 种移位运算的实现方法有很多,比如可以使用 Verilog HDL 中可用的运算实现:左移(<<)、逻辑右移(>>)以及算术右移(>>>),也可以考虑使用前面章节设计的桶形移位器。

练习 6-13:完成 6 个移位操作。

```
always @ * begin                        // 6 种移位指令
   if(Sftmd)
    case(Sftm[2:0])
```

```
        3'b000:Sinput = ???          //Sll rd,rt,shamt
        3'b010:Sinput = ???          //Srl rd,rt,shamt
        3'b100:Sinput = ???          //Sllv rd,rt,rs
        3'b110:Sinput = ???          //Srlv rd,rt,rs
        3'b011:Sinput = ???          //Sra rd,rt,shamt
        3'b111:Sinput = ???          //Srav rd,rt,rs
        default:Sinput = Binput;
    endcase
   else Sinput = Binput;
end
```

5. 完成比较转移的 PC 值计算

beq、bne 相关的信号如下：

```
output        Zero;                  // 为 1 表明计算值为 0
output[31:0] Add_Result;             // 计算的地址结果
input[31:0]  PC_plus_4;              // 来自取指单元的 PC + 4
```

下面的代码完成了 beq 指令和 bne 指令满足条件时下一指令地址的计算：

```
assign Add_Result = PC_plus_4[31:0] + {Sign_extend[29:0],2'b00};
        // 给取指单元作为 beq 和 bne 指令的跳转地址
assign Zero = (ALU_output_mux[31:0] == 32'h00000000) ? 1'b1 : 1'b0;
```

6. 完成运算结果的输出

运算结果的来源有以下 3 种。

(1) 完成比较后赋值，包括 slt、sltu、slti 和 sltiu 指令的结果。

(2) 完成 lui 指令运算。

(3) 完成各种运算结果合成到最终结果中，包括算术/逻辑运算结果 ALU_output_mux 和移位运算结果 Sinput。

回顾表 6-10，可以使用 Exe_code[3..0]、ALUOp[1..0]和 ALU_ctl[2..0]的组合确定所执行的操作，并明确最终结果的选择。

练习 6-14：完成运算结果输出。

Execute32.v 文件中给出了下面的运算结果输出相关的信号以及部分代码，请读者在此基础之上完成运算结果的输出操作。

```
output[31:0] ALU_Result;             // 计算的数据结果
reg[31:0] ALU_Result;
input   I_format;                    // 来自控制单元，表明是除 beq,bne,lw,sw 之外的 I 类型指令

always @ * begin
if(((ALU_ctl == 3'b111) && (Exe_code[3] == 1))
     ||((ALU_ctl[2:1] == 2'b11) && (I_format == 1)))
ALU_Result = ???                     // 处理所有 SLT 类的问题
    else if((ALU_ctl == 3'b101) && (I_format == 1))
       ALU_Result[31:0] = ???             //lui data
    else if(Sftmd == 1) ALU_Result = ???  //移位
    else  ALU_Result = ALU_output_mux[31:0];  //otherwise
end
```

7. 执行单元仿真

为了仿真执行单元,需要将 exe_sim 文件设置为顶层文件。在如图 6-37 所示的 Project Manager-Minisys 中,右击 exe_sim. v,在弹出的菜单中选择 Set as Top。

设置好后会看到 Project Manager-Minisys 中 exe_sim. v 被加粗,双击打开 exe_sim. v,会看到如下代码:

```
1.  `timescale 1ns / 1ps
2.  module exe_sim(    );
3.      // input
4.      reg[31:0]  Read_data_1 = 32'h00000005; //r - form rs
5.      reg[31:0]  Read_data_2 = 32'h00000006; //r - form rt
6.      reg[31:0]  Sign_extend = 32'hffffff40; //i - form
7.      reg[5:0]   Function_opcode = 6'b100000; //add
8.      reg[5:0]   Exe_opcode = 6'b000000;       //op code
9.      reg[1:0]   ALUOp = 2'b10;
10.     reg[4:0]   Shamt = 5'b00000;
11.     reg        Sftmd = 1'b0;
12.     reg        ALUSrc = 1'b0;
13.     reg        I_format = 1'b0;
14.     reg        Jrn = 1'b0;
15.     reg[31:0]  PC_plus_4 = 32'h00000004;
16.      // output
17.     wire       Zero;
18.     wire[31:0] ALU_Result;
19.     wire[31:0] Add_Result;                   //pc op
20.
21. Executs32 Uexe (
22.       .Read_data_1      (Read_data_1),      // 从译码单元的 Read_data_1 中
23.       .Read_data_2      (Read_data_2),      // 从译码单元的 Read_data_2 中
24.       .Sign_extend      (Sign_extend),      // 从译码单元来的扩展后的立即数
25.       .Function_opcode  (Function_opcode),  // 取指单元来的 R 类型指令功能
26.                                             // 码,r - form instructions[5:0]
27.       .Exe_opcode       (Exe_opcode),       // 取指单元来的操作码
28.       .ALUOp            (ALUOp),            // 来自控制单元的运算指令控制编码
29.       .Shamt            (Shamt),       // 来自取指单元的 instruction[10:6],指定移位次数
30.       .Sftmd            (Sftmd),            // 来自控制单元的,表明是移位指令
31.       .ALUSrc           (ALUSrc),           // 来自控制单元,表明第二个操作数是立即
32.                                             // 数(beq,bne 除外)
33.       .I_format         (I_format),         // 来自控制单元,表明是除 beq, bne, lw,
34.                                             // sw 之外的 I 类型指令
35.       .Jrn              (Jrn),              // 来自控制单元,书名是 JR 指令
36.       .Zero             (Zero),             // 为 1 表明计算值为 0
37.       .ALU_Result       (ALU_Result),       // 计算的数据结果
38.       .Add_Result       (Add_Result),       // 计算的地址结果
39.       .PC_plus_4        (PC_plus_4)         // 来自取指单元的 PC + 4
40.    );
41.       initial begin
42.          #200 begin Exe_opcode = 6'b001000;          //addi
43.                 Read_data_1 = 32'h00000003;          //r - form rs
44.                 Read_data_2 = 32'h00000006;          //r - form rt
```

```
45.                     Sign_extend = 32'hffffff40;
46.                     Function_opcode = 6'b100000;     // addi
47.                     ALUOp = 2'b10;
48.                     Shamt = 5'b00000;
49.                     Sftmd = 1'b0;
50.                     ALUSrc = 1'b1;
51.                     I_format = 1'b1;
52.                     PC_plus_4 = 32'h00000008;
53.                 end
54.         #200 begin Exe_opcode = 6'b000000;           // and
55.                     Read_data_1 = 32'h000000ff;      //r - form rs
56.                     Read_data_2 = 32'h00000ff0;      //r - form rt
57.                     Sign_extend = 32'hffffff40;
58.                     Function_opcode = 6'b100100;     //and
59.                     ALUOp = 2'b10;
60.                     Shamt = 5'b00000;
61.                     Sftmd = 1'b0;
62.                     ALUSrc = 1'b0;
63.                     I_format = 1'b0;
64.                     PC_plus_4 = 32'h0000000c;
65.                 end
66.         #200 begin Exe_opcode = 6'b000000;
67.                     Read_data_1 = 32'h00000001;      //r - form rs
68.                     Read_data_2 = 32'h00000002;      //r - form rt
69.                     Sign_extend = 32'hffffff40;
70.                     Function_opcode = 6'b000000;     //sll
71.                     ALUOp = 2'b10;
72.                     Shamt = 5'b00011;
73.                     Sftmd = 1'b1;
74.                     ALUSrc = 1'b0;
75.                     I_format = 1'b0;
76.                     PC_plus_4 = 32'h00000010;
77.                 end
78.         #200 begin Exe_opcode = 6'b001111;           // LUI
79.                     Read_data_1 = 32'h00000001;      //r - form rs
80.                     Read_data_2 = 32'h00000002;      //r - form rt
81.                     Sign_extend = 32'h00000040;
82.                     Function_opcode = 6'b000000;
83.                     ALUOp = 2'b10;
84.                     Shamt = 5'b00001;
85.                     Sftmd = 1'b0;
86.                     ALUSrc = 1'b1;
87.                     I_format = 1'b1;
88.                     PC_plus_4 = 32'h00000014;
89.                 end
90.         #200 begin Exe_opcode = 6'b000100;           // beq
91.                     Read_data_1 = 32'h00000001;      //r - form rs
92.                     Read_data_2 = 32'h00000001;      //r - form rt
93.                     Sign_extend = 32'h00000004;
94.                     ALUOp = 2'b01;
95.                     Shamt = 5'b00000;
```

```
96.                 Sftmd = 1'b0;
97.                 ALUSrc = 1'b0;
98.                 I_format = 1'b0;
99.                 PC_plus_4 = 32'h00000018;
100.            end
101.        end
102.endmodule
```

仿真文件每200ns会给exe模块不同的指令译码结果作为仿真输入，仿真波形如图6-58所示。

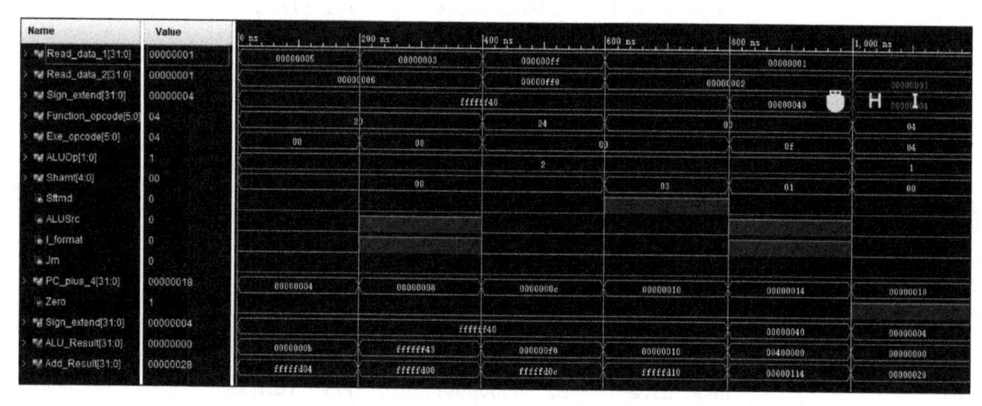

图6-58　执行单元的仿真波形图

图6-58中时间坐标每一格是100ns，从图中可以看到执行单元的仿真结果，如表6-11所示。

表6-11　执行单元的仿真结果

时刻/ns	执行指令	结果(十六进制)
0	add	ALU_Result=0000000b(5+6),Zero=0
200	addi	ALU_Result=ffffff43(ffffff40+3),Zero=0
400	and	ALU_Result=000000f0(000000ff&00000ff0),Zero=0
600	sll	ALU_Result=00000010(00000002 << 3),Zero=0
800	lui	ALU_Result=00400000(00000040 << 16),Zero=0
1000	beq	Add_Result=00000028(00000018+00000004 << 2),Zero=1

8. 思考与拓展

(1) 读者还可以在仿真文件中增加其他指令来仿真验证。

(2) 读者可以考虑一下，如何用上前面章节所设计的桶形移位器、加减法器、乘、除法器等部件。

(3) 请读者考虑如何用Block Design设计译码单元。

6.5.10　Minisys-1存储单元的设计

1. 存储单元概述

存储单元的设计需要完成以下工作。

（1）定义数据存储单元 RAM。

（2）实际完成对数据存储器的读写操作。

图 6-59 给出了存储单元的结构图。

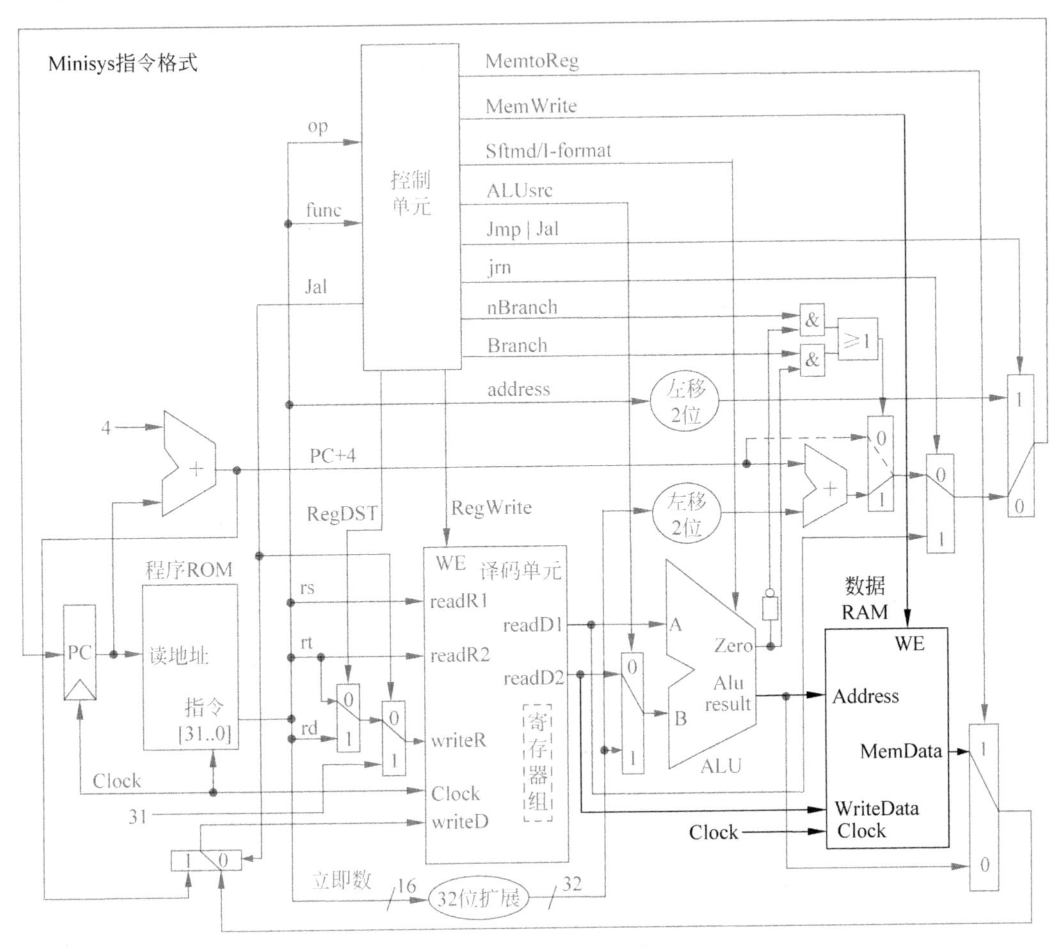

图 6-59　存储单元的结构图

下面是 dmemory32.v 文件中给出的完成存储单元的所有端口和内部信号的定义：

```
1.  module dmemory32 (
2.          input              ram_clk_i,
3.          input              ram_wen_i,      // 来自控制单元
4.          input     [13:0]   ram_adr_i,      // 来自 memorio 模块,源头是来自执行单元
5.                                             // 算出的 alu_result
6.          input     [31:0]   ram_dat_i,      // 来自译码单元的 read_data2
7.          output    [31:0]   ram_dat_o,      // 从存储器中获得的数据
8.          // UART Programmer Pinouts
9.          input              upg_rst_i,      // UPG reset (Active High)
10.         input              upg_clk_i,      // UPG ram_clk_i (10MHz)
11.         input              upg_wen_i,      // UPG write enable
12.         input     [13:0]   upg_adr_i,      // UPG write address
13.         input     [31:0]   upg_dat_i,      // UPG write data
```

```
14.        input              upg_done_i          // 1 if programming is finished
15. );
```

2. 定义数据存储单元 RAM

与代码 ROM 一样，数据 RAM 也使用 Xilinx 公司提供的 IP 核 Block Memory Generator 来实现。参考 6.5.6 节的相关步骤，设置数据存储单元的名称为 RAM，在 Basic 选项卡设置存储器接口类型是 Native，存储器类型为 Single Port RAM，不要 ECC 校验，最小面积算法。在 Port A Option 选项卡设置读、写宽度均设置为 32 位，共有 16 384 个数据(读、写深度)，形成 64KB 的 RAM。操作模式是 Write First，使能端类型是 Always Enable。可看到有 5 组 I/O 引脚：address、clka、dina、douta、wea。

在 Other Option 选项卡需要初始化文件，这里使用的初始化文件是 dmem32.coe。需要注意，刚创建的项目是没有初始文件和相应的路径的，所以在创建 RAM 时可以先设置成没有初始文件。创建好 RAM 后，将 C:\sysclassfiles\orgnizationtrain\minisys\IP\ram 中的初始化文件 dmem32.coe 复制到 C:\sysclassfiles\orgnizationtrain\minisys\minisys.srcs\sources_1\ip\ram 中。双击刚建立的 RAM IP 核，重新设置其为有初始化文件，并选择已经复制好的 dmem32.coe 文件。

注意：2.0 版本的 CPU 必须选择 dmem32.coe 文件，这是因为 2.0 版本的 CPU 不包含串口下载单元。

至此，数据存储 RAM 配置好了，接下来就是在存储单元中将其例化，代码如下：

```
1.  wire ram_clk = !ram_clk_i;      // 因为使用 Block RAM 的固有延时, RAM 的地址线
2.                                  // 来不及在时钟上升沿准备好, 使得时钟上升沿数
3.                                  // 据读出有误, 所以采用反相时钟, 使得读出数据
4.                                  // 比地址准备好要晚大约半个时钟周期, 从而得到正确
5.                                  // 的地址
6.
7.  // kickOff = 1 的时候 CPU 正常工作,否则就是串口下载程序
8.  wire kickOff = upg_rst_i | (~upg_rst_i & upg_done_i);
9.
10. // 分配 64KB RAM,编译器实际只用 64KB RAM
11. ram ram (
12.       .clka    (kickOff ?  ram_clk    : upg_clk_i),
13.       .wea     (kickOff ?  ram_wen_i  : upg_wen_i),
14.       .addra   (kickOff ?  ram_adr_i  : upg_adr_i),
15.       .dina    (kickOff ?  ram_dat_i  : upg_dat_i),
16.       .douta   (ram_dat_o)
17. );
```

3. 存储单元仿真

为了仿真存储单元，需要将 ram_sim 文件设置为顶层文件。在如图 6-37 所示的 Project Manager-Minisys 中，右击 ram_sim.v，在弹出的菜单中选择 Set as Top。

设置好后会看到 Project Manager-Minisys 中 ram_sim.v 被加粗，双击打开 ram_sim.v，会看到如下代码：

```
1.  `timescale 1ns / 1ps
2.  module ram_sim(  );
```

```
3.      // input
4.       reg[31:0] address = 32'h00000010;      //来自执行单元算出的 alu_result
5.       reg[31:0] write_data = 32'ha0000000;   //来自译码单元的 read_data2
6.       reg  MemWrite = 1'b0;                  //来自控制单元
7.       reg  clock = 1'b0;
8.       reg  zero = 1'b0;
9.       reg[31:0] zero32 = 32'h00000000;
10.     reg one = 1'b1;
11.     // output
12.     wire[31:0] read_data;
13.
14.     dmemory32 Uram (
15.         .ram_clk_i     (clock),
16.         .ram_wen_i     (MemWrite),               // 来自控制单元
17.         .ram_adr_i     (address[15:2]),          //来自执行单元算出的 alu_result
18.         .ram_dat_i     (write_data),             // 来自译码单元的 read_data2
19.         .ram_dat_o     (read_data),              // 从存储器中获得的数据
20.         // UART Programmer Pinouts
21.         .upg_rst_i   (zero),                     // UPG reset (Active High)
22.         .upg_clk_i   (zero),                     // UPG ram_clk_i (10MHz)
23.         .upg_wen_i   (zero),                     // UPG write enable
24.         .upg_adr_i    (zero32),                  // UPG write address
25.         .upg_dat_i    (zero32),                  // UPG write data
26.         .upg_done_i          (one)               // 1 if programming is finished
27.      );
28.      initial begin
29.        #200 begin write_data = 32'hA00000F5;MemWrite = 1'b1; end
30.        #200 MemWrite = 1'b0;
31.      end
32.      always #50 clock = ~clock;
33. endmodule
```

仿真波形如图 6-60 所示。

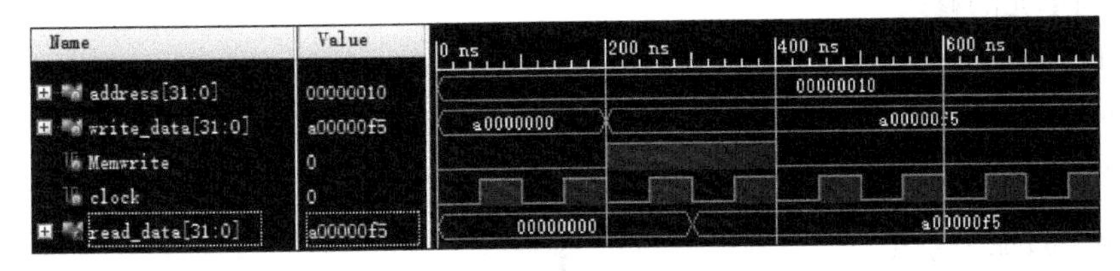

图 6-60 存储单元的仿真波形图

仿真顶层模块设置地址为 0x00000010，先从这个地址读出原始的数据为 0x00000000，然后设置 MemWrite 为高电平，并设置写数据 write_data 为 0xa00000f5。写完之后将 MemWrite 设置为低电平，从 0x00000010 地址上读数据，读出的数据为 0xa00000f5。

4. 思考与拓展

读者还可以在仿真文件中增加其他语句来仿真验证。

6.6 Minisys-1 CPU 的简单接口的设计

这一节主要完成以下工作。

(1) 为 Minisys-1 加 I/O 功能。

(2) 16 位 LED 的设计。

(3) 16 位拨码开关的设计。

6.6.1 为 Minisys-1 加 I/O 功能

1. I/O 端口地址分配原则

在计算机领域,对于 I/O 地址空间的设计通常采用两种方案:一种是 I/O 与存储器统一编址;另一种是 I/O 独立编址。由于 Minisys-1 系统没有专门的 I/O 指令,只能使用 lw 和 sw 两条指令来进行 RAM 访问和 I/O 访问这一具体情况,就决定了 Minisys-1 只能采用 I/O 统一编址方式。

将 32 位 RAM 地址分区,其中高 1024 字节分配给 I/O,共有 512 个 16 位端口。如此以来,地址空间被划分成如图 6-61 所示的 3 个分区,其中阴影部分没有使用。

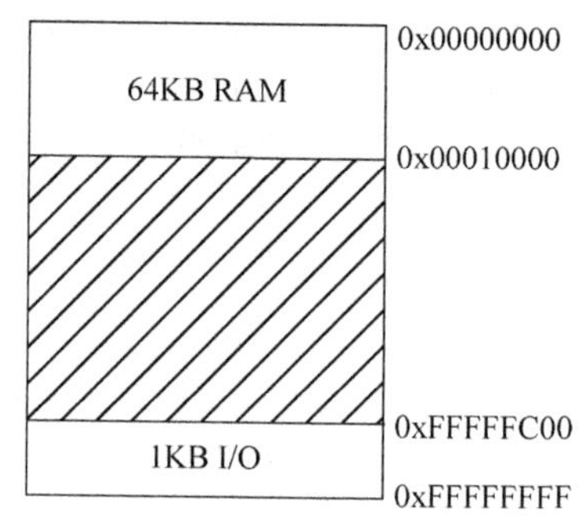

图 6-61 Minisys RAM 与 I/O 地址空间

这里,I/O 端口的分配采用下面的原则。

(1) 将 10 根 I/O 端口线(32 位地址线的低 10 位,高 22 位为全 1)的高 6 位用来译码得到最多 64 个接口电路的片选信号。

(2) 低 4 位组成每个接口电路的 16 字节端口地址,由于 Minisys-1 对外只有 16 位数据处理能力,所以每个接口电路实际上有 8 个 16 位端口地址。

(3) 总线仲裁可采用集中式,也可采用分离式,这里采用集中式来举例。

2. 控制单元的修改

1) 新的控制单元端口与信号定义

由于增加了 I/O 地址空间,所以需要对控制单元进行修改,经过修改后的控制单元的端口和信号定义如下:

```
1.  module control32(
2.      input[5:0]     Opcode;            // 来自取指单元 instruction[31..26]
3.      input[21:0]    Alu_resultHigh;    // 来自执行单元 Alu_Result[31..10]
4.      input[5:0]     Function_opcode;   // 来自取指单元 r-类型 instructions[5..0]
5.      output         Jrn;               // 为 1 表明当前指令是 jr
6.      output         RegDST;            // 为 1 表明目的寄存器是 rd,否则目的寄存器是 rt
7.      output         ALUSrc;            // 为 1 表明第二个操作数是立即数(beq,bne 除外)
8.      output         MemorIOtoReg;      // 为 1 表明需要从存储器或 I/O 读数据到寄存器
9.      output         RegWrite;          //  为 1 表明该指令需要写寄存器
10.     output         MemRead;           // 为 1 表明是存储器读
11.     output         MemWrite;          //  为 1 表明该指令需要写存储器
```

```
12.    output          IORead;         // 为 1 表明是 I/O 读
13.    output          IOWrite;        // 为 1 表明是 I/O 写
14.    output          Branch;         //为 1 表明是 Beq 指令
15.    output          nBranch;        //为 1 表明是 Bne 指令
16.    output          Jmp;            //为 1 表明是 J 指令
17.    output          Jal;            //为 1 表明是 Jal 指令
18.    output          I_format;       //为 1 表明该指令是除 beq,bne,lw,sw 之外
19.                                    //的其他 I 类型指令
20.    output          Sftmd;          //为 1 表明是移位指令
21.    output[1:0]     ALUOp           //是 R 类型或 I_format = 1 时位 1 为 1
22.                                    //beq、bne 指令则位 0 为 1
23. );
24.    wire R_format,Lw,Sw;
```

以上代码已经放在初始设计文件 controlIO32.v 中,读者可以将该文件中的端口定义部分替换掉原来 control32.v 文件的端口定义部分,然后再对 control32.v 文件进行修改。注意,为了防止模块命名冲突,controlIO32.v 中的模块名是 controlIO32。

2) 完成新控制单元的设计

练习 6-15：对 Minisys 控制部件的修改。

修改 MemWrite 信号的逻辑,增加 MemRead、IORead 和 IOWrite 信号,改 MemtoReg 为 MemorIOtoReg,代码如下:

```
input[21:0]  Alu_resultHigh; //  读操作需要从端口或存储器读数据到寄存器 lw 和 sw 的真正
//地址是 Alu_Result,这里的 Alu_resultHigh 来自执行单元 Alu_Result[31..10]
output        MemRead;         // 为 1 表名是存储器读
output        IORead;          // 为 1 表明是 I/O 读
output        IOWrite;         // 为 1 表明是 I/O 写
assign MemWrite ((Sw == 1) && (Alu_resultHigh[21:0] !=
                                 22'b1111111111111111111111)) ? 1'b1:1'b0;   //写存储器
assign MemRead =   ? ? ?  ;    // 读存储器
assign IOWrite =    ? ? ? ;    // 写端口
assign IORead =   ? ? ?  ;     // 读端口
assign MemorIOtoReg = ? ? ?     ;
```

3) 新控制单元的仿真

为了仿真控制模块,需要将 controlIO32_sim 文件加入到项目的 Simulation Sources 中,并设置为顶层文件。

双击打开 controlIO32_sim.v,会看到如下代码:

```
1.  `timescale 1ns / 1ps
2.  module ControlIO32_sim(  );
3.     // input
4.      reg[5:0] Opcode = 6'b000000;      // 来自取指单元   instruction[31..26]
5.      reg[5:0] Function_opcode   = 6'b100000;  //r - form instructions[5..0]//ADD
6.      reg[21:0]Alu_resultHigh = 22'b1100000011010010011; // 读操作需要从端口或
7.         //存储器读数据到寄存器 lw 和 sw 的真正地址是 Alu_Result,这里的 Alu_resultHigh
8.         //来自执行单元 Alu_Result[31..10],这个信号要进入到 control32.v 的模块中
9.         // output
10.     wire        Jrn;
```

```
11.     wire        RegDST;
12.     wire        ALUSrc;              // 决定第二个操作数是寄存器还是立即数
13.     wire        MemorIOtoReg;
14.     wire        RegWrite;
15.     wire        MemRead;
16.     wire        MemWrite;
17.     wire        IORead;
18.     wire        IOWrite;
19.     wire        Branch;
20.     wire        nBranch;
21.     wire        Jmp;
22.     wire        Jal;
23.     wire        I_format;
24.     wire        Sftmd;
25.     wire[1:0]   ALUOp;
26.
27. control32 UctrlIO(
28.     .Opcode     (Opcode),            // 来自取指单元 instruction[31..26]
29.     .Alu_resultHigh  (Alu_resultHigh),          // 来自执行单元 Alu_Result[31..10]
30.     .Function_opcode  (Function_opcode),        // 来自取指单元
31.                                                  // R 类型 instructions[5..0]
32.     .Jrn          (Jrn),             // 为 1 表明当前指令是 jr
33.     .RegDST       (RegDST),          // 为 1 表明目的寄存器是 rd,否则目的寄存器是 rt
34.     .ALUSrc       (ALUSrc),          // 为 1 表明第二个操作数是立即数(beq,bne 除外)
35.     .MemorIOtoReg(MemtoReg),         // 为 1 表明需要从存储器或 I/O 读数据到寄存器
36.     .RegWrite     (RegWrite),        // 为 1 表明该指令需要写寄存器
37.     .MemRead      (MemRead),         // 为 1 表明是存储器读
38.     .MemWrite     (MemWrite),        // 为 1 表明该指令需要写存储器
39.     .IORead       (IORead),          // 为 1 表明是 I/O 读
40.     .IOWrite      (IOWrite),         // 为 1 表明是 I/O 写
41.     .Branch       (Branch),          // 为 1 表明是 Beq 指令
42.     .nBranch      (nBranch),         // 为 1 表明是 Bne 指令
43.     .Jmp          (Jmp),             // 为 1 表明是 J 指令
44.     .Jal          (Jal),             // 为 1 表明是 Jal 指令
45.     .I_format     (I_format),        // 为 1 表明该指令是除 beq,bne,LW,SW
46.                                      // 之外的其他 I 类型指令
47.     .Sftmd     (Sftmd),              // 为 1 表明是移位指令
48.     .ALUOp     (ALUOp)               // 是 R 类型或 I_format = 1 时位 1 为 1
49.                                      // beq、bne 指令则位 0 为 1
50.   );
51.
52. initial begin
53.         #200    Function_opcode   = 6'b001000;             // JR
54.         #200    Opcode  =  6'b001000;                      // ADDI
55.         #200    Opcode  =  6'b100011;                      // LW
56.         #200    Opcode  =  6'b101011;                      // SW
57.         #200    begin Opcode  =  6'b100011; Alu_resultHigh  =
58.                 22'b1111111111111111111111; end;           // LW   IO
59.         #200    begin Opcode  =  6'b101011; Alu_resultHigh  =
60.                 22'b1111111111111111111111; end;           // SW   IO
61.         #250    Opcode  =  6'b000100;                      // BEQ
```

```
62.          #200    Opcode  =  6'b000101;                              // BNE
63.          #250    Opcode  =  6'b000010;                              // JMP
64.          #200    Opcode  =  6'b000011;                              // JAL
65.          #250    begin Opcode  =  6'b000000; Function_opcode   =  6'b000010;
66.                  end;                                               // SRL
67.       end
68.  endmodule
```

仿真结果如图 6-62 所示。

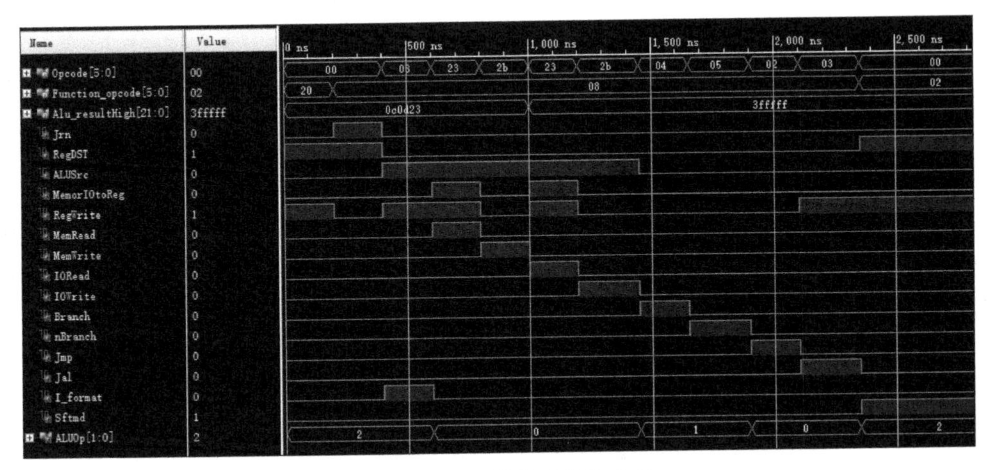

图 6-62 新控制单元的仿真图

图中时间坐标每一格是 100ns，读者只需要关心 600ns、800ns、1000ns 和 1200ns 这 4 个时刻，MemRead、MemWrite、IORead 和 IOWrite 分别有效。

3. 具体端口分配

表 6-12 列出了各接口电路的基地址。但 Minisys-1 只增加 LED 和拨码开关控制接口，因此在后文中，只介绍向系统中加入表 6-12 中的 LED 部件和拨码开关部件。

表 6-12 接口基地址分配表

接口信号	片选信号	首地址
数码管	DISPCtrl	0xFFFFFC00
4×4 键盘(Pmod)	KEYCtrl	0xFFFFFC10
定时/计数器	CTCCtrl	0xFFFFFC20
脉冲宽度调节器	PWMCtrl	0xFFFFFC30
异步串行口	UARTCtrl	0xFFFFFC40
看门狗	WDTCtrl	0xFFFFFC50
LED	LedCtrl	0xFFFFFC60
拨码开关	SwitchCtrl	0xFFFFFC70

4. 增加一个 memorio 模块

在没有 I/O 之前，所有的地址都是存储器的，所有的数据都是从存储器(rdata)读到寄存器或者从寄存器写到存储器(wdata)的，如图 6-63 所示。

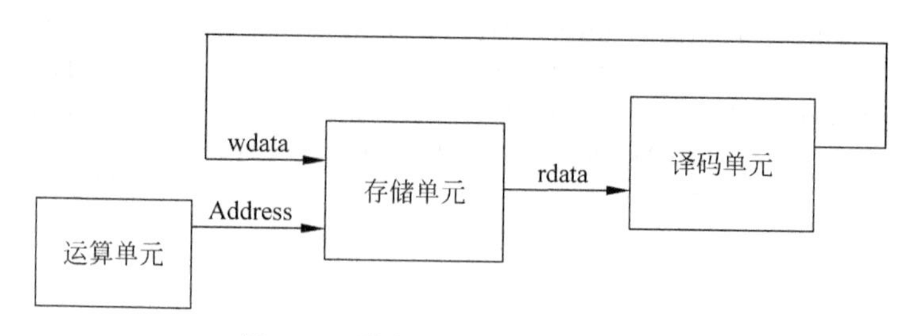

图 6-63　没有 I/O 的数据读写流向

但增加 I/O 模块后，寄存器中要输出数据(wdata)需根据修改后的控制模块发出的信号写向存储器(mwdata)或者 I/O 接口(iwdata)；从存储器读出的数据(mread_data)或从 I/O 接口读入数据(ioread_data)，写入到寄存器中(rdata)。这就需要一个模块根据控制信号决定数据的流向。同时，如果是 I/O 接口操作，还要根据不同的接口地址选通该接口(片选信号)，端口号依然可以用 caddress 或 address，这就需要进行地址译码。memorio 模块就是用于完成地址译码、数据输出选择(存储器还是哪个接口)和输入数据选择(存储器还是哪个接口)，如图 6-64 所示。

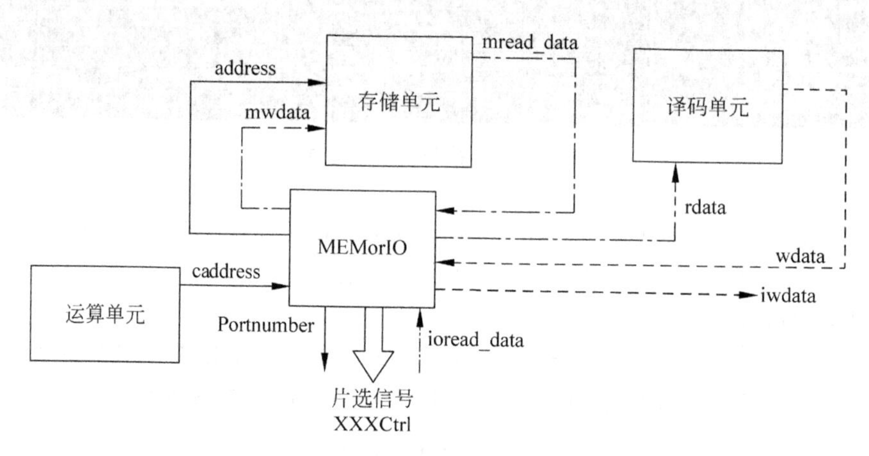

图 6-64　增加了 I/O 后的数据读写流向

文件 memorio 给出了该模块的完整实现，代码如下：

```
1.  module memorio(caddress,address,memread,memwrite,ioread, iowrite,
2.              mread_data,ioread_data,wdata,rdata,write_data,
3.              LEDCtrl,SwitchCtrl);
4.      input[31:0] caddress;           // 来自运算单元算出的地址 alu_result
5.      input memread;                  // 来自控制单元的读存储器信号
6.      input memwrite;                 // 来自控制单元的写存储器信号
7.      input ioread;                   // 来自控制单元的读 I/O 信号
8.      input iowrite;                  // 来自控制单元的写 I/O 信号
9.      input[31:0] mread_data;         // 从存储器中读出的数据
10.     input[15:0] ioread_data;        // 从 I/O 中读出大数据(低 16 位)
11.     input[31:0] wdata;              // 从译码单元寄存器中传来的数据
12.     output[31:0] rdata;             // 从存储器或 I/O 中的数据由该总线传给译码单
13.                                     // 元中的寄存器
```

```
14.     output[31:0] write_data;            // 将从译码单元寄存器中传来的数据根据
15.                                         // 情况写到存储器或者 I/O
16.     output[31:0] address;               // 给存储器的地址
17.     output LEDCtrl;                     // LED CS  片选
18.     output SwitchCtrl;                  // Switch CS  片选
19.
20.     reg[31:0] write_data;
21.     wire iorw;
22.
23.     assign  address = caddress;
24.     assign  rdata = (memread == 1) ? mread_data : {16'h00,ioread_data[15:0]};
25.     assign  iorw = (iowrite||ioread);               // 是对 I/O 的读写
26.
27. ///////////////////////////////////////////
28. assign LEDCtrl = ((iorw == 1) && (caddress[31:4] == 28'hFFFFFC6)) ?
29.                         1'b1:1'b0;                  //LED 控制有效
30. assign SwitchCtrl = ((iorw == 1) && (caddress[31:4] == 28'hFFFFFC7)) ?
31.                         1'b1:1'b0;                  //拨码开关有效
32.     always @ * begin
33.         if((memwrite == 1)||(iowrite == 1)) begin   // 如果是些存储器或写 I/O
34.             write_data = wdata;                     //将寄存器的数据写出去
35.         end else begin
36.             write_data = 32'hZZZZZZZZ;              // 否则写数据总线高阻
37.         end
38.     end
39. endmodule
```

注意上面代码在实现的时候，将 mwdata 和 iwdata 合并成了 write_data。这是因为存储器可以根据 memwrite 这个信号线的有效性将 write_data 写入，而各个接口会根据片选信号来决定将 write_data 输出。memwrite 和各个片选信号之间本身是互斥的，所以不会产生冲突。

5. 为多路 I/O 输入增加一个多路选择器

在未来的系统中，会有多个接口单元将数据传进 CPU，比如除了拨码开关外，今后还会有 4×4 键盘等，ioread 模块的作用是实现多路 I/O 数据的选择。文件 ioread.v 给出了该模块的完整实现，代码如下：

```
1.  module ioread(reset,ior,switchctrl,ioread_data,ioread_data_switch);
2.      input reset;                    // 复位信号
3.      input ior;                      //从控制器来的 I/O 读
4.      input switchctrl;               //从 memorio 经过地址高端线获得的拨码开关模块片选
5.      input[15:0] ioread_data_switch; //从外设来的读数据，此处来自拨码开关
6.      output[15:0] ioread_data;       // 将外设来的数据送给 memorio
7.
8.      reg[15:0] ioread_data;
9.
10.     always @ * begin
11.         if(reset == 1)
12.             ioread_data = 16'b0000000000000000;
13.         else if(ior == 1) begin
```

```
14.             if(switchctrl == 1)
15.                 ioread_data = ioread_data_switch;
16.             else   ioread_data = ioread_data;
17.         end
18.     end
19. endmodule
```

6.6.2 24 位 LED 的设计

Minisys 实验板上有 24 个 LED 灯，从左到右依次是红色的 RLD7～RLD0，黄色的 YLD7～YLD0 和绿色的 GLD7～GLD0，本节讨论将 24 个 LED 灯加载为 Minisys-1 CPU 的外部输出设备。

在前面给 LED 模块分配的端口首地址为 0xFFFFFC60，但是端口的数据宽度为 16 位，因此必须将 24 个 LED 拆分为两部分，对应两个端口：①地址为 0xFFFFFC60，该端口的低 8 位对应 GLD7～GLD0，高 8 位对应 YLD7～YLD0；②地址 0xFFFFFC62，该端口的低 8 位对应 RLD7～RLD0。

文件 leds.v 中给出了 LED 模块所有信号的定义，代码如下：

```
1.  module leds(led_clk, ledrst, ledwrite, ledcs, ledaddr,ledwdata, ledout);
2.      input led_clk;              // 时钟信号
3.      input ledrst;               // 复位信号
4.      input ledwrite;             // 写信号
5.      input ledcs;                // 从 memorio 来的,由低至高位形成的 LED 片选信号
6.      input[1:0] ledaddr;         //到 LED 模块的地址低端
7.      input[15:0] ledwdata;       //写到 LED 模块的数据,注意数据线只有 16 根
8.      output[23:0] ledout;        //向板子上输出的 24 位 LED 信号
9.      reg [23:0] ledout;
```

练习 6-16：LED 功能实现。

请读者根据以上的分析完成该模块的设计，将 24 位数据送到板子的 LED 灯上。

```
always@(posedge led_clk or posedge ledrst) begin

      // 在此处填写 LED 模块的代码
              ???
end
```

6.6.3 24 位拨码开关的设计

Minisys 实验板上有 24 个拨码开关 SW23～SW0，本设计将 24 位数据从实验板的拨码开关送到 CPU。

这里为拨码开关分配如下地址：①0xFFFFFC70，16 位数据对应开关 SW15～SW0；②0xFFFFFC72，16 位数据的低 8 位对应开关 SW23～SW16。

文件 switchs.v 给出了拨码开关模块的所有信号定义，代码如下：

```
1.  module switchs(switclk, switrst, switchread, switchcs, switchaddr, switchrdata, switch_i);
2.      input switclk;              //时钟信号
```

```
3.      input switrst;                  //复位信号
4.      input switchcs;                 //从 memorio 来的,由低至高位形成的 switch 片选信号
5.      input[1:0] switchaddr;          //到 switch 模块的地址低端
6.      input switchread;               //读信号
7.      output [15:0] switchrdata;      //送到 CPU 的拨码开关值,注意数据总线只有 16 根
8.      input [23:0] switch_i;          //从板上读的 24 位开关数据
9.      reg [15:0] switchrdata;
```

练习 6-17：拨码开关功能实现。

请读者按上面的代码，完成将 24 位数据从实验板的拨码开关送到 CPU。

```
always@(negedge switclk or posedge switrst) begin

   //  在此处填写拨码开关模块的代码
       ???
end
```

6.6.4 思考与拓展

请考虑为 Minisys-1 增加其他的外设，比如 7 段数码管等。

6.7 Minisys-1 CPU 的顶层设计与下载

前面已经给出了 Minisys CPU 的 5 大部件的设计，最后需要将这 5 大部件组合成一个完整的 CPU，可以用 Vivado 的 Block Design 来设计，也可以用 Verilog HDL 的元件例化的方法来完成。本书采用元件例化的方法来完成。

6.7.1 顶层文件的设计

在元件例化时特别注意字母大小写一定要一致。

在顶层文件 Minisys.v 中，已经给出了所需的所有信号（信号的含义大家可以参考前面各个模块的信号定义）以及已经连接好的模块，代码如下：

```
1.  module minisys (
2.      input           fpga_rst,       // 板上的 Reset 信号,高电平复位
3.      input           fpga_clk,       // 板上的 100MHz 时钟信号
4.      input   [23:0]  switch2N4,      // 拨码开关输入
5.      output  [23:0]  led2N4,         // LED 结果输出到板上
6.      // UART Programmer Pinouts
7.      input           start_pg,       // 接板上的 S3 按键
8.      input           rx,             // 串口接收
9.      output          tx              // 串口发送
10. );
11.
12.     wire clock;                     // clock: 分频后时钟供给系统
13.     wire iowrite,ioread;            // I/O 读写信号
14.     wire [31:0] write_data;         // 写 RAM 或 I/O 的数据
15.     wire [31:0] rdata;              // 读 RAM 或 I/O 的数据
```

```
16.     wire [15:0] ioread_data;              // 读 I/O 的数据
17.     wire [31:0] pc_plus_4;                // PC + 4
18.     wire [31:0] read_data_1;
19.     wire [31:0] read_data_2;
20.     wire [31:0] sign_extend;              // 符号扩展
21.     wire [31:0] add_result;
22.     wire [31:0] alu_result;
23.     wire [31:0] read_data;                // RAM 中读取的数据
24.     wire [31:0] address;
25.     wire alusrc;
26.     wire branch;
27.     wire nbranch,jmp,jal,jrn,i_format;
28.     wire regdst;
29.     wire regwrite;
30.     wire zero;
31.     wire memwrite;
32.     wire memread;
33.     wire memoriotoreg;
34.     wire memreg;
35.     wire sftmd;
36.     wire[1:0] aluop;
37.     wire[31:0] instruction;
38.     wire[31:0] opcplus4;
39.     wire [13:0] rom_adr;
40.     wire [31:0] rom_dat;
41.     wire ledctrl,switchctrl;
42.     wire[15:0] ioread_data_switch;
43.     // UART Programmer Pinouts
44.     wire upg_clk, upg_clk_o, upg_wen_o, upg_done_o;
45.     wire [14:0] upg_adr_o;
46.     wire [31:0] upg_dat_o;
47.     wire rst;
48.
49.     wire spg_bufg;
50.     BUFG U1 (.I(start_pg), .O(spg_bufg));  // S3 按键去抖
51.
52.     // Generate UART Programmer reset signal
53.     reg upg_rst;
54.     always @ (posedge fpga_clk) begin
55.         if (spg_bufg)  upg_rst = 0;
56.         if (fpga_rst)  upg_rst = 1;
57.     end
58.
59.     assign rst = fpga_rst | !upg_rst;
60.     cpuclk cpuclk (
61.             .clk_in1      (fpga_clk),     // 100MHz,板上时钟
62.             .clk_out1     (clock),        // CPU Clock (22MHz),主时钟
63.     .clk_out2     (upg_clk)               // UPG Clock (10MHz),用于串口下载
64.     );
65.
66. uart_bmpg_0 uartpg (                  // 此模块已经接好,只作为串口下载的附件,可不去关注
```

```
67.     .upg_clk_i     (upg_clk),              // 10MHz
68.     .upg_rst_i     (upg_rst),              // Active High
69.     // blkram signals
70.     .upg_clk_o     (upg_clk_o),
71.     .upg_wen_o     (upg_wen_o),
72.     .upg_adr_o     (upg_adr_o),
73.     .upg_dat_o     (upg_dat_o),
74.     .upg_done_o     (upg_done_o),
75.     // uart signals
76.     .upg_rx_i     (rx),
77.     .upg_tx_o     (tx)
78.   );
79.
80.   programrom ROM (
81.     // Program ROM Pinouts
82.     .rom_clk_i     (clock),                 // 给 CPU 的 22MHz 的主时钟
83.     .rom_adr_i     (rom_adr),               // 取指单元给 ROM 的地址(PC)
84.     .Jpadr         (rom_dat),               // ROM 中读的数据(指令)
85.     // UART Programmer Pinouts, 以下是串口下载所用,可不必关注
86.     .upg_rst_i     (upg_rst),               // UPG reset (高电平有效)
87.     .upg_clk_i     (upg_clk_o),             // UPG clock (10MHz)
88.     .upg_wen_i     (upg_wen_o & !upg_adr_o[14]),      // UPG write enable
89.     .upg_adr_i     (upg_adr_o[13:0]),       // UPG write address
90.     .upg_dat_i     (upg_dat_o),             // UPG write data
91.     .upg_done_i     (upg_done_o)            // 1 if programming is finished
92.   );
93.
94. dmemory32 memory (
95.       .ram_clk_i     (clock),
96.       .ram_wen_i     (memwrite),            // 来自控制单元
97.       .ram_adr_i     (address[15:2]),       // 来自 memorio 模块,源头是来自
98.                                             // 执行单元算出的 alu_result
99.       .ram_dat_i     (write_data),          // 来自译码单元的 read_data2
100.      .ram_dat_o     (read_data),           // 从存储器中获得的数据
101.      // UART Programmer Pinouts, 以下是串口下载所用,可不必关注
102.      .upg_rst_i     (upg_rst),             // UPG reset (Active High)
103.      .upg_clk_i     (upg_clk_o),           // UPG clock (10MHz)
104.      .upg_wen_i     (upg_wen_o & upg_adr_o[14]),      // UPG write enable
105.      .upg_adr_i     (upg_adr_o[13:0]),     // UPG write address
106.      .upg_dat_i     (upg_dat_o),           // UPG write data
107.      .upg_done_i     (upg_done_o)          // 1 if programming is finished
108.      );
109.
110.
111.   memorio memio(
112.       .caddress      (alu_result),
113.       .address       (address),
114.       .memread       (memread),
115.       .memwrite      (memwrite),
116.       .ioread        (ioread),
117.       .iowrite       (iowrite),
```

```
118.         .mread_data  (read_data),
119.         .ioread_data (ioread_data),
120.         .wdata       (read_data_2),
121.         .rdata       (rdata),
122.         .write_data  (write_data),
123.         .LEDCtrl     (ledctrl),
124.         .SwitchCtrl  (switchctrl)
125.     );
126.
127.     ioread multiioread(
128.         .reset       (rst),
129.         .ior         (ioread),
130.         .switchctrl  (switchctrl),
131.         .ioread_data (ioread_data),
132.         .ioread_data_switch(ioread_data_switch)
133.     );
134.
```

练习 6-18：将以下不完整的模块填写完整，完成顶层封装。

根据各个单元端口定义的提示，利用元件例化的方法完成顶层文件设计，代码如下：

```
    Ifetc32 ifetch(
        .Instruction(instruction),
        .PC_plus_4_out(pc_plus_4),
        ? ? ?
        .rom_adr_o     (rom_adr),
        .Jpadr         (rom_dat)
    );

    Idecode32 idecode(
        .read_data_1     (read_data_1),
        .read_data_2     (read_data_2),
        ? ? ?
    );

    control32 control(
        .Opcode           (instruction[31:26]),
        .Function_opcode  (instruction[5:0]),
        ? ? ?
);

    Execute32 execute(
        .Read_data_1     (read_data_1),
        .Read_data_2     (read_data_2),
        ? ? ?
    );

    leds led24(
        .led_clk       (clock),
        .ledrst        (rst),
        ? ? ?
```

```
);

switchs switch24(
    .switclk      (clock),
    .switrst      (rst),
    ???
);
```

6.7.2　顶层文件的仿真

将 Minisys_sim.v 作为顶层仿真文件，该文件代码如下：

```
1.  `timescale 1ns / 1ps
2.  module minisys_sim(   );
3.      // input
4.      reg clk = 0;
5.      reg rst = 1;
6.      reg [23:0] = switch2N4 = 24'h5a078f;
7.
8.      //  output
9.      wire [23:0] led2N4;
10.
11.     minisys u (
12.         .fpga_clk(clk),
13.         .fpga_rst(rst),
14.         .led2N4(led2N4),
15.         .switch2N4(switch2N4),
16.         .start_pg(0),
17.         .rx(1),
18.         .tx());
19.     initial begin
20.         #7000 rst = 0;
21.     end
22.     always #10 clk = ~clk;
23.  endmodule
```

仿真文件很简单，7000ns 后复位信号撤销，clk 仿真 100MHz 时钟信号。

为了能够仿真，还需要添加程序代码。将下列代码作为程序(soctest.asm)，用资源包中提供的 MinisysAv2.0 汇编器打开 soctest.asm 文件(如果只实现了 CPU，没有实现 I/O 部分，则仿真可以用 cputest.asm)，并在“工程”菜单中选择 64KB，如图 6-65 所示，之后单击 **A** 按钮将 soctest.asm 汇编成 prgmip32.coe 和 dmem32.coe 文件(在 output 文件夹中)，之后，将这两个文件分别替换掉项目中 C:\sysclassfiles\orgnizationtrain\minisys\minisys.srcs\sources_1\ip\prgrom 内的 prgmip32.coe 和 C:\sysclassfiles\orgnizationtrain\minisys\minisys.srcs\sources_1\ip\ram 内的 dmem32.coe 文件。然后重新产生项目中的 ROM 和 RAM IP 核心。也可以直接用资源包中 C:\sysclassfiles\orgnizationtrain\software\Minisys1Av2.2 汇编器\soctest 目录下的两个.coe 文件。

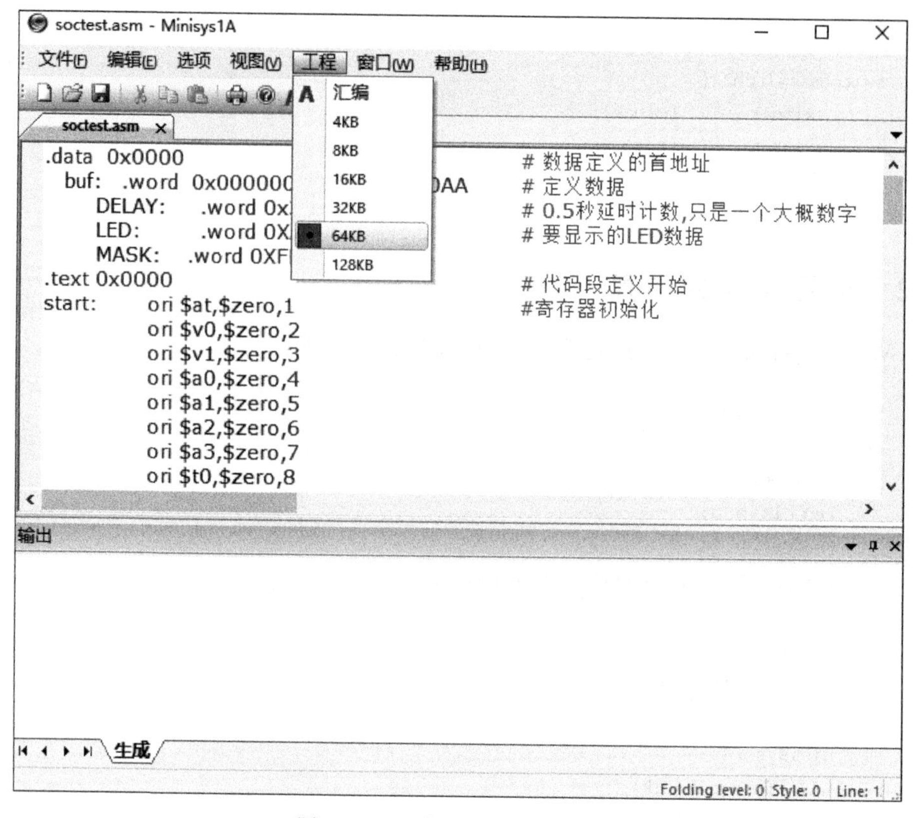

图 6-65 汇编测试 CPU 的程序

```
1.  .data  0x0000                                          # 数据定义的首地址
2.      buf:        .word 0x00000055, 0x000000AA           # 定义数据
3.      buf2:       .word 0x00000000
4.      DELAY:      .word 0x3F9409                         # 0.5s 延时计数,只是一个大概数字
5.      LED:        .word 0XAAAAAAAA                       # 要显示的 LED 数据
6.      MASK:       .word 0XFFFFFFFF                       # 掩码
7.  .text 0x0000                                           # 代码段定义开始
8.  start:  ori $at, $zero,1                               # 寄存器初始化
9.      ori $v0, $zero,2
10.     ori $v1, $zero,3
11.     ori $a0, $zero,4
12.     ori $a1, $zero,5
13.     ori $a2, $zero,6
14.     ori $a3, $zero,7
15.     ori $t0, $zero,8
16.     ori $t1, $zero,9
17.     ori $t2, $zero,10
18.     ori $t3, $zero,11
19.     ori $t4, $zero,12
20.     ori $t5, $zero,13
21.     ori $t6, $zero,14
22.     ori $t7, $zero,15
```

```
23.     ori $ s0, $ zero,16
24.     ori $ s1, $ zero,17
25.     ori $ s2, $ zero,18
26.     ori $ s3, $ zero,19
27.     ori $ s4, $ zero,20
28.     ori $ s5, $ zero,21
29.     ori $ s6, $ zero,22
30.     ori $ s7, $ zero,23
31.     ori $ t8, $ zero,24
32.     ori $ t9, $ zero,25
33.     ori $ i0, $ zero,26
34.     ori $ i1, $ zero,27
35.     ori $ s9, $ zero,28
36.     ori $ sp, $ zero,29
37.     ori $ s8, $ zero,30
38.     ori $ ra, $ zero,31
39.     lw $ v0,buf( $ zero)
40.     lw $ v1,buf( $ a0)          # buf + 4
41.     add $ at, $ v0, $ v1
42.     sw $ at,8( $ zero)          # 写 buf2
43.     subu $ a0, $ v1, $ v0
44.     slt $ a0, $ v0, $ at
45.     and $ at, $ v1, $ a3
46.     or $ a2, $ v0, $ at
47.     xor $ a3, $ v0, $ v1
48.     nor $ a2, $ a1, $ at
49. lop:   beq $ v1, $ v0,lop
50. lop1:sub $ v0, $ v0, $ a1
51.     bne $ a1, $ v0,lop1
52.     beq $ at, $ at,lop2
53.     nop
54. lop2:jal subp
55.     j next
56. subp:jr $ ra
57. next:addi $ v0, $ zero,0x99
58.     ori $ v1, $ zero,0x77
59.     sll $ v1, $ v0,4
60.     srl $ v1, $ v0,4
61.     srlv $ v1, $ v0, $ at
62.     lui $ a2,0x9988
63.     sra $ a3, $ a2,4
64.     addi $ v0, $ zero,0
65.     addi $ v1, $ zero,2
66.     sub  $ at, $ v0, $ v1
67. # 以下部分是下载后让 LED 显示
68. # 如果只仿真测试 CPU,下面的部分可以删除,只留 j  start
69. disp:lui  $ 28,0XFFFF            #让 $ 28 为 0FFFF0000 作为端口地址的高 16 位
70.      ori   $ 28, $ 28,0XF000     # $ 28 端口是系统的 I/O 地址的高 20 位
```

```
71.        lw   $ 3, LED( $ zero)        # 得到要显示的值
72.        srl $ 4, $ 3,16              #  $ 4 得到 $ 3 的高 16 位
73.        sw   $ 3,0XC60( $ 28)        #输出低 16 位 LED
74.        sw   $ 4,0XC62( $ 28)        #输出高 6 位 LED
75.        lw   $ 5, MASK( $ zero)       # 得到掩码
76.        xor $ 3, $ 3, $ 5            #  $ 3 取反
77.        sw   $ 3, LED( $ zero)        #存储取反后的数
78.        jal  dely
79.       j  disp
80. dely:lw   $ 29,DELAY( $ zero)       # 延时大约 0.5s
81. dlop:addi $ 29, $ 29, - 1
82.        bne   $ 29, $ 0,dlop
83.        jr    $ 31
```

仿真时将图 6-66 所示的信号拉出来进行仿真,注意它们所在的模块。

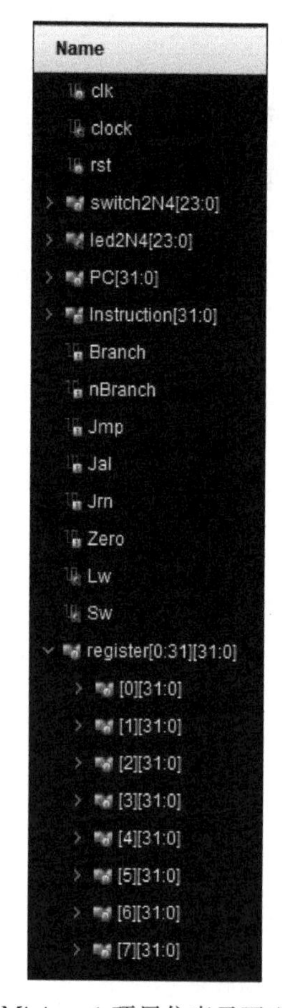

图 6-66　Minisys-1 顶层仿真需要观察的信号

由于 7000ns 后复位信号才撤销,因此程序从此时开始执行,程序执行的几个时间点如表 6-13 所示。

注意：表 6-13 中的时间点以取指时间为准,也就是 Instruction 出现指令的时候,指令执行后寄存器被赋值的时间应在下一个时钟(clock)开始时,原因在前面章节已解释过。

表 6-13 soctest.asm 仿真执行结果

大约时间/ns	执 行 指 令	结果(寄存器赋值在下一个 clock 上升沿)
7000～9717	一组 ori 将 $i 寄存器赋值为 i	$1=1; $2=2; …; $31=31
9808	lw $v0,buf($zero)	lw=1; $2=55H
9899	lw $v1,buf($a0)	lw=1; $3=AAH
9990	add $at,$v0,$v1	$1=FFH (55H+AAH)
10081	sw $at,8($zero)	sw=1
10171	subu $a0,$v1,$v0	$4=55H (AAH−55H)
10262	slt $a0,$v0,$at	$4=1 (55H<AAH)
10353	and $at,$v1,$a3	$1=2 (AAH&7H)
10444	or $a2,$v0,$at	$6=57H (55H|02H)
10535	xor $a3,$v0,$v1	$7=FFH (55H^AAH)
10626	nor $a2,$a1,$at	$6=FFFFFFF8H (~(5|2))
10717	lop:beq $v1,$v0,lop	Branch=1; Zero=0 跳转不成立
10808～13626	lop1:sub $v0,$v0,$a1 bne $a1,$v0,lop1	$2 由 55A 每次减去 5,不断循环直到 $2=5
13717	beq $at,$at,lop2	Branch=1; Zero=1; PC 从 B0H 跳到了 B8H,跳过了 B4H 地址的 NOP 指令
13808	lop2:jal subp	Jal=1; $31=BCH; 从 B8H 跳转到 C0H,跳过 BCH
13899	subp:jr $ra	jrn=1 跳回到 BCH 地址
13990	j next	jmp=1; 跳到地址为 C4H 的地方(next)
14080	next:addi $v0,$zero,0x99	$2=99H
14171	ori $v1,$zero,0x77	$3=77H
14262	sll $v1,$v0,4	$3=990H (99H<<4)
14353	srl $v1,$v0,4	$3=09H (99H>>4)
14444	srlv $v1,$v0,$at	$3=26H (99H>>2)
14535	lui $a2,0x9988	$6=99880000H
14626	sra $a3,$a2,4	$7=F9988000H (99880000H>>>4)
14717	addi $v0,$zero,0	$2=0
14808	addi $v1,$zero,2	$3=2
14899	sub $at,$v0,$v1	$1=FFFFFFFE0H (0−2)
14990	lui $28,0XFFFF	$28=FFFF0000H
15081	ori $28,$28,0XF000	$28=FFFFF000H
15171	lw $3,LED($zero)	SW=1,$3=AAAAAAAAH
15262	srl $4,$3,16	$4=0000AAAAH
15353	sw $3,0XC60($28)	sw=1,led2N4=00AAAAH
15444	sw $4,0XC62($28)	sw=1,led2N4=AAAAAAH
15535	lw $5,MASK($zero)	lw=1,$5=FFFFFFFFH
15626	xor $3,$3,$5	$3=55555555H
15717	sw $3,LED($zero)	sw=1
15808	jal dely	jal=1,$31=114H,PC 转到 118H 处执行
15899	lw $29,DELAY($zero)	lw=1,$29=003F9408H

此后 $29 不断减 1 直到减到 0 后,子程序返回,PC 到 114H,执行 j 指令再次回到 disp 处,显示新的 LED 值,周而复始,因为这个周期很长,因此仿真就到此结束。大家可以将该程序下板后查看效果

6.7.3 整体项目的下板验证

注意：2.0 版本的 CPU 的下板验证方法如下：

在资源包的 C:\sysclassfiles\orgnizationtrain\software\Minisys1Av2.2 汇编器\soctest 位置有该程序的两个 coe 文件，分别是 prgmip32.coe 和 dmem32.coe 文件，将这两个文件分别替换掉项目中 C:\sysclassfiles\orgnizationtrain\minisys\minisys.srcs\sources_1\ip\prgrom 内的 prgmip32.coe 和 C:\sysclassfiles\orgnizationtrain\minisys\minisys.srcs\sources_1\ip\ram 内的 dmem32.coe 文件，然后重新产生项目中的 ROM 和 RAM IP 核心，产生 IP 核的时候，选择 Global。

之后，对该项目进行综合、实现、比特流文件生成，并连接好 Minisys-1 的实验板，进行下载验证(引脚约束文件创建项目的时候已经导入)。

对于 3.0 版，在 Windows 环境下，如果设计的硬件是第一次下载，则按照如下步骤进行。

(1) 对该项目进行综合、实现、比特流文件生成(具体步骤参见 4.1.1 节实验步骤中相关内容，本章的资源包中已经带有 soctest.asm 生成的两个 coe 文件，并且在前面章节中已经将这两个文件分别设置成为程序 ROM 和数据 RAM 的初始文件)。

(2) 使用 USB-TypeC 数据线将 Minisys 实验板连接到 PC 上。

(3) 打开 Minisys 实验板的电源。

(4) 下载 Minisys CPU 的比特流，具体下载步骤参见 4.1.1 节实验步骤中的下载部分。

下载后，按一下实验板上的 FPGA 复位按键，将会看到 Minisys 实验板上 24 个 LED 灯交替亮起奇数灯和偶数灯，大约半秒替换，说明 CPU 已经正常运行。

如果硬件设计有问题，在改变了硬件后，每次都需要按照上述步骤重新综合、实现、生成比特流和下载。

如果硬件设计没有问题，只是修改了汇编程序，或者想运行新的汇编程序(如做汇编实验)，则按照下面的步骤进行。

(1) 将已经生成好的比特流文件直接下载的 Minisys 实验板上，当看到 LED 灯被交替点亮，说明 CPU 已经正常运行，请在做以下步骤的时候务必让 CPU 持续运行。

(2) 将编写好的 Minisys 汇编程序导入到资源包中提供的 Minisys 汇编器(MinisysAv2.0.exe)中，设置输出 coe 文件的大小为 64KB，如图 6-67 所示。

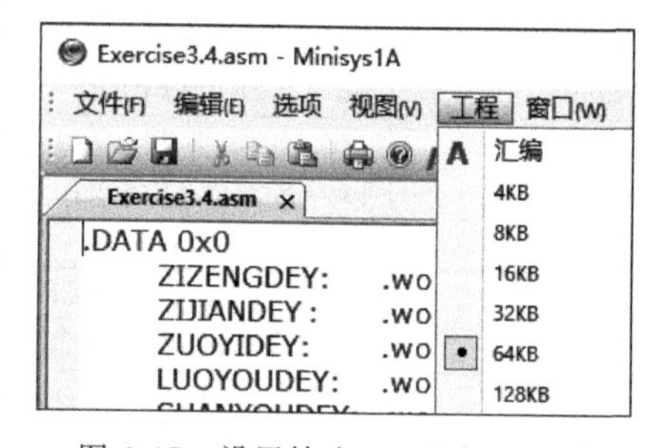

图 6-67 设置输出 coe 文件的大小

(3) 单击汇编器中的汇编按钮 **A**，在汇编器所在目录的 output 目录中生成含有对应机器码的 prgmip32.coe 和 dmem32.coe 文件。

(4) 将 coe 文件转换成可下载的文件。使用资源包中提供的 GenUBit_Minisys3.0.bat 脚本文件(在 C:\sysclassfiles\orgnizationtrain\software\Minisys1Av2.2 汇编器\output 中)，双击该脚本文件，即可将两个 coe 文件转换成一个可用于串口下载的 out.txt 文件。

该脚本文件调用了自行开发的 UARTCoe_v3.0.exe 程序，该程序有 n 个参数，n≥3。每个参数的简介如表 6-14 所示。

表 6-14　UARTCoe_v3.0.exe 各参数的简介

参　　数	取　　值	备　　注
参数 1	h 或 v	拼接模式(h 代表水平拼接,v 代表垂直拼接)
参数 2	coe 文件的路径(含文件名)	coe 文件的顺序不同,最终的输出也不同
……	coe 文件的路径(含文件名)	在 Minisys-1 版本中参数 1 必须是 h。参数 2 必须是程序段的 coe 文件,参数 3 是数据段的 coe 文件
参数 n－1	coe 文件的路径(含文件名)	
参数 n	输出文件的路径(含文件名)	可用于串口下载的文件的路径

(5) 设置串口调试助手的参数。在 PC 上打开资源包中提供的串口调试助手,按图 6-68 所示进行设置。

(6) 打开串口。

(7) 设置接收区和发送区。按图 6-69 所示进行设置串口调试助手左下方的接收区和发送区域。此处选择(4)中生成的 out.txt 文件作为文件数据源。

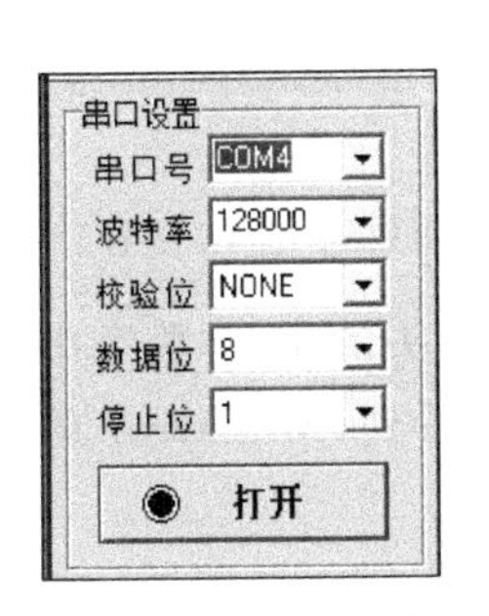

图 6-68　设置串口调试助手

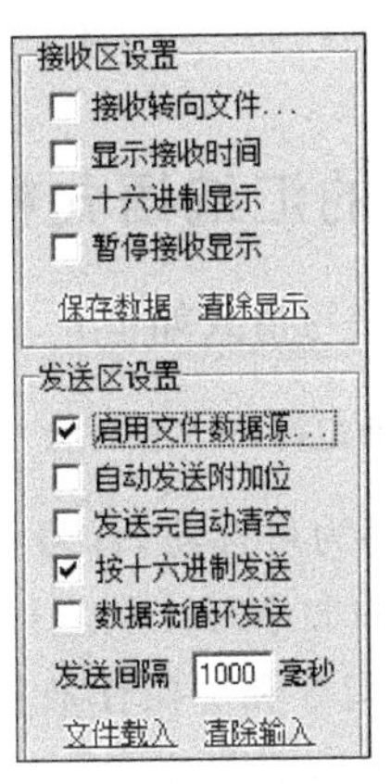

图 6-69　串口发送设置

(8) 按下 Minisys 实验板上的 S3(P5)按键。此时,Minisys CPU 将处于复位状态,程序下载单元将处于正常工作状态。

(9) 单击串口调试助手中的发送按钮,开始下载。耐心等待约 10s 后,程序下载单元会在串口调试助手的接收窗口中返回下载成功的提示信息,如图 6-70 所示。

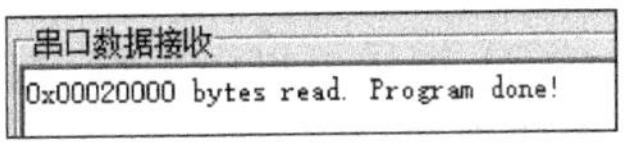

串口数据接收
0x00020000 bytes read. Program done!

图 6-70　下载成功的提示信息

注意:*务必要等到程序下载单元返回该提示信息后才能进行下一步。*

(10) 按下 Minisys 实验板的复位按钮。此时,Minisys CPU 将开始运行新下载的程序。如果程序正确,则运行起来后,会在实验板上看到正确的结果。

第7章

Minisys-1 汇编语言程序设计

本章主要是针对程序员，介绍了 Minisys-1 汇编语言编程的一些规定，尤其是在这样一个小系统下需要特别留意的问题，因此本章可以作为 Minisys-1 汇编语言程序设计手册。

Minisys-1 的汇编语言基本符合 MIPS 的汇编语言规定。

7.1 Minisys-1 汇编语言

7.1.1 指令的汇编语句格式

指令的汇编语句格式如下：

```
[标号:] 指令助记符 第 1 操作数 [,第 2 操作数 [,第 3 操作数]]  [# 注释]
```

其中，[ ]中的内容为可选项，标号可以是以英文字母开头的字母-数字串，标号和指令助记符都不区分字母的大小写。从上述汇编语句格式可以看到，Minisys-1 的指令包括：1 操作数指令，2 操作数指令和 3 操作数指令。

以下的一些约定需要注意。

(1) 汇编代码是以行为单位的，Minisys-1 不支持一行内有多条指令。

(2) "#"到行末是注释部分，但需要注意，"#"不要出现在一行的最左列，因为最左列的"#"表示要启用 C 预编译器。

(3) 标号可以由字母、数字、下画线、"$"和"."组成，长度不超过 8 个字符。注意不要和保留字重名。

7.1.2 汇编伪指令

伪指令并不是机器真正的指令，它们不会被翻译成机器码，但伪指令会指导汇编程序的翻译工作。在汇编器翻译指令的时候，有些情况是无法用指令来说明的，比如数据的定义、指令的起始物理地址等。因此任何一个编译器或汇编器都会定义一些伪指令，程序员通过这些伪指令来通知汇编器翻译中应该注意哪些问题，应该怎样去翻译。

1. 段定义伪指令

Minisys-1 系统共有 RAM 和 ROM 两个存储器，因此对于 Minisys-1 程序，将数据和程序分为数据段和代码段，数据段中的数据存放在 RAM 中，代码段中的指令存放在 ROM 中。无论是数据段还是代码段，都由段定义伪指令来声明。

1）数据段定义伪指令

```
.data    [addr]
```

定义数据段，程序的变量需要在该伪指令下定义。汇编程序应分配和初始化变量的存储空间。如果定义了 addr，则该数据段从这个 addr 地址开始。例如：

```
.data              #数据段开始
buf:   .word  128,434,174559,7
.data 0x10000200
arra:   half   20,70, -15,67
```

2）代码段定义伪指令

```
.text   [addr]
```

定义代码段，如果定义了 addr，则该代码段从这个 addr 地址开始。例如：

```
.text       #   代码段开始
lw   $t0, buff($t1)
…
```

2. 数据定义伪指令

RAM 区的数据都要以变量的形式定义。数据定义的格式如下：

```
[变量名:]  类型  初始值[,初始值[,初始值…]]
```

变量名是以字母开头的字母数字串，字母包括'A'～'Z'26 个大写字母和'a'～'z'26 个小写字母，数字包括'0'～'9'，字母大小写不做区分。变量名具有地址属性，表示了该变量的首地址。

类型用于定义变量的数据类型，主要有如表 7-1 所示的数据类型。

表 7-1　数据定义伪指令

类　型	数据类型	类　型	数据类型
.byte	字节类型(8 位)	.double	双精度浮点类型
.half	半字类型(16 位)	.ascii	ASCII 字符串类型
.word	字类型(32 位)	.asciiz	以'\0'结尾的 ASCII 字符串类型
.float	单精度浮点类型		

类型之后是数据定义的初始值列表，两个数据之间用西文逗号隔开，数据可以是十六进制或十进制表示，十六进制数需要用 0x 作为前缀，十进制数不需要前缀或后缀，比如 0x138A、238、12 等。如果要连续的定义几个大小相等的数据，可以在初始值列表中采用“初始值:重复数”的格式来表示。字符串的初始值要用" "括起来。

数据定义的例子如下：

```
buf:   .byte 3,8,87, 21      #定义了 4 个字节数,3、8、87、21
       .half  0x34a,15       #定义了 2 个半字(16 位)数,十六进制的 34a 和十进制数 15
       .word  6:3, 2         #定义了 4 个字(32 位)数,6、6、6、2
str:   .ascii "hello\0","a"
```

```
str2: .asciiz "hello"
      .float  12.678
      .double 12.678, 7.6137e-1
```

3. 数据对齐伪指令

Minisys-1采用边界对齐的编址方式，但数据定义的时候有单字节或半字数据以及字符串，这使得数据对齐存在一定的问题，比如下面的定义：

```
buff:  .byte 1,4
buff2: .word 9
```

如果buff地址是边界对齐的（比如地址为0），由于buff开始定义了2个字节的数，则buff2的地址就不会在4的倍数上，也就是不能满足边界对齐。Minisys-1汇编提供两条伪指令，可以解决这个问题。

1）.space 伪指令

```
.space  n
```

空出n字节大小的空间。

上述问题可以用下列方法解决。

```
buff:  .byte 1,4
       .space 2
buff2: .word 9
```

buff地址假设是0，buff定义了2字节，space又空出了2字节，因此buff2的地址为4，这样就做到了边界对齐。

2）.align 伪指令

```
.align n
```

对下一个定义的数据做2^n字节对齐，此处n必须大于1。

7.1.3 汇编程序结构

下面是一个Minisys-1汇编程序的例子。

```
1.  .DATA  0x100000                              # 数据段定义开始
2.  BUF: .WORD  0X000000FF, 0X55005500           # 定义数据
3.  .TEXT                                        # 代码段定义开始
4.  start:  addi    $t0, $Zero, 0                # 程序的第一条指令必须有一个标号, $t0 = 0
5.          lw      $v0, buf ($t0)               # $v0 = 000000FF  (buf[0])
6.          addi    $t0, $t0, 4                  # $t0 = $t0 + 4
7.          lw      $v1, buf($t0)                # $v1 = 55005500  (buf[4])
8.          add     $v0, $v0, $v1                # $v0 = $v0 + $v1 = 550055FF
9.          addi    $t0, $t0, 4                  # $t0 = $t0 + 1
10.         sw      $v0, buf($t0)                # buf[8] = 550055FF
11.         j       start
```

程序由一个数据段和一个代码段组成，由于有绝对地址定义伪指令，因此无论是数据还是代码都可以不是连续的，可以在任何地址定义数据或指令（不要超出64KB的空间）。

7.2 Minisys-1 汇编程序设计

Minisys-1 处理器采用的是 MIPS 指令集中常用的 31 条指令，它们是属于 RISC 指令集。为了能快速入门，本节采用 C 语言与汇编语言对照的方式来介绍常见功能的实现。

7.2.1 程序常见功能的 Minisys-1 汇编语言实现

1. 给寄存器赋值

1）立即数赋给寄存器

```
a = 4;                                    (in C)
ori $ s1, $ 0,4     # $ s1 = 4            (in MIPS)
```

假设 C 语言变量 a 对应寄存器 $ s1。

2）寄存器到寄存器赋值

```
a = b    ;                                (in C)
or $ s1, $ 0, $ s2 # $ s1 = $ s2          (in MIPS)
```

假设 C 语言变量 a,b 对应寄存器 $ s1, $ s2。

2. 加减法

1）加法

```
a = b + c                                 (in C)
add $ s0, $ s1, $ s2                      (in MIPS)
```

假设 C 语言变量 a,b,c 对应寄存器 $ s0, $ s1, $ s2。

2）减法

```
d = e - f                                 (in C)
sub $ s3, $ s4, $ s5                      (in MIPS)
```

假设 C 语言变量 d,e,f 编译后对应寄存器 $ s3, $ s4, $ s5。

例 7-1 如何实现下列 C 语言表达式？

```
a = b + c - d - e;
```

解 需要多行汇编指令：

```
add $ t0, $ s1, $ s2     # temp = b + c
sub $ t0, $ t0, $ s3     # temp = temp - d
sub $ s0, $ t0, $ s4     # a = temp - e
```

从例 7-1 可以看出，一个简单的 C 语言表达式可能会变成多行汇编语句才能完成。

3. 内存访问数据

1）写内存指令

```
A[12] = h + A[8];                         (in C)
lw  $ t0,32( $ s3)       # get A[8]       (in MIPS)
```

```
add $t0,$s2,$t0          # $t0 = h + A[8]
sw  $t0,48($s3)          # store $t0 in A[12]
```

假设数组 A 是一个字数组(4 字节),而且数组首地址在 $s3 中,因此 A[8]在首地址+32 的地方(8×4),所以是 32($s3)。同理可得 A[12]的地址是 48($s3)。

2）读内存指令

```
g = h + A[8];                                        (in C)
lw  $t0,32($s3)          # $s3 为 A[0]地址            (in MIPS)
add $s1,$s2,$t0          # g = h + A[8]
```

假设 C 语言变量 h,g 编译后对应寄存器 $s2,$s1,而且数组首地址在 $s3 中。

4. 堆栈的实现

Minisys-1 使用数据 RAM 的一部分作为堆栈,如图 7-1 所示。堆栈采用自底向上的栈,压栈的时候栈顶指针 SP 递减,出栈的时候 SP 递增。由于数据是 32 位的,所以堆栈总共有 128 个单元,每个单元 32 位。堆栈的操作以及堆栈越界检查全由软件实现。

65024B数据区	0X0000
512B堆栈区	0XFE00
	0XFFFF

图 7-1　堆栈内存映像图

根据图 7-1,初始 $SP=0XFFFF。

1）压栈操作

```
addi $sp, $sp, -4        # 调整栈顶指针
sw   $t0, 0($sp)         # $t0 中的数据压栈
```

2）出栈操作

```
lw   $t0, 0($sp)         # 栈顶数据出栈到 $t0 中
addi $sp, $sp, 4         # 调整栈顶指针
```

5. 端口数据访问

1）读拨码开关的输入

拨码开关的部件和地址如表 7-2 所示。

表 7-2　拨码开关的部件和地址

接口部件	首地址
拨码开关低 16 位	0xFFFFFC70
拨码开关高 8 位	0xFFFFFC72

第一步,$28 中放端口地址的高 20 位。

```
lui   $28,0xFFFF         # 先写高 16 位
ori   $28,$28,0XF000     # 再写低 16 位
```

第二步,读拨码开关端口。

```
lw $s1,0XC70 ($28)
lw $s1,0XC72 ($28)
```

2）对 LED 输出

LED 的部件和地址如表 7-3 所示。

表 7-3　LED 的部件和地址

接口部件	首地址
GLD～YLD	0xFFFFFC60
RLD	0xFFFFFC62

第一步，$28 中放端口地址的高 20 位。

```
lui    $28,0xFFFF
ori    $28,$28,0XF000
```

第二步，写 LED 端口。

```
sw $s1,0XC60($28)
sw $s1,0XC62($28)
```

6. 条件判断

使用 MIPS 汇编语言编写条件判断程序，可以遵循以下的方法：先用 C 语言的 if…else…语句实现该程序，再用 goto…语句改写以上 C 程序，最后使用分支指令再将改写后的 C 代码翻译成汇编代码。以下为这种改写方法的一个示例。

C 语言条件判断指令：

```
if  (a == b)
    i = 1;
else
    i = 2;
```

使用 goto 得到的等效 C 指令：

```
  if (a == b) goto L1;
     i = 2;
     goto L2;
L1:i = 1;
L2:
```

使用 beq 汇编指令，将以上用 goto 改写的 C 语言判断语句改写为等效的 MIPS 指令：

```
   beq   $s0,$s1,L1
   ori   $s3,$Zero,2
   j     L2
L1:ori   $s3,$Zero,1
L2:
```

显而易见，使用 goto 改写的 C 代码与条件跳转指令具有以下对应关系：

```
if (reg1 == reg2) goto Label1       (C 语言)
    beq reg1,rege2,Label1           (MIPS 指令)
if (reg1!= reg2) goto Label2        (C 语言)
    bne reg1,rege2,Label2           (MIPS 指令)
```

另外，对于无条件跳转，既可以用 j 指令直接实现，也可以使用条件分支指令实现：

```
goto Label;                      (C语言)
j label                          (MIPS 指令)
beq $Zero, $Zero, Label          (MIPS 指令)
```

7. 循环结构

对于循环结构的汇编程序，同样先将其对应的 C 程序用 goto 语句改写，再将其翻译成汇编程序。下面用一个示例加以说明。

例 7-2 以下为 C 语言的循环结构，其中 A 为 int 型数组，请转换成 Minisys-1 汇编语言程序。

```
do {
        g = g + A[i];
        i = i + j;
  } while (i != h);
```

使用 goto 语句重写代码：

```
Loop:  g = g + A[i];
       i = i + j;
       if (i != h) goto Loop;
```

将以上循环结构中的变量做成如表 7-4 所示的寄存器分配，并据此将上述改写后的 C 语言改写为汇编代码。

表 7-4 循环结构例子中变量的寄存器分配

g	h	i	j	A[0]
$S1	$S2	$S3	$S4	$S5

```
Loop:  sll   $t1, $s3,2          # $t1 = 4 * I
       addu  $t1, $t1, $s5       # $t1 = addr A + 4i
       lw    $t1,0($t1)          # $t1 = A[i]
       addu  $s1, $s1, $t1       # g = g + A[i]
       addu  $s3, $s3, $s4       # i = i + j
       bne   $s3, $s2,Loop       # if i!= h goto Loop
       …
```

8. 比较指令 slt,slti

在 MIPS 汇编中，小于则设置指令 slt 的使用格式为：

```
slt   reg1 ,reg2 ,reg3
```

slt 的功能是，当 R[reg2]小于 R[reg3]时，将 R[reg1]设置为 1，否则设置为 0。用 C 语言描述其功能，即：

```
if (reg2 < reg3)   (C语言)
    reg1 = 1;
else
    reg1 = 0;
```

可以将 slt 指令与分支指令联用，从而扩展条件转移的功能。如下所示，将变量 g，h 分别映射到寄存器 $S0，$S1，根据 g，h 的不同大小关系实现的条件转移。

1) if (g<h) goto Less;

用 slt，bne 两条指令实现如下：

```
slt $t0, $s0, $s1          # $t0 = 1(!= 1)if g<h
bne $t0, $0,Less           # goto Less
```

2) if (g<=h) goto Less;

用 slt，beq 两条指令实现如下：

```
slt $t0, $s1, $s0          # $t0 = 0 if g<=h
beq $t0, $0,Less           # goto Less
```

3) if (g>h) goto Less;

用 slt，bne 两条指令实现如下：

```
slt $t0, $s1, $s0          # $t0 = 1 if h<g
bne $t0, $0,Less           # goto Less
```

4) if (g>=h) goto Less;

用 slt，beq 两条指令实现如下：

```
slt $t0, $s0, $s1          # $t0 = 0 if g>=h
beq $t0, $0,Less           # goto Less
```

9. 过程调用

1) 过程调用实现机制

MIPS 实现过程调用的机制如下：

(1) 返回地址寄存器　$ra。

(2) 参数寄存器　$a0，$a1，$a2，$a3。

(3) 返回值寄存器　$v0 $v1。

(4) 局部变量　$s0～$s7。

(5) 堆栈指针　$sp。

现有函数 int sum(int x，int y)用于计算两个整型数的和，在某一函数内部调用该函数。以下给出了函数定义、调用的 C 代码和 MIPS 汇编代码。

C 语言：

```
    {
        …
        sum(a,b);     /* a,b: $s0, $s1 */
        …
    }
int sum(int x, int y)
    {
        return x + y;
    }
```

MIPS 汇编代码：

```
1000  or   $a0, $s0, $zero        # x = a
1004  or   $a1, $s1, $zero        # y = b
1008  jal  sum                    #调用过程 sum
1012
…
2000  sum: add $v0, $a0, $a1      # 过程入口
2004  jr   $ra                    # 返回主程序
```

当调用 sum 函数时，调用者首先利用相应的寄存器传递参数，然后用 jal 指令进行控制转移到 sum 函数的入口。jal 指令的作用是将当前指令下一条指令的地址（即返回地址）保存到 $ra 寄存器中，然后修改 PC 的值实现跳转。

当被调用者 sum 函数执行完毕后，其返回值保留在相应的寄存器中，然后使用 jr 指令，用 $ra 寄存器的值修改 PC，将控制转移到之前保存的返回地址处。

2）多级过程调用

上述的过程实现了函数的调用与返回，但是这种调用只能是单级的：如果发生嵌套调用，那么 $ra 寄存器的值会被多次覆盖。为了实现多级嵌套调用，这里需要利用堆栈保存 $ra。用以下的 C 函数说明：

```
int sumSquare(int x, int y)
{
return mult(x,x) + y;
}
```

当主程序调用 sumSquare(x,y)时，sumSquare 调用 mult(x,y)；调用 sumSquare(x,y)时，$ra 保存一次，保证该过程执行完毕后能返回主程序；但调用 mult 时会覆盖 $ra。因此，在调用 mult 时需要保存 sumSquare 的返回地址。此外，除了返回地址以外，函数参数等会覆盖的变量都需要入栈。

下面是加入堆栈保存机制的 sumSquare 函数的汇编代码：

```
sumSquare:
addi $sp, $sp, -8        # space on stack
sw $ra, 4($sp)           # save ret addr
sw $a1, 0($sp)           # save y
or $a1, $a0, $zero       # mult(x,x)
jal mult                 # call mult
lw $a1, 0($sp)           # restore y
add $v0, $v0, $a1        # mult() + y
lw $ra, 4($sp)           # get ret addr
addi $sp, $sp,8          # restore stack
jr $ra
mult: ...
```

7.2.2 Minisys-1 汇编练习

完成下列汇编练习，将结果下载到实验板上进行验证。汇编程序编译、转换和下载的过程参见 6.7.3 节。

练习 7-1：输入与输出。

表 7-5 是 Minisys 中 LED 和拨码开关的端口地址，请编写程序不断地从拨码开关读出数据，并将数据输出到 LED 灯上。

表 7-5 练习 7-1

接口部件	首地址
LED	0xFFFFFC60 0xFFFFFC62
拨码开关	0xFFFFFC70 0xFFFFFC72

练习 7-2：节日彩灯。

按如下要求设计一个有 24 个发光二极管的彩灯程序。

(1) 能够循环执行。

(2) 每隔大约 0.5s 变换一次(用循环来获得大约 0.5s 的延时)。

(3) 每次灯的变换如下：1 表示亮，0 表示灭。

(4) 灯从两边向中间依次点亮，再从中间向两边依次熄灭。

练习 7-3：原码一位乘法。

以原码一位乘为基础，设计一个两个数乘法程序。

(1) 不断从拨码开关中读入数据，其中 SW3～SW0 为乘数，SW15～SW12 为被乘数。

(2) 乘法结果输出到 GLD7～GLD0。

(3) 要求程序中必须出现 SRL，SLL 指令。

练习 7-4：综合应用。

程序内部有一 16 位变量 VAL，YLD7～YLD0、GLD7～GLD0 始终输出 VAL 的值。SW23/SW22/SW21 为功能选择，含义如表 7-6 所示。

表 7-6 练习 7-4 的功能表

SW23	SW22	SW21	动作
×	0	0	无动作
0	0	1	将 SW15～SW0 这 16 位作为输入赋值给 VAL
0	1	0	VAL＝VAL＋1(每隔约 1 秒动作一次)
0	1	1	VAL＝VAL－1(每隔约 1 秒动作一次)
1	0	1	VAL 左移 1 位(每隔约 1 秒动作一次)
1	1	0	VAL 逻辑右移 1 位(每隔约 1 秒动作一次)
1	1	1	VAL 算术右移 1 位(每隔约 1 秒动作一次)

第8章

多周期 Minisys-1 CPU 的设计

第 6 章介绍了单周期 Minisys-1 CPU 的设计，本章将在此基础上对原设计进行改进，完成多周期的 Minisys-1 CPU 的设计。因此，进入到本章前，请完成单周期 Minisys-1 CPU 的设计。

本章适合作为计算机专业“计算机组成课程设计”的选作内容。

8.1 多周期 CPU 的基本结构

8.1.1 多周期 CPU 的基本思想

多周期 CPU 是在单周期 CPU 的基础上进行改进设计的。单周期 CPU 的优点是结构简单；缺点是性能差、成本高。

单周期 CPU 的指令周期为一个时钟周期，时钟周期的长度以最复杂指令所需的时间为基准，即 CPI(每指令周期数)$=1$，$T_C=\max\{T_{指令i}\}$。不同指令的操作延时是不同的，而 CPU 中所有指令的指令周期都是相同的，因此，CPU 性能显然较差。

相对于单周期 CPU，多周期 CPU 的目标是提高时钟频率和 CPU 性能。多周期 CPU 的基本思想是将指令执行过程划分成若干个阶段，每个阶段的时长为一个时钟周期，由于各个阶段的延时显然比整个 CPU 操作的时钟延时短，从而能够有效地缩短时钟周期，提高时钟频率。又由于每条指令所需的时钟周期数可以不同，指令周期时长可变，CPU 性能可得以提高。另外，由于不同阶段用不同时钟周期，部件有可能复用，因此降低了 CPU 成本。更为重要的是，还可以将不同指令的不同阶段重叠执行，这样就会形成性能与器件复用率更高的流水结构的处理器，不过这不是本书讨论的范围。

多周期 CPU 的指令执行过程可分为多个阶段，比如取指令、指令译码、取操作数、数据运算、写结果、计算指令地址 6 个阶段，其中计算指令地址阶段可以提前。当然，也可以像前面设计单周期时那样分为取指(IF)、译码(ID)、执行(EXE)、存储(MEM)和回写(WB)共 5 个阶段。

一个指令周期中的每个阶段都需要一个时钟周期，为了区分这些时钟周期，把同一个指令周期所包含的不同阶段的时钟周期定义为 T_i，其中 i 是不同阶段的编号，假设一个指令周期分为 n 个阶段，i 可取 1～n。

8.1.2 多周期 CPU 的基本结构

CPU 主要由数据通路、控制器组成。数据通路包括功能部件、部件互连两个部分，控制器包括译码单元、控制单元等。

相对于单周期 CPU 的数据通路，多周期 CPU 的数据通路被划分成几个阶段，每个阶段的时长为一个时钟周期(clock)，每个阶段的操作结果必须保持稳定。保持结果稳定的方法是将结果保存到时序部件(如寄存器、存储器)中。

相对于单周期 CPU 的控制器，多周期 CPU 的译码单元没有变化，不同的是控制单元的实现方式，其中控制单元一般通过状态机协助进行控制信号的产生。

8.2 多周期 CPU 的设计

课程设计要求，Minisys-1 的存储系统仅由主存构成，主存采用哈佛结构，多周期 CPU 的时序信号有 5 个。根据指令执行过程的分析可知，Minisys-1 的指令周期可分为 5 个阶段：取指令(IF)、译码(ID)、执行(EXE)、访存(MEM)、写结果(WB)。

多周期 CPU 的设计，通常在单周期 CPU 的基础上进行改进，改进主要包括以下 3 个方面。

(1) 数据通路修改。为了每个阶段的结果保持稳定，需要添加指令寄存器(IR)和 ALU 结果寄存器(ALU_Result)以及相应信号。

(2) 状态机设计。用以记录一个指令周期中不同的阶段及阶段转换，并根据当前译码结果产生相应的控制信号。

(3) 相应部件修改。针对数据通路的变化，进行相应部件的修改，包括取指单元、执行单元、顶层文件。

8.2.1 数据通路修改

在多周期的各个阶段中，有两处结果需要进行暂存，以便其他阶段使用。一个是取指阶段中的指令(如在 ID 阶段还会用到)，另一个是执行阶段中的 ALU 运算结果(可能需要在 WB 阶段返回给译码单元，该寄存器已经在单周期时设计过)。

据此，在表 6-4 所示的数据通路基础上还需要增加新的部件和控制信号，表 8-1 给出了这些部件和控制信号。它们各自的实际定义将在后面章节中展开。

表 8-1 多周期 Minisys-1 数据通路新增部件与控制信号

新增部件		
部件名称	部件作用	所属单元
IR 寄存器	存放指令	取指单元
新增控制信号		
信号名	信号作用	输出到的器件
Wir	为 1 表示写 IR 寄存器	取指单元
Wpc[1 :0]	为 01,10,11 表示写 PC 寄存器	取指单元
Waluresult	为 1 表示写 ALU_Result 寄存器	执行单元

8.2.2 多周期 Minisys-1 状态机设计

多周期 CPU 的一个指令周期包含多个阶段，需要记录当前指令执行处于哪一个阶段，以及下一时钟应进入到哪一个阶段，因此需要有一个机制能记录当前状态，以及根据输入和当前状态来决定下一状态。状态机就是一个用来记录状态,通过输入和当前状态进行状态转换,并产生相应输出的机器。多周期CPU中控制单元主要根据当前所处的阶段,根据译码的结果和相应寄存器进行下一个阶段的转换并输出相应的控制信号。

为了设计状态机,可以将一个指令周期的各个阶段看作状态机不同的状态;将各个阶段的转换看作状态机不同状态的转换;将译码的结果看作状态机的输入;将各个阶段相应的控制信号看作状态机的输出。所以通过状态机设计,能够实现记录一个指令周期中不同的阶段及阶段的转换,并且根据所处的阶段和当前的输入,产生对应输出的功能。

综上所述,可以将状态机设计分为以下几个步骤。

(1) 定义状态机的状态。

(2) 定义状态机的输入和状态转换。

(3) 定义状态机的输出。

为了简单起见,本文直接将状态机设计在原控制单元。

1. 状态机状态的定义

根据指令执行过程的分析可知,Minisys-1的指令周期可分为5个阶段:取指(IF)、译码(ID)、执行(EXE)、访存(MEM)、写结果(WB)。对于Minisys-1,由于使用的内存介质是block memory,所以状态机的状态还需要引入一个初始状态来解决第一个时钟的内存同步问题。

综上所述,设计的状态机可以分为6个状态:即sinit(初始状态)、sif(取指)、sid(译码)、sexe(执行)、smem(访存)、swb(写回)。

练习8-1:定义状态机的状态。

请在Minisys-1单周期CPU基础上的control32.v中添加以下代码,并完成??? 部分。

```
reg [2:0] next_state;                // 下一状态
reg [2:0] state;                     // 当前状态
parameter [2:0]   sinit = 3'b000, // 初始状态
                sif = ???,
                sid = ???,
                sexe = ???,
                smem = ???,
                swb  = ???;
```

2. 定义状态机的输入与状态转换

如果将各个阶段的转换看作状态机的状态转换,可以得到状态机的状态转换图,如图8-1所示(其中others表示其他指令)。

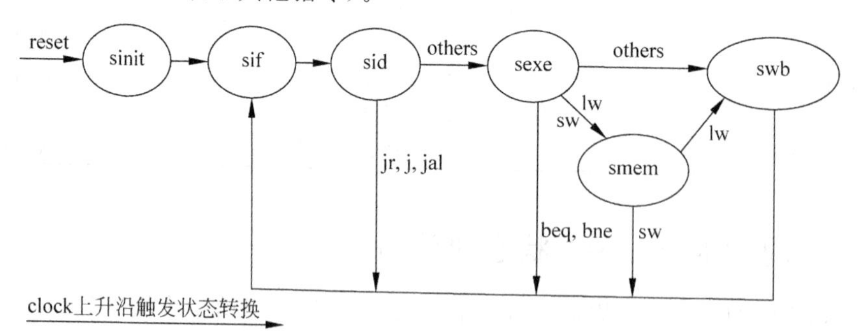

图8-1 多周期Minisys-1状态转换图

状态机状态的输入主要来源之一是译码结果，它们是控制状态机状态转换的主要依据。所以根据状态转换图可以看出，在 sid 状态下需要译码结果识别 jr，j，jal 指令；在 sexe 状态下需要识别 beq，bne，lw，sw 指令；在 smem 状态下需要识别 sw 和 lw 指令；smem 状态还需要 Alu_resultHigh[21:0]用来判断写 I/O 还是写内存；swb 状态还需要 R_format 用来判断目的寄存器是 rd 还是 rt。此处可沿用单周期中的信号：Jmp，Jrn，Jal；Branch，nBranch；Lw，Sw，Alu_resultHigh[21:0]，R_format。

另外，sexe 状态还需要 Zero 信号作为判断是否跳转的条件。整个状态的转换需要 clock 信号触发，reset 信号触发后转换到初始状态 sinit。

因此在 Minisys-1 单周期 CPU 基础上的 control32. v 中添加以下输入端口信号：

```
input clock,
input reset,
input Zero,
```

多周期 CPU 中，指令执行过程由多个时钟周期组成，对于具体指令而言，每个时钟周期的操作安排不同，指令周期的时长就不同，所需部件也不同。根据图 8-1，结合 6.2.3 节对数据通路的分析方法，不难总结出多周期 Minisys-1 CPU 后续设计的操作步骤如下。

对于所有指令而言，IF 步骤的操作都是相同的，即 IR←Mem[(PC)]，PC←(PC)+4。IR 为指令寄存器，多周期 CPU 中必须设置，以保持整个指令周期中的操作码、地址码不变。

对 R 型指令而言，除 jr 外的指令周期由 IF、ID、EX、WB 阶段组成，ID 实现指令译码、从 REGs 取两个操作数功能，EX 实现数据运算功能，WB 实现运算结果写入 REGs 功能。jr 指令周期由 IF、ID 阶段组成，ID 实现指令译码、从 REGs 取操作数、数据写入 PC 等功能。

对 I 型指令而言，运算类的指令周期由 IF、ID、EX、WB 组成，操作安排与 R 型指令基本相同，不同之处在于 ID 的一个操作数来自于 EXT。数据传送类的指令周期中，lw 由 IF、ID、EX、MEM、WB 组成，sw 由 IF、ID、EX、MEM 组成，ID、EX 的操作安排与运算类指令相同，MEM 实现数据 MEM 的读或写操作，WB 实现所读数据写入 REGs 功能。分支转移类的指令周期由 IF、ID、EX 组成，ID 的操作安排与运算类指令相同，EX 实现当前状态形成、指令地址计算、结果写入 PC 功能，指令地址计算通过 ALU 实现，当前状态形成可通过异或门实现。

对 J 型指令而言，指令周期由 IF、ID 组成，ID 实现指令译码、地址拼接功能，jal 指令还包括 $31←(PC)功能。

可见，指令周期的长度有 4 种：jr、j、jal 指令为 2 个时钟周期(IF，ID)；beq、bne 指令为 3 个时钟周期(IF，ID，EXE)；lw 指令为 5 个时钟周期(IF，ID，EXE，MEM，WB)；其余指令为 4 个时钟周期(其中 sw 指令周期由 IF，ID，EXE，MEM 组成，其余的由 IF，ID，EXE，WB 组成)。

练习 8-2：状态机状态转换的描述。

请在 Minisys-1 单周期 CPU 基础上的 control32. v 中添加以下代码，并根据图 8-1 完成??? 部分。

```
always @ (posedge clock  or posedge reset) begin
    if(reset) begin
        state <= sinit;
    end else begin
        state <= next_state;
    end
end
 always @ * begin
   case(state)
     sinit:begin  next_state = sif; end
     sif:begin next_state = sid; end
     sid:begin
            if(???)begin                //J 型指令
                next_state = sif;       //下一状态变为取指
            end else begin
                next_state = sexe;      //其他指令改为执行状态
            end
        end

     sexe:begin
            ???
        end

     smem:begin
            ???
        end
     swb:begin
            ???
        end
     default:begin
            next_state = sinit;
     end
   endcase
 end
```

3. 定义状态机的输出

状态机的输出主要是原控制单元的部分控制信号和新添加的 Wpc、Wir、Waluresult。区别于单周期的控制信号，多周期 CPU 的控制信号需要和相应的状态相关联，即在某状态下才有效。比如写内存或者 I/O 的信号只会在 smem 态下有效。

需要更改的信号有 MemWrite、IOWrite、MemorIOtoReg、RegDST 和 RegWrite，新加的信号有 wpc、wir 和 waluresult，首先在控制单元增加这 3 个输出端口，代码如下：

```
output [1:0] Wpc,                          // 需要修改 PC 的写信号，给取指单元
output Wir,                                // 需要写 IR 的信号，给取指单元
output Waluresult,                         // 写 waluresult 的信号，给执行单元
```

状态机输出信号如表 8-2 所示。

表 8-2　状态机输出信号

信号名称	有效时状态机所处状态	其他有效条件	有效值
MemWrite	Smem	Alu_resultHigh[21:0] != 22'b1111111111111111111111	1
IOWrite	Smem	Alu_resultHigh[21:0]== 22'b1111111111111111111111	1
MemorIOtoReg	Swb	Lw==1	1
RegDST	Swb	R_format==1	1
Wpc	Sif	无	2'b01
	Sid	Jmp|Jal|Jrn	2'b10
	Sexe	(Branch & Zero) |(nBranch & (! Zero))	2'b11
Wir	Sif	无	1
Waluresult	Sexe	无	1
RegWrite	Sid	Jal==1	1
	Swb	无	1

表 8-2 中，Wpc 共有 3 种取值，加上 2'b00 的取值共 4 种，从表中的有效条件可以看到其不同的值表示 PC 要写入不同的值，如表 8-3 所示。

表 8-3　Wpc 各取值的含义

Wpc 取值	含　义
2'b00	PC 不变
2'b01	PC 顺序取下一条指令的地址
2'b10	PC 取 jal 和 jmp 指令的跳转地址，jal 时需先保存返回地址
2'b11	PC 取 beq 或 bne 指令的跳转地址

根据表 8-2，在 Minisys-1 单周期 CPU 的基础上（在 control32. v 中）完成相应控制信号的修改和添加即可。比如根据表 8-2 所示，可知 wir 只在 sif 状态下才有效，所以可以得到

```
assign  Wir = (state = = sif);
```

练习 8-3：定义状态机所有的输出信号逻辑。

```
assign Wir  =  (state == sif);
assign Wpc  = ???;
assign Wir  = ???;
assign Waluresult  = ???;
assign RegWrite  = ???;
assign MemWrite  = ???;
assign IOWrite    = ???;
assign MemorIOtoReg  = ???;
assign RegDST  =  ???;
```

经过修改以后的控制单元的端口信号和内部信号如下：

```
1.  module control32 (
2.  //以下是多周期添加的
3.  Input           clock,
```

```
4.  input          reset,
5.  input          Zero,
6.  output [1:0]   Wpc,                    // 需要修改 PC 的写信号
7.  output         Wir,                    // 需要写 IR 的信号
8.  output         Waluresult,             // 写 aluresult 的信号
9.  //  以下是原单周期就有的
10. Input   [5:0]  Opcode,                 // 来自取指单元 instruction[31..26]
11. input   [21:0] Alu_resultHigh,         // 来自执行单元 Alu_Result[31..10]
12. input   [5:0]  Function_opcode,        // 来自取指单元 r-类型 instructions[5..0]
13. output         Jrn,                    // 为 1 表明当前指令是 jr
14. output         RegDST,                 // 为 1 表明目的寄存器是 rd,否则目的寄存器是 rt
15. output         ALUSrc,                 // 为 1 表明第二个操作数是立即数(beq,bne 除外)
16. output         MemorIOtoReg,           // 为 1 表明需要从存储器或 I/O 读数据到寄存器
17. output         RegWrite,               // 为 1 表明该指令需要写寄存器
18. output         MemRead,                // 为 1 表明是存储器读
19. output         MemWrite,               // 为 1 表明该指令需要写存储器
20. output         IORead,                 // 为 1 表明是 I/O 读
21. output         IOWrite,                // 为 1 表明是 I/O 写
22. output         Branch,                 // 为 1 表明是 Beq 指令
23. output         nBranch,                // 为 1 表明是 Bne 指令
24. output         Jmp,                    // 为 1 表明是 J 指令
25. output         Jal,                    // 为 1 表明是 Jal 指令
26. output         I_format,               // 为 1 表明该指令是除 beq,bne,LW,SW 之外的
27. // 其他 I 类型指令
28. output         Sftmd,                  // 为 1 表明是移位指令
29. output [1:0]   ALUOp                   // 是 R 类型或 I_format=1 时位 1 为 1, beq、bne
30.                                        // 指令则位 0 为 1
31. );
32.     wire R_format;                     // 为 1 表示是 R 类型指令
33.     wire Lw;                           // 为 1 表示是 lw 指令
34.     wire Sw;                           // 为 1 表示是 sw 指令
35.     // 多周期新加
36.     reg [2:0] next_state;              // 下一状态
37.     reg [2:0] state;                   // 当前状态
```

8.2.3 相关部件的修改

1. 取指单元修改

首先,添加输入端口信号 Wpc、Wir。

```
input[1:0] Wpc,
input Wir,
```

由于已经在控制器中产生状态机输出信号 Wpc 的逻辑里包含了影响 PC 不同赋值的判断信号,因此在取指单元中,原有的下列用于判断 PC 不同赋值的端口信号就都不再需要了。因此,请大家从取指单元的端口定义中删除以下信号。

```
input  Branch,              // 来自控制单元
input  nBranch,             // 来自控制单元
input  Jrn,                 // 来自控制单元
input  Zero,                // 来自执行单元
```

更进一步,以下的内部信号、赋值语句以及 always 块也都需要删除掉,以便编写新的语

句和 always 块。要删除的内容如下：

```
wire [31:0] PC_plus_4;
assign PC_plus_4[31:2] = …;
assign PC_plus_4[1:0] = …;

always @(negedge clock) begin
    …
End
```

删除上面的内容后进行下列的练习和改动，接下来定义 IR 寄存器，完成 IR 相应逻辑。

练习 8-4：完成 IR 相应逻辑。

```
reg [31:0] IR;
always @ (negedge clock) begin
    if(reset) begin
        IR <= 0;
    end else if(???)begin
        IR <= ???;
    end else begin
        IR <= IR;
    end
end
```

接着，修改 PC 的逻辑，需要注意的是在多周期中由于 Wir 信号和 Wpc 信号在取指阶段中均为有效，IR 和 PC 寄存器同为 clock 下降沿触发，所以对于 Jal 和 Branch，需要保存的就是当前 PC 寄存器的值。

练习 8-5：完成 PC 赋值的修改(参见表 8-3)。

```
always @ (negedge clock) begin
    if(reset) begin
        PC <= 32'b0;
    end else begin
        case(Wpc)
            ???
        endcase
    end
end
```

最后，修改原有的以下两个信号的逻辑。

```
assign PC_plus_4_out = PC;
assign Instruction = IR;          // 给输出指令信号 Instruction 赋值
```

经过修改以后的取指单元的端口信号和内部信号定义如下：

```
1.  module Ifetc32 (
2.      //以下是多周期添加的
3.  input   [1:0]    Wpc,
4.  input            Wir,
5.      //以下是原单周期就有的
6.    input            reset,                // 复位(高电平有效)
7.    input            clock,                // CPU 时钟
8.    output  [31:0]  Instruction,           // 输出指令到其他模块
```

```
9.  output  [31:0]    PC_plus_4_out,      // (PC+4)送执行单元
10. input   [31:0]    Add_result,         // 来自执行单元,算出的跳转地址
11. input   [31:0]    Read_data_1,        // 来自译码单元,jr 指令用的地址
12. input             Jmp,                // 来自控制单元
13. input             Jal,                // 来自控制单元
14. output  [31:0]    opcplus4,           // jal 指令专用的 PC+4
15.     // ROM Pinouts
16. output  [13:0]    rom_adr_o,          // 给程序 ROM 单元的取指地址
17. input   [31:0]    Jpadr               // 从程序 ROM 单元中获取的指令
18. );
19.
20.     reg [31:0] PC;
21.     reg [31:0] opcplus4;
22.     reg [31:0] IR;
```

2. 执行单元修改

首先,添加输入端口。

```
input clock,
input reset,
input Waluresult,                          // 来自控制单元
```

修改后的执行单元的端口信号和内部信号如下:

```
1.  module Execute32 (
2.  //以下是多周期添加的
3.  input             clock,
4.  input             reset,
5.  input             Waluresult,         // 来自控制单元
6.  //以下是原单周期就有的
7.  input   [31:0]    Read_data_1,        // 来自译码单元的 Read_data_1
8.  input   [31:0]    Read_data_2,        // 来自译码单元的 Read_data_2
9.  input   [31:0]    Sign_extend,        // 来自译码单元的扩展后的立即数
10. input   [5:0]     Function_opcode,    // 取指单元来的 r-类型指令功能码,
11.                                       // r-form instructions[5:0]
12. input   [5:0]     Exe_opcode,         // 取指单元来的操作码
13. input   [1:0]     ALUOp,              // 来自控制单元的运算指令控制编码
14. input   [4:0]     Shamt,              // 来自取指单元的 instruction[10:6],
15.                                       // 指定移位次数
16. input             Sftmd,              // 来自控制单元的,表明是移位指令
17. input             ALUSrc,             // 来自控制单元,表明第二个操作数是
18.                                       // 立即数(beq,bne 除外)
19. input             I_format,           // 来自控制单元,表明是除 beq, bne, LW,
20.                                       // SW 之外的 I 类型指令
21. input             Jrn,                // 来自控制单元,书名是 jr 指令
22. output            Zero,               // 为 1 表明计算值为 0
23. output  [31:0]    ALU_Result,         // 计算的数据结果
24. output  [31:0]    Add_Result,         // 计算的地址结果
25. input   [31:0]    PC_plus_4           // 来自取指单元的 PC+4
26. );
27.
28.     reg [31:0] ALU_Result;
29.     wire [31:0] Ainput, Binput;
30.     reg [31:0] Cinput, Dinput;
```

```
31.        reg [31:0] Einput, Finput;
32.        reg [31:0] Ginput, Hinput;
33.        reg [31:0] Sinput;
34.        reg [31:0] ALU_output_mux;
35.        wire [2:0] ALU_ctl;
36.        wire [5:0] Exe_code;
37.        wire [2:0] Sftm;
```

练习 8-6：完成 ALU_Result 赋值的修改。

补充 ALU_Result 相应逻辑，代码如下：

```
always@(negedge  clock or posedge reset) begin
    if(reset) begin
       ALU_Result = 32'hxxxxxxxx;
    end else if(???) begin
        ???          // 此处就是单周期时对 ALU_Result 的不同赋值
    end
end
```

3. 顶层文件修改

最后，根据前面各个单元的修改对顶层文件的相应连接进行修改，将新增的端口添加进去，新增 3 个内部连线信号，代码如下：

```
//  for multicycle
wire [1:0] wpc;
wire wir;
wire waluresult;
```

练习 8-7：完成顶层文件中取指单元、控制单元、执行单元的实例化修改。

4. 提高系统主频

通过修改 cpuclk IP 核的输出频率提高时钟模块的频率，仿真和下载验证多周期设计。需要注意的是，在提高 CPU 主频的时候，要使得串口下载单元的时钟源的实际频率必须维持在 10MHz，如图 8-2 所示。

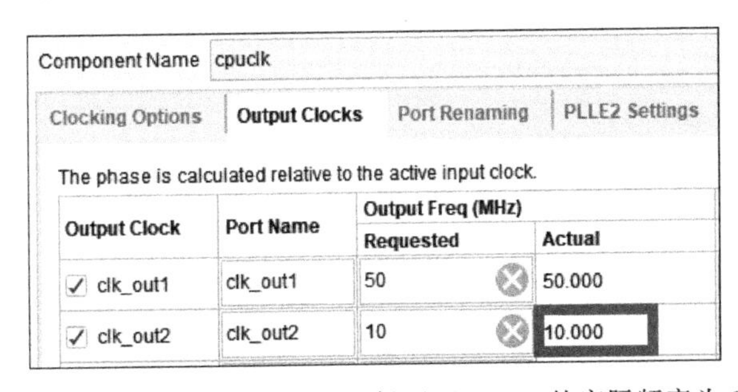

图 8-2　提高 clk_out1 频率时，需要保证 clk_out2 的实际频率为 10MHz

5. 思考与拓展

(1) 研究一下多周期 CPU 和单周期相比，主频是否得以提高，为什么？

(2) 在多周期的基础上，如何才能进一步提高处理器的性能，比如提高 IPC(每周期指令数)？

参考文献

1. 杨全胜. 计算机系统综合课程设计[M]. 北京：清华大学出版社，2008.
2. 李亚民. 计算机原理与设计——Verilog HDL 版[M]. 北京：清华大学出版社，2011.
3. Patterson D A，Hennessy J L. 计算机组成与设计[M]. 4 版. 北京：机械工业出版社，2010.
4. 朱子玉，李亚民. CPU 芯片逻辑设计技术[M]. 北京：清华大学出版社，2005.
5. 袁春风. 计算机组成与系统结构[M]. 2 版. 北京：清华大学出版社，2015.
6. 任国林. 计算机组成原理[M]. 2 版. 北京：电子工业出版社，2018.
7. Haskell R E，Hanna D M. FPGA 数字逻辑设计教程[M]. 郑利浩，等译. 北京：电子工业出版社，2004.
8. 白中英，方维. 数字逻辑[M]. 北京：科学出版社，2011.
9. 姚爱红，张国印，武俊鹏. 基于 FPGA 的硬件系统设计实验与实践教程[M]. 北京：清华大学出版社，2011.
10. 王金明. Verilog HDL 程序设计教程[M]. 北京：北京人民邮电出版社，2004.
11. 夏宇闻. Verilog 数字系统设计教程[M]. 北京：北京航空航天大学出版社，2004.
12. 林容益. CPU/SOC 及外围电路应用设计——基于 FPGA/CPLD[M]. 北京：北京航空航天大学出版社，2004.

图书资源支持

感谢您一直以来对清华版图书的支持和爱护。为了配合本书的使用,本书提供配套的资源,有需求的读者请扫描下方的"书圈"微信公众号二维码,在图书专区下载,也可以拨打电话或发送电子邮件咨询。

如果您在使用本书的过程中遇到了什么问题,或者有相关图书出版计划,也请您发邮件告诉我们,以便我们更好地为您服务。

资源下载、样书申请

书圈

扫一扫,获取最新目录

课 程 直 播

我们的联系方式:

地　　址:北京市海淀区双清路学研大厦 A 座 701

邮　　编:100084

电　　话:010-83470236　010-83470237

资源下载:http://www.tup.com.cn

客服邮箱:2301891038@qq.com

QQ:2301891038(请写明您的单位和姓名)

用微信扫一扫右边的二维码,即可关注清华大学出版社公众号"书圈"。